中国低碳发展丛书

“十二五”国家重点图书出版规划项目

主编/解振华　杜祥琬

行业减排路径与低碳发展

HANGYE JIANPAI LUJING YU DITAN FAZHAN

温宗国　等/著

中国环境出版社·北京

图书在版编目（CIP）数据

行业减排路径与低碳发展/温宗国等著. —北京：中国环境出版社，2018.1

（中国低碳发展丛书）

ISBN 978-7-5111-3322-9

Ⅰ. ①行… Ⅱ. ①温… Ⅲ. ①工业企业—节能—研究—中国②工业经济—低碳经济—工业发展—研究—中国 Ⅳ. ①TK01②F424

中国版本图书馆 CIP 数据核字（2017）第 219146 号

出 版 人 武德凯
责任编辑 丁莞歆 张秋辰
责任校对 尹 芳
封面设计 彭 杉

出版发行 中国环境出版社
（100062 北京市东城区广渠门内大街 16 号）
网 址：http://www.cesp.com.cn
电子邮箱：bjgl@cesp.com.cn
联系电话：010-67112765（编辑管理部）
010-67175507（环境科学分社）
发行热线：010-67125803，010-67113405（传真）

印 刷 北京中科印刷有限公司
经 销 各地新华书店
版 次 2018 年 1 月第 1 版
印 次 2018 年 1 月第 1 次印刷
开 本 787×960 1/16
印 张 26.75
字 数 430 千字
定 价 79.00 元

《中国低碳发展丛书》编委会

《行业减排路径与低碳发展》
贡献作者

谭琦璐　林波荣　曾维华　李会芳　白　愈　王　灿

王　伟　陈宏坤　朱法华　郜　学　汪　澜　何　枫

李文军　般　立　丁军威　徐洛屹　韩乐静　尤可为

王　圣　高　怀　郭培民　甘志霞　胡常伟　武　旭

刘　鹏　尹文超　贾明星　李德峰　徐丽娜　许金晶

总　序

党的十八大报告提出，要“着力推进绿色发展、循环发展、低碳发展，形成节约资源和保护环境的空间格局、产业结构、生产方式、生活方式，从源头上扭转生态环境恶化趋势，为人民创造良好生产生活环境，为全球生态安全做出贡献”。2015年4月25日《中共中央　国务院关于加快推进生态文明建设的意见》发布，再次明确了“绿色发展、循环发展、低碳发展”的发展路径。实际上，低碳发展与绿色发展、循环发展有着本质上的相通性和工作方向上的一致性。低碳发展既是应对气候变化的战略，也是全球可持续发展的必由之路，对我国更有着紧迫的现实意义和长远的战略意义。

在我国，社会各界对“绿色发展”“循环发展”的理解比较清晰，相对而言，对“低碳发展”的认识仍有待提高。在“低碳发展”已成全球发展大势、党和国家高度重视低碳发展的今天，有必要普及和传播有关的知识，凝聚共识，强化行动，让我们的国家在这场绿色、低碳的国际比赛中力争走在世界的前列，也为人类的文明进步做出更大的贡献。

在这样的背景下，中国环境出版社策划并出版了《中国低碳发展丛书》，得到了相关政府部门和专家学者的支持和响应。

本丛书定位为高级科普丛书，读者对象是各级公务员、企业负责人、科技和教育工作者、大学生、研究生及对低碳知识感兴趣的公众，他们是我国低碳发展道路的创造者和实践者，希望这套书能对他们有所助益。

这套丛书由有关领域的著名专家、学者组成编委会并主持丛书及各分册的设计与撰写。丛书的结构包括低碳发展总论、气候变化科学知识、低碳产业、低碳交通、低碳建筑、低碳城市、低碳农林业、低碳能源、低碳发展的国际借鉴等相关内容，力求全套丛书具有科学性、系统性、新颖性、可读性。

本套丛书的问世是绿色、低碳发展客观需求呼唤的产物，是众多专家、学者和中国环境出版社编辑辛勤付出的结果。由于时间仓促、作者水平有限，书中难免有各种不足和差错，诚望广大读者批评指正。

杜祥琬

2015 年 12 月

序　言

在国际持续关注应对气候变化问题的大形势下，行业减排方法学及技术实施路线图一直是其中一个国际热点问题。早在2005年6月，由中国、美国、日本、澳大利亚、韩国、印度六国商定成立的“亚太清洁发展和气候伙伴计划”组织，就成立了包含钢铁、水泥、制铝、发电和输电等在内的八个工作组，重点推进主要工业和能源供给行业的减排方法和技术方案。国际铝业协会、国际钢铁协会、国际可持续发展商会、油气行业气候倡议组织等国际行业协会（组织）也对铝、钢铁、水泥、石油等先后制定了全球范围的行业减排框架。在国际气候变化谈判发展中，航空航海行业也曾率先开展了行业减排行动。低碳技术是实施行业减排行动的关键支撑。低碳技术的开发、引进和应用已是当前世界各国应对气候变化的主要途径，许多发达国家更是将其作为后金融危机时代，刺激经济复苏、占据经济制高点和实现经济转型的重要抓手。

2015年12月12日，具有历史性转折点的《巴黎协定》获得通过，一个具有普遍约束力、公平、灵活且持久的国际协定形成，为2020年后全球应对气候变化行动做出安排，为全球经济实现低碳、适应气候变化的发展转型创造了新的环境。中国作为世界第二大经济体，同时也是当前最大的温室气体排放国，加快促进工业低碳发展对于我国参与国际行业减排公约的谈判、推动经济发展方式的低碳转型、实现对外承诺的2030年减排目标具有重要意义。2015年6月30日，中国向《联合国气候变化框架公约》

秘书处正式递交了中国新的国家自主贡献——《强化应对气候变化行动》，重申将在2030年前后达到排放峰值，并于2016年4月22日在纽约联合国总部签署了《巴黎协定》，表示了中国与世界各国共同抵御全球变暖、应对气候变化的决心和行动。

本书分为上下两篇。上篇为我国重点行业的低碳发展路线图，重点介绍国内外行业减排现状与趋势，选择了电力、钢铁、水泥、石油、电解铝、生物质燃气、交通及建筑八个行业，分析了各行业低碳发展潜力和减排成本，提出了各行业低碳发展的实施机制。下篇主要介绍了各行业中成功的低碳技术集成案例，包括了集成模式介绍、示范案例及效果以及推广应用情况等信息，为行业先进低碳技术的推广提供借鉴。上篇共包括八章。第一章系统梳理国际上行业减排方法，以及其在世界各地区及国际机构中的发展情况；第二章重点阐述了我国行业低碳发展所取得的重要成果，分析了重大低碳发展政策所带来的影响和趋势；第三章介绍了国际上行业低碳标准现状及其在减排中所发挥的重要作用；第四章评估了我国行业温室气体排放的总体现状，针对行业特点分析未来的减排难点；第五章对比分析了我国与国际行业先进技术水平的差距，梳理了各行业主要的减排技术及其潜力；第六章、第七章重点介绍清华大学环境学院构建的行业减排潜力分析和减排成本评估的模型方法学，运用自主开发的模型定量化地评估了各行业多情景下的减排潜力及其相应的减排成本，基于成本效益分析提出了减排路线图；第八章考虑了行业先进低碳技术的引进需求，筛选了优先引进的技术清单，提出了技术引进、消化、吸收再创新及国产化的机制建议。下篇为第九章至第十四章，重点选取煤电、钢铁、水泥、化工、交通、建筑六个行业，调研分析了关键低碳技术的关联性和集成示范工程，形成了行业低碳技术集成与示范的36个模式。

本书是在清华大学环境学院主持下与国内有关合作单位联合攻关形成的科研成果。全书由清华大学温宗国统稿。上篇的核心成果得到了国家自然科学基金委优秀青年科学基金项目“行业节能减排机制与政策”（71522011）、科技部 973 计划课题“行业减排方案及机制研究”（2010CB955903）的资助。其中，973 计划课题由清华大学环境学院主持，清华大学建筑学院、北京师范大学环境学院、北京科技大学、中国大唐集团公司、中国石油安全环保技术研究院、建筑材料工业技术情报研究所、中国有色金属工业协会和中国汽车技术研究中心等共同参与协作。下篇的行业低碳技术集成实例得到了科技部“十二五”科技支撑课题“我国主要排放行业减排的支撑技术研究”（2012BAC20B10）的资助。该课题由清华大学环境学院主持，国电环境保护研究院、中国建筑材料科学研究总院、化工行业生产力促进中心、北京化工大学、四川大学、中国金属学会、冶金工业规划研究院、钢铁研究总院、北京交通大学、中国建筑设计研究院等共同参与。在著作出版过程中，中国工程院、科技部社发司、中国 21 世纪议程管理中心的有关领导，以及上述课题参与单位的主要专家给予了倾力支持，在此对他们谨致以诚挚谢意。

尽管在编著过程中作者力求完善，但由于知识有限，书中难免存在疏漏与不足之处，恳请广大读者批评指正。

温宗国

2017 年 6 月 2 日

目　录

上　篇　重点行业减排及低碳发展路径

下 篇 行业典型低碳技术集成模式

引言：行业低碳发展之路

迈向低碳化是全球大势所趋。人类生活和生产活动对化石能源的依赖导致二氧化碳排放过度，带来温室效应，对全球环境、经济，乃至人类社会都产生巨大影响。解决全球的气候和环境问题，低碳化是一条根本途径，也是人类发展的必由之路。低碳化发展是一个复杂而系统的过程，必须从经济和社会的整体出发，在能源、交通、农业、工业、服务和消费等多个领域努力构建低碳发展新体系。其中，工业领域是构建低碳化发展新体系的关键，应加快产业结构低碳化转型、低碳工艺技术应用和强化节能减排管理。

2011年12月，国务院发布《工业转型升级规划（2011—2015年）》（国发〔2011〕47 号），明确把绿色低碳发展作为工业转型升级的重要方向和任务之一，提出包括工业节能降耗、工业清洁生产、发展循环经济和再制造产业、推广低碳技术和加快淘汰落后产能等在内的综合性低碳发展措施。2012年年底，工业和信息化部、国家发展和改革委员会、科学技术部和财政部联合发布《工业领域应对气候变化行动方案（2012—2020年）》（工信部联节〔2012〕621号），在工业领域切实推动低碳化发展，以实现工业领域应对气候变化的目标和任务，全面提高应对气候变化的能力。该行动方案明确指出，控制工业领域温室气体（GHG）排放，发展绿色低碳工业，既符合我国应对气候变化的要求，也是中国工业发展的必然选择。因此，这就要求我国努力建设以低碳排放为特征的工业体系，促进工业低碳转型，实现工业的可持续发展。2013—2014年，国务院及科学技术部、工业和信息化部等国家部委又陆续出台了包括工业绿色发展专项行动实施方案、低碳与节能减排技术目录、加快节能环保产业发展等多项配套政策，以快速推动我国工业绿色低碳发展进程。2016年10月27日，国务院发布《“十三五”控制温室气体排放工作方案》（国发〔2016〕61 号），明确提出引领能源革命、打造低碳产业体系、推动城镇化低碳发展、加快区域低碳发展、加强低碳科技创新以及有关温室气体减排机制等内容，推动我国二氧化碳排放在 2030 年前后达到峰值并争取尽早达峰。

一、行业低碳发展形势

（一）国内已采取的行动

“十一五”期间，针对大批高能耗、高排放、低附加值的落后产能的存在，我国重点推进行业节能减排和产业结构优化。“十二五”期间，进一步加快了产业结构调整，引导工业绿色转型，推动重点行业低碳技术创新及推广，建立碳交易市场试点，综合应用多种方式加快转变经济发展方式。

“十一五”期间，我国在工业领域采取了强有力的行动和措施，优化产业结构和能源消费结构，推广节能减排技术。通过淘汰落后产能、实施十大重点节能工程共形成了节能量约 3.4 亿 t 标准煤，同时积极发展服务业和战略性新兴产业；通过组织节能减排科技专项和发布节能技术推广目录，推动节能技术和产品的开发和推广；实施节能减排促进政策，支持重点节能项目，开展“千家企业节能行动”；补贴推广节能产品，完善合同能源管理，提高资源性产品价格；制定并实施节约能源法及相应的配套法规，发布高能耗产品能耗限额标准、终端用能产品能效标准。

“十一五”期间，全国单位 GDP 能耗下降 19.1%，以能源消费年均 6.6%的增速支撑了国民经济年均 11.2%的增速，能源消费弹性系数由“十五”时期的 1.04 下降到 0.59。全国规模以上万元工业增加值能耗由 2005 年的 2.59 t 标准煤下降至 2010 年的 1.91 t 标准煤，五年累计下降 26%，累计减少消耗能源 6.3 亿 t 标准煤，减少二氧化碳排放 14.6 亿 t，可再生能源占一次能源的比重达到 9%。火电供电能耗、吨钢综合能耗、水泥综合能耗等单位产品与国际先进水平的差距逐步缩小，2010 年与 2005 年相比，分别下降了 10.0%、12.8%、24.6%；部分产品单位能耗达到国际先进水平，重点行业先进产能比重明显提高。大力推动淘汰落后产能，“十一五”期间累计淘汰炼铁、炼钢、焦炭、水泥等落后产能分别为 12 000 万 t、

7 200 万 t、10 700 万 t、34 000 万 t。加大推广节能产品的使用，高效节能空调的市场占有率从 5%上升到 70%以上，行业整体能效水平提高 24%，达到世界先进水平。

中国政府“十一五”期间就颁布并实施了应对气候变化方案，确定到 2010 年在 2005 年的基础上单位 GDP 能耗下降 20%左右、可再生能源占一次能源比重达到 10%、森林覆盖率达到 20%的目标。尽管“十一五”中国政府积极应对气候变化问题，采取实际措施控制温室气体排放，并于 2009 年年底提出了自主减缓目标，但“十二五”期间仍然出现二氧化碳排放总量大、增长快的趋势，控制温室气体排放面临巨大挑战。2011 年 12 月，国务院发布了《“十二五”控制温室气体排放方案》，要求大幅度降低单位 GDP 二氧化碳排放，并提出到 2015 年全国单位 GDP 二氧化碳排放比 2010 年下降 17%、单位 GDP 值能耗比 2010 年下降 16%的目标。

由于我国水泥、钢铁等高耗能行业产能持续高速增长，部分落后产能亦出现反弹迹象。2014 年国务院又发布相关政策，加大淘汰落后产能的力度，额外在 2015 年年底前再淘汰落后炼铁产能 1 500 万 t、炼钢 1 500 万 t、水泥（熟料及粉磨能力）1 亿 t，同时加快推动低能耗、低排放的产业发展，积极培育“节能医生”、节能量审核、节能低碳认证、碳排放核查等第三方机构，在污染减排重点领域加快推行环境污染第三方治理。到 2015 年，节能环保产业总产值为 4.5 万亿元。推动节能低碳技术的创新和应用，科学技术部、国家发展和改革委员会都出台了低碳技术目录，引导行业以新技术的应用带动重点行业碳排放强度大幅度下降。例如，截至 2013 年，我国碳强度已经下降了 28.56%，相当于减少了 25 亿 t 二氧化碳排放。非化石能源占一次能源的比重，2015 年已经达到了 12%，新增森林蓄积量也已提前完成 13 亿 m^3 的任务，达到了 21 亿 m^3。

2014 年 9 月，国务院通过了《国家应对气候变化规划（2014—2020 年）》（发改气候〔2014〕2347 号），体现了加强推进二氧化碳减排的决心，并对此进行了全面部署。2015 年 6 月 30 日，中国向《联合国气候变化框架公约》（UNFCCC）秘书处正式递交了中国新的减排贡献，提出了 5 个具体目标——2014 年 11 月《中美气候变化联合声明》中宣布的二氧化碳排放于 2030 年前后达到峰值；在 2030 年非化石能源目标达到 20%左右的既有承诺；在此基础上，明确提出碳排放强度下降目标——以2005年为基准年，在2030年下降60%～65%；森林蓄积量目标比2005年增加45亿m^3左右；气候适应目标是在农业、林业、水资源等重点领域和城市、沿海、生态脆弱地区形成有效抵御气候变化风险的机制和能力，逐步完善预测预警和防灾减灾体系。2016年4月我国签署了《巴黎协定》，进一步体现了我国在落实气候变化政策上的行动力，在推动我国经济发展方式转型的同时，构建全球气候治理的框架。2016年10月27日，为加快推进绿色低碳发展，确保完成“十三五”规划纲要确定的低碳发展目标任务，推动我国二氧化碳排放在2030年前后达到峰值并争取尽早达峰，国务院发布《“十三五”控制温室气体排放工作方案》。该工作方案提出，到2020年，单位国内GDP二氧化碳排放比2015年下降18%，碳排放总量得到有效控制；支持优化开发区域碳排放率先达到峰值，力争部分重化工业在2020年前后实现率先达峰，能源体系、产业体系和消费领域低碳转型取得积极成效。

（二）国内发展形势

党的十八大以来，我国政府高度重视生态文明建设，将建设生态文明作为全面建成小康社会奋斗目标的新要求，明确提出要基本形成节约能源、资源和保护生态环境的产业结构、增长方式、消费模式，形成全面推进社会主义“经济建设、政治建设、文化建设、社会建设以及生态文明建设”的发展战略目标。其中，低碳发展被作为促进生态文明建设的三大途径之一。

我国城镇化和工业化进程已经处于快速推进的态势。城镇化发展进入快速发展阶段，2010年年末我国城镇化率达到49.9%，2016年达到57.35%，近些年来年均增长速度超过1%。当前，工业经济已在国民经济中占有绝对主导地位。“十一五”期间，第二产业平均增速（累计法）为15.9%，工业增加值比重和年均增速均处于全国第一位。重工业部门增长强劲，钢铁、水泥等主要工业产品产量稳居世界第一位。“十二五”期间仍然处于工业化中期阶段，二产比重约46%（图0-1），2016年下降至39.8%。与此同时，第二产业的内部结构逐步发生转变——从“十一五”期间能源原材料工业主导向以高加工度、高技术含量制造业为主导转变，产品结构也由生产资料为主向消费资料为主转变。

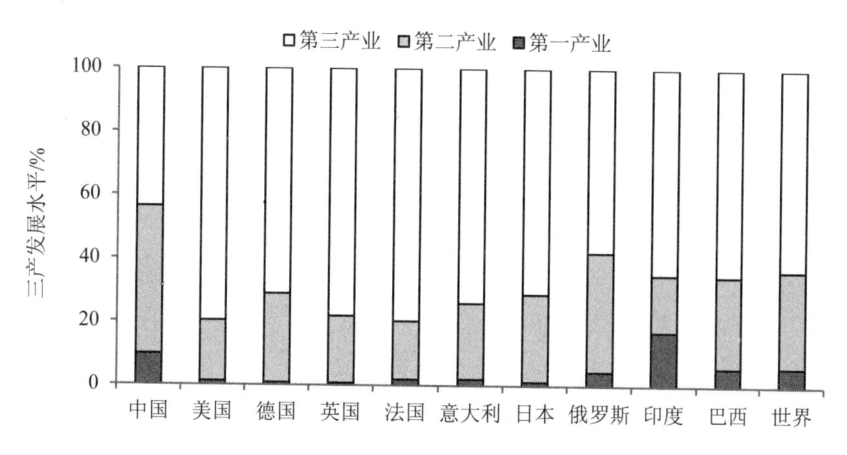

图 0-1 世界部分国家的三产发展水平

（数据来源：国际货币基金组织）

在城镇化和工业化处于快速发展阶段的情况下，我国能源资源需求与日俱增（表 0-1），消费规模不断扩大，温室气体排放量持续增加。2005—2014 年，我国累计消耗能源约 321 亿 t 标准煤。2014 年能源消费总量高达 42.6 亿 t 标准煤，约占全球的 1/4，煤炭消费占全球的一半以上。以制造业为主的工业能源消耗仍占我国能源总消耗的 70%左右。钢铁、水泥等高耗能产业比重长期维持高位，产业结构难以在短期内完成快速调整，导致了制造业能源消费需求居高不下。虽然技术进步带来的节能减排效果可以部分抵消重工业服务量上涨带来的能耗和排放增加，但其贡献比例仍然有限。

表 0-1 世界部分国家的能源消耗增加比例情况

	2005 年	2008 年	2009 年	2010 年	2011 年	2012 年
中国	10.5	4.9	6.7	11.3	8.7	7.7
美国	0.1	−2.2	−4.9	3.4	−0.7	−2.5
欧盟	−2.7	−0.2	−5.8	3.7	−3.8	−0.8
日本	1	−4.6	8.2	6	−5.1	−0.6
俄罗斯	0.1	0.5	−1.3	4	3.3	−0.3
印度	5.4	6.3	8.4	5.7	4.5	5.4
OECD	0.8	−0.9	−4.8	3.6	−1	−0.9
世界	3	1.3	−1.1	5.6	2.4	2.1

数据来源：BP Statistical Review of World Energy，June 2013.

交通运输部门、居民用能和服务业的终端能源在“十二五”呈现了持续增长趋势，成为我国未来能源消费和碳排放的主力军（图 0-2）。随着人民收入水平的提高，对出行质量和次数的要求也不断提升，从而导致交通运输部门的能源消费量增加，成为仅次于工业部门的第二大碳排放部门。城镇化进程加快，城市居民占人口总量比重不断上升，城市和农村居民生活水平的提高、居住水平的改善、城乡能源消费需求差距缩小，致使我国居民的能源消费需求快速增长。随着中国的经济结构优化和产业结构调整，未来服务业将在国民经济系统中发挥越来越大的作用，从而也将进一步导致其终端能源消费和碳排放量的大幅上升。

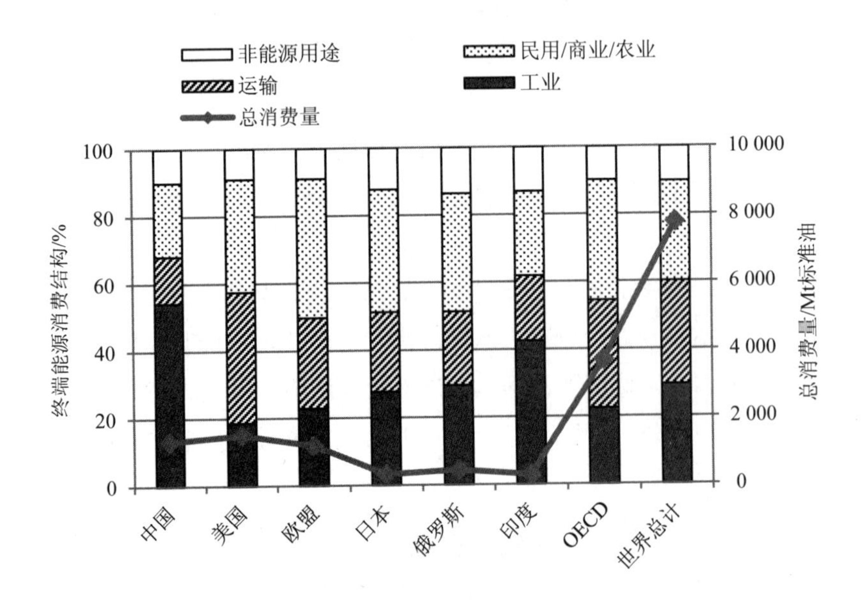

图 0-2　世界部分国家部门终端能源消费结构

（数据来源：BP Statistical Review of World Energy，June 2013）

为了应对当前面临的这些重大挑战，我国应积极推进新能源技术自主研发、推广和应用，把以能源结构优化为核心的世界范围的第四次技术革命——“新能源技术革命”，作为我国能源可持续发展的机遇。“新能源技术革命”以应对化石能源枯竭和气候变化为初衷，将促使我国新能源技术的研发和推广应用，转变以燃煤为主、过度依赖进口能源的能源消费结构。未来新能源结构将以可再生能源为支柱，依赖高新工程技术和多学科的系统集成来推动和完成新一轮能源技术革命。在这种契机下，我国必须紧跟全球“新能源时代”的步伐，积极推动相关技术的发展，改变我国以燃煤为主的能源结构，满足我国“十三五”乃至更长时间内不断增长的能源需求，减少能源对外依存度以增加国内能源安全，减少碳排放。

在2016年10月27日国务院发布的《“十三五”控制温室气体排放工作方案》中，明确要求控制工业领域排放，打造低碳产业体系。方案中明确提出，2020年单位工业增加值二氧化碳排放量比2015年下降22%，工业领域二氧化碳排放总量趋于稳定，钢铁、建材等重点行业二氧化碳排放总量得到有效控制。积极推广低碳新工艺、新技术，加强企业能源和碳排放管理体系建设，强化企业碳排放管理，主要高耗能产品单位产品碳排放达到国际先进水平。实施低碳标杆引领计划，推动重点行业企业开展碳排放对标活动。积极控制工业过程温室气体排放，制定实施控制氢氟碳化合物排放行动方案，有效控制三氟甲烷，基本实现达标排放，“十三五”期间累计减排二氧化碳当量11亿t以上，逐步减少二氟一氯甲烷受控用途的生产和使用，到2020年在基准线水平（2010年产量）上产量减少35%。推进工业领域碳捕集、利用与封存（Carbon Capture，Utilization and Storage，CCUS）试点示范，并做好环境风险评价。

（三）国际发展形势

虽然国际社会对气候变化的成因、主要责任以及解决问题的路径方面还存在不同看法，但是气候变暖已经成为事实，对自然生态系统和人类的生存发展产生了严重后果，应对气候变化成为全球共同面临的重大挑战（图0-3）。如何应对气候变化成为全球的热点问题，越早采取有效的减缓措施，经济成本越低，减缓效果越好。世界各国纷纷出台了减缓和适应气候变化的国家战略计划，就开发可再生能源、发展低碳技术、推动绿色经济以及建设低碳社会等方面做出了相应部署。

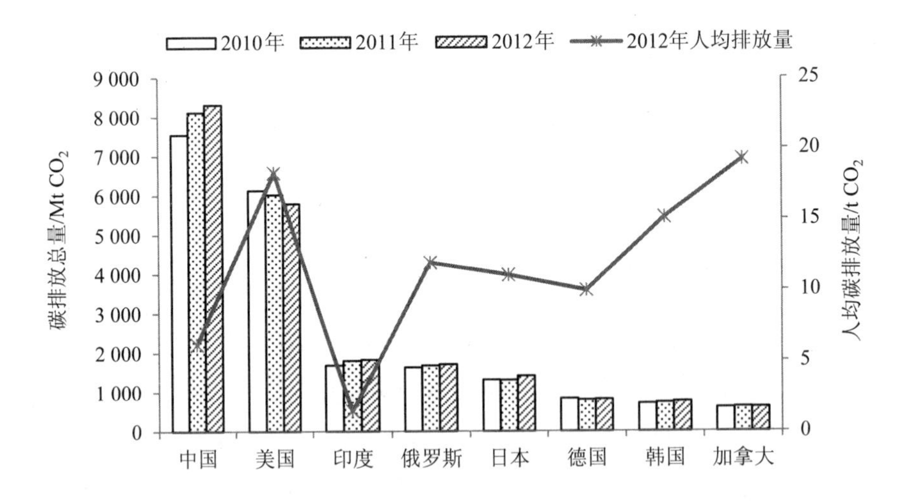

注：a. 化石能源消费量：中国为国家统计局数据，外国和世界为英国石油公司世界能源统计。b. CO_2 排放系数：中国，煤 2.71 t-CO_2/t 标准煤（3.87 t-CO_2/t 标准油），石油 2.13 t-CO_2/t 标准煤（3.04 t-CO_2/t 标准油），天然气 1.65 t-CO_2/t 标准煤（2.36 t-CO_2/t 标准油）；外国和世界取国际能源署（IEA）数据，煤 3.96 t-CO_2/t 标准油，石油 3.07 t-CO_2/t 标准油，天然气 2.35 t-CO_2/t 标准油。

图 0-3　世界部分国家 CO_2 排放情况

发达国家在应对气候变化的同时，意在抢占后危机时代经济发展的制高点，为自身经济寻求新的增长动力。2008 年金融危机以来，欧美一些国家充分意识到低碳技术和新能源技术所带来的高附加值，将低碳产业作为应对金融危机的主要抓手，将刺激经济的重点放在新能源开发、节能技术、智能电网等领域，将低碳经济、低碳技术作为新的战略增长点，加大在低碳产业方面的投资，意在将低碳产业发展成为未来的主导产业，在带来经济增长的同时为本国社会提供更多的就业岗位。

在加大技术革新和绿色投资之外，国际上一些国家还提出政策制度的创新，欧美等国家纷纷引入了气候变化税、能源税、碳税等制度，更提出了征收碳关税等带有贸易保护主义措施的建议。从未来全球贸易格局看，碳排放的影响将越来越突出。发达国家为进口商品设置的“绿色贸易壁垒”对进口产品的能耗水平、碳排放水平或碳足迹提出了更加严格的要求。金融危机的出现促使全球经济加速向低碳化深入发展，低碳经济成为实现全球减排目标、促进经济复苏和可持续发展的重要推动力量。

发达国家的种种举措在进一步增强发达国家的综合实力和国际竞争力的同时，对中国等发展中国家带来了巨大的压力。主要发达国家凭借低碳领域的技术和制度创新优势，加紧实施低碳经济发展战略，构筑世界新一轮产业和技术竞争新格局，对我国传统的高碳经济和外贸模式形成了严峻挑战。斯特恩报告提出的稳定大气温室气体浓度的排放情景，偏离了中国处于快速工业化发展的阶段和具体国情，严重限制了中国未来合理的发展空间。

中国一直在国际气候谈判中坚持“共同但有区别的责任”的原则，同时积极开展国内的温室气体减缓行动。在最新的国家自主贡献（Intended Nationally Determined Contribution，INDC）中重申将在2030年前后达到排放峰值，有力推动了全球达成新的气候协议。中国要坚守这个承诺，一方面中国作为全球社会的重要成员，应当适时地承担应对气候变化的责任；另一方面借助全球应对气候变化的推动，使“十三五”成为中国经济社会发展的一大转折点。

2015年12月12日，《联合国气候变化框架公约》缔约方会议第21次大会在巴黎圆满闭幕。全球195个缔约方国家通过了《巴黎协定》，这是历史上首个关于气候变化的全球性协定，标志着世界在应对气候变化行动方面的一个历史性转折点。但是，该协议也提出了进一步将升温控制在1.5℃之内，这无疑为中国的发展构建了更加严苛的国际环境。全球气候变化极大地压缩了世界化石能源消费和温室气体排放的空间，国际环境已经不再允许我国和其他发展中国家沿袭发达国家工业化过程中那种高投入、高能耗、高排放的传统发展道路。

作为发展中国家之一，我国必然要在未来较长一段时间内为消除贫困、发展经济而继续努力，碳排放总量随之也会在一定时间内保持增长。在国内资源、能源安全和环境保护以及国际气候变化谈判的综合压力下，我国需要积极实践、探索一条新的发展道路，既减少温室气体排放又不破坏消除贫困和现代化发展的前景。转变发展方式将成为协调两者的平衡点，有利于解决发展面临的不平衡、不协调和不可持续问题。一旦将“减缓”和“适应”气候变化纳入我国发展的轨道，积极转变发展方式，我国就仍能延续保持了几十年的快速增长态势，同时也能提升我国的比较优势和竞争优势，增强抵御内外风险的能力。在全球气候变化的大背景下，积极推进低碳技术和绿色经济发展，不仅关系到我国未来的生存与发展前景，也是顺应世界经济发展的潮流和历史大势，可以创造出新的经济增长点。

在处理气候变化的问题上，应当将应对气候变化作为提升国家软实力的契机。软实力中最重要的方面是国际动员力，即指一国为了使别国接受本国的建议和要求而对别国运用非强制力所产生的影响力，它主要来自与其他国家的战略友好关系和所拥有的国际规则制定权。中国是温室气体排放大国，在应对气候变化问题上在国内采取合理、负责、积极、有效的减缓和适应气候变化的策略和措施无疑会增强国际战略信誉和国际影响力，提升国际动员力和配合力，加强国际话语权。2017 年 6 月 1 日，美国总统特朗普在白宫宣布，美国将退出应对全球气候变化的《巴黎协定》，这一举动遭到国际社会广泛批评，而且美国许多州政府承诺将继续在地方层面推动气候行动，许多机构投资者、工商界巨头（如谷歌、苹果、亚马逊、英特尔等）都承诺继续推进清洁能源转型。我国政府在当天表态，无论其他国家的立场发生什么样的变化，中国都将加强国内应对气候变化的行动，认真履行《巴黎协定》。6 月 2 日，李克强总理与欧盟领导会晤时，双方确认了应对气候变化的重要性，重申了在《巴黎协定》下作出的承诺。从国际社会看，应对气候变化仍将是绝大多数国家领导人的共识和主流行动。

二、产业低碳化的手段

（一）构建低碳排放的产业结构

我国温室气体控制目标的实现仍将主要依靠重点行业的潜力挖掘，加快推动产业结构调整和工业转型升级（表 0-2）。《“十三五”控制温室气体排放工作方案》（国发〔2016〕61 号）指出，要采取积极措施有效控制温室气体排放，运用多种控制措施实现温室气体排放总量的有效控制，基本围绕能源体系、产业结构和消费领域低碳转型展开。其中，能源领域要加快非化石能源发展及智慧能源体系建设，通过产业结构转型升级、控制工业领域如钢铁、建材等重点行业二氧化碳排放总量，打造低碳产业体系。实施碳排放配额管控制度，制定覆盖石化、化工、建材、钢铁、有色、造纸、电力和航空八个工业行业中年能耗 1 万 t 标准煤以上企业的碳排放权总量设定与配额分配方案。同时，加快低碳技术研发与示范，加大低碳技术的推广应用力度。

表 0-2 中国工业部门重点行业落后产能淘汰量及 2016 年产量

	2006—2010 年	2011—2015 年	2016 年产量
火力发电/GW	72.1	28.9	943*
生铁/Mt	111.7	149.7	700.7
粗钢/Mt	68.6	127.3	808.4
电解铝/Mt	0.8	1.89	31.9
水泥/Mt	403	603	2410

*火电装机容量。

数据来源：工业和信息化部、国家统计局、中国煤炭工业协会、中国电力企业联合会、中国钢铁工业协会、中国建材工业协会、《2016 年国务院政府工作报告》。

我国仍处于工业化发展中期，在扩大内需、消费升级深化的预期下，重工业的规模扩张在短时间内难以趋缓，由此带来的能源消耗量和温室气体排放总量上的控制仍然较为有限。作为行业结构调整主要措施之一的淘汰落后产能的控制效果也日渐困难。目前我国水泥、钢铁、电力等行业落后产能比重仅在 10%～30%，在继续加大淘汰落后产能力度的同时，也需要意识到这部分所能带来的空间已经十分有限了。同时，由于过度依靠投资和出口拉动经济发展，固定资产投资和制造业出口规模的快速扩张将依然存在。在“十三五”期间应重点推动产业结构转型升级，依法依规有序淘汰落后产能和过剩产能。运用高新技术和先进适用技术改造传统产业，延伸产业链、提高附加值，提升企业低碳竞争力。转变出口模式，严格控制“两高一资”产品出口，着力优化出口结构。加快发展绿色低碳产业，打造绿色低碳供应链。积极发展战略性新兴产业，大力发展服务业。

（二）提高能源利用总体效率

工业领域的低碳化发展要以提高能效为核心，优化用能结构，大力提升工业能效水平，降低工业能源强度和温室气体排放强度。目前，工业领域温室气体排放主要源自化石能源消耗，温室气体排放的控制重点在节能，工业减排潜力和成本优势也在节能。

工业领域依然是我国能源消耗的第一大领域，“十一五”期间通过一系列的措施行动，工业单位国内产值的能耗大比例下降，但是总体来说总能耗依然逐年增加。例如，工业总能耗2005年为15.95亿t标准煤，2010年增加到了24亿t标准煤左右，占全社会总能耗的比重也由2005年的70.9%上升到2010年的73%左右，钢铁、有色金属、建材、石化、化工和电力六大高耗能行业的能源消耗量占工业总能耗的比重也由2005年的71.3%上升到2010年的77%左右。

"十二五"期间，尤其是2014年以来，房地产投资和基础设施建设投资双双下滑，以及国际市场需求不振，粗钢、水泥、平板玻璃等重点高耗能产品生产已经明显减缓，工业能源消费需求呈现继续放缓的趋势。其中，化工、建材、钢铁和有色金属四大高载能行业能源消费量占全社会的比重一直保持下降态势，但建筑用石、混凝土水泥制品、玻璃纤维及制品、专用化学品、精细化学品等高附加值产品增长较快。预计"十三五"期间，工业经济增长将呈现新常态特征，产业结构调整和转型升级将进一步深化，工业能源消费总量将进入低速增长阶段，单位工业增加值能耗有望继续保持下降态势。然而，2016年全国能源消费总量达到了43.6亿t标准煤，工业能耗占国内一次能源消耗的比重依然接近70%。

另外，由于居民消费水平的提升，导致我国资源能源的刚性需求在未来较长时间内难以改变，消费端带来的温室气体排放压力日益增加。未来50年是我国城镇化和工业化加速推进的重要历史阶段，生活消费和工业制造带来的能源消费量将在较长时间内保持高位。工业化和城镇化对钢铁、水泥和化石能源的大量消耗是一种难以避免的刚性需求，城镇住房、道路交通以及管网等城市基础设施的大规模建设不可避免。不过我国目前的消费增长尚属于基本的生存需求，所带来的温室气体排放增长也属于对最基本的生存排放空间的需求。

在发展需求总量未能实现负增长的基础上，提高能源效率、提升单位能耗的产出就显得尤为重要。当前，我国主要耗能行业的工艺技术和装备水平与国际先进水平还有较大差距，即使是采用行业内先进低碳技术，能耗指标也高于国际同类的先进技术（表0-3）。2010年全国钢铁、建材、化工等行业单位产品能耗比国际先进水平高出10%～20%，虽然目前的差距在不断缩小，但中长期来看行业能源效率改进空间依然很大。同时，管理节能减排作为行业发展的一项长期工作所占比重较低。应当积极开展培育"节能医生"、节能量审核、节能低碳认证、碳排放核查等第三方机构，在帮助重点行业实现节能减排的同时，可以加快推进第三方治理机构的快速成长，引导节能环保产业的蓬勃发展。

表 0-3 重点工业行业高耗能产品能耗国际比较

	国内平均水平				国际先进水平		2012 年产量（全球占比/%）	2012 年总能耗/Mt 标准煤
	2005 年	2010 年	2011 年	2012 年	2005 年	2012 年		
油气开采量/Mt 标准油							303.5（4.3%）	38.2
开采综合能耗/（kg 标准煤/t 标准油）	163	141	132	126		105		
原油加工量/Mt							467.9（12.3%）	43.5
加工综合能耗/（kg 标准煤/t）	114	100	97	93		73		
火电发电量/亿 kW·h							38 928.14（17.1%）	
火电厂发电煤耗/[g/（kW·h）]	343	312	308	305		294		
火电供电煤耗/[g/(kW·h)]	370	333	329	325	288	275		
钢铁产量/Mt							717.2（46.3%）	674.2
全行业综合能耗/（kg 标准煤/t）	1 020	950	942	940				
大中型企业能耗/（kg 标准煤/t）	790	701	695	694				
钢可比能耗/（kg 标准煤/t）	732	681	675	674	610	610		
电解铝产量/Mt							19.86（44%）	84.4
电解铝交流电耗/（kW·h/t）	14 575	13 979	13 913	13 844	14 100	12 900		
水泥产量/Mt							2 210（60%）	300.6
水泥综合能耗/（kg 标准煤/t）	178	143	138	136	127	118		

（三）低碳技术创新和推广应用

广泛推广和应用低碳技术是实现工业领域转型升级的重要支撑，也是工业应对气候变化和低碳化发展的关键手段，更是冲破碳关税和碳交易国际潜在封锁最有力的手段。我国包括生铁、粗钢、铝制品等在内的大量初级产品用于出口，附加值低下，出口价格低廉，增加了大量的国内温室气体排放，但带来的经济效益却在不断减弱。提高工业产品的“低碳竞争力”，有利于我国行业和企业抢占国际市场，规避绿色贸易壁垒。我国应依靠低碳技术的研发、推广和应用，提高行业和企业核心竞争力，有效应对碳关税和碳贸易的挑战。对于碳排放较高的行业和企业而言，为了降低成本，除提高产品价格、减产或购买排放权外，通过应用低碳工艺与技术降低碳密度的做法是更有效的选择，发达国家在这方面有很多先例。

近年来，我国重点行业在低碳先进技术开发和应用上有所突破，石油、钢铁、水泥等行业中有一部分大型企业的工艺水平率先达到了国际先进水平。然而，由于技术相对落后与行业内部结构不合理，主要高耗能工业产品的单位能耗平均水平比国际先进水平高 20%以上。此外，我国还面临低碳核心技术缺失、低碳材料和关键设备的制造能力较弱等主要问题。例如，在役燃煤火电机组的发电技术水平已居世界较先进水平，水电行业的设计、施工水平以及特高压技术等已处于国际领先，但在核电、风电、光伏发电和生物质发电技术上与国际先进水平还有不小的差距，许多关键设备和材料仍需进口，缺乏对核心技术的掌握。我国汽车的传统内燃机对外依赖度较大，大多关键设备需进口。

工业领域应当要着力推动低碳技术的自主创新，以提高重点行业核心技术和关键技术的水平。通过政策引导，如制定低碳与节能减排技术推广目录、培育市场化的引导机制等，推动先进适用低碳技术的推广应用，并引导企业把低碳技术改造同产品升级结合起来。利用新技术、新工艺、新设备、新材料等的改造来提升传统产业，提高行业和企业的核心竞争力，一方面实现碳排放强度的大幅度下降，有效应对碳关税和碳贸易的挑战；另一方面带动形成新的经济增长点。

2014 年，科学技术部发布了《节能减排与低碳技术成果转化推广清单（第一批）》，首次为推广我国低碳技术的研发与示范提供了重要依据，也代表我国开始了低碳技术清单的编制工作，并于 2016 年 12 月 12 日发布了第二批。在低碳技术的推广应用方面，国家发展和改革委员会发布了三批《国家重点推广的低碳技术目录》（2016 年起改名为《国家重点节能低碳技术推广目录》）。该目录将为有关企业和机构开展低碳技术推广和产业化、发展低碳产业确立方向和坐标，并为下一步制定财政、税收等优惠政策提供依据。

（四）引导低碳消费模式的发展

我国不可忽视消费增长对能源消耗以及温室气体排放量带来的影响，要从消费端进行引导，推动社会逐渐形成低碳化、绿色化的消费模式，从而促进低碳技术和低碳产业的发展。大量数据显示，西方多数发达国家人均温室气体排放量仍远远高于世界平均水平和包括我国在内的发展中国家的平均水平。美国2009年的人均能源消费量就已经达到我国人均水平的五倍。我国人口数量众多、资源能源紧缺的基本国情决定了我国不能沿袭发达国家的消费模式，因此通过引导绿色消费来促进绿色经济的发展非常迫切。在未来我国消费水平升级势必带来消费规模的显著扩张，技术进步和结构调整带来单位能耗水平的下降对温室气体减排的贡献，将会被消费规模的扩张和质量的提高所抵消。我国有必要通过引导消费者的消费模式，创建绿色消费市场，推动绿色产业投资，间接实现温室气体减排。

一方面，要通过逐渐建立和完善相关标准（包括产品标准和行业技术标准），推进行业占有市场产品的低碳化。完善主要耗能产品能耗限额和产品能效标准，并推动低碳产品标准、标志和认证等制度的建设和实施，从而引导消费者接受和使用低碳产品，推动高效节能的低碳家电、汽车、电机、照明产品等更广泛的应用；加快工业领域的低碳技术标识标准体系的建设，强制有条件的企业采用更为低碳高效的技术进行生产，同时采取试点示范等手段，促进企业开发低碳产品，共同推动工业领域向低碳生产模式转变。另一方面，应着眼于主动对消费模式和行为进行“绿色化”的引导，抑制高消耗、高排放产品的市场需求，刺激低碳产品的需求；从政府和大型企业采购入手，鼓励其采购绿色产品，带动整个社会对低碳产品的认知度，以倡导公众的低碳消费，形成全民化的低碳化生活消费模式，从而推动相关低碳技术和低碳产业的发展。

2014年，环境保护部发布了《“同呼吸　共奋斗”公民行为准则》，倡议坚持低碳出行、选择绿色消费、养成节电习惯等行为。这是第一部针对公众发布的准则，从消费端控制能源消耗、推动低碳化发展已成为国家认可的重要模式。

（五）行业低碳发展机制创新

目前，工业领域应对气候变化、实现向低碳化发展转变的管理体制和机制尚未健全，相关政策也还不足以支撑。工业企业，特别是重点行业的企业在行业低碳化发展趋势方面尚没有充分的认识，在企业的相应管理和应对能力方面都非常薄弱。在低碳化发展过程中，企业主体作用和市场机制作用均没有得到充分发挥。此外，由于现行大部分低碳技术成本高昂，远低于市场追逐的回报率，仅仅通过自愿或强制的政策或措施无法达到促使其研发和应用的预期效果。

体制机制创新是我国工业低碳发展的关键保障因素。其中，主要包括相关政策法规的进一步完善，特别是对温室气体减排目标的制定落实以及相关标准的建立；监测体系的建立，特别是企业层面的温室气体排放监测，为产业低碳化发展的精细化管理提供基础；碳市场机制的健全，充分发挥企业主体作用和市场机制作用，并引导私人资本投向低碳行业，从而激励企业走低碳发展道路。

2011 年 10 月底，国家发展和改革委员会办公厅发布《关于开展碳排放权交易试点工作的通知》（发改办气候〔2011〕2601 号），批准北京、天津、上海、重庆四个直辖市和湖北、广东、深圳等七省市开展碳排放权交易试点工作。继北京、上海和广东省在 2012 年发布碳交易实施方案并挂牌碳交易所后，天津市、深圳市和湖北省在 2013 年也发布了实施方案并开市。2014 年发布《碳排放权交易管理暂行办法》，充分发挥了市场在温室气体排放资源配置中的决定性作用，加强了对温室气体排放的控制和管理，规范了碳排放权交易市场的建设和运行。2017 年，我国正式启动全国碳排放权交易市场创建工作，拟出台《碳排放权交易管理条例》及有关实施细则，到 2020 年力争建成制度完善、交易活跃、监管严格、公开透明的全国碳排放权交易市场。同时，自愿减排交易有序开展，尤其是明确提出要制定覆盖石化、化工、建材、钢铁、有色、造纸、电力和航空八个工业行业中年能耗 1 万 t 标准煤以上企业的碳排放权总量设定与配额分配方案，实施碳排放配额管控制度。对重点汽车生产企业实行基于新能源汽车生产责任的碳排放配额管理。

2012 年，国家发展和改革委员会印发了《温室气体自愿减排交易管理暂行办法》（发改气候〔2012〕1668 号）。2013 年，又备案并公布了 5 家自愿减排交易机构、54 个方法学、3 家审定与核证机构，公示了 52 个自愿减排项目。2013 年，国家发展和改革委员会还发布了包括钢铁、化工、电解铝、发电、电网、水泥等在内的 10 个行业的《企业温室气体排放核算方法与报告指南（试行）》（发改气候

〔2013〕2526 号），是我国首批温室气体核算方法指南，为重点行业开展碳排放权交易、建立相关行业企业温室气体排放报告制度、完善行业温室气体排放统计核算体系等相关工作提供了依据。2012 年，国家发展和改革委员会与国家标准化委员会启动实施“百项能效标准推进工程”。截至 2013 年年底共发布了 105 项新标准。其中，49 项强制性单位产品能耗限额标准覆盖了钢铁、有色、化工、建材、煤炭等高耗能行业，重点突破了能耗限额标准覆盖面不足、技术指标低的问题，有力地支撑了固定资产投资项目节能评估和审查、淘汰落后产能、能效对标等制度的实施。

“十三五”期间，我国还将继续完善应对气候变化法律法规和标准体系。推动制定《应对气候变化法》，适时修订完善应对气候变化的相关政策法规。研究制定重点行业、重点产品温室气体排放核算标准，建筑低碳运行标准，碳捕集、利用与封存标准等，完善低碳产品标准、标识和认证制度。此外，还将完善低碳发展政策体系，出台综合配套政策，完善气候投融资机制，积极运用政府和社会资本合作（PPP）模式及绿色债券等手段，支持应对气候变化和低碳发展工作。研究有利于低碳发展的税收政策。加快推进能源价格形成机制改革，规范并逐步取消不利于节能减碳的化石能源补贴。

三、行业低碳发展展望

（一）调整产业结构，构建低碳工业体系，促进经济社会发展转型

我国产业结构调整应从着力改造传统产业、大力发展新兴产业以及服务业两方面同时着手。工业结构调整的重心由轻、重工业比例调整升级，向以强化薄弱环节为主的功能性调整转变。以信息化和科技创新为推动力，对传统工业产业实施重大改造、重组，增强产业关键技术开发及产业化能力，促进劳动密集型产业向产业链高端发展，完善产业技术供给体系，发展网络经济。发挥市场机制的作用，从国内外市场需求出发，在市场竞争中进行结构调整。大力发展金融、保险、物流、咨询、教育、文化、科学研究、技术服务等现代服务业及低碳服务业，促进经济社会发展的低碳化转型。充分利用国际产业分工的比较优势，有选择、有

重点地发展具有竞争优势的产业。

（二）转变能源结构，推动能源低碳化转型，构建可持续发展能源体系

在保持能源消费适度增长的同时，大力推进能源结构调整，加快能源发展方式转变，建立以能源技术革新为基础的能源发展方式，从资源依赖型向科技创新驱动型转变。加强清洁能源和非化石能源的发展，推进能源发展低碳化。在煤炭开采利用上，要做到“安全高效开采，绿色低碳利用”，促进煤炭绿色生产和清洁利用，提高传统能源清洁利用水平；加大煤层气、页岩气、城市垃圾沼气等非常规天然气的开发力度，扩大天然气等清洁能源的利用规模。积极做好风能、太阳能、生物质能等可再生能源的转化利用，大力推进能源结构优化调整；发展以电力为核心的智慧能源网路，建设安全可靠、经济高效的智能输电网络，有效地吸纳风电、太阳能发电的间歇性电力。统筹规划重点能源基地和跨区能源输送通道建设，促进能源资源优化配置。能源消费方式要从过去偏重保障供给为主转变到科学调控能源生产和消费总量上来。对能源消费和高能耗行业过快增长的地区，合理控制能源供应，切实改变无限制能源供应、无节制能源使用的现象，建立节能型的生产体系、消费体系和管理体系。

（三）强化科技创新，提高产业低碳竞争力，推进战略新兴产业发展

积极发挥技术进步和科技创新在应对气候变化中的先导性和基础性作用，有效推动工业生产过程中的能源需求降低和温室气体排放减缓。大规模推广现有的成熟度高、成本低的节能减排技术，在“十三五”末达到较高的普及率；加大研究开发电力、冶金、石化、建材等重点高能耗领域的节能和提高能效技术与设备，机电产品节能和提高能效技术，商业和民用节能技术和设备，能源阶梯综合利用技术等，提高产业的低碳竞争力。加强对新兴低碳技术的基础性研发工作，通过科研能力建设，提高自主研发能力，做好技术战略储备。研发二氧化碳捕集、利用与封存关键技术和措施；制定二氧化碳捕集、利用与封存技术发展路线图。贯彻落实国家关于加快推进战略性新兴产业的决定，科技创新与实现产业化相结合，深化体制改革，把战略性新兴产业培育成为国民经济的先导产业和支柱产业；充分发挥节能环保、新能源和新能源汽车等产业在应对气候变化方面的积极作用。

（四）控制消费能耗，建立低碳示范区域，推动低碳消费模式转型

“十三五”期间要将人均能源消费控制在舒适生活、合理消费的水平，其中建筑节能和交通节能是未来消费节能的重点领域。

一是改变传统的城市发展模式，统筹考虑城市发展能力、承载能力、保障能力、运转能力，建立长效机制，推动绿色发展，加快生态城市建设。建设示范低碳省区及低碳城市，综合考虑地理位置、自然资源、社会经济状况和区域功能等，从产业、交通、建筑、消费等多方面入手，制定城市低碳发展规划。构建城市低碳产业体系，优化发展交通运输系统，全面使用清洁能源汽车，建设绿色社区，强化低碳生活方式的宣传。

二是严格控制大拆大建的规划方式，合理改造尚在使用年限内的建筑，延长已有建筑的使用寿命。明确限制政府部门的办公楼规模，防止奢侈建筑。新建公共建筑以及大型办公楼要采取节能设计，积极建设绿色公共建筑、绿色办公场所等示范项目，加快低成本绿色建筑的规模化发展与推广；对大型公共建筑进行能耗定额以及实施能耗为目标的供热体制改造新试点；逐步建立以实际节能减排数据为导向的可再生能源建筑应用技术体系，鼓励建筑领域能源合同管理，鼓励数据为导向的绿色建筑规模化发展。推广节能家电的使用，改造集中采暖设备，推动绿色照明工程和太阳能普及工程，降低民用住宅的能源消耗；控制新建住宅的单位住户面积。

三是制定逐步提高汽车燃料消耗量限值的分阶段标准，实施“强制性限值标准加财税政策”的监控体系，将二氧化碳排放量纳入车辆燃料消耗量监控体系的度量标准中，全面提高汽车交通的燃油经济性。建立以道路交通和轨道交通并行、私人机动交通为补充、合理发展自行车交通的城市交通模式；增加公共交通中环保型车辆的使用比例。以小型乘用车、公共交通客车为先期导入产品，在公共服务领域和私人消费领域推进新能源汽车试点示范运行，并逐步推进电动汽车的产业化和商业化。加快淘汰效率低、油耗高、排放超标的各类车用动力装置和落后产能，优化汽车产品结构。

（五）紧抓重点行业，推进低碳技术改造，制定长期低碳发展路线图

针对典型行业，包括火电、钢铁、建材、石化等高能耗、高污染、高排放行业以及交通、建筑等消费领域，编制重点行业近期（2016—2020 年）、中期（2020—2030 年）、远期（2030—2050 年）低碳技术清单，分析清单中的技术成熟度、成本效益以及温室气体减排潜力，制定低碳发展路线图。针对中国发展的不同阶段，明确温室气体减缓中长期目标，确立行业不同发展阶段内的低碳发展道路目标和途径，明确各时期国家需要重点支持的低碳技术、工程建设以及相应的政策体系。

（1）火电行业：继续优化发展燃煤发电和热电联产（Combined Heat and Power，CHP），大力发展水电，积极发展核电，加快发展风电、太阳能发电、生物质发电等可再生能源，推进分布式能源发展，根据地区条件适度发展燃气发电，在条件许可的地方发展抽水蓄能发电。进一步提高发电效率，加强节能减排工作。在继续淘汰高能耗的小机组、建设新型超超临界火电机组、促进节能减排技术研究的基础上，提高电力生产效率，降低厂用电率和供电煤耗，同时发展智能电网和分布式能源，降低输电线路损耗。

（2）石油和天然气行业：加大天然气勘探、开发、管网建设、资源引进，积极推动我国非常规天然气开发利用的速度；加快发展非粮生物燃油，提高油品质量。进行能量系统优化、耗能设备效率提升、自用能源替代、油气损耗降低、资源综合利用、新能源和可再生能源利用、甲烷气回收利用、能源计量与监控、供热系统优化、冷能和余热余压利用十大节能措施；在二氧化碳驱油（EOR）、二氧化碳捕集与利用（CCU）、二氧化碳捕集与封存（CCS）等技术领域要充分发挥石油行业的优势，开展示范工程。

（3）钢铁行业：继续坚持淘汰落后产能；集中对长流程炼钢的优化改进，继续推广已有的较成熟的节能技术（高炉煤气余压透平发电，干熄焦，烧结余热发电技术，转炉煤气回收利用技术，蓄热式燃烧技术，低热值高炉煤气-蒸汽联合循环发电，煤调湿技术，高炉鼓风除湿节能技术，建立能源管理中心），优化工艺过程中的关键指标；提高产品性能，开发新产品，延长钢铁产品的生命周期，升级钢铁产品技术。

（4）水泥行业：加大淘汰落后产能力度，促进新窑和改造窑采用现有的最佳

能效技术；发展循环经济，积极开展利用废弃物用作水泥生产的替代原料和替代燃料，加快推进水泥窑协同处置废弃物的步伐；支持低碳与负碳水泥新品种的开发，制定相应的建材标准和建筑标准，加速新兴水泥的应用；提高技术研发和创新能力，研发具有潜力的熟料替代品，开发新一代水硬性胶凝材料；大力发展适合现代建筑业需要的高品质水泥深加工产品。

（5）铝业：严格控制电解铝产能的盲目扩张；支持企业间开展多种形式的联合重组，提高企业市场竞争力。加强铝工业自主创新和集成创新体系建设，强化企业技术创新主体地位，培育自主知识产权核心技术，着力提升产业自主发展能力。开发和推广先进适用的电解铝温室气体减排技术与装备，以区域环境容量为标准，研究电解铝生产的合理规模，推进产业布局结构调整。

（6）建筑使用：在北方采暖地区要全面推广围护结构节能65%的标准；在广大城市推广以燃煤为主的热电联产集中供热方式，加快热电联产技术改革试点，同时推进供热体制改革。长江流域要开发基于热泵的技术，继续保持分散采暖，满足住宅的采暖与空调需求；对农村围护结构和炊事设备进行节能改造，推广太阳能热水器的使用，并因地制宜地发展生活用可再生能源；建立以数据为基础的节能管理，促进适宜的节能技术与产品的应用推广。

（7）汽车交通：汽车行业将采用先进的发动机技术、传动与驱动技术、车身轻量化技术、混合动力技术等，逐步提高车辆燃料消耗量限值的分阶段标准，合理调整汽车产品结构，稳步推进天然气、生物燃料等替代燃料的应用，大力培育发展新能源汽车并形成完整的产业链和初始产业化能力，优先发展城市公共交通，促进智能交通系统技术的应用。建立以燃料消耗量限值标准为基础、财税政策为主要实施手段的汽车产品节能管理制度，强化财税政策、技术政策、管理政策、金融政策的引导和支持力度，研究制定促进充电网络与电网融合的实施方案及新能源汽车基础设施建设规划，完善新能源汽车消费支撑体系，促进节能与新能源汽车产业快速培育发展。

（8）生物质废物燃气化：生物质燃气行业主要以填埋气体为利用对象和以生物质废物为处理利用对象来实施生物质燃气工程，扩大生物质燃气行业产能，优化生物质废物处理处置结构。以科技创新为动力，突破现代生物化工和清洁热化学等核心技术，提高行业科技自主创新能力；研发生化转化和热化学转化重大装备，强化产业整体技术水平和装备能力。

（六）开展碳税试点，发展国内碳交易机制，发挥市场机制作用

发挥市场在资源配置中的基础性作用，形成科学发展、促进二氧化碳排放控制的宏观调控体系。一是开展征收碳税研究与试点，有效促进企业采用低碳技术，提高产品附加值，向低碳化转型。碳排放税可采取阶梯式税率，征得的排放税用于资助气候友好技术研发和应对气候变化教育、宣传与培训等活动。二是推行碳排放配额制度，建立我国境内的碳排放贸易，推动企业节能减排行动，淘汰高污染、高能耗的企业；在条件成熟的地区以及重点行业试点自愿减排交易，降低企业或项目开发方的减排成本，提高企业的社会责任感。逐步完善我国碳排放交易市场机制，推出中国特色的自愿碳减排标准，掌握碳市场的价格话语权。

重点行业减排及低碳发展路径

行业温室气体减排是国际上应对气候变化的重要政策手段之一，也是自下而上落实温室气体减排的重要保障。上篇介绍了行业减排方法的提出和国际进展，国内外行业低碳标准现状及执行情况，针对中国电力、石油、钢铁、水泥、电解铝、汽车交通、建筑使用和生物质燃气八个重点行业评估了各行业温室气体排放现状、减排技术的发展水平与趋势，构建了行业温室气体减排潜力分析模型并核算了各行业减排的潜力、成本及路径，对行业低碳技术引进、国产化和再创新提出了对策建议。

第一章 行业减排方法国别分析

2014 年发布的 IPCC 第五次评估报告[①]，对重点行业的减排效果和减排政策进行了分析。在基准情景（Business As Usual，BAU）下，交通、建筑、工业和电力等领域的温室气体排放都将呈增长趋势，其中能源供应行业仍将是温室气体排放的最主要来源。同时，报告中指出，行业减排政策比整个经济系统政策更有效果，包括能效标准、产品标签等监管手段被广泛应用，并且被证明具有良好的环境效益。

一、行业减排方法的提出

行业减排方法简称为行业方法（Sectoral Approach，SA），是在全球性温室气体减排的大背景下提出的。日本是这一方法的最初主张者，希冀将该种方法作为后京都时代取代《京都议定书》的履约机制。在国际气候谈判中，大多数国家，尤其是发展中国家认为，人均排放是讨论气候变化问题的根本出发点，以发达国家和发展中国家人均排放巨大差异为基础的“共同但有区别的责任”原则，也成为《京都议定书》的基础。而日本提出的行业方法恰好完全摒弃了人均排放的概念，它以能源效率作为评估节能减排效果的基本指标，认为能源效率低的国家或

① IPCC（Intergovernmental Panel on Climate Change），即政府间气候变化专门委员会，是一个附属于联合国之下的跨政府组织，在 1988 年由世界气象组织、联合国环境规划署合作成立，旨在通过现有科学信息全方位评估气候变化及其影响。但事实上，其本身并不进行研究工作，也不会对气候或其相关现象进行监察，而是在全面、客观、公开和透明的基础上，利用公开发表的科学成果对与人类活动引起的气候变化及其潜在影响、适应和减缓有关的科学、技术和社会经济信息进行评估。第五次评估报告指出，全球变暖受到人类活动影响的可能性“极高”，这已是接近确定的事实。

地区应当承担更大的减排义务。由于日本在节能、减排和环保技术上处于世界领先地位，能源效率要远远高于发展中国家，甚至优于多数发达国家，所以行业减排方法实质是日本用以抵御气候谈判对本国产业竞争力冲击的一种手段。

尽管行业方法的初衷与我国在气候变化谈判中所持的利益相左，但撇开其中的政治色彩，这种方法仍不失为一种国内温室气体减排手段。在“十二五”“十三五”规划中，我国都明确提出了单位GDP能耗和二氧化碳排放下降的指标。我国的一些产业，如以电力行业为代表的能源生产和转换行业，以水泥、钢铁为代表的高耗能行业，以及以汽车交通、建筑使用为主的第三产业消费侧等的能源消耗和温室气体排放量不可小觑。譬如，水泥行业和钢铁行业的温室气体排放量分别约占全国温室气体排放量的11%和12%，电力行业的温室气体排放量占全国燃料燃烧总排放量的50%以上，而建筑使用的能耗占全国能源消耗的25%～30%。由此可见，以行业作为抓手实现能耗和二氧化碳排放下降的目标是极为必要的。

此外，伴随全球贸易的加强，尤其是我国加入WTO之后，我国企业已有很多成为相关国际行业协会（组织）的成员。目前很多国际协会（组织）已经实施或正在制定行业内的减排方法，这样一来我国企业就不可避免地会受到节能减排方面的强制性要求。因此，从某种意义上来说，单独的行业协会（组织）减排模式已经避开《京都议定书》对我国的相关产业形成了减排约束。例如，国际铝业协会（IAI）、国际钢铁协会（WSA）、世界可持续发展工商理事会（WBCSD）、油气行业气候倡议组织（OGCI）已分别对铝、钢铁、水泥和油气等制定了全球范围的行业减排框架；国际海事组织（IMO）和国际航空运输协会（IATA）亦对各国的航空航海提出了温室气体减排要求。不过由于利益相关国家的反对，部分行业的减排行动并没有得以顺利推进。

二、行业减排方法分类

目前对行业减排方法的概念尚无统一定义。简单来说，行业减排方法是一种从行业入手的控制温室气体减排的手段或措施。它针对相应的产业特征进行设计，对某种行业实施特定节能减排需求下的监管和调整，因此行业减排方法的实质是一系列的政策手段。

不同研究机构和学者从各种角度界定了行业减排方法的不同分类体系。从已形成的国际气候协议中整理，世界资源研究所（WRI）将行业方法主要分成排放目标、信用机制和标准三类。其中，排放目标又常与信用机制联合实施。国际能源署（IEA）则区分了国内行动和国际行动、发达国家和发展中国家的差别，形成了国家层面的定量方法、可持续发展的政策和措施（SD-PAM）、跨国的定量方法和基于技术的方法这四种行业方法。欧洲政策研究中心（CEPS）按照方法制定和实施的思路，将行业方法分成自上而下和自下而上两种形式。清华大学全球环境政策研究中心将上述提及的方法归纳为基于政策（如 SD-PAM）、基于技术（如标准）和基于排放（目标和信用机制、排放交易系统等）三种行业减排方法类别。

由此可见，行业减排方法包含多种要素，涉及方法制定主体、地理区域、是否有法律约束力、目标制定形式等方面。在这些基本要素的基础上全面建构了行业方法的分类体系（表 1-1）。

表 1-1　行业方法分类体系

<table>
<tr><th>第一层次</th><th>第二层次</th><th colspan="2">具体措施</th></tr>
<tr><td rowspan="6">国家层面</td><td rowspan="2">行政命令型</td><td colspan="2">行业淘汰落后标准和准入条件</td></tr>
<tr><td colspan="2">行业产品能效限额标准</td></tr>
<tr><td rowspan="3">经济激励型</td><td colspan="2">增值税、所得税和消费税等的减免和差别征收</td></tr>
<tr><td colspan="2">设立专项基金和财政补贴</td></tr>
<tr><td colspan="2">碳市场建立（区域排放限额交易）</td></tr>
<tr><td>自愿型</td><td colspan="2">节能自愿协议</td></tr>
<tr><td rowspan="6">国际层面</td><td rowspan="4">自上而下</td><td rowspan="2">排放目标（总量、强度）</td><td>有法律约束力</td></tr>
<tr><td>无法律约束力</td></tr>
<tr><td rowspan="2">市场手段</td><td>排放信用机制</td></tr>
<tr><td>排放交易</td></tr>
<tr><td rowspan="2">自下而上</td><td rowspan="2">基于技术</td><td>技术标准</td></tr>
<tr><td>技术转让和研发</td></tr>
</table>

行业方法分类体系中，第一层次是按照地理区域划分的。国家层面的行业方法一般指一国直接或间接针对行业减排设计的自主行动和政策措施，发展中国家着眼于提高能源利用效率的举措也可被认为是国家层面行业方法之一。根据减排方法的责任主体，可将行业方法分为行政命令型、经济激励型和自愿型三种类型。

行政命令型完全强调一国政府在方法制定和实施中的“权威性”，一旦颁布这种类型的手段，所辖行业就要无条件执行相关规定。隶属这一类别的措施包括政府针对行业制定的淘汰落后要求、行业准入条件、行业产品能耗限额标准等。

经济激励型手段突出市场优化资源配置的优点，这种方法通过调节市场中的经济要素，如税收、补贴或是考虑温室气体排放外部性而创造新的市场等，使能源效率提高和温室气体减排能够以最少的成本实现。

自愿型减排方法参与方为政府和企业，责任主体为企业。最典型的方式是节能（减排）自愿协议，该种协议是指工业企业在政府有关政策的引导和鼓励下，自愿与政府部门签订节能协议，承诺在一定期限内实现设定的节能目标，待企业付诸实践后，政府为它们提供相应的优惠政策。

由于行业减排方法最初是被当成后京都时代气候谈判国际协议的备选方案之一的，所以大多数研究还是将行业方法的关注点放在对国际层面行业方法的总结归纳，以及如何将这些方法同气候谈判接轨这两方面问题上。从实施思路上来看，跨国性质的行业减排方法分为自上而下和自下而上两类。

设立行业温室气体排放或减排目标是自上而下方法中最常见的方式。目标的设定是为了对某行业未来一定时期内温室气体排放量或减排量形成约束。目标的具体形式有三种：总量目标、强度目标和基于 BAU 的相对目标（或称为行动目标）。总量目标对应的是排放量或减排量的绝对数值，强度目标的分母既可以是某行业生产的产品也可以是行业工业增加值，行动目标的表达形式包括 BAU 的排放量和目标相对 BAU 减少的百分比。三种目标形式各有优劣（表 1-2），适用于不同情况。

表 1-2　三种目标设定方式对比

目标设定方式	优点	缺点
总量目标	比较容易同排放交易系统结合	由于行业排放预测的不确定性很大，对行业设定固定目标有难度
强度目标	较容易预测，一般强度目标同行业的工艺过程、生产技术等密切相关，能消除总量目标中经济上的不确定性	目标的达到在很大程度上取决于分母，所以同减排的联系不太直观，欠缺明显的激励作用
行动目标	这种方法较适合于那些发展不确定的行业，或采取何种措施比较确定的行业	目标设定很大程度依赖于基准线（BAU）的计算

设定目标之后就是采用何种工具实现既定目标。同碳市场相关的行业排放交易（Sectoral Emission Trade，SET）和行业信用机制（Sectoral Crediting Mechanism，SCM）是两种最典型，也是讨论度最高的方法。行业排放交易对应前述的总量和强度两种目标形式，交易产生的前提是分配排放配额。排放配额分配的方式主要有拍卖和免费分配两种。在预期时间排放量超出配额的企业将要向未超出配额的企业购买配额。与第三种目标形式对应的是行业信用机制，它首先设立一个基准线（BAU 情景），如果行业的温室气体排放量要低于这一基准则该行业就获得了一定数量可交易的排放信用。从某种意义上来说，行业信用机制就是行业层面的清洁发展机制（Clean Development Mechanism，CDM）。

基于技术的行业减排方法是常见的自下而上的手段。技术标准包括在行业某种生产工艺或技术上强制使用规定的技术，以及对行业某种生产工艺过程或某种产品的使用过程（如汽车）的能源消耗水平做出规定（目前很少有直接对温室气体排放水平做出规定的标准，往往是通过提高能源效率间接减少温室气体排放）。技术研发投入和技术转让是指发达国家对发展中国家在减排上的援助措施。发达国家通过向发展中国家转让先进的节能减排技术可以获得一定量的排放额度。

三、国外行业减排方法综述

发达国家早就开始了温室气体减排行动，在各自制定的温室气体减排目标之下，各国在行业减排方法方面开展了大量的工作，可以概括为经济手段、技术标准以及自愿行动等多方面。在这些方法中，各国各有侧重，其中美国以自愿减排为主，是其最主要的行业方法；欧盟和英国则在碳排放交易系统方面颇有作为，采取了大规模的市场行为；德国则是将清洁能源发展和能效提高作为控制温室气体的主要抓手；而日本的“领跑者”制度是最为成功的节能标准标识制度之一。

（一）美国

2014 年中美两国共同发表了《中美气候变化联合声明》。声明中，美国计划于 2025 年实现在 2005 年基础上减排 26%～28%的全经济范围减排目标并将努力减排28%。2009年年底，美国宣布其2020年减排目标为在2005年的基础上温室气体总排放量降低17%。为达到此目标，美国已经在多个层次上采取了行业减排方法。从行业方法在美国的实施情况来看，自愿合作项目占主导地位，覆盖范围包括电力、交通、工业等多个重要部门；相关低碳技术标准主要在已有标准基础上加以改进形成；全国性大规模碳交易市场尚未形成，在奥巴马政府公布的“清洁电力计划”（Clean Power Plan）被搁置后，美国建立碳排放交易机制的计划也无限期搁置。2017年6月美国特朗普总统单方面宣布退出《巴黎协定》，但数量众多的州政府、机构和行业仍然表态要继续推进温室气体减排。因此，美国过去应用的行业方法将会有何种走向，仍然有待国际社会的关注和观察。

1. 经济手段

美国在行业方法中采取的市场经济手段主要包括碳排放交易及税收抵免，具体包括温室气体交易系统和联邦生产税收抵免政策。

（1）温室气体交易系统

尽管布什政府未签署《京都议定书》，但奥巴马政府和美国部分地方政府基于地域实施了部分《京都议定书》中规定的合作机制和减排方式。北美地区三个主要的温室气体交易系统包括“地区温室气体计划”（Regional Greenhouse Gas Initiative，RGGI）、“中西部温室气体减排协议”（Midwestern Greenhouse Gas Reduction Accord，MGGRA）及“西部气候计划”（Western Climate Initiative，WCI），统称“三区域计划”。其中RGGI为区域性电力行业限额交易计划（Cap and Trade），MGGRA及WCI均为多行业温室气体市场交易计划。“三区域计划”的总参与方包括美国的23个州和加拿大的4个省，影响面超过美国人口的50%、温室气体总排放量的1/3，加拿大人口的3/4、温室气体总排放量的一半。该项计划的收入用于推广节能技术及可再生能源技术。作为美国目前最大的碳排放交易系统，该计划的局限性在于区域及行业限制。

2015年8月美国公布了“清洁电力计划”，该计划明确提出了使电力行业二氧化碳排放到2030年比2005年减少32%。这是美国第一次出台全国性减排措施。按照该计划，由美国国家环境保护局（EPA）设定各州的总体减排目标，由各州灵活选择方法来实现各自目标。该计划还特别提出了要建立碳排放交易机制。2016

年，由于美国政府内部和政党之间没有达成共识，“清洁电力计划”被搁置。

（2）联邦生产税收抵免政策

美国的联邦生产税收抵免政策（Production Tax Credit，PTC）的收益方是可再生能源行业，其目的是用以推动国家风能、太阳能、地热能及“闭环”生物能源等可再生能源行业的发展。该项目的运行模式：此类可再生能源发电厂运行的前十年中，每千瓦时电力可获得 2.1 美分的税收减免；对于生物质燃料、小型灌溉系统、沼气等，电厂给予每千瓦时 1.0 美分的税收减免。

目前该项目的最大受益者是风能行业。PTC 的实施促进了风能行业的快速发展，然而其有效性时断时续造成了风能行业发展的周期性。如 2003 年全美风能发电容量年增长率达 36%，为 1 687 MW；2004 年 PTC 暂时中断，新增风能发电容量达五年来最低点，仅为 400 MW；随着 PTC 效力恢复，2005 年和 2006 年的新增风能发电容量分别为 2 431 MW 和 2 454 MW。2007 年和 2008 年美国风能协会分别新增 5 244 MW 和 8 500 MW 发电容量。由于可再生能源电厂的审批和建设可能需两年时间，故企业所有者无法确定当工厂投入运行时 PTC 是否仍然适用。因此，PTC 政策的不稳定性阻碍了一些可再生能源企业的发展。

2. 技术标准

（1）能源之星

“能源之星”（Energy Star）项目启动于 20 世纪 90 年代，是一项能源效率标准。它除对电脑、网络服务器、照明设备、空调系统及其他家用电器等耗能产品规定能效标准之外，还对一些高耗能的工业部门，包括汽车组装、水泥、瓶罐玻璃、平板玻璃、冷冻油炸马铃薯加工、果汁加工、湿玉米加工、石油精炼、制药等采取能源绩效评价体系。项目的宗旨为降低消费品能耗、控制电力行业的间接温室气体排放。目前，“能源之星”已成为被澳大利亚、加拿大、日本、欧盟等多个国家和地区广泛采用的国际性能源标准。

（2）交通行业标准

美国交通行业的战略之一是在 2015 年前将新能源汽车的使用量提高至 100 万辆。为此，EPA 和美国交通部联合制定了一系列汽车燃油标准，主要包括平均燃油经济性标准（Corporate Average Fuel Economy，CAFE）、可再生燃料标准

（Renewable Fuel Standard，RFS）、中型及重型汽车新标准等。

美国“能源独立与安全计划 2007”（2007 Energy Independence and Security Act，EISA）是一项旨在提升能效、提高可再生能源比例的法案，该法案针对交通行业提出了 CAFE 及 RFS。CAFE 是美国针对汽车制造行业实行的燃油经济性标准。CAFE 乘用车标准为 11.7 km/L，而美国国家高速交通安全委员会（National Highway Traffic Safety Administration，NHTSA）在 2003—2007 年不断提升微型货车、小货车及 SUV（Sport Utility Vehicle）的燃料标准，从 8.8 km/L 直至 9.4 km/L。这一变化已经在 2012 年年初步实现了针对 2005 年后车型减排 42 Tg 当量二氧化碳的控制目标。另外，EPA 已对所有本国售出汽油采取 RFS，规定所有本国售出汽油中须含一定量的可再生燃料。中型及重型汽车是交通行业第二大温室气体排放源。EPA 及 NHTSA 于 2010 年 10 月宣布执行中型及重型汽车新标准。第一阶段标准针对 2014—2018 年售出的汽车减少 2.5 亿 t 温室气体排放量、节省 5 亿桶汽油。2016 年再次发布了第二阶段（2018—2027 年）燃油经济性和温室气体排放新标准，预期将降低相关二氧化碳排放 11 亿 t，节约 20 亿桶汽油。

（3）工业技术项目

“工业技术项目”（ITP）是美国能源部旨在提升工业能源效率、改善工业环境绩效的一项长期性计划。该项目覆盖的工业行业约占美国能耗的 1/3。项目目标为在 2020 年将整体工业能耗强度降低 25%，并广泛在工业行业内提供能源管理方法及先进技术。项目覆盖行业包括高耗能行业（化工、造纸、钢铁等）、高附加值行业（食品加工、金属制品、汽车制造）、高增长行业（计算机、电子等）、新型供能行业（生物燃料制造等）及具有庞大供应链的商业行业（批发零售业等）。ITP 为这些行业提供最佳可行技术（Best Available Technology，BAT）参考、技术支持及技术升级所需的人力和资金资助。

ITP 的成果：成功将 220 项以上的技术产业化；自项目实施起节约能源 1 015 Btu[①]；实现减排 1.03 亿 t；1991—2008 年获科技奖项 48 项；1995—2004 年获 156 项专利；通过技术转移帮助超过 16 000 座工厂。2011 年 12 月 ITP 项目更名为先进制造项目办公室（Advanced Manufacturing Office，AMO），开展一些卓有成效的联邦能效项目，为美国制造业继续提供技术和能源支持。

① Btu（英热单位）=1 055.06 J。

3. 自愿措施

自愿性合作项目是美国实施的最主要的行业方法之一。当前，美国的自愿项目主要有以下三项。

（1）电力行业自愿性项目

美国主要实施热电联产合作项目（Combined Heat and Power Partnership）及绿色能源合作项目（Green Power Partnership）。前者属于通过推广 CHP 项目降低电力行业环境影响的自愿性项目，它通过与能源消费者、CHP 行业及地方政府的合作，推广 CHP 项目，宣传其经济和环境优势；后者是 EPA 与有兴趣购买绿色电力的机构进行合作的项目。

（2）交通行业自愿性项目

交通及空气质量自愿项目（Transportation and Air Quality Voluntary Program）旨在通过与企业、市民组织、制造商和政府合作，降低排放，改善空气质量。大项目下包含三个子项目，分别是"Smartway Transport Partnership"（智能交通）、"The Green Vehicle Guide"（绿色机动车）和"Voluntary Diesel Retrofit Program"（使用柴油）等。

（3）综合性工业项目

美国还施行了多种综合性工业项目，以帮助能耗最高、排放最严重的工业部门实现节能减排目标，属于这类项目的子项目主要包括气候视野（Climate Vision）、未来工业（Industry of the Future）、高 GWP（全球变暖潜势）气体自愿项目（High GWP Gas Voluntary Program）等。其中，气候视野项目旨在推进行业采用清洁、高效、有利于温室气体减排的生产技术（表 1-3）。目前，已有 14 个行业协会及企业协进会与政府签订温室气体减排目标协议。这些合作伙伴涵盖多个重点温室气体排放行业，包括石油天然气生产、运输、精炼，电力生产，煤矿挖掘，制造业，铁路行业及森林产品等。合作行业的温室气体排放总量覆盖了全行业排放量的 90% 及全国总排放的 40%～45%。

未来工业项目旨在帮助美国能耗最高的行业增强其竞争力，加快节能高效技术的研究步伐。该项目促成了 300 多项工业技术的市场化，节约能源 3 500 万亿 Btu。

表 1-3 气候视野项目的计划指标

行业	衡量指标	迫切性/期限	承诺的工业组织	行业覆盖率（美国）/%
铝	每吨铝的温室气体排放（能源除外）	至2010年达到1990年水平的53%以下	铝业自愿合作伙伴	98
汽车制造	生产每辆车的温室气体排放	至2012年达到2002年水平的10%以下	汽车制造业联盟	90
水泥	每吨水泥产品的二氧化碳排放	至2020年达到1990年水平的10%以下	Portland水泥协会	95
化工产品	单位产量的温室气体排放	至2012年达到1990年水平的18%以下	美国化学委员会	90
电力	每兆瓦小时的温室气体排放	至2010—2012年达到2000—2002年水平的3%～5%以下	六个不同的行业协会（“电力伙伴”）	100
林业产品	无具体指标	至2012年达到2000年水平的12%以下	美国林业和造纸协会	—
石灰	每吨产品的燃料燃烧排放的二氧化碳	至2012年达到2002年水平的8%以下	全国石灰业协会	95
矿物	每吨产品的燃料燃烧排放的温室气体	至2012年达到2002年水平的4.2%以下	北美工业矿物协会	60～100
石油和天然气（精炼）	单位产量的能源消耗	至2012年达到2002年水平的10%以下	美国石油学会	
钢铁	生产每吨钢铁的能源消耗	至2012年达到1998年水平的10%以下	美国钢铁学会	70
铁路	每英里与运输有关的温室气体排放	至2012年达到2002年水平的18%以下	美国铁路协会	100

资料来源：周南，Lynn Price，Stephanie 等. 低碳发展方案编制指南[J]. 科学与管理，2013（4）：20-33.

高 GWP 气体自愿项目旨在降低非二氧化碳温室气体，如 PFCs（全氟化碳）、HFCs（氢氟碳化合物）、SF_6（六氟化硫）等高 GWP 的温室气体排放。项目涉及的领域有 HCFC-22 生产、初级铝冶炼、半导体生产、电力生产、炼镁等行业。这些行业通过改进其生产技术和生产流程达到减排目的。目前项目的实施成效显著，参与方承诺在 2010 年后保持排放水平在 1990 年水平以下。

（二）欧盟

欧盟一直是实施新的温室气体减排方案最积极进取的地区。2008 年 12 月，欧盟首脑会议通过了《气候行动和可再生能源一揽子计划》，核心内容是“20-20-20”协议，即承诺到 2020 年将欧盟温室气体排放量在 1990 年的基础上减少 20%，若能达成新的国际气候协议（其他发达国家相应大幅度减排，先进的发展中国家也承担相应义务），欧盟则承诺减少 30%；设定可再生能源在总能源消费中的比例提高到 20%的约束性目标，包括生物质燃料占总燃料消费的比例不低于 10%；将能源效率提高 20%。随后，欧盟又相继批准《〈京都议定书〉多哈修正案》和《巴黎协定》。表 1-4 中总结了当前欧盟仍在有效实施的条约及减排目标。作为应对气候变化的积极倡导者和实践者，欧盟已建立起全世界最大的碳排放交易系统，并颁布了多种类型的低碳技术标准。

表 1-4　欧盟参与的当前仍在有效期内的条约汇总

条约名称	有效期	减排目标
《〈京都议定书〉多哈修正案》	2013—2020 年	1. 温室气体排放量与 1990 年基准年相比减少 20%； 2. 能源结构中可再生能源占比 20%； 3. 能效提高 20%
《巴黎协定》	2020—2030 年	1. 温室气体排放量与 1990 年基准年相比至少减少 40%； 2. 能源结构中可再生能源占比至少达到 27%； 3. 能效至少提高 27%

1．经济手段

（1）欧盟温室气体排放交易系统

欧盟行业方法中采取的主要经济手段为多国排放权交易系统及政府行业配额。2005 年 1 月，欧盟开始实施减排温室气体的多国间排放交易系统（EU ETS）。EU ETS 的目标：将气候变暖限制在 2℃内；到 2020 年温室气体排放量在 1990 年的基础上至少减少 20%；到 2050 年降低 50%。交易系统涵盖了欧盟 CO_2 总排放量的 45%（截至 2015 年），涉及 27 个成员国的电力、交通、工业等主要温室气体排放行业，12 000 个工业设备。

在 EU ETS 下，欧盟国家在欧盟委员会认可下获得国家排放限制，国家再对排放权进行行业间分配，并对实际排放量进行监测和认证。排放权在欧盟成员国内的分配则由政府进行配额，分配方式包括总量限制和免费发放，针对不同行业、不同企业采取不同的配额措施。例如，欧盟对有显著“碳泄漏”[①]问题的行业（钢铁行业）企业，在其排放已经达标的前提下提供免费的排放配额。EU ETS 体系的执行期分为四个阶段。第一阶段（2005—2007 年）和第二阶段（2008—2012 年）前期在很大程度上是实验性的。在这些时期，大部分配额被无偿分配给污染的企业。如果企业超出其配额，他们可以从那些没有充分利用自己配额的其他实体购买。自 2013 年第三阶段（2013—2020 年）开始，拍卖已成为分配配额的默认方法，覆盖范围扩大到 17 个工业。特别是电力部门，需要通过拍卖购买配额。未使用的配额可在公司之间交换，以实现减少排放的成本效益最大化。图 1-1 显示了到 2030 年欧盟的总量控制交易与分配系统的进展与计划。欧盟 INDC 已经表明，2020 年后减排模式将不能再过重依赖排放权交易系统，第四期（2021—2030 年）的交易规则仍在讨论修改。

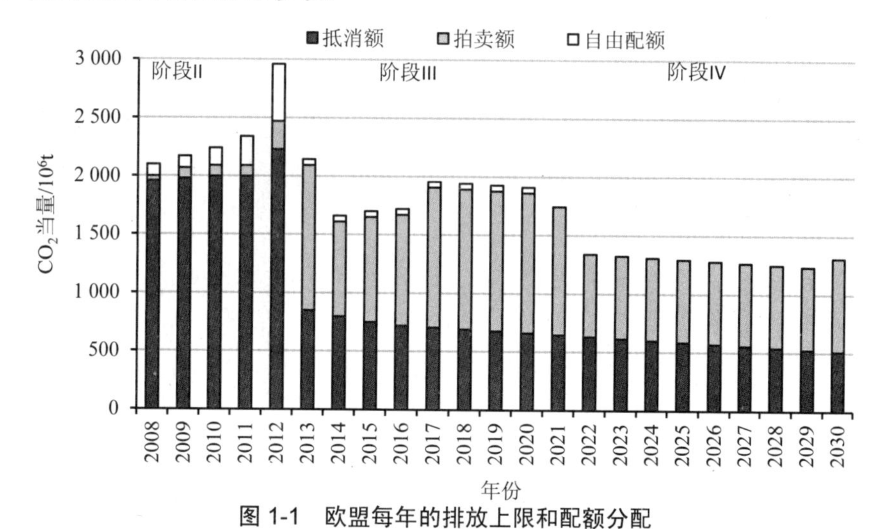

图 1-1　欧盟每年的排放上限和配额分配

（资料来源：Environmental Defense Fund，CDC Climat Research，and International Emissions Trading Association. European Union：An Emissions Trading Case Study. 2015：4）

① 碳泄漏是指当一个国家实施严格的环境政策可能会使本国内高能耗、高排放的工业（如钢铁业）设施转移至国外，这样可能会造成另一个国家温室气体排放量的上升，如此则不利于欧盟整体二氧化碳排放下降。

（2）税收及收费手段

欧盟还在多行业采取了一系列税收及收费手段。为降低道路交通温室气体排放量，欧盟已对 3.5 t 以上道路重型车进行收费，收取的费用将用于道路基础设施建设。另外，欧盟从 2004 年起对石油、煤炭、天然气及电力行业均设最低税率标准，并允许成员国对采取减排措施的企业提供税收优惠。

2. 技术及标准

欧盟于 2010 年 2 月成立“气候行动综合委员会”（Directorate-General for Climate Action，DG CLIMA）。该委员会除负责执行 EU ETS 外，还致力于推行低碳技术及适应性技术，其主要手段为向国家提供成本效益良好的技术推广机制和管理机制，同时也提供适当的经济资助项目。主要推广的技术包括碳捕集与封存技术、含氟气体处理技术、机动车效率标准、燃料质量标准等。

（1）技术份额（普及率）目标

欧盟针对多个能源生产部门制定了相应的技术份额目标：可再生能源电能产量在 2010 年年末需达到欧盟总电力消费量的 21%；生物质燃料用量在 2010 年年末达到总燃料销售量的 5.75%；通过“生物质行动计划”（Biomass Action Plan）推广生物质能源在供热、电力、交通等行业的应用，使其使用总量从 2003 年的 6 900 万 t 石油当量提升至 2010 年的 1.5 亿 t 石油当量。

（2）行业最佳可行技术标准

欧盟综合性污染预防与控制机构（Integrated Pollution Prevention and Control，IPPC）为重污染工业设施的建立制定标准，此类行业许可证需在满足最佳可行技术的条件下获得。BAT 的评价标准体系包括能源效率及温室气体排放标准等，这些标准的制定使 BAT 技术的实施在温室气体减排中起到了重要作用。

（3）行业能源绩效评定

这类标准主要是针对消费侧的能耗及温室气体排放的。建筑使用能耗占欧盟总能耗的 40%左右，因此控制建筑使用的能耗将切实减少欧盟温室气体排放。与此相对应的是欧盟“建筑能源绩效”（Energy Performance of Buildings，EPB）项目，它根据全欧盟通用的建筑能源绩效评估方法设立了最低绩效标准。该标准适用于 2006 年 1 月起所有新建筑及旧楼改造工程。楼主被要求向买家和租户提供楼房能源绩效证书。另外，针对家用电器，欧盟要求其内部售出的家用电器均需贴有能源评级标准，以帮助消费者选择高能效产品，促进生产厂家改进技术提高能效。

3. 自愿措施

（1）企业自愿减排协议

企业自愿减排协议就是企业和政府双方自愿签订的涉及环境保护、节能降耗方面的协议。在欧盟内部，各国政府通过与企业签订自愿减排协议，以各种税收和财政优惠的方式鼓励企业完成其承诺的节能目标，这对企业形成了正面激励，促进了节能减排的良性循环。

（2）马达挑战项目

“马达挑战项目”（Motor Challenge Program，MCP）是欧盟实施的一项自愿性减排项目。该项目旨在提高空气压缩机、水泵等马达驱动系统的能源效率，工业企业针对自身的压缩机等耗能设备所进行的能源审计和实施的节能改造将获得政府的经济资助。

（三）英国

英国是应对气候变化策略最早的支持者和执行者之一。英国在2008年成立了能源与气候变化部（Department of Energy & Climate Change，DECC），将能源政策与气候变化政策紧密结合，其主旨在于合理管理和使用能源、调整能源结构，逐步创建低碳社会。

英国也是最早采取大规模市场策略的国家之一。欧盟碳排放交易系统即在很大程度上借鉴了英国碳交易市场的经验。另外，2001年英国在全球率先推出并开始对多个行业征收气候变化税。2008年，英国又颁布实施了《气候变化法案》，成为世界上第一个为温室气体减排目标立法的国家。按照该法案，英国政府必须致力于发展低碳经济，到2050年达到减排80%的目标。英国政府近年来连续颁布了《英国可再生能源战略》《英国低碳转变战略》《英国低碳工业战略》《低碳交通：绿色未来》等战略规划。

1. 经济手段

（1）碳减排承诺能效计划

碳减排承诺能效计划（CRC Energy Efficiency Scheme，CRC EES）是英国自2010年4月起实行的一项全国性强制项目，旨在提升能效、降低温室气体排放量。该计划覆盖超过2万家企业及组织，其排放量约占英国总排放量的10%。企业是否参与CRC EES计划不决定于其行业，而是决定于企业年电力消耗量。符合参与条件但是拒不参与的企业将面临罚款。该计划要求参与企业监测并定期公开其温室气体排放量，并从政府处购买排放许可证，许可证机制将为企业提供节能减排的激励。据估计，企业由于提升能效而节约的收入将远超过CRC EES项目的参与费用。英国政府将每年发布企业绩效表评价参与企业或组织的表现情况。政府出售许可证获得的收入（到2014—2015财政年度达10亿英镑）将用于公共财政。据估计，该项目将在2020年实现碳减排120万t。

（2）排放权交易

英国参与了欧盟ETS创建，同时它在国内还有并行的碳排放交易系统（UK ETS）。UK ETS是世界上第一个覆盖全经济体的多行业自愿性排放权交易系统，该系统与英国气候变化税并行，选择参加此项目的企业可获得税收减免。UK ETS的最初参与者为34家企业，后扩展至英国经济的56个部门，现已停止接收新成员。根据英国国家审计办公室和英国环境、食品及农村事务部（Department for Environment Food & Rural Affairs，DEFRA）的报告，UK ETS已经取得了一定的减排成果，但并未达到最优效果。

（3）气候变化税

英国气候变化税（Climate Change Levy，CCL）从2010年4月起实行，面向所有工业、商业和公共部门征收。该税种依据其煤炭、油气及电能等高碳能源使用量来计征，如果使用生物能源、清洁能源或可再生能源则可获得税收减免。该税种2001年的起征税率为电力0.43 p/（kW·h）[①]，煤炭和天然气0.15 p/（kW·h）；自2007年起由于通货膨胀税率有所上升。部分CCL收入用于支持碳信托基金等气候变化项目。类似税种还有燃料税、车辆行驶税和航空乘客税等。

---

① p/（kW·h）中p为penny，便士，1便士为0.01英镑。

（4）碳信托基金

碳信托基金（Carbon Trust）是英国政府实行的一项致力于低碳技术推广和提高企业能效的计划，其部分资金来自气候变化税。除去对燃料电池、潮汐能、风能、太阳能、生物质能等行业提供资金支持外，该项目还帮助企业计算产品的温室气体排放强度，并为产品碳足迹提供“碳标签”。同时，该计划建立了“碳信托基金标准”，为各年度计算并降低碳排放总量的企业和组织颁发奖状。

2. 技术标准

上述的碳信托基金还为多个行业提供低碳技术建议和标准，这些行业涵盖供给、需求、能源输送等多个阶段，包括多种可再生能源行业、热电联产、碳捕集与封存、能源输送分配、燃料电池、建筑、照明、工业等部门。其中，重点合作的工业部门包括饲料生产、沥青生产、塑料瓶、制砖业、乳品业、洗衣业、微电子业、造纸业等。

英国一直重视可再生能源的发展，英国政府颁布的“可再生能源标准”（Renewables Obligation）于2002年4月1日开始执行。该标准要求所有电力供应商必须由可再生能源提供其一部分电力。可再生能源比例将由2002—2003年度直至2015年持续增长，由2002—2003年的3%增至2010—2012年的10.4%，最后增至2015—2016年的15.4%。英国政府在2006年宣布其2020—2021年目标为20%。天然气与电力市场办公室（Office of Gas and Electricity Market，OFGEM）为每单位千瓦时可再生能源电力提供交易许可证，即“可再生能源标准许可证”（Renewable Obligation Certificates，ROC）。该标准也对电力生产方式进行规定，如2016年起生物质与煤炭燃料共同燃烧发电将不被算作可再生能源发电。交通燃料可再生能源标准也是一项即将实施的单独法令，该法令要求道路燃料中必须加入2%的生物乙醇或5.75%的生物柴油。

（四）德国

从全球范围来看，德国在发展清洁能源、提高能源效率和减少温室气体排放方面所取得的成绩有目共睹。近年来随着德国可再生能源的发展和各行业能效的提高，其温室气体排放量迅速减少。2008年，德国温室气体排放量为9.45亿t，较1990年减少22.2%，在第一承诺期首年就超额完成了承诺期全部的减排任务[①]。从温室气体排放源来看，德国源于电力和交通的排放量占80%，工业过程排放占12%，农业排放占5%，废物处理排放占1.2%。因此，电力、交通和工业部门一直是德国温室气体减排的重点领域。

在德国政府看来，环境政策不应被视为经济发展障碍，经济最优本身就应当是聪明的环境政策，因此德国以“供应安全”“经济效率”和“环境可承载”作为其三大能源政策，并以充分发挥市场作用作为解决能源环境问题的首选。2000年10月，德联邦内阁就通过了首份《气候保护国家方案》，为住房、交通、工业、能源、可再生能源、废物管理和农业七大部门提出了64项减排措施，并由此以后不断对行业措施进行增补和细化。

1. 经济手段

(1) 经济补贴

德国政府对企业的政策扶持和经济补贴是交由行业协会执行的。在节能减排工作中，政府非常重视发挥行业协会的作用，他们把目标任务下达到各行业，由各行业协会负责执行。行业协会不仅投入资金（政府的资金由行业协会执行）帮助企业对老设备进行改造，还通过加强节能减排技术研发和行业监管等措施促进本行业完成政府的节能减排目标任务。同时，政府非常重视行业协会建设，不仅给予政策倾斜，而且给予资金扶持，使行业协会得以健康发展，协会的职能也得到很好的履行。如德国钢铁协会就设有管理中心、研究中心和运营中心。研究中心还设有专门的研究所，并设技术、信息、政策和市场四个部门，担负着技术研发、市场营销监管、就业、法律研究、调研、贸易和统计等职能。

(2) 低息贷款

低息贷款主要集中在德国建筑使用行业。德国政府为建筑节能改造项目提供低息贷款，秉承能耗降低幅度越大贷款利息越低的准则。德国通过房屋节能改造，每年可节油550万m^3，节能经济效益显著，同时也为建筑业带来前景广阔的市场

① 根据《京都议定书》，欧盟作为整体应在第一承诺期即2008—2012年将其温室气体排放量以1990年为基准减少8%。为履行这一承诺，欧盟通过内部谈判将议定书规定的减排任务分配到各成员国，其中德国承诺减排21%。

机遇。

（3）收费及税收

收费原则是德国制定节能减排法律法规的基本原则之一。根据此原则，德国在促进节能减排方面采取了一系列税收措施。从 2001 年 11 月起，德国对每千克含硫量超过 50 mg 的汽油和柴油每升再加收 1.53 欧分生态税；从 2003 年 1 月起，将含硫量标准调整为 10 mg/kg，使超过该标准的汽油和柴油每升加收的生态税累计达到 16.88 欧分，此举使德国一次能源消耗量不断下降。

2. 技术标准

德国设立了《能耗标识法》和《乘用车强制能效标识规定》。《能耗标识法》规定，冰箱、洗衣机、空调、电磁炉和电灯泡等电器必须贴有能耗标识，能耗标识所反映的能耗状况分为从最高能效的“A++”级到最低能效的“G”级。根据《乘用车强制能效标识规定》，新车销售点必须在乘用车上或其附近标明该车的耗油量和二氧化碳排放量。这些有关能耗标识和排放标识的规定，有助于消费者选择更加节能环保的产品，同时也对企业降低产品能耗起到刺激作用。

3. 可再生能源目标

德国不仅把可再生能源发展作为确保能源安全和能源多元化供应以及替代能源的重要战略选择，而且也把它作为减少温室气体排放和解决化石燃料引起的环境问题的重要措施，并已制定了发展可再生能源的目标。如政府设立可再生能源在供暖用能的比例到 2020 年要达到 14%的目标，规定有效使用面积 50 m^2 以上的新建建筑供暖必须使用一定比例的可再生能源，各州可以将这一义务扩展到已有建筑；各类可再生能源及其混合都可以使用，不愿使用可再生能源的可以采取其他替代措施。相应地，各州也都制定了具体目标，如巴符州规定从 2008 年起，住宅 20%的热电供应必须由可再生能源提供。

（五）日本

日本在 20 世纪 90 年代促成了《京都议定书》的签订，但从那以后其进展一直非常缓慢。2004—2014 年的 10 年间，日本的温室气体排放量一直保持相对稳定，在每年 1 251 万～1 412 万 t 二氧化碳当量之间波动。根据日本的 INDC，日本将在 2030 年与 2013 年基准值相比减少温室气体排放 26%。不过与作为《京都议定书》减排基准年的 1990 年相比，新减排目标仅相当于减排 18%。在其计划中，日本将运用国际碳排放交易权作为减少本国排放的一种手段。

1. 经济手段

（1）联合合作机制

日本认为气候变化应该通过全球合作解决，因此它是国际碳信用的坚定支持者，并通过此举措与发展中国家分享低碳技术，实现互利共赢。日本现已和 13 个国家创建了双边协议，实施项目获得碳信用额。与欧盟采用的集中式全球体系不同，联合合作机制有独特的碳交易体系的管理和实施机制，是双边化的，具有分散性。联合合作机制是日本达成 INDC 目标的一个主要途径。

（2）排放权交易制度

日本的排放权交易制度有两个，一个是地区性质的排放权交易系统，目标区域为京都。该制度下排放权的配额方式是免费发放的。交易分两期执行，一期为 2010—2014 年，二期为 2015—2019 年。另一个是自愿性质的排放交易系统，称为 J-VETs，自 2008 年 10 月 21 日开始正式实施。企业自主设定减排的目标并申报，由政府审核通过后，企业为达成该目标进行减排，企业间可以相互购买剩余的排放量。该制度主要是为了降低工业产业整体的二氧化碳排放量，但该项目施行的效果不佳，结果是每个企业都完成了自己设定的削减目标，所以整个市场不存在交易行为，导致交易制度失去意义。

（3）补助金制度

日本政府对于企业引进节能环保设备、实施节能技术改造给予总投资额的 1/3～1/2 的补助（一般项目补助上限不超过 5 亿日元，大规模项目补助上限不超过 15 亿日元）。2008 年出台了新能源补助金制度，对 60 项节能和新能源项目给予补助。例如，对于企业和家庭引进高效热水器给予固定金额的补助，对于住宅、建筑物引进高效能源系统给予其总投资 1/3 的补助。

2. 技术及标准

（1）“领跑者”制度

“领跑者”制度是日本独创的一种“鞭打慢牛”的促进企业节能的措施。以同类产品中耗能最低的产品作为“领跑者”，然后以此产品为规范树立参考标准，对于在指定时间内未能达到规定标准的，将公布企业和产品名单，并处以罚款。目前，日本已在汽车、空调、冰箱、热水器等21种产品中实行了节能产品“领跑者”制度。该制度已经成为世界上最为成功的节能标准标识制度之一。

（2）创新技术21

2008年3月5日，日本经济产业省制定并公布了“凉爽地球能源技术创新计划”（Cool Earth：Innovative Energy Technology Program），选定了21项能够大幅降低二氧化碳的技术作为创新攻关的重点（又称“创新技术21”）。这些技术涵盖了发电输出部门、运输部门、产业部门、民生部门以及横跨各部门的创新技术，通过新原理、新材料、新制造流程以及关键技术的系统化、实用化来实现技术性能跨越性的提高。该计划确立了一整套具体的“技术开发路线图”，主要包括技术现状分析、技术目标和实现时间设定、技术效果说明以及技术普及方法四个部分。

（3）低碳技术计划

2008年5月19日，日本综合科学技术会议公布了“低碳技术计划”，从长期战略的视角明确了日本低碳技术创新的五大重点领域——超燃料技术领域、超时空能源利用技术领域、节能型信息生活空间创生技术领域、低碳型交通社会构建技术领域以及新一代节能半导体元器件技术领域，筛选出包括超导输电、热泵等在内的36项技术。为了更加有效地推动上述五大领域的技术创新，日本政府制定了中长期技术战略，明确了技术发展的优先顺序、实现时间和发展路径，还对一些具体的推进措施进行了阐述。

（六）印度

印度目前为世界第三大温室气体排放国，也是非常容易受气候变化影响的国家。2009年，印度就主动承诺于2020年前将GDP排放强度在2005年的水平上降低20%～25%；至2010年，已经将GDP排放强度在2005年的水平上降低了

12%。2015 年 10 月，印度政府公布了其 INDC 预案，目标是在国际支持下，在 2030 年把单位 GDP 排放强度在 2005 年的基础上降低 33%～35%；同时，将非化石燃料在其能源结构中所占比重从 30%增加到 40%左右，由此在 2022 年增加 1.75 GW 的可再生能源生产能力。印度政府采取优化能源结构、大力发展可再生能源等措施减排温室气体。《国家税收政策（2006）》要求 Himachal Pradesh 和 Tamil Nadu 两大国有公司 2009 年和 2010 年可再生能源配额分别达到 10%和 20%。按照《农村电气化政策（2006）》的要求，2012 年所有村都要通电，边远地区的农户至少要用上可再生能源电力。同期，为了向世人展示其减排的努力和措施，印度政府发布了《气候变化国家行动方案》。

1. 经济手段

印度针对行业执行的促进减排的经济手段主要是贷款和津贴。贷款和津贴的重点对象是出口工业部门，具体形式为销货贷款和市场开发津贴两种。销货贷款是指面向出口的外国投资企业提供贷款，保证外资企业在产品销售时有充足的资金用于周转。出口市场津贴是对从事出口商品生产的外国企业和合资经营企业给予扣除国外市场开发费或经营费用优待。

印度制定的应对气候变化行动计划还列出了如下措施，以确保其行动得到相应的资金支持：

①配置约 370 亿元人民币的减排基金；

②引入基础设施免税债券，帮助可再生能源项目融资；

③减少化石能源补贴；

④将煤炭税提高四倍，明确用以资助清洁能源项目。

2. 印度排放交易体系

印度没有对温室气体排放的绝对量进行控制的排放交易体系。相反，它通过实行绩效达成交易计划（PAT）创造了一个间接温室气体减排市场，发行并管理节能证书交易，从而实现节能成本最低。根据该方案，设备整体效率预计每年将提高 1%～2%。另一个类似项目是可再生能源信用交易系统（REC），可以促进可再生能源发展，即使是潜力较低的区域。根据该项目，印度政府规定了电力公司需购买占其总电量一定比例的可再生能源电力的目标。因此，很多公司选择生产和销售可再生能源或购买可再生能源信用。

（七）澳大利亚

澳大利亚是全球最大的煤炭出口国之一，全国约80%的电力生产都依赖于煤炭。澳大利亚温室气体排放量虽然只占全球总排放量的1.5%左右，但由于严重依赖煤炭发电，人均温室气体排放量已超过美国。澳大利亚气候变化和水资源部发表报告指出，从1998年9月至2009年3月，澳大利亚的温室气体排放量平均每年增加了1.6%。澳大利亚的INDC确定2030年排放量将比2005年减少26%，最多可能减少28%。澳大利亚具体的行业减排方法包括以下三类。

1. 行政命令型手段——法律

2008年7月1日，澳大利亚《国家温室气体及能源申报法》正式生效。即日起，一旦企业每年的温室气体排放量超过12.5万t，或是能源消耗（或制造）量超过500 MJ就必须汇整相关数据，以符合法令规定的年度申报要求。此外，若是企业使用了排放控制设施，但排放超过2.5万t的温室气体或消耗（或制造）100 MJ以上的能源，也必须呈报排放数据。

2. 经济手段

2007年11月澳大利亚签署《京都议定书》之后，总理陆克文承诺，澳大利亚将于2050年前将温室气体排放量在2000年的水平上减少60%。为了实现这个颇为严格的承诺，2008年澳大利亚政府提出“碳污染减排机制”（Carbon Pollution Reduction Scheme，CPRS）法案，第一次正式提出排放交易体系（ETS）计划，但遭到强烈反对。2011年2月，澳大利亚宣布引入固定碳价计划（Carbon Price Mechanism，CPM），作为实施碳排放交易机制的过渡做法。2011年11月8日，澳大利亚国会通过了包含CPM的《清洁能源法案》，明确从2012年7月1日起实施三年的CPM后，2015年7月1日正式建立澳大利亚ETS，成为继欧盟和新西兰之后第三个国内引入ETS的发达国家。同时，为减轻企业、消费者的负担附有一系列财政补偿计划。但由于澳大利亚碳税政策还存在一些缺陷，该计划于

2014 年 7 月被提前废除。目前实行的激励政策是减排基金（Emissions Reduction Fund），为澳大利亚已开展的可再生能源，电器、设备和建筑物的能源效率标准等已有的减排项目提供经济激励。

3．技术标准

由于澳大利亚温室气体排放的主因在于大量使用电器设备，因此从 2008 年 6 月起，政府共花费 14 000 万美元促进电器及气体使用的能源效率的提高。这项计划包含实行 10 颗星的能源分级系统、温室气体及能源消耗最低标准（Greenhouse and Energy Minimum Standards，GEMS），以及加速实施产品待机模式能耗在 1 W 以下等要求。

四、国际行业减排方法及发展趋势

对于那些竞争性的行业，如铝、钢铁等，相关的国际协会或组织已经在全球范围（至少是会员范围）实施了基于本行业的温室气体减排方法。由国际行业协会或组织为主实行的行业减排方法的范式通常为：第一步设定行业减排目标；第二步确定数据收集和计算方法；第三步给会员企业采取的措施提供相应的建议。

（一）国际铝业协会

国际铝业协会（International Aluminium Institute，IAI）由全球主要铝业企业参与，目前共有 27 个会员企业，其对应的铝初级产品产量占全球的 80%以上。

IAI 提出的行业减排目标涉及三个方面：①铝生产直接排放的温室气体 PFCs，它规定单位产品 PFCs 在 2010 年的排放量相比于 1990 年要降低 80%；②熔融冶炼和氧化铝精炼时对电力和燃料的节约，它规定在 2010 年单位产品的熔融能源消耗以及氧化铝精炼的能源消耗比 1990 年降低 10%；③增加铝产品的重复利用率以及促进铝金属在轻型机车上的使用，从而降低车身重量，减少整车油耗。由于减排目标已经基本完成，IAI 正在酝酿制定 2020 年更为严格的行业减排目标。建立全球范围内铝行业碳排放交易体系的讨论也正在展开。

为评估铝行业是否达到自愿设定的目标，数据的收集工作异常重要。IAI 基于铝生产生命周期方式构架了数据收集的指标体系，涵盖行业可持续发展中的环境、经济和社会等方面因素。数据采集的对象是覆盖了全球熔炼、氧化铝精炼和矾土矿开采 64%以上的企业。行业温室气体排放测量和计算的方法是参考 IPCC 的温室气体排放清单制定导则、ISO（国际标准化组织）温室气体管理导则、生命周期标准和 WBCSD/WRI 的 GHG 协议。

（二）国际钢铁协会

国际钢铁协会（World Steel Association，WSA）的会员包括了全世界 180 个钢铁生产企业、国家或区域的钢铁产业协会和钢铁研究机构，其生产性会员的钢铁产量占全世界产量的 85%。WSA 目前推行的行业减排方法是用淘汰落后生产技术、促进关键技术的研发等此类基于技术的行业减排框架取代排放配额交易系统。在该种方法中，WSA 强调了四个方面的内容：①新型钢材的开发和应用以保障钢材使用的能源效率提高；②对钢铁生产过程二氧化碳排放有显著降低作用的突破性技术给予研发经费支持；③通过技术对标和技术转移，促使现在所有的钢铁企业的能效、温室气体排放等表现都能够达到目前最佳可行技术的水平；④针对钢铁企业的二氧化碳排放建立一整套测量和报告系统，以便于全球钢铁企业标准的制定。其中，WSA 尤其重视数据收集。同 IAI 一样，WSA 数据收集的原则是基于钢铁生产全生命周期，涉及钢铁生产的炼焦、烧结（球团）、炼铁、炼钢到最终轧钢等工序。WSA 已经制定了数据申报和审查原则，严格评定厂级数据的可信性。

除了 WSA，欧盟钢铁产业联合会（European Confederation of Iron and Steel Industries，EUROFER）在钢铁行业基准线设定方法学上已经积累了很多工作经验，它们在产品生命周期的基础上，给与钢铁生产相关的所有产品（包括副产品在内）做出“二氧化碳排放标记”。碳标记可以为钢铁行业排放交易系统配额设定奠定基础。

（三）水泥可持续发展倡议组织

水泥可持续发展倡议组织（Cement Sustainbility Initiative，CSI）是由 23 个主要的水泥生产方发起的，旨在促进水泥行业可持续发展。这些企业的水泥产量占据了世界水泥总产量的 1/3。CSI 运用了行业减排方法模型，在这个模型中发达国家采用的是总量目标配以排放交易系统，而发展中国家采取的是强度目标。

在技术层面，为了达到相应目标，CSI 推荐了四种温室气体减排的手段：①提高热效率和用电效率；②替代燃料——通过使用生物质替代水泥熟料煅烧的传统燃料是最为关注的一项措施，但这一措施的普及很大程度上取决于国家和地方政府的政策偏好；③熟料替代——这可能意味着一些国家需要改变它们的水泥产品标准；④碳捕集与封存技术——对于水泥行业长远的二氧化碳减排来说，这是一项很关键的技术，但现在该技术面临较大的不确定性。

在机制上，CSI 主张后续使用排放配额管理和交易体系的经济手段，可通过无损目标方式鼓励新兴经济体政府参与，然后可将行业目标分解为国别行业子目标。除此之外，CSI 也重视在各个国家或地区的水泥企业得到“正确的数据”，具体工作包括建设行业内现有的技术数据库以及标准设置体系。

（四）油气行业气候倡议组织

油气行业气候倡议组织（Oil and Gas Climate Initiative，OGCI）是由石油公司发起的应对气候变化的国际组织，2014 年 9 月在联合国气候峰会上正式成立，成立初期有 7 个成员企业，目前已发展到 10 个成员企业，其油气产量占全球石油和天然气产量的近 25%，能源供应占全球的 10%。OGCI 旨在通过油气公司共同努力，为全球经济发展提供更多清洁能源，同时减少温室气体排放，为减缓气候变化提供可行的解决方案。

2015 年，OGCI 发表共同宣言，支持在 COP 21（第 21 届联合国气候变化大会）期间缔结切实有效的气候协议。OGCI 的 2016 年年度报告显示，该组织正在进行或未来的规划将在四个重点领域开展：甲烷排放、CCUS、工业和交通效率。2016 年 11 月，成员公司宣布成立了 OGCI 气候投资公司，在未来 10 年计划投资 10 亿美元以加速创新技术的发展。这些技术一旦商业化，就有可能大规模减少温室气体的排放。

OGCI 的突出做法是集合所有利益相关体和部门开展合作，例如，通过投资支持提高能源密集型行业的能源效率和运营效率，与制造商紧密合作提高运输方式的能源效率，从而减少工业和运输的能源强度，使减排的影响在相关的各个行业中得到扩大。

（五）亚太清洁发展和气候伙伴计划组织

亚太清洁发展和气候伙伴计划（Asia-Pacific Partnership on Clean Development and Climate，APP）是在加速清洁能源技术的发展和部署方面一个创造性的新计划。APP 的成员国包括澳大利亚、加拿大、中国、印度、日本、韩国和美国。七个成员国的经济、人口和能源使用占全世界的一半以上，煤的产量占全世界的65%，水泥占 62%，铝占 52%，钢铁占 60%。

APP 的目的是促进伙伴国的共同合作，推动各成员国可持续的经济增长，减少贫穷，达到能源安全、空气污染治理和气候变化方面的目标。APP 一方面致力于跨国的产业技术开发合作利用；另一方面加强监管改革，消除影响技术开发和利用的政策壁垒。该计划的关注领域为行业，计划下设的八个合作工作组所涉及的行业领域包括铝业、建筑和家用电器、水泥、化石能源清洁利用、煤矿开采、发电和输电、可再生能源和分散式供电、钢铁。APP 目前的主要工作是对伙伴国进行数据收集和标准制定，各伙伴国采取自愿参加的形式。在减排方法上，APP 大力推进基于技术行业减排方法的推广，目前还没有设定自上而下的目标。

1．水泥工作组

APP 伙伴国的水泥总产量占全世界的 62%。水泥工作组将支持伙伴国中最佳可行技术和环境管理系统的实施。该工作组将通过技术引进和（或）替代老技术（主要是湿法窑工艺）、推广余热回收发电、加强低等初级燃料和工业废物联产的利用等措施提高水泥企业的能源效率。此外，该工作组也致力于支持减排新技术研发的工作。

水泥工作组将其活动方案分为了 10 个项目。其中，包括对水泥基本数据收集的现状汇报、制定评价减排可能性的基准、研究法规障碍、产品侧的评价、混凝土应用如何减轻气候变化的影响、通过建立卓越中心推进信息和技术的交换、建立水泥窑的热电联产、水泥窑危险废物协同处置、高能生物质燃料用于水泥生产、利用水泥混凝土作为二氧化碳汇等项目。

通过这些项目，工作组希望可以推动伙伴国提高能效、实现更清洁的技术示范和实施，以显著降低温室气体排放强度和水泥生产中的空气污染强度；同时，开发行业内的标准和性能指标，推动发展中国家和新兴经济体使用节能水泥、混凝土建筑和道路材料来建设基础设施。

2. 发电和输电工作组

随着电力在发展中国家的大量普及和发达国家电气化程度的提高，电力行业正在并且将继续成为最大的温室气体排放源。电力行业的潜在合作领域可以包括改进发电厂的热效能、燃料转换和（或）多次点火技术、电力市场改革、减少输电损失以及需求侧管理。

发电和输电工作组目前包括12个项目，其中有关于发电、输电和配电、需求侧管理的最佳做法、水泥发电的最佳做法、煤电厂的燃烧优化、在发电时使用节能和环保技术等。

通过这些项目，该工作组评估能够支持发展和应对气候问题的发电、输电和需求侧管理的开发和使用的切实措施的机会，并通过推动实践、技术和工艺的示范和实施，改善伙伴国国内发电和输电的效能，从而可以推动电力行业的温室气体排放减少。

3. 铝工作组

亚太伙伴国的铝产量占世界总产量的52%。在发展中国家，随着经济的快速发展，制铝业是增长最快的行业之一。制铝业可通过以最佳方式使用现有设备（特别是在PFC 排放管理上）来增加对最佳可用和经济可得的技术（包括改进仪表制造）的使用，继续对新技术进行开发和使用，并提高回收利用率，进一步改善环境，同时降低成本。通过伙伴关系，各伙伴国可以面向全球PFC 减排的目标推进其产业升级，并通过促进最佳做法，增加技术支持并找到利用最佳可用和经济可得的技术的障碍，来解决能效和其他CO_2过程的排放问题。

铝工作组开展了6个项目，包括铝的计量和基准、PFC排放的管理、铝的回收利用、为自动化阳极相应控制开发通用计算机软件等。

该工作组通过以最佳方式利用现有设备改善目前的铝生产工艺，并在各伙伴国经济中推动新型最佳制铝工艺和技术的开发和使用，提高伙伴国的铝回收利用率，从而减少目前和将来铝冶炼产生的温室气体排放。

4. 钢铁工作组

亚太伙伴国的钢产量占世界总产量的近60%。钢铁工作组将推动伙伴国中最佳可用技术、做法和环境管理系统的使用，并提高回收利用率。该工作组将通过引进现有技术和新技术并寻找其他机会，来推动提供涉及减少温室气体排放和其他排放水平的专家建议，并将中国和印度的活动作为最初关注点。行动将集中于确保改善标准和报告制度、能源和材料效能以及技术开发和实施。

钢铁工作组设定了6个项目，包括研讨会、对钢铁节能指标的审查、制定能效指标并进行效能诊断、发布尖端清洁技术手册并进行技术的部署。

该工作组开发行业内的标准和性能指标、推动最佳实用钢铁技术的实施，提高政府、钢铁研究和工业界机构间的合作，开发减少能源使用、空气污染和温室气体排放的钢铁生产工艺并提高钢铁的回收利用率，从而减少来自钢铁行业的温室气体排放。

5. 建筑和家用电器工作组

建筑和家用电器能耗的降低将减少对电力的需求，而且是实现更佳经济表现、提高能源安全、减少温室气体排放和空气污染的一个重要手段。伙伴国已经认识到在建筑和家用电器节能领域进行合作的重要性，并已经在此领域进行了广泛的双边和其他形式的合作。由于伙伴国的诸多种类家用电器的生产能力占全球的一半以上，在此领域推动地区和全球能效改善的潜力较大。伙伴国将开展技术示范、提高和交流与能效审计有关的技能、分享与标准和法规有关的最佳做法的经验和政策以及建筑、建筑材料和家用电器的标识方案。

建筑和家电工作组在最初设立了56个项目，目前还有49个项目正在进行中（1个项目已完成，6个项目取消）。该工作组推动最佳做法并示范技术和建筑设计原则，以提高建筑材料和新建及现有建筑的能效，支持推动节能建筑和家用电器利用的合适机制与推动可持续发展、提高能源安全并降低环境影响，这些行动将降低来自建筑消费端的温室气体排放。

6. 化石能源清洁利用工作组

煤炭和油气是很多国家经济中的重要燃料。目前有许多重要、先进并可显著减少温室气体排放水平、空气污染和其他环境影响的煤炭和油气技术。这些技术主要是与CO_2捕集与封存有关的一系列技术，以及辅助的先进发电系统——整体煤气化联合循环发电（IGCC）、燃料增氧（Oxy-fuel）和燃烧后捕集。其他技术，如超超临界煤粉燃料（PF）、煤炭净化和处理、联产、氢的制取、改进的煤层气和矿井乏气技术及煤炭气化和液化，也都是实现一个更清洁化石能源未来的重要组成部分。

各方充分理解新技术的成本会随着时间的推移而降低，而且伙伴计划的主要目标是通过联合研究和持续的示范来加速这些技术的开发和实施，从而降低成本并在更广泛领域内提高可获得和经济可得的低排放技术的可用性。整合重要技术来实现较低或零排放电力生产设施的机会也存在。此外，也需要确定并解决液化天然气运输的障碍，从而满足亚太各伙伴国对高质量、经济可得和低排放燃料日益增长的需求。

该工作组共设定了 17 个项目来实现工作组的目标。

第二章　我国行业低碳发展的方法与趋势

一、我国行业低碳发展的方法

2014 年，为确保全面完成“十二五”节能减排降碳目标，国务院发布了《2014—2015 年节能减排低碳发展行动方案》（国办发〔2014〕23 号），同时也表明了我国行业低碳发展的总体思路：加强节能减排，实现低碳发展，是生态文明建设的重要内容，是促进经济提质增效升级的必由之路。2016 年 10 月，为加快推进绿色低碳发展，确保完成“十三五”规划纲要确定的低碳发展目标任务，推动我国二氧化碳排放 2030 年前后达到峰值并争取尽早达峰，国务院制定并发布《“十三五”控制温室气体排放工作方案》。

（一）产业结构调整

产业结构调整的手段包括淘汰落后产能、遏制高耗能产业新增产能、发展服务业和战略性新兴产业等。根据《节能减排“十二五”规划》（国发〔2012〕40 号）中的数据显示，2010 年与 2005 年相比，电力行业 300 MW 以上火电机组占火电装机容量的比重由 50%上升到 73%，钢铁行业 1 000 m^3 以上大型高炉产能比重由 48%上升到 61%，建材行业新型干法水泥熟料产量比重由 39%上升到 81%。

1. 淘汰落后产能

“十一五”期间，各地区、有关部门采取了一系列强有力的政策措施，综合运用法律、经济、技术及必要的行政手段，大力推动落后产能淘汰工作，圆满完成了“十一五”确定的目标。截至“十一五”末，累计淘汰炼铁、炼钢、焦炭和水泥等落后产能分别为12 000万t、7 200万t、10 700万t和37 000万t。

进入“十二五”以来，以国家产业政策和强制性产品（工序）能耗限额标准为依据，工业和信息化部制定了19个重点行业的“十二五”淘汰落后产能目标任务。2011—2013年，共发布六批淘汰落后产能企业名单，涉及19个行业6 500多家企业。2011—2014年，我国累计淘汰火电装机2 365万kW，淘汰炼铁产能7 700万t、炼钢7 700万t、水泥6亿t、造纸2 900万t、制革3 200万标张、印染100亿m，“十二五”重点行业淘汰落后产能任务均提前一年完成。

2. 遏制高耗能产业新增产能

2013年5月10日，国家发展和改革委员会及工业和信息化部联合发布了《关于坚决遏制产能严重过剩行业盲目扩张的通知》（发改产业〔2013〕892号），要求科学论证产业布局，依法依规履行项目建设手续，坚决遏制钢铁、水泥、电解铝、平板玻璃、船舶等产能严重过剩行业盲目扩张。同年10月，国务院又印发了《关于化解产能严重过剩矛盾的指导意见》（国发〔2013〕41号），提出要通过五年的努力，在化解钢铁、水泥、电解铝、平板玻璃、船舶等行业产能严重过剩矛盾的工作上取得重要进展，坚决遏制产能盲目扩张，“消化一批、转移一批、整合一批、淘汰一批”过剩产能。为落实该指导意见，2014年7月，工业和信息化部发布了《关于做好部分产能严重过剩行业产能置换工作的通知》（工信部产业〔2014〕296号），严禁产能严重过剩行业新增产，开展对钢铁、电解铝、水泥、平板玻璃行业的产能置换工作。该实施办法明确对于产能严重过剩行业的项目建设，须制定产能置换方案，实施等量或减量置换，而且已超过国家明令淘汰期限的落后产能是不得用于产能置换的。

工业和信息化部已启动“十三五”淘汰落后过剩产能的目标制定工作，要求各地要结合环保、能耗等标准的实施及结构调整的推进情况，制定重点行业，尤其是化解产能过剩矛盾和大气污染防治涉及的钢铁、电解铝、水泥、平板玻璃、焦化、电石、铁合金等行业的“十三五”淘汰目标，以及到2017年的阶段性目标。

3．发展服务业和战略性新兴产业

2013 年，国务院发布了《关于加快发展节能环保产业的意见》（国发〔2013〕30 号），要求组织实施一批节能环保和资源循环利用重大技术装备产业化工程，完善节能服务公司扶持政策准入条件，实行节能服务产业负面清单管理制度，积极培育“节能医生”、节能量审核、节能低碳认证、碳排放核查等第三方机构，在污染减排重点领域加快推行环境污染第三方治理。

（二）能源消费结构优化

1．发展低碳能源和可再生能源

我国高度重视水能、核能、太阳能、风能以及煤层气等清洁能源和可再生能源的开发和利用，加大了政策引导和资金投入。2005 年，我国一次能源消费构成中，煤炭比例为 70.8%，到“十一五”末下降到了 68%。“十二五”期间，煤炭比例继续呈现下降趋势，2015 年煤炭消费量占能源消费总量的 64.0%，而且煤炭消费量比上年下降 3.7%。在 GDP 增速 6.9%的情况下，煤炭消费量出现负增长预示着中国经济增长与煤炭消费增长的进一步脱钩，而水电、风电、核电、天然气等清洁能源消费量占能源消费总量的 17.9%。2015 年年底，水电装机达到 3.2 亿 kW（是 2005 年的 2.74 倍），并网风电装机达到 14 536 万 kW（是 2005 年的 137 倍），同比增长 26.8%，光伏装机达到 4 318 万 kW（是 2005 年的 616 倍），新增装机容量 1 513 万 kW，完成了 2015 年度新增并网装机 1 500 万 kW 的目标，核电装机达到 2 642 万 kW（是 2005 年的 3.8 倍）。“十二五”规划纲要中的单位 GDP 能耗指标得到提前实现。

2．推动清洁煤电的发展和使用

过去二十多年里，我国电力占终端能源消费的比重持续提高，从 1990 年的 8.96%快速提高到了 2005 年的 19.2%。“十一五”期间，电气化水平仍保持了增长态势，2010 年的电力消费占比为 22.6%，超过世界平均水平（19.8%）。同时，我国电力生产的能耗水平逐步下降，“十一五”期间，单位火电供电标准煤耗下降了

37 g。2012 年，我国电力行业的煤炭消费量为 17.8 亿 t，占煤炭消费总量的 54%，电煤比重逐步提高。2014 年，全国 6 000 kW 及以上电厂供电标准煤耗 318 g/（kW·h），比 2005 年下降了 52 g/（kW·h），提前完成“十二五”末 325 g/（kW·h）的节能目标。非化石能源发电量比重首次超过 25%，火电发电量呈现负增长。

（三）节能低碳技术应用推广

一直以来，我国非常注重节能减排技术的推广应用。自国家发展和改革委员会 2008 年 5 月发布第一批《国家重点节能技术推广目录》以来，截至 2013 年 12 月，国家发展和改革委员会已组织编制并陆续发布了六批《国家重点节能技术推广目录》，总计提出节能技术 300 余项，涉及煤炭、电力、钢铁、有色金属、石油石化、化工、建材、机械及纺织等主要行业以及建筑、交通运输、农业、民用及商用等消费领域。数据显示，2010 年与 2005 年相比，钢铁行业干熄焦技术普及率由不足 30%提高到 80%以上，水泥行业低温余热回收发电技术普及率由开始起步提高到 55%。

在之前关注节能技术推广的基础上，国家发展和改革委员会将范围扩展到了低碳技术的推广上。例如，组织编制了《国家重点推广的低碳技术目录》，在 2014 年 8 月进行了发布，涉及煤炭、电力、钢铁、有色、石油石化、化工、建筑、轻工、纺织、机械、农业、林业 12 个行业共 33 项国家重点推广的低碳技术。《国家重点推广的低碳技术目录（第二批）》涵盖了 12 个行业有关新能源与可再生能源、燃料及原材料替代、工艺过程等非二氧化碳减排，碳捕集、利用与封存，碳汇等领域共 29 项重点推广的低碳技术[①]。

2014 年，国家发展和改革委员会出台《节能低碳技术推广管理暂行办法》（发改环资〔2014〕19 号），意在加快节能低碳技术进步和推广普及，引导用能单位采用先进适用的节能低碳新技术、新装备、新工艺，促进能源资源节约集约利用，缓解资源环境压力，减少 CO_2 等温室气体排放。2014 年年底，国家发展和改革委员会编制了《国家重点节能低碳技术推广目录（2014 年本　节能部分）》，对前六批《国家重点节能技术推广目录》进行了更新，涉及煤炭、电力、钢铁、有色、石油石化、化工、建材、机械、轻工、纺织、建筑、交通、通信 13 个行业共 218

① 为避免重复，以节能和提高能效为主要特征的低碳技术不列入《国家重点推广的低碳技术目录》。

项重点节能技术，并于2015年年底更新了《国家重点节能低碳技术推广目录（2015年本　节能部分）》，涉及13个行业共266项重点节能技术。2017年3月，《国家重点节能低碳技术推广目录（2017年本　低碳部分）》发布，涵盖了非化石能源、燃料及原材料替代、工艺过程等非二氧化碳减排，碳捕集、利用与封存，碳汇等领域共27项国家重点推广的低碳技术。

在《“十二五”控制温室气体排放工作方案》中，明确了要强化科技支撑。其中包括了低碳技术的研发、示范，在重点行业和重点领域要实施低碳技术的产业化示范工程。此外，除要注重编制低碳技术推广目录外，还指出需要完善低碳技术成果转化机制。2014年，科学技术部发布了第一批《节能减排与低碳技术成果转化推广清单》，旨在加快转化应用与推广工程示范性好、减排潜力大的低碳技术成果，引导企业采用先进适用的节能与低碳新工艺和新技术，推动相关产业的低碳升级改造，并在2016年年底发布了第二批。“十二五”期间，国家发展和改革委员会启动了“国家低碳技术创新及产业化示范工程”，其中，2012 年在煤炭、电力、建筑、建材四个行业实施了 34 个示范工程。

在2016年10月发布的《“十三五”控制温室气体排放工作方案》中，国务院明确提出：一是加快低碳技术研发与示范。研发能源、工业、建筑、交通、农业、林业、海洋等重点领域经济适用的低碳技术。建立低碳技术孵化器，鼓励利用现有政府投资基金、引导创业投资基金等市场资金，加快推动低碳技术进步。二是加大低碳技术推广应用力度。定期更新国家重点节能低碳技术推广目录、节能减排与低碳技术成果转化推广清单。提高核心技术研发、制造、系统集成和产业化能力，对减排效果好、应用前景广阔的关键产品组织规模化生产。加快建立政产学研用有效结合的机制，引导企业、高校、科研院所建立低碳技术创新联盟，形成技术研发、示范应用和产业化联动机制。增强大学科技园、企业孵化器、产业化基地、高新区对低碳技术产业化的支持力度。在国家低碳试点和国家可持续发展创新示范区等重点地区，加强低碳技术集中示范应用。

（四）重点领域节能降耗

“十一五”期间，我国单位工业增加值能耗大幅下降。全国规模以上万元工业增加值能耗由2005年的2.59 t标准煤下降至2010年的1.91 t标准煤，五年累计下降 26%，实现节能量 6.3 亿 t 标准煤。重点行业和主要用能产品单耗持续降低。2010 年同 2005 年相比，钢铁、有色金属、石化和化工、建材等重点用能行业增加值能耗分别下降 23.4%、15.1%、35.8%、37.9%，吨钢、吨铜、吨水泥综合能耗分别下降 12.1%、35.9%、28.6%。

按照规划，“十二五”时期，我国单位国内生产总值能耗下降 16%，年均计划降低 3.4%。而 2011 年、2012 年、2013 年、2014 年、2015 年实际分别降低 2.01%、3.6%、3.7%、4.8%、5.6%。“十二五”累计完成节能降耗 19.71%，“十二五”节能降耗 16%的目标超额完成。2015 年工业企业吨粗铜综合能耗下降 0.79%，吨钢综合能耗下降 0.56%，单位烧碱综合能耗下降 1.41%，吨水泥综合能耗下降 0.49%，每千瓦时火力发电标准煤耗下降 0.95%。《节能减排“十二五”规划》提出目标，到 2015 年全国万元国内生产总值能耗下降到 0.869 t 标准煤（按 2005 年价格计算），比 2010 年的 1.034 t 标准煤下降 16%（比 2005 年的 1.276 t 标准煤下降 32%）。“十二五”期间，实现节约能源 6.7 亿 t 标准煤。

2017 年 1 月，国务院印发《“十三五”节能减排综合工作方案》（国发〔2016〕74 号），要求到 2020 年，工业能源利用效率和清洁化水平显著提高，规模以上工业企业单位增加值能耗比 2015 年降低 18%以上，电力、钢铁、有色、建材、石油石化、化工等重点耗能行业能源利用效率达到或接近世界先进水平。

1. 千家企业节能行动

2006 年 4 月，国家发展和改革委员会会同有关部门启动了“千家企业节能行动”，目标是“十一五”期间节能 1 亿 t 标准煤左右。“千家企业节能行动”是指国家对年综合能源消费量 18 万 t 标准煤以上的约 1 000 家企业加强节能管理，其能源消费量占全国工业能源消费量的一半，占全国能源消费总量的 1/3。

“千家企业节能行动”取得了显著成效，能源利用效率大幅度提高，“十一五”期间，千家企业单位氧化铝综合能耗指标下降了 30%以上，单位原油加工综合能耗、电解铝综合能耗、水泥综合能耗等指标下降了 10%以上，供电煤耗下降近 10%，部分企业的指标达到了国际先进水平。

2．万家企业节能低碳行动

在“十一五”“千家企业节能行动”的基础上，国家发展和改革委员会等 12 个部门联合开展了“万家企业节能低碳行动”。《万家企业节能低碳行动实施方案》（发改环资〔2011〕2873 号）提出，“十二五”期间，万家企业要实现节约能源 2.5 亿 t 标准煤，节能管理水平显著提升，长效节能机制基本形成，能源利用效率大幅度提高，主要产品（工作量）单位能耗达到国内同行业先进水平，部分企业达到国际先进水平。

（五）推进节能低碳消费

大力推广高效节能产品，鼓励低碳消费方式。2009 年，中国政府有关部门先后发布了《高效节能产品推广财政补助资金管理暂行办法》（财建〔2009〕213 号）、《“节能产品惠民工程”高效节能房间空调推广实施细则》（财建〔2009〕214 号）。截至 2010 年 10 月底，共推广高效节能空调近 2 000 万台，使其市场占有率从推广前的 5%上升到 80%以上，2009 年和 2010 年共推广节能灯达 3 亿只以上。2010 年，国家发展和改革委员会等部门又制定下发了《节能产品惠民工程高效电机推广实施细则》（财建〔2010〕232 号），扩大公共服务领域节能和新能源汽车示范推广，对私人购买新能源汽车进行补贴，鼓励新能源汽车的消费。倡导使用小排量汽车，大力推广发动机排量在 1.6 L 及以下、综合工况油耗比现行标准低 20%左右的汽、柴油乘用车（含混合动力和双燃料汽车），并由中央财政按照每辆 3 000 元的标准对消费者给予一次性补贴。

上述政策措施对全社会形成低碳绿色的消费理念和生活方式发挥了积极推动作用。2015 年 9 月，国家质量监督检验检疫总局、国家发展和改革委员会联合发布《节能低碳产品认证管理办法》（质检总局　国家发改委令　第 168 号），自 2015 年 11 月 1 日起正式施行。依据该办法，我国将建立国家统一的节能低碳产品认证制度，依据相关产业政策推动节能低碳产品认证活动，鼓励使用获得节能低碳认证的产品。

1．建筑领域节能低碳化

国务院办公厅转发了国家发展和改革委员会、住房和城乡建设部联合编制的绿色建筑行动方案，住房和城乡建设部发布了“十二五”建筑节能专项规划。2013年全年获得绿色建筑评价标识的建筑面积达 4 800 万 m^2，比 2012 年增加了一倍。截至 2013 年年底，全国共有 1 446 个项目获得绿色建筑评价标识，建筑面积超过 1.6 亿 m^2。全国城镇累计建成节能建筑面积 88 亿 m^2，年形成约 8 000 万 t 标准煤节能量和 2.1 亿 t CO_2 减排量。“十二五”前三年，北方采暖地区累计完成既有居住建筑供热计量及节能改造面积 6.2 亿 m^2，提前超额完成了国务院确定的 4 亿 m^2 的改造任务。

2. 交通领域节能低碳化

交通运输部进一步调整优化交通运输节能减排与应对气候变化重点支持领域，不断加大政策支持力度，继续组织开展“车、船、路、港”千家企业低碳交通运输专项行动；出台了《关于加强城市步行和自行车交通系统建设的指导意见》（建城〔2012〕133 号），通过城市步行和自行车交通系统示范项目，引导各地加强城市步行和自行车交通建设。科学技术部在全国 25 个试点城市组织开展“十城千辆”节能新能源汽车示范推广应用工程。据测算，2012 年交通运输行业共实现节能量 420 万 t 标准煤，相当于少排放 CO_2 共 917 万 t。

二、行业低碳发展的相关政策

“十二五”之前，我国直接针对温室气体减排的行业政策十分稀少。但是“十一五”期间，我国设立了节能目标，把调整行业结构和提高能源效率作为工业领域的工作重点之一。而这些手段也正是工业领域实现温室气体排放控制的核心。经过长期摸索和实践，我国初步形成了以法律法规为基础，以行业规范、技术目录为指导的节能管理政策体系，从政策手段上可分为约束管控型、经济激励型和自愿行动型三类。据不完全统计，“十一五”时期国家出台的与工业低碳发展相关的政策有 66 部，其中以约束管控型为主。

在低碳发展的管理政策体系中，发达国家具备了比较完善的经济政策体系、市场机制和丰富的低碳技术标准，以及自愿措施手段。我国现阶段的工业低碳管理政策仍处于强制性行政管控阶段，经济激励措施尚不完善，市场机制处于建设中。约束管控型政策虽然具有集中优势，但是缺乏灵活性，也不利于提高企业选用低碳技术和开发低碳产品的积极性。

进入“十二五”，在国家对外承诺了温室气体减排目标之后，国务院也出台了相应的工作方案，标志着我国低碳发展的工作迈上了一个新台阶，也推动了一系列政策的出台。2014 年 9 月，国家出台了第一部应对气候变化的中长期规划《国家应对气候变化规划（2014—2020 年）》。在此之前，全国已经有 21 个省、市（区）发布了省级应对气候变化规划。这部全国性规划的发布，将对各地方贯彻落实规划部署提供重要指导，有利于各地方围绕当地碳强度下降目标更好地贯彻落实温室气体减缓、适应、试点示范、建设等各项具体任务。

“十二五”以来，据不完全统计专门针对温室气体减排的各项政策有 10 多项，包括行动方案、技术推广、自愿减排以及考核评估办法在内（表 2-1）。此外，据不完全统计，还有 20 多项关于节能、能效提高、清洁生产和循环经济等相关的政策，同样对温室气体排放起到了控制作用。

表 2-1　“十二五”以来针对温室气体减排的政策

发布时间	责任部门	政策名称
2011.12.1	国务院	《“十二五”控制温室气体排放工作方案》
2012.6.13	国家发展和改革委员会	《温室气体自愿减排交易管理暂行办法》
2012.12.31	工业和信息化部、国家发展和改革委员会	《工业领域应对气候变化行动方案（2012—2020）》
2014.1.6	国家发展和改革委员会	《节能低碳技术推广管理暂行办法》
2014.5.15	国务院	《2014—2015 年节能减排低碳发展行动方案》
2014.8.6	国务院	《单位国内生产总值二氧化碳排放降低目标责任考核评估办法》
2014.9.19	国家发展和改革委员会	《国家应对气候变化规划（2014—2020 年）》
2015.2.27	工业和信息化部	《工业绿色发展专项行动实施方案》
2015.6.30	国家发展和改革委员会	《强化应对气候变化行动——中国国家自主贡献》
2016.10.27	国务院	《“十三五”控制温室气体排放工作方案》
2016.12.20	国务院	《“十三五”节能减排综合工作方案》

（一）约束管控型政策

约束管控型政策主要是指国家法律或行政法规。国家采取了命令和控制的手段来推动工业的低碳化发展，如落后产能淘汰制度、产业政策及行业准入条件、强制性标准等。

近些年来，我国已密集出台了一系列法律法规、规划文件、部门规章以及标准规范等。在促进行业结构减排方面，包括发布产业发展规划、淘汰落后产能、设立行业准入条件。在促进技术减排的行政杠杆方面，包括发布产业发展规划、设立行业准入条件、设立行业能耗限额标准、推进节能工程建设。这些管理政策对于引导企业节能改造、限制和淘汰高耗能产能、带动社会资金投资节能领域具有重要的推动作用。表 2-2 及表 2-3 分别列出了“十二五”之前和截至 2014 年“十二五”期间的各类约束管控型政策及其施力行业。

表 2-2　约束管控型政策列表（“十二五”之前）

<table>
<tr><th>类别</th><th>名称</th><th>施力行业</th></tr>
<tr><td rowspan="3">法律法规</td><td>《清洁生产促进法》</td><td>全行业</td></tr>
<tr><td>《可再生能源法》</td><td>能源生产行业</td></tr>
<tr><td>《节约能源法》</td><td>全行业</td></tr>
<tr><td rowspan="4">发展规划</td><td>《能源中长期发展规划纲要（2004—2020）》</td><td>能源生产行业</td></tr>
<tr><td>《节能中长期专项规划》</td><td>能源行业、工业行业，建筑和交通等消费侧行业</td></tr>
<tr><td>《工业产业发展政策》</td><td>水泥、钢铁等高耗能行业</td></tr>
<tr><td>《产业调整振兴规划》</td><td>钢铁、有色、装备、建材等 11 个行业</td></tr>
<tr><td rowspan="5">淘汰落后产能</td><td>《国务院关于发布实施〈促进产业结构调整暂行规定〉的决定》</td><td rowspan="5">电力、煤炭、钢铁、水泥、有色金属、焦炭、造纸、制革、印染等高耗能、高污染行业</td></tr>
<tr><td>《国务院关于印发节能减排综合性工作方案的通知》</td></tr>
<tr><td>《国务院批转发展改革委等部门关于抑制部分行业产能过剩和重复建设引导产业健康发展若干意见的通知》</td></tr>
<tr><td>《产业结构调整指导目录》</td></tr>
<tr><td>《国务院关于进一步加强淘汰落后产能工作的通知》</td></tr>
<tr><td>行业准入条件</td><td>水泥、焦化、黄磷、玻璃纤维、印染、氟化氢、钢铁、镁、铝、铜等行业准入条件</td><td></td></tr>
</table>

类别	名称	施力行业
行业能耗限额标准	粗钢、电解铝、水泥、玻璃、陶瓷、合成氨等27项高耗能产品能耗限额标准	钢铁、有色、建材、化工和电力五大行业
节能工程	《十大重点节能工程》	煤炭、石油、建筑使用、绿色照明等

表2-3　2011—2015年的约束管控型政策

类别	名称	施力行业
行动方案	《国务院“十二五”节能减排综合性工作方案的通知》	全行业或工业
	《“十二五”控制温室气体排放工作方案》	
	《工业领域应对气候变化行动方案（2012—2020年）》	
	《循环经济发展战略及近期行动计划》	
	《2013年工业节能与绿色发展专项行动实施方案》	
	《2014年工业绿色发展专项行动实施方案》	
	《2014—2015年节能减排科技专项行动方案》	
	《2014—2015年节能减排低碳发展行动方案》	
发展规划	《国家应对气候变化规划（2014—2020年）》	全行业
	《工业转型升级规划（2011—2015）》	工业领域行业
	《工业清洁生产推行“十二五”规划》	工业领域行业
	《工业节能“十二五”规划》	工业领域行业
	《节能与新能源汽车产业发展规划（2012—2020年）》	汽车产业
	《节能减排“十二五”规划》	全行业
	《生物产业发展规划》	生物产业
	《能源发展“十二五”规划》	能源相关行业
	钢铁工业、建材工业、有色金属工业、石油与化工工业等多个行业的“十二五”规划	
产业结构调整	《关于化解产能严重过剩矛盾的指导意见》	钢铁、水泥、电解铝、平板玻璃、船舶、冶金、石化、化工、煤炭、建材、公用设施等
	《高耗能落后机电设备（产品）淘汰目录》	
	《电机能效提升计划（2013－2015年）》	
	《产业结构调整指导目录（2011年本）》（2013年修正）	
行业准入条件	《废铝再生利用行业准入条件》	钢铁、铝行业
	《废钢铁加工行业准入条件》	
其他	《工业和信息化部关于有色金属工业节能减排的指导意见》	有色金属
	《工业和信息化部关于石化和化学工业节能减排的指导意见》	石化、化工
	《国务院关于加快发展节能环保产业的意见》	环保行业

（二）经济激励型政策

经济激励型政策主要是通过投资补助、财政奖励、产品补贴、税收调节、金融支持等手段，通过市场机制的调节作用，促进企业或消费者推广或使用低碳技术、产品或服务，从而推动工业的低碳化发展转型。

我国施行的经济激励型政策措施主要是财政补贴、价格及税收政策，自2006年起，陆续颁布了一系列工业节能减排财税政策（表2-4）。另外，我国现阶段正在酝酿征收碳税，已在2017年全面启动了全国碳交易市场等经济杠杆以控制行业温室气体排放。

表2-4 促进我国工业低碳发展的重点财税政策

时间	财税政策
2006年	《国家鼓励的资源综合利用认定管理办法》
2007年	《节能技术改造财政奖励资金管理暂行办法》
	《淘汰落后产能中央财政奖励资金管理暂行办法》
	《淘汰落后产能中央财政奖励资金管理暂行办法》
2008年	《资源综合利用企业所得税优惠目录（2008年版）》
	《节能节水专用设备企业所得税优惠目录（2008年版）》
	《环境保护专用设备企业所得税优惠目录（2008年版）》
	《国家税务总局关于再生资源增值税政策的通知》
2009年	《关于调整节能产品政府采购清单的通知》
	《高效节能产品推广财政补助资金管理暂行办法》
2010年	《关于开展私人购买新能源汽车补贴试点的通知》
	《关于调整高效节能空调推广财政补贴政策的通知》
	《合同能源管理项目财政奖励资金管理暂行办法》
	《关于促进节能服务产业发展增值税营业税和企业所得税政策问题的通知》
2011年	《节能技术改造财政奖励资金管理办法》
	《淘汰落后产能中央财政奖励资金管理办法》
2012年	《关于出台页岩气开发利用补贴政策的通知》
	《关于完善可再生能源建筑应用政策及调整资金分配管理方式的通知》
	《工业转型升级资金管理暂行办法》
	《循环经济发展专项资金管理暂行办法》
	《夏热冬冷地区既有居住建筑节能改造补助资金管理暂行办法》
	《可再生能源电价附加补助资金管理暂行办法》
	《关于节约能源　使用新能源车船车船税政策的通知》

时间	财税政策
2013年	《关于对分布式光伏发电自发自用电量免征政府性基金有关问题的通知》
	《关于调整进口天然气税收优惠政策有关问题的通知》
	《关于开展1.6升及以下节能环保汽车推广工作的通知》
	《关于调整可再生能源电价附加征收标准的通知》
	《关于简化节能家电高效电机补贴兑付信息管理及加强高效节能工业产品组织实施等工作的通知》
2014年	《关于调整进口天然气税收优惠政策有关问题的通知》
	《关于进一步提高成品油消费税的通知》
	《关于新能源汽车充电设施建设奖励的通知》
	《关于实施煤炭资源税改革的通知》
	《关于调整原油、天然气资源税有关政策的通知》
2015年	《船舶报废拆解和船型标准化补助资金管理办法》
	《关于减征1.6升及以下排量乘用车车辆购置税的通知》
	《关于风力发电增值税政策的通知》
	《资源综合利用产品和劳务增值税优惠目录》
	《关于新型墙体材料增值税政策的通知》
	《节能减排补助资金管理暂行办法》
	《关于节约能源 使用新能源车船车船税优惠政策的通知》
	《关于完善城市公交车成品油价格补助政策加快新能源汽车推广应用的通知》
	《关于2016—2020年新能源汽车推广应用财政支持政策的通知》
	《关于页岩气开发利用财政补贴政策的通知》
	《可再生能源发展专项资金管理暂行办法》
	《关于继续提高成品油消费税的通知》
	《关于免征新能源汽车车辆购置税的公告》
	《关于调整享受税收优惠政策的天然气进口项目的通知》
2016年	《关于调整新能源汽车推广应用财政补贴政策的通知》
	《关于减征1.6升及以下排量乘用车车辆购置税的通知》
	《关于继续执行光伏发电增值税政策的通知》
	《关于城市公交企业购置公共汽电车辆免征车辆购置税的通知》
	《工业企业结构调整专项奖补资金管理办法》
	《关于促进绿色消费的指导意见》
	《关于"十三五"期间煤层气（瓦斯）开发利用补贴标准的通知》
	《关于征收工业企业结构调整专项资金有关问题的通知》
	《关于"十三五"新能源汽车充电基础设施奖励政策及加强新能源汽车推广应用的通知》
2017年	《关于开展可再生能源电价附加补助资金清算工作的通知》
	《关于调整享受税收优惠政策的天然气进口项目的通知》
	《关于"十三五"期间在我国陆上特定地区开采石油（天然气）进口物资税》
	《关于"十三五"期间在我国海洋开采石油（天然气）进口物资免征进口税》

（三）自愿行动型政策

自愿行动型政策是指不受或者很少受政府的影响，在自愿基础上采取各种手段和机制选择组合的政策工具，包括舆论引导、发布技术目录、进行产品认证、签订自愿协议等。我国最典型的自愿行动型工业减排方法是“千家企业节能行动”、发布节能和清洁生产技术目录等。2006 年，国家发展和改革委员会、国家能源领导小组办公室、国家统计局、国家质量监督检验检疫总局、国务院国有资产监督管理委员会联合发布了《关于印发千家企业节能行动实施方案的通知》（发改环资〔2006〕571 号），加强重点耗能企业节能管理，促进合理利用能源，提高能源利用效率。根据该方案要求，我国共有 998 家企业自愿签署了节能目标责任书，强有力地推动了我国工业低碳化发展。促进我国工业低碳化发展的重点技术目录见表 2-5。尽管这些措施在短期内会间接带来相当可观的温室气体减排，但从长远看，随着我国的技术水平逐渐跻身世界前列，通过提高技术能源利用效率减少温室气体排放的潜力会越来越小。因此，我国应当适时推行直接针对温室气体减排的行业政策措施进行引导。

表 2-5　促进我国工业低碳化发展的重点技术目录

时间	重点技术目录
2006 年	《中国节能技术政策大纲》
	《国家重点行业清洁生产技术导向目录》
2008 年	《国家重点节能技术推广目录（第一批）》
	《国家鼓励发展的工业领域节能减排电子信息应用技术导向目录》
	《2008 年国家先进污染防治技术示范名录》
	《2008 年国家鼓励发展的环境保护技术目录》
2009 年	《国家重点节能技术推广目录（第二批）》
2010 年	《国家重点节能技术推广目录（第三批）》
2011 年	《国家重点节能技术推广目录（第四批）》
2012 年	《国家重点节能技术推广目录（第五批）》
2013 年	《国家重点节能技术推广目录（第六批）》
	《有色金属行业节能减排先进适用技术目录》
2014 年	《节能减排与低碳技术成果转化推广清单》（第一批）
	《国家重点推广的低碳技术目录》（第一批）
	《国家重点节能低碳技术推广目录（2014 年本　节能部分）》

时间	重点技术目录
2015 年	《国家重点推广的低碳技术目录》(第二批)
	《国家重点节能低碳技术推广目录(2015 年本　节能部分)》
2016 年	《国家重点节能低碳技术推广目录(2016 年本　节能部分)》
	《节能减排和低碳技术成果转化推广清单》(第二批)
2017 年	《国家重点节能低碳技术推广目录(2017 年本　低碳部分)》

三、行业低碳发展的重大政策分析

(一)《强化应对气候变化行动——中国国家自主贡献》

中国是世界第二大经济体，是最大的温室气体排放国，中国在应对气候变化方面的态度以及对二氧化碳减排的目标和行动受到国际社会的特别关注。2015 年 6 月 30 日，中国向《联合国气候变化框架公约》秘书处正式递交了中国新的 INDC，即《强化应对气候变化行动》。中国在 INDC 中重申将在 2030 年前后达到排放峰值，并到 2030 年将非化石燃料占一次能源消费比重提高到 20%左右的自主目标。中国政府向国际表明了中国经济低碳转型的决心，这在历史上是一个新突破。没有一个国家是在工业化、城镇化的过程中同时完成低碳绿色转型任务的。

为了实现上述目标，在 INDC 中从体制机制、生产方式、消费模式、经济政策、科技创新、国际合作等多个方面对需要做出的努力进行了阐述。要构建低碳能源体系，包括加强煤炭的清洁利用，降低平均供电煤耗，加大天然气的使用规模等；要形成节能低碳的产业体系，推进工业低碳发展，有效控制电力、钢铁、有色、建材、化工等重点行业排放，加强新建项目碳排放管理，积极控制工业生产过程中的温室气体排放；要控制建筑和交通领域排放，到 2020 年城镇新建建筑中绿色建筑占比达到 50%，大中城市公共交通占机动化出行比例达到 30%。为此，要强化科技支撑，加大资金和政策支持，这也是目标能够实现的核心，即技术创新、制度创新以及发展观的转变，这些在 INDC 中均有深刻的体现。

(二)国民经济和社会发展五年规划

国民经济和社会发展五年规划是我国阶段性发展的总体规划，具有提纲挈领的作用。2011 年十一届全国人大四次会议审议通过的《国民经济和社会发展第十二个五年规划纲要》，明确把应对气候变化作为重要内容正式纳入国民经济和社会发展中长期规划。“十二五”期间，单位 GDP 能源消耗实际降低 18.2%、单位 GDP 二氧化碳排放降低 20%、非化石能源占一次能源消费比重达到 12%，均超过了原定“十二五”规划目标。

“十三五”规划则制定了产业迈向中高端水平、进一步提高工业化和信息化水平、加快先进制造业和战略新兴产业发展、大幅提高能源利用效率、有效控制碳排放、单位 GDP 能源消耗降低 15%、单位 GDP 二氧化碳排放降低 18%、非化石能源占一次能源消费比重提高到 15%的目标。同时，进一步提出要有效控制电力、钢铁、建材、化工等重点行业碳排放，推进工业、能源、建筑、交通等重点领域低碳发展。加大低碳技术和产品推广应用力度。“十三五”规划继续推进产业低碳发展，提出了定量化目标，明确了国家低碳化发展方案，为工业领域、建筑领域、交通领域以及各行业低碳化发展提供了明确的政策方向。

（三）应对气候变化的国家行动方案和国家专项规划

2007 年 7 月，我国首次发布了《中国应对气候变化国家方案》（国发〔2007〕17 号），这是我国首次针对气候变化发布的国家性行动方案，体现了我国主动应对气候变化挑战的决心。方案中明确了减缓温室气体排放的重点领域和重点行业，在能源供给行业大力发展非化石能源并且加快火电技术的进步，针对钢铁工业、有色金属工业、石油化工工业、建材工业、交通运输、建筑等行业，提出了要强化节能技术的开发和推广，要控制工业生产过程温室气体排放。

2014 年 9 月，国务院批复了《国家应对气候变化规划（2014—2020 年）》，明确了未来六年中国低碳发展的路线图和时间表，这是我国首个应对气候变化领域的国家专项规划，在一定程度上相当于应对气候变化的“十三五”专项规划。该规划提出了 2020 年的应对气候变化目标，与我国政府 2009 年对国际社会的承诺是一致的。

（四）《工业转型升级规划（2011—2015 年）》

2011 年，国务院发布了《工业转型升级规划（2011—2015 年）》，对“十二五”

期间推动工业转型升级的各项工作做了统筹规划，坚持把发展资源节约型、环境友好型工业作为转型升级的重要着力点。该规划将二氧化碳的减排列为目标之一，要求单位工业增加值二氧化碳排放量减少21%以上，同时目标还要求单位工业增加值能耗较“十一五”末降低21%左右。

规划中指出，面对国家约束性指标要求和工业转型升级的内在需要，当前推进工业节能降耗、减排治污，促进工业绿色低碳发展仍然存在一系列问题和挑战，包括高耗能行业增长较快，节能降耗压力加大；资源供求矛盾加剧，综合利用仍需加强；工业领域重末端治理、轻源头预防的环保理念尚未得到根本扭转，工业领域清洁生产工作尚未全面展开；企业节能环保基础管理薄弱，激励机制亟待建立；应对气候变化博弈日趋激烈，绿色贸易壁垒加速形成。这些挑战和困难的存在都要求产业加快低碳化转型。工业节能降耗是促进工业绿色低碳发展的最主要支撑，必须把工业节能降耗作为转变工业发展方式、推动工业转型升级的突破口和重要切入点。“十二五”期间，工业节能降耗主要以提升工业能源利用效率为主线，以科技创新为支撑，坚持突出重点与全面推进相结合，坚持过程节能与产品节能相结合，坚持优化存量与控制增量相结合，坚持“引进来”与“走出去”相结合，推动工业绿色低碳发展。

（五）《工业领域应对气候变化行动方案（2012—2020年）》

2012年年底，国家发展和改革委员会等四部委联合发布了《工业领域应对气候变化行动方案（2012—2020年）》，旨在落实国务院的《工业转型升级规划（2011—2015年）》和《“十二五”控制温室气体排放工作方案》。该行动方案明确提出，“十二五”末要实现单位工业增加值二氧化碳排放量比2010年下降21%以上，钢铁、有色金属、石化、化工、建材、机械、轻工、纺织、电子信息等重点行业单位工业增加值二氧化碳排放量分别比2010年下降18%、18%、18%、17%、18%、22%、20%、20%、18%以上的量化目标；同时指出到2020年，要实现单位工业增加值二氧化碳排放量比2005年下降50%左右。

为实现上述设定的目标，行动方案指出要以实施六大重点工程为抓手，包括在钢铁、建材、有色、石化等重点行业开展重大低碳技术示范工程，在水泥、钢铁等多个行业开展工业过程的温室气体排放控制示范工程以及高排放工业产品替代示范工程，要开展工业CCUS示范工程，开展工业领域低碳园区试点建设以加快钢铁、建材、有色、化工等行业的低碳化改造，同时要在上述重点行业开展低碳企业试点示范工程，引导工业企业自愿减排。

（六）《"十三五"控制温室气体排放工作方案》

2016年11月4日，国务院印发《"十三五"控制温室气体排放工作方案》，提出了2020年单位国内生产总值二氧化碳排放比2015年下降18%的目标，并首次提出要加大对HFCs、CH_4（甲烷）、N_2O（氧化亚氮）、PFCs、SF_6等非二氧化碳温室气体控排力度。在指标控制方面，从单一控制排放强度转向实施能源消费总量和强度双控，使碳排放总量得到有效控制，从而为实现《巴黎协定》下中国的"2030目标"奠定基础。该方案仍以控制二氧化碳排放作为"十三五"的核心工作，对能源体系、产业体系、城乡发展、区域经济等重点领域低碳发展任务进行了全面部署。在产业领域，着力加快产业结构调整，有效控制工业领域碳排放，并降低农业领域碳排放，同时增加碳汇，使工业二氧化碳排放总量趋于稳定，并积极推广低碳新工艺、新技术，在重点行业开展企业碳排放对标。在政策抓手上，该方案提出：一是强化法规标准，依法推动低碳发展；二是建立碳交易制度，通过市场机制推动低碳发展；三是完善价格、财税、金融等政策，通过经济手段推动低碳发展；四是建立信息披露制度，通过信息公共推动低碳发展。同时，将科技创新作为重要保障之一，围绕气化变化基础研究、低碳技术研发与示范、低碳技术推广应用，强化科技对实现低碳发展的支撑作用。

（七）《中美气候变化联合声明》及《中美元首气候变化声明》

中美分别在2014年、2015年、2016年连续三年发布应对气候变化的联合声明，表明了中美在气候变化问题上的共同判断和日益紧密的战略合作。2015年9月25日，中国国家主席习近平同美国总统奥巴马举行会谈，双方发表了《中美元首气候变化联合声明》。这是2014年11月中美两国元首在北京发表历史性的《中美气候变化联合声明》之后，短短一年之内中美双方再次发表关于气候变化的联合声明。在声明中，中国的目标是到2030年前后出现峰值。在2030年之前中国还是相对减排的模式，也体现了与发达国家发展阶段的不同，在减排问题上体现了区别。同时，声明中也体现了如要真正解决这个问题，一是要转变发展方式，推动转型升级；二是要发展新能源和清洁能源，表明了未来的发展方向。

2016 年 3 月 31 日中美第三次发布的应对气候变化联合声明是巴黎气候大会后的首次联合声明，再次表明中美加速全球低碳转型进程、实现气候安全的政治共识与决心。此次最新声明无疑让《巴黎协定》距离正式生效更进一步，给其他主要排放国做出表率，增强国家间互信，特别是为发展中国家采取气候行动注入了信心与动力。遗憾的是，2017 年 6 月，美国特朗普政府宣布退出《巴黎协定》，单方面停止了中美应对气候变化的联合声明。

四、我国行业减排方法同国外的比较

（一）直接针对温室气体减排的行业方法比较少

同国外相比，我国目前直接针对温室气体减排的行业政策十分稀少。“十二五”之前，我国主要是把行业政策的制定重点放在调整行业结构和能源效率提高上。尽管这些措施在短期内会间接造成相当可观的温室气体排放减少，但从长远看，随着我国工业技术水平逐渐跻身世界前列，利用提高能源利用效率的技术潜力会越来越小。因此，我国应当适时推行直接针对温室气体减排的行业政策措施。目前，在“十二五”规划中已经规定了温室气体排放强度的降低目标，这也会在一定程度上促进此类方法的陆续出台。

（二）行政命令手段仍是主要使用的方法之一

我国行业方法同国外相比，第二个突出特点是以行政命令手段为主。形成这一局面的原因有二：一是在中国的治理模式中，承担经济发展重任的能源行业和制造业就一直是国家干预的重点。从以往经验来看，政府的直接干预带来了中国工业的迅速发展，也有可能为行业减排提供基本条件。二是中国目前的要素市场尚不完备，特别是具有外部性的资源能源价格并不能反映其稀缺性，导致了在行业节能减排调控过程中市场无法发挥其主要作用，调控效率不高。

（三）市场化的行业减排方法仍在发展和完善中

我国目前碳排放交易的主要类型是基于项目的交易，清洁发展机制（CDM）合作项目是其中的典型。据统计，中国在联合国已经成功注册的 CDM 项目达到了 244 个，这些项目预期年减排量 1.13 亿 t 二氧化碳当量，行业碳减排潜力巨大。众多国家和区域的经验都证明了整个行业或地区实行碳交易市场对实现行业低成本减排的有效性。2011 年 10 月国家发展和改革委员会批准了北京、天津、上海、重庆、湖北、广东和深圳七个碳排放权交易试点。截至 2015 年 12 月，七个碳交易试点市场共纳入企事业单位 2 000 多家，年发放配额总量约 12 亿 t，累计成交量逾 4 800 万 t CO_2，累计成交额超 14 亿元，市场价格在 12～130 元/t CO_2 间波动。从 2013 年试点启动开始，截至 2017 年 9 月累计配额成交量达到 1.97 亿 t 二氧化碳当量，成交额约 45 亿元人民币。国家发展和改革委员会 2016 年 1 月发布的《关于切实做好全国碳排放权交易市场启动重点工作的通知》（发改办气候〔2016〕57 号）要求，2017 年 1 月 1 日起启动全国碳排放权交易，实施碳排放权交易制度。2017 年 11 月，全国碳市场目前已进入审批程序，上海将建立全国碳交易平台，湖北负责登记系统。在全国碳市场初期不以金融产品应用为工作重点，而是建立、推行、完善碳市场的政策和交易。碳排放交易已成为我国气候政策的主要方向之一，与其他税收等手段互为补充。

（四）积极参与国际行业协会减排行动分享经验、技术和数据

如前所述，当前我国钢铁、水泥、铝、石油等行业的部分企业是国际行业协会的成员，而这些协会或组织已经在《京都议定书》和 UNFCCC 框架之外采取针对本行业的减排方法和措施，因此我国的部分行业已经被动地参与到了国际行业减排中去。然而，这些国际协会或组织采用的减排方法多以基于技术的方法为主，现阶段关注的核心还处于对会员企业进行数据统计工作的阶段，几乎还没有全球范围内行业碳排放交易的实践，这就为我国相关行业企业获取减排经验、技术和数据提供了有利条件，从而有利于促进我国企业实现节能减排和产业升级目标，我国相关行业及其企业应当充分利用这一机会。

第三章　国际行业低碳标准发展现状与趋势

在 2007 年 12 月举行的巴厘岛国际气候变化谈判大会上，国际标准化组织（International Organization for Standardization，ISO）举办了主题为“以标准化应对气候变化”的研讨会，引起了世界各国对标准化在应对气候变化中所发挥作用的强烈关注。当前国际低碳标准以产品为链条，吸引生产者和消费者共同参与应对气候变化。制造业作为发展国际贸易、保护本国产业、规范市场秩序的重要载体，是应用低碳技术标准促进行业低碳发展的关键部门。

一、国际现有低碳标准的主要特点

（一）低碳标准的设定集中在碳排放比重较高的电力、钢铁、水泥等工业领域以及交通、建筑等消费领域

（1）工业领域中已有碳税、行业低碳生产排放的标准和法案。芬兰、挪威、瑞典、丹麦、荷兰和英国制定了火电行业碳税制度。美国加利福尼亚州大气资源委员会（California Air Resources Board）较早地制定了该地区的低碳水泥行业标准。美国 EPA 2012 年发布了新的火电行业碳排放标准。2009 年美国通过了《清洁能源与安全法案》，高度重视电力生产、建筑和交通部门重点领域等的节能与能效提高技术，以促进温室气体减排标准的提升。

（2）交通汽车行业低碳标准推动较快，美国和欧盟均制定了机动车温室气体排放标准。2006 年美国加利福尼亚州颁布了《机动车温室气体排放标准》。美国《清洁能源与安全法案》鼓励清洁交通的发展，设置温室气体排放标准和车辆油耗

里程标准，推进电动汽车的技术发展，并要求 EPA 制定大型卡车、火车、飞机和其他移动源的温室气体排放标准。该法案要求到 2016 年，前五年车型的汽车燃油经济性标准应达到每加仑 35.5 英里，预计在此项目运营期间可节约 18 亿桶油和减少温室气体排放量 9 亿 t。2007 年欧盟就提出，2012 年把新出厂汽车的 CO_2 排放量减少到每公里 120 g（折合 5.4 L/100 km）以下。2009 年年底，欧盟委员会通过了限制轻型商用车 CO_2 排放的标准。

（3）建筑行业的单位能耗标准在逐步深入和完善，并开始制定中长期减排目标。2007 年法国政府制定“GRENELLE 法令”，确定中长期减排目标。其中，对建筑能耗制定了如下标准：从目前到 2012 年，新建建筑能耗应不高于 50 kW·h/（m^2·a），到 2020 年达到“积极能耗”标准——自产能源超过自身消耗，而届时现有住宅能耗至少要比目前减少 38%。为此，在 2020 年前就需要对现有能耗较高的 80 万套社会住宅进行节能技术改造。法令对新旧住宅节能提出不同的标准要求，新住宅参照现行建筑能耗标准执行，而挑战主要来自现有住宅的改造。法令对现有住宅节能改造目标做出了规定：从目前 250 kW·h/（m^2·a）到 2020 年减少到 150 kW·h/（m^2·a），到 2050 年减少到 50 kW·h/（m^2·a）。

（二）低碳标准内容上集中于单位碳排放量、总量排放控制标准及碳排放核算监测标准

（1）以单位产品碳排放量为低碳标准制定依据。在电力行业，美国 EPA 2012 年发布了新的火电行业碳排放标准：使用煤炭及天然气等化石燃料的 2.5 万 kW 以上新建发电厂，每 1 000 kW·h 发电量全年平均 CO_2 排放量应控制在 1 000 磅（约 454 kg）以内。在水泥行业，由美国加利福尼亚州大气资源委员会提出了该地区的低碳水泥标准，在 2020 年实现吨水泥 CO_2 排放量达到 0.69 t，实现减排 24%。

（2）构建了按单位发电量征收碳税的制度。芬兰、挪威、瑞典、丹麦、荷兰和英国则制定了碳税制度，荷兰对于火力发电的征税额达 0.063 9 欧元/（kW·h），英国对商用电的征税额达 0.55 欧元/（kW·h），丹麦对使用矿物燃料进行征税，挪威、瑞典则对排放量进行征税。

（3）陆续推出总量排放控制标准。2007 年 5 月，美国加利福尼亚州大气资源

局发布《低碳燃油标准》，要求到2020年该州所售汽车燃油温室气体的减排量至少达到10%。2008年4月英国颁布了《可再生交通燃油规范》，规定了燃油供应商在其所售的燃油中必须掺兑一定比例的生物燃油。欧盟的《燃料质量指令》规定，从2011年起，燃料供应商必须每年将燃料在炼制、运输和使用过程中排放的温室气体在2010年的水平上减少1%，到2020年整体减少排放10%，即减少CO_2排放5亿t。

（4）制定了基于碳交易市场的排放核算监测标准。2005年欧盟排放交易体系（EU-ETS）是京都机制下最重要、最成熟的碳交易市场，也是目前全球最大的碳交易体系。EU-ETS 涉及了电力行业以及五个主要的工业部门：石油、钢铁、水泥、玻璃和造纸。EU-ETS 为每个部门的排放设施制定了完整的温室气体监测与报告协议。需要按照监测协议对每个排放设施的排放数据进行详细的记录，每年3月31日之前报告上一年度的排放数据，并由政府指定的独立第三方来核查。因此，温室气体排放监测标准是一项基础性工作，也通过碳交易推动了低碳技术的推广应用。

（三）形式上集中于低碳生产标准、消费标准和排放管理标准

（1）低碳生产标准。低碳生产标准即生产一件产品所产生的CO_2当量，例如，以单位产品排放量的形式（如生产每吨钢铁的排放量）来衡量一国的减排努力，实际上就是提出的一种低碳生产标准。目前这种低碳生产标准已逐步形成，完全成形后，它有可能会迅速转变成为一种贸易保护手段。具体的形式有以环境保护为借口开征的“碳关税”，以及非关税壁垒低碳标准。行业类的低碳标准还比较少。

碳关税：最早由法国提出，要求欧盟国家对未遵守《京都协定书》的国家课征商品进口税，否则在欧盟碳排放交易机制运行后，欧盟国家所生产的商品将遭受不公平之竞争，特别是境内的钢铁业及高耗能产业。欧洲的瑞典、丹麦、意大利、澳大利亚，以及加拿大的不列颠和魁北克在本国范围内征收碳税。

碳足迹：国际上影响较大的碳足迹核查标准主要有《产品碳足迹标准》（ISO 14067）；英国标准协会发布的“公众可用规范（PAS）”，包括2008年11月正式公布的《商品和服务生命周期温室气体排放评估规范》（PAS 2050）和2010年公布的《碳中和证明规范》（PAS 2060）；德国产品碳足迹测量方法以ISO 14040/44 为

基础并参考 PAS 2050。

（2）低碳消费标准——低碳产品认证。国外低碳产品认证项目在近两三年不断涌现。如美国由不同的机构推出了三种碳标签制度，这三种碳标签制度均以全生命周期测量为主导方法。目前，已经有德国、英国、日本、韩国等约 20 个国家开展低碳产品认证。

（3）温室气体排放管理标准。ISO 发布的温室气体系列标准：《温室气体认证标准》（ISO 14064：2006）、《温室气体认证要求标准》（ISO 14065：2007），以及《温室气体审定团队与核查团队的能力要求》（ISO 14066）。ISO 14064 是 ISO 在国际环境管理体系中增加的标准，旨在提供给政府和工业界一个项目的整套工具，从而减少温室气体排放以及增强排放权交易信用。ISO 14065 是 ISO 2007 年发表的标准，是对 ISO 14064 的补充。在 ISO 14064 为政府和组织提供能够测量和监控 GHG 减排要求的同时，ISO 14065、ISO 14066 均为采用 ISO 14064 或其他相关标准、规范进行 GHG 确认和验证的机构提供的规范及指南。

世界资源研究所与世界可持续发展工商理事会联合开发了温室气体核算体系（GHG protocol），如 2011 年公布的《企业价值链温室气体排放标准》《产品生命周期温室气体排放标准》《公司量化并报告其温室气体排放量的指导》及《确定温室气体减排项目的减量的指导》等。其他机构开发的自愿碳减排标准，如世界自然基金会（WWF）开发的黄金标准（Golden Standard，GS）和气候组织开发的自愿碳标准（Voluntary Carbon Standard，VCS）等。

（四）在国际公约行业方法谈判进展缓慢的情况下，相关国际行业协会通过制定行业减排标准或目标推进自愿减排行动，将对全球行业减排行动产生实质性影响

（1）目前部分国际行业协会已经提出行业减排倡议。国际铝业协会制定了到 2010 年的定量减排目标；世界可持续发展工商理事会提出了水泥制造可持续发展倡议，已有几十家企业发布了自愿减排目标；国际钢铁协会发布了“气候行动成员”标识，以表彰参与了 CO_2 排放数据收集活动的企业。这些倡议吸引了占全球产量三至四成的企业参与，影响很大，它们的不断推进将对全球行业减排行动产生更大影响。

（2）ISO 于 2011 年成立了有关 CO_2 捕集、运输和封存（CCS）的技术委员会（ISO TC265），致力于 CCS 领域的国际标准制定。该技术委员会下设捕集、运输、封存、量化与验证、CCS 共性问题五个工作组，分别负责这些方面的标准研制工作。

二、国际低碳标准对工业转型升级的作用

（一）低碳标准促进制造业升级

在欧洲，欧Ⅵ机动车排放标准限值、劣化系数及耐久性试验里程和欧Ⅴ一致，但是 OBD 限值更加严格，后处理系统的临界条件要求更加苛刻。根据相关技术分析，若要达到欧Ⅵ标准，单纯依靠改进配方降低排放的效果是有极限值的，因此快速起燃和催化器耐久转化效率提高将非常重要。欧Ⅵ标准进一步促进了生产商对汽油机缸内直喷技术（GDI）的发展，包括 GDI 直接启动技术、涡轮增压技术、线性氧传感器技术以及一系列排放后处理技术方面的研发和应用。欧盟的汽车碳排放标准的制定出台，极大地推进了汽车制造业的节能减排技术升级，进而带动汽车制造相关零部件生产行业的技术升级。同时，对发展中国家的汽车制造业可能会带来更多的紧迫感。

在美国，2006 年《机动车温室气体排放标准》立法引导厂商在法律生效前（2000 车型年到 2008 车型年）就开始削减温室气体排放，这样可以获得排放削减信用额。在早先的信用额计算中，厂商 2000 车型年到 2008 车型年之间的车辆平均排放将和短期标准在累积的基础上进行比较。累积排放低于短期标准的生产厂商将获得信用额。加利福尼亚州空气资源委员会计算得到温室气体排放标准，到 2020 年将使轻型车温室气体排放减少 17%，到 2030 年则达 25%。然而按照绝对数值来说，到 2020 年由于立法导致温室气体排放的减少将小于由于机动车数量和行驶里程增加而增加的温室气体排放，到 2030 年会稳定在当时的温室气体排放水平。立法对汽车制造商销售的纯电动车和清洁汽车数量比例进行了规定，进一步促进了生产商对汽车新能源和低碳技术的研发。

（二）低碳标准促进低碳技术推广应用

以美国为例，EPA 公布的碳排放新标准草案标准相当严格，如果不采用 CCS 技术则很难达到这一标准，而 CCS 在技术和经济性方面仍存在诸多问题。因此，如果新标准草案最终确定，在美国新建煤炭火力发电厂将变得十分困难，但同时也必然会大力推进 CCS 技术的开发及市场的推广与应用。基于这一新出的标准，老化的煤炭火力发电站预计将进行改建或者停工，天然气火力发电站将会增多，这也在很大程度上加快了火电行业的能源结构调整，向天然气火力发电转型。中国 2012 年发布的《火电厂大气污染物排放标准》（GB 13223—2011）也对除尘技术有类似的推动促进效果。技术标准对低碳技术的促进作用，可以借鉴节能技术推广的影响因素。在新型节能高效产品、设备、工艺和材料的研究过程中，尽快形成技术标准，并通过标准的宣传、实施以加快节能技术的市场化、产业化。

（三）低碳标准促进高耗能行业技术改造

2002 年 EU 15 内的 48 家钢铁企业共同拟定了超低碳排放制钢计划（Ultra Low CO_2 Steelmaking，ULCOS），主要是对现行工艺的改进、低碳技术的应用和开发新型冶炼的低碳甚至是无碳冶炼工艺。美国 EPA 2009 年启动钢铁工业技术路线图（TRP）研发项目，所研发的三项技术——双向直缸炉炼铁工艺、熔融氧化物电解炼铁技术和悬浮还原铁工艺是具有变革性的。得益于钢铁制造低碳转型（提供电炉钢比例）、传统高炉－转炉炼铁流程过程的低碳优化以及铁矿低碳炼钢新技术的开发等，2010 年美国钢铁业生产过程中的温室气体排放量比 1990 年减少了 45.5%。

（四）低碳标准促进能源结构调整

2013 年，美国超过 35 个州已经设定了可再生能源目标，超过 25 个州则设立了能效目标。2008—2012 年美国已经相继将风能、太阳能以及地热的使用率提高了一倍，并设定要在 2020 年前将可再生能源发电量翻番的目标。美国能源部将颁布一项“联邦登记通知”（Federal Register Notice），发布一项贷款请求的草案，在 1703 号贷款担保项目下，提供给新一代化石能源项目 80 亿美元的贷款资金。这一草案旨在支持投资那些创新技术，以更低的成本实现金融以及政策目标，推动可再生能源技术减少人类活动所造成的温室气体排放。

三、我国与国际低碳标准体系上的差异分析

（一）国内低碳行业排放标准刚刚起步

我国低碳产业作为新兴产业，标准体系尚未建立，标准缺口较大，有关碳排放的国家标准及行业标准十分缺少。目前的低碳标准还只是以基础管理类的标准为主，按内容可以大致分为低碳消费标准与低碳生产标准、温室气体排放管理标准等。2015 年发布了首批 11 项温室气体管理国家标准，其中包括《工业企业温室气体排放核算和报告通则》（GB/T 32150—2015）以及发电、钢铁、民航、化工、水泥等 10 个重点行业温室气体排放核算方法与报告要求。这批标准对企业温室气体排放“算什么，怎么算”提出了统一要求，为降低企业碳减排成本、建立全国统一的碳排放交易市场提供技术支撑。

《工业企业温室气体排放核算和报告通则》规定了工业企业温室气体排放核算与报告的基本原则、工作流程、核算边界、核算步骤与方法、质量保证、报告内容六项重要内容。核算方法分为“计算”与“实测”两类，并给出了选择核算方法的参考因素，方便企业使用。

发电、钢铁、镁冶炼、平板玻璃、水泥、陶瓷、民航七项温室气体排放核算和报告要求国家标准，主要规定了企业 CO_2 排放的核算要求，并对温室气体核算范围做出了明确的界定。新标准充分吸纳了我国碳排放权交易试点经验，同时参考了有关国际标准，有效解决了温室气体排放标准缺失、核算方法不统一等问题，实现了我国温室气体管理国家标准从无到有的重大突破。

（二）国际低碳标准为未来国际行业减排行动提供了储备

2012 年 3 月 27 日，美国 EPA 公布了碳排放新标准草案，规定使用煤炭及天然气等化石燃料的 2.5 万 kW 以上新建发电厂，每 1 000 kW·h 发电量全年平均 CO_2 排放量应控制在 1 000 磅（约 454 kg）以内。草案还包含了一些宽松措施，如标准不适用于现有发电站和即将在今后 12 个月内开工建设的发电站，以及 30 年平

均值达到这一标准即可。同时，美国政府还制定了新建发电厂的相关规范，为未来国际行业减排提供了技术储备及总减排量储备。

（三）国际低碳标准总体严于国内标准

国际标准比中国先行，相关标准限值更加严格。例如，在交通行业，欧盟通过自愿协议来削减乘用车温室气体排放，规定了在欧洲销售的新机动车的平均机动车排放目标，并采取分阶段的方式实现：到 2015 年新出厂汽车的 CO_2 排放量不得超过每千米 120 g（折合 5.4 L/100 km）以下，2020 年每千米不得超过 95 g（折合 4.3 L/100 km）的目标。其中，通过法律约束提出汽车制造商的强制减排目标为每公里 130 g（折合 5.9 L/100 km）。美国分别于 2010 年和 2012 年发布了针对 2012—2016 年（第一阶段）和 2017—2025 年（第二阶段）的轻型汽车燃料经济性及温室气体排放规定，要求 2025 年美国轻型汽车的平均燃料经济性达到 54.5 mpg（英里/加仑，1 英里≈1.609 km，1 加仑≈3.79 L）。日本政府针对不同重量级车辆分别制定了一系列强制性的燃油经济性标准。2010 年开始对不能满足限值要求的车辆进行罚款。日本的节能战略要求到 2015 年乘用车燃料消耗量限值平均下降到 5.9 L/100 km（折合 CO_2 排放 130 g/km），2020 年下降到 5 L/100 km（折合 CO_2 排放 110 g/km）。

相对于发达国家，我国直到 2004 年发布了第一个强制性标准《乘用车燃料消耗量限值》（GB 19578—2004），规定自 2006 年 7 月 1 日起，对于在生产乘用车全面执行《乘用车燃料消耗量限值》（GB 19578—2004）第一阶段限值标准，2009 年 1 月 1 日起执行《乘用车燃料消耗量限值》第二阶段限值标准。通过第一阶段和第二阶段的乘用车燃料消耗量限值标准的实施，中国乘用车单辆车 CO_2 排放强度从 2006 年的 194 g/km 下降到 2010 年的 175 g/km，但距国际先进水平仍有很大差距。《乘用车燃料消耗量限值》第三阶段限值标准于 2012 年 7 月实施，从过去的单一产品评价改为对生产企业的综合评价，并提出到 2015 年乘用车燃料消耗量平均水平达到 7 L/100 km。乘用车燃料消耗量第四阶段标准于 2016 年 1 月 1 日起实施，适用范围在第三阶段汽、柴油车的基础上还增加了对天然气、新能源（含纯电动、插电式混合动力、燃料电池）乘用车的考核。标准体现了鼓励新能源、替代燃料汽车发展，鼓励轻量化发展和先进节能技术应用等导向，提出到 2020

年乘用车产品平均燃料消耗量达到 5 L/100 km 的目标，与国际接轨。

四、国际低碳标准对我国的影响及启示

（一）部分强制性低碳法规或标准对低碳技术升级作用明显

目前国际上的有关温室气体排放管理的强制性标准或技术法规主要是对本国的企业提出的要求，即使是欧盟的轻型商用车 CO_2 排放标准对中国的汽车出口的影响也十分有限，因为目前中国每年出口到欧盟境内的轻型商用车的总量才几百辆，规模非常小。发达国家制定这些强制性标准的初衷在当前阶段并不是为了限制其他国家的贸易，而主要是通过这些标准法规的出台进一步促进本国企业的技术升级和转型，持续占领这些领域的技术高地，为未来的技术转让和技术入侵做好储备。建议国家相关主管部门未雨绸缪，根据我国的产业特点和优势领域情况，尤其是战略性新兴产业，制定一些相关的低碳产业政策和标准，鼓励企业自主创新，尽早完成低碳转型。

（二）制定低碳标准有助于跨越国际贸易壁垒

制定符合中国国情的低碳标准，广泛推广和应用低碳技术是提高我国“低碳竞争力”的关键，而提高“低碳竞争力”将有利于我国行业和企业抢占国际市场，跨越绿色贸易壁垒。我国包括生铁、粗钢、铝制品等在内的大量初级产品用于出口，附加值低下，出口价格低廉，增加了大量的国内温室气体排放，但带来的经济效益却在不断下降。以欧盟和美国为首的西方发达国家集团提出的“碳关税”和“碳交易”，实质成为其遏制以中国为代表的新兴经济体发展的战略措施。我国应依靠制定低碳标准，加快推动低碳技术的研发、推广和应用，提高行业和企业核心竞争力，从而有效应对碳关税和碳交易的挑战。对于碳排放较高的行业和企业而言，为了降低成本，除提高产品价格、减产或购买排放权外，以应用低碳工艺与技术降低碳密度的做法是更有效的选择，发达国家在这方面有很多先例。

（三）制定低碳标准有助于应对国际行业减排的挑战

我国工业化和城镇化进程的加快、居民消费水平的提升，导致我国资源能源的刚性需求在未来较长时间内难以改变。未来50年将是我国城镇化和工业化加速推进的重要历史阶段，生活消费和工业制造带来能源消费量快速增长的趋势在短时间内难以发生根本性改变。工业化和城镇化对钢铁、水泥和化石能源的大量消耗是一种刚性需求，城镇住房、道路交通以及管网等城市基础设施的大规模建设不可避免，刚性排放趋势短时期内还难以减少。我国尚处于经济快速增长期，目前的消费增长尚属于基本的生存需求，所带来的温室气体排放增长也属于对最基本的生存排放空间的需求。与我国不同，西方多数发达国家人均温室气体排放量仍远远高于世界平均水平和发展中国家的平均水平。国家航海、航空谈判已进入实质性阶段，制定有中国特色的低碳标准有助于在国际谈判中争取减排空间。

（四）制定低碳标准有助于促进技术进步

通过制定低碳标准来推动低碳技术的研究开发与广泛应用、降低工业能源消耗强度，是未来工业部门大幅度节能减排的主要突破口。我国主要耗能行业的技术与装备水平与国际先进水平有较大差距，即使是采用行业内先进的低碳技术，能耗指标也高于国际同类技术，因此行业能源效率改进存在很大的空间。同时，节能减排管理作为行业发展的一项长期工作，所占比重较低，而且大多需要通过关键低碳技术或设备来推进。因此，需要制定低碳标准作为管理低碳技术推广及温室气体减排工作的抓手。

（五）制定低碳标准有助于形成长效管理机制

从法律层面确定低碳标准可以加强管理依据，为执法提供定量化的对标标准，有助于形成长效机制，从而促进低碳管理工作的推行。充分发挥法律法规及行政手段的作用，对已建项目增加技术进步及设备改造压力，对新上项目严格把关并督促低碳技术的推广应用。制定行业碳排放准入条件，设计科学合理的执法评估体系，并随着时间进行法律修改、调整标准的具体数值，方可切实有效地推动低碳技术管理进程。

第四章　重点行业温室气体排放现状与减排难点

综合考虑国际重点减排行业以及我国国内行业发展的实际情况，本书选择了电力、石油、钢铁、水泥、电解铝、汽车交通、建筑使用以及生物质废物处理八个行业进行了深入研究。针对这八个行业，进行了行业温室气体减排措施现状及减排技术应用情况的大样本调查。在调查过程中采取了发放调研表、电话咨询、现场实地勘察或与现场技术人员交流以及专家访谈等多种方式，获取了企业低碳技术参数，包括技术结构体系、技术能耗水平、普及率、成熟度等情况，掌握了企业的技术水平、能耗情况以及温室气体排放情况；实地考察了行业温室气体减排示范工程建设及运行情况，了解了减排技术在企业的实际应用情况，并收集了相关技术数据，了解了现有减排技术的实际应用情况以及未来发展趋势，通过对100多家企业的调研，获取了翔实的数据和基础资料。

一、重点行业排放总量评估

随着我国经济水平的快速发展，我国CO_2排放量也逐年增加。2005年我国包括电力、石油、钢铁、水泥、电解铝、汽车交通、建筑使用以及生物质废物处理在内的八个重点行业直接温室气体排放总量为43.43亿t CO_2当量，2010年直接温室气体排放量为65.13亿t CO_2当量，年均增长速度达到8.44%。其中，温室气体排放总量居前四位的重点行业依次是电力、建筑、水泥和钢铁，见图4-1。

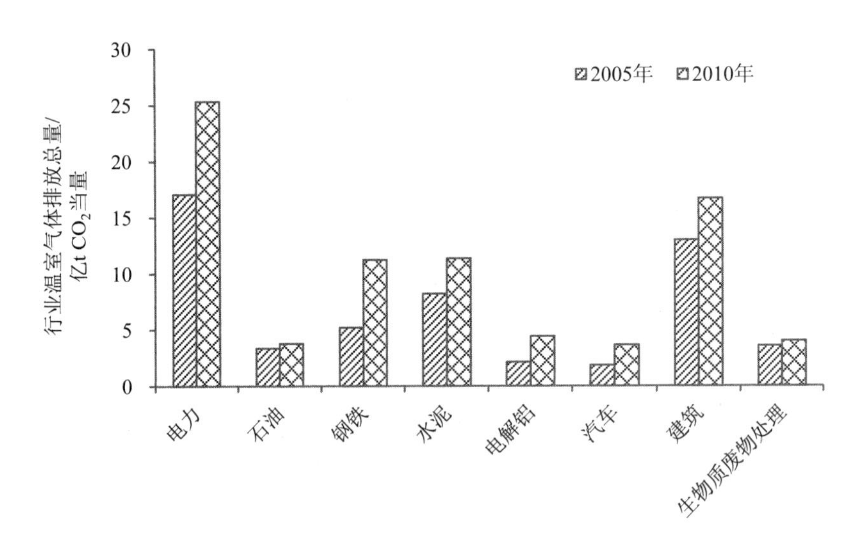

图 4-1　2005 年和 2010 年我国重点行业温室气体排放总量

2010 年，石油、钢铁、水泥、电解铝以及建筑行业中的间接排放量为 15.4 亿 t CO_2 当量，主要来自原料生产以及二次能源（如电力等）消费。其中，由八个行业电力使用带来的间接排放量占全国电力温室气体排放总量的 55.2%。电解铝的间接排放量占行业总排放量的比例最高，电力以及原料生产带来的间接排放量占 90%；建筑使用次之，由电力带来的间接排放占行业总排放量的 45.5%。

2010 年我国温室气体排放总量为 72.9 亿 t（由于数据获取问题，本书只核算了由一次能源消耗引起的 CO_2 排放总量），八个重点行业直接温室气体排放总量占 89.34%。各行业的直接温室气体排放占总排放量的比例见图 4-2。其中，电力行业居首，达到 35%；水泥行业次之，达到 14%；钢铁行业和建筑使用行业并列第三，占 12%。

2010 年，除电力行业外，我国上述其他七个行业产生的温室气体排放量占全国总排放量的 72%（图 4-3），其中位于前三名的重点行业为建筑、水泥、钢铁，分别占总排放量的 22%、15%、14%。

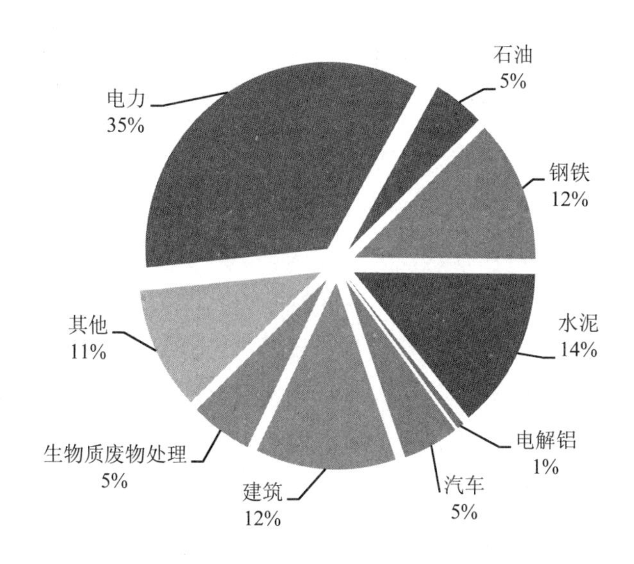

图 4-2　2010 年我国各行业直接温室气体排放占全国总排放比例

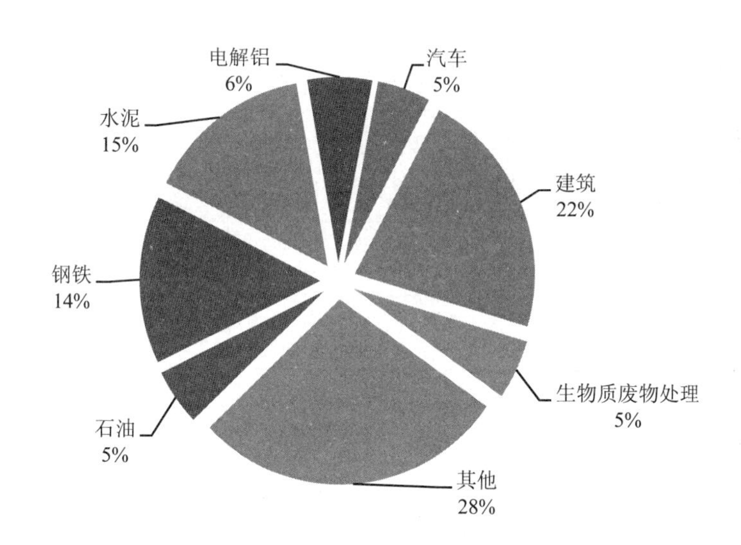

图 4-3　2010 年我国各行业温室气体总排放占全国排放量的比例（电力行业除外）

二、电力行业排放现状及特征

电力行业涵盖电力勘探、建造、生产、输电、配电、售电（供电）六个主要环节，温室气体排放范围仅限于电力生产环节，其他环节几乎不会产生温室气体。电力行业生产电能的主要方式有火力发电、水力发电、核能发电、地热发电、风能发电、太阳能发电等。其中，火力发电又可分为燃煤发电、燃油发电、燃气发电、整体煤气化联合循环（IGCC）等几种主要发电方式。由以上分析及国家气候变化初始信息通报可知，电力行业温室气体排放（CO_2、CH_4、N_2O）主要发生在火力发电、供热和生物质发电企业的生产过程中。

电力行业温室气体排放特征分析如表4-1所示。火力发电企业温室气体（CO_2、CH_4、N_2O）排放具有连续、稳定、可监测性的特点。温室气体通常随烟气（尾气）排入大气，烟气（尾气）中CO_2含量的高低随燃料的不同而不同，一般燃煤发电大于燃油发电，燃气发电中的CO_2排放最低。

表4-1　电力行业温室气体排放特征分析

主要活动	生产部门	产出温室气体	产出环节	排放方式
电力生产	火电厂	CO_2、N_2O	燃料燃烧	随烟气（尾气）以气态形式排入大气
	生物质电厂	CH_4	燃料燃烧	随烟气（尾气）以气态形式排入大气
电力和热能生产	热电厂	CO_2、N_2O	燃料燃烧	随烟气（尾气）以气态形式排入大气

（一）电力行业的排放现状

我国电力工业持续快速发展，已成为世界电力第一大国。随着我国发电量的逐年增长，温室气体排放总量猛增。2010年发电供热导致的CO_2排放总量达到25.35亿t。据电力工业统计资料，2014年我国电力工业总装机容量为137 018万kW，总发电量为56 045亿kW·h。总装机容量的构成和总发电量的构成分别如图4-4和图4-5所示。

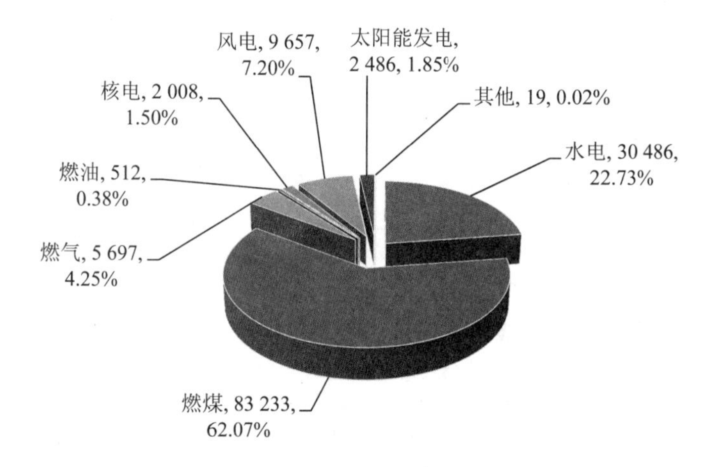

图 4-4　2014 年我国电力装机容量和构成（万 kW）

（数据来源：中国电力企业联合会）

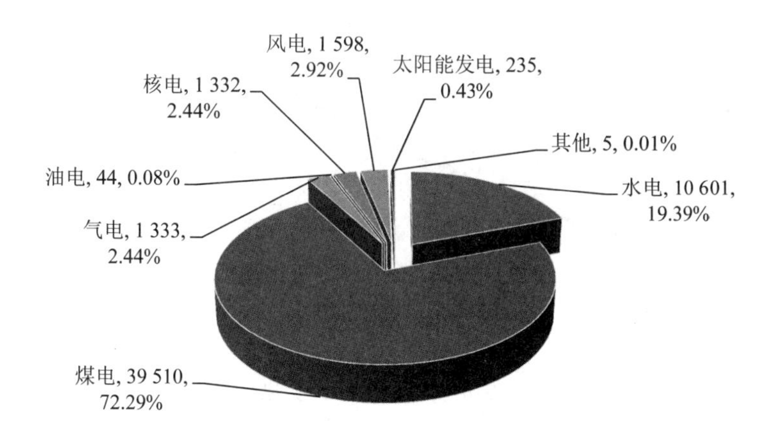

图 4-5　2014 年我国发电量构成（亿 kW·h）

（数据来源：中国电力企业联合会）

近十多年来，随着国民经济的持续高速发展，用电需求增长迅速，因此电力行业消耗的煤炭量也快速增长(图 4-6)，相应的 CO_2 排放总量也迅速增加(图 4-7)。

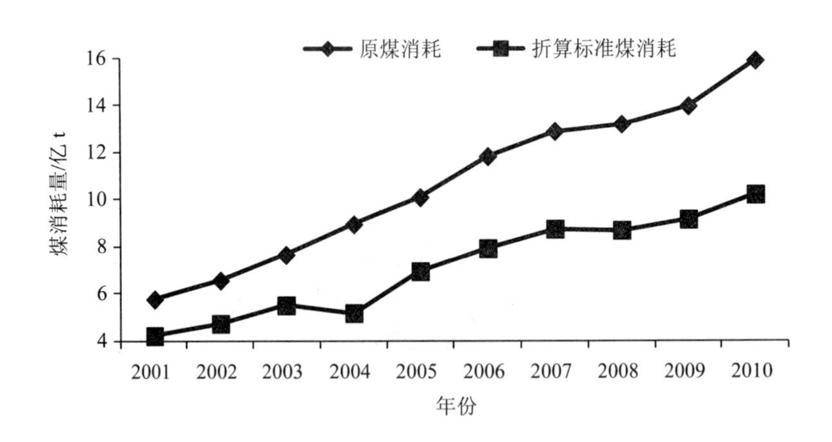

图 4-6 我国火电机组历年原煤消耗和折算标准煤消耗

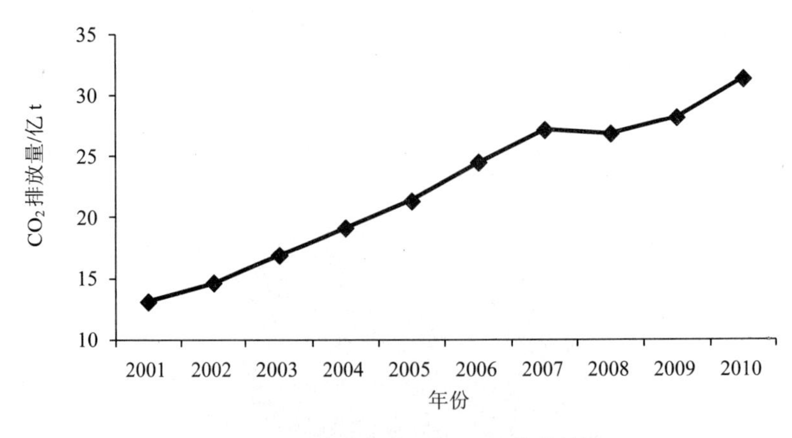

图 4-7 我国电力行业历年 CO_2 排放总量

根据电力工业统计数据，我国 1990—2014 年的火电机组发电煤耗如图 4-8 所示。2014 年我国发电标准煤耗为 300 g/（kW·h）。从图中可以看出，发电煤耗处于较为快速的逐年递减态势，这主要是由于我国近年来电力工业发展快速，新上机组主要是高效率的超临界和超超临界机组。同时，由于技术革新和改造，火电厂主要大型用电设备单位电耗显著下降，因此厂用电率显著下降，见图 4-9。

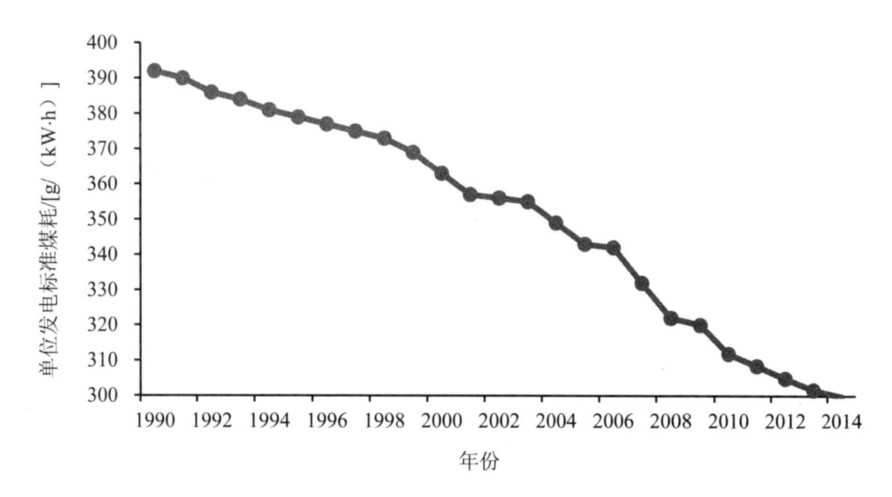

图 4-8 我国火电机组 1990—2014 年单位发电煤耗

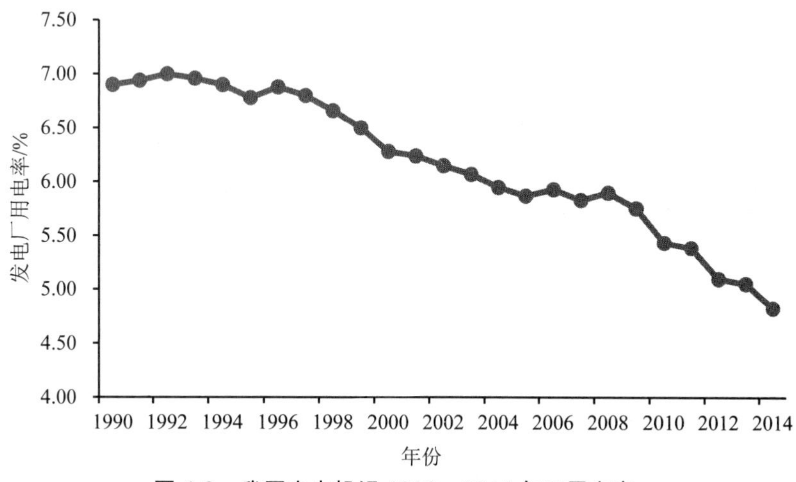

图 4-9 我国火电机组 1990—2014 年厂用电率

2015 年，我国 6 000 kW 及以上电厂的发电标准煤耗已降至 297 g/（kW·h），比 2010 年下降了五个百分点；供电煤耗为 315 g/（kW·h）。火电厂的厂用电率在 2015 年降至 6.04%。

（二）电力行业的排放特点

我国电力行业及温室气体排放呈现下述特征和发展态势：

（1）电力工业持续快速发展，支撑经济社会发展的能力显著增强。我国已成为世界电力第一大国，发电装机容量2014年达13.7亿kW，超过美国的11.7亿kW。长期困扰我国电力供应不足的矛盾得到缓解，电力系统的安全性、可靠性、经济性和资源配置能力得到全面提高。

（2）电力工业结构和布局不断优化，可再生能源发展迅猛，我国已成为世界可再生能源第一大国。我国电源结构不断优化，2014年，水电、核电、风电等非化石能源发电装机容量比重已达32.50%。2014年，水电装机规模30 485.68万kW，居世界第一位；风电并网装机9 637万kW，居世界第一位；中国光伏发电累计并网装机容量2 805万kW。此外，我国还是世界上在建核电规模最大的国家。

（3）电力工业能耗水平居世界领先水平。我国电网已经发展到特高压电网阶段，1 000 kV交流和800 kV直流电网都是世界运行最高的电网等级。我国已进入超超临界机组快速发展时代，是世界上拥有百万千瓦级超超临界机组最多的国家，2012年全国30万kW及以上火电机组比重达76%。2014年我国供电标准煤耗319 g/（kW·h），进入世界先进水平之列，优于美国、英国、澳大利亚等国家。世界上煤耗最低的机组为我国上海外高桥第三发电厂，2015年1—6月平均供电煤耗274 g/（kW·h）。

（4）电力装备制造业具有一定的自主创新能力和国际竞争力，成本优势突出，但是部分核心技术仍掌握在发达国家手中。特高压技术处于世界领先水平，直流输电、柔性输电技术达到国际先进水平。超超临界、大型空冷、循环流化床等技术得到推广应用，大坝施工、大型水电机组技术走在世界前列。

（5）火电机组发电煤耗处于逐年快速递减态势，目前已达到世界先进水平。与世界主要国家单位火力发电产热CO_2排放强度对比（图4-10），我国火力发电产热CO_2排放强度远低于其他发展中国家。“十一五”期间，我国火力发电产热CO_2排放强度快速下降，已经低于许多发达国家，处于世界先进水平。

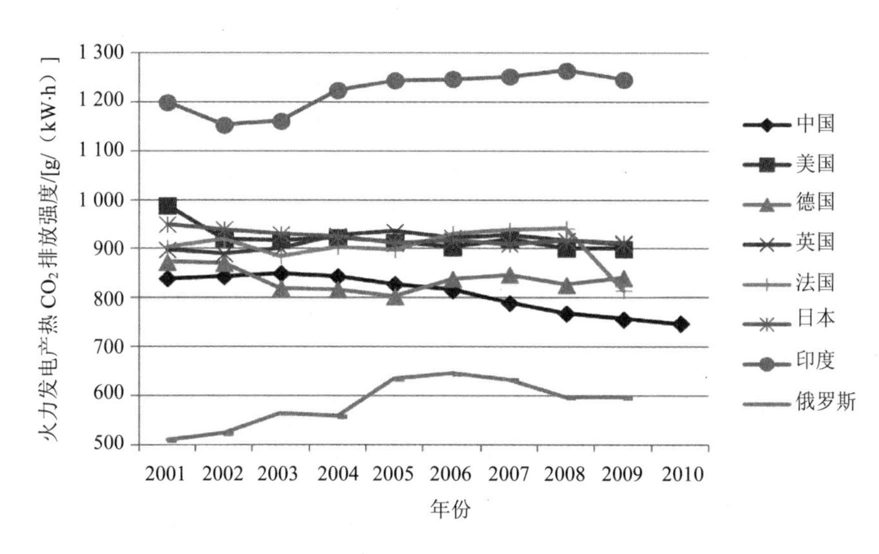

图 4-10 世界主要国家火力发电产热 CO_2 排放强度

（6）虽然我国火电产热碳排放强度较低，但全行业发电产热 CO_2 排放强度明显高于世界主要发达国家。其主要原因在于我国电力工业的发电量构成中火电占的比例大，而且火电中 90%以上都是 CO_2 排放最多的燃煤电量。我国与世界主要国家发电量构成比例如图 4-11 所示。比如法国，由于其发电量主要由核电构成，因此全行业 CO_2 排放强度极低。以 2007 年为例，法国全行业 CO_2 排放强度仅为 90 g/（kW·h），只有我国的 13.2%。

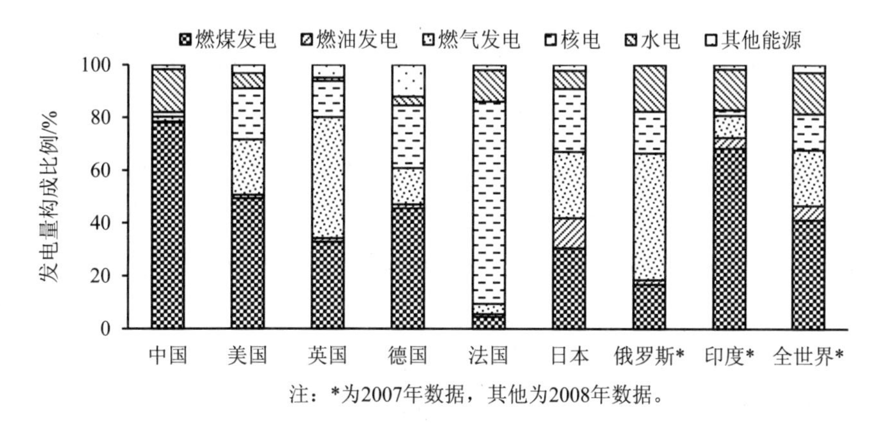

图 4-11 世界主要国家发电量构成比例

（三）电力行业的减排难点

（1）电力行业整体排放量大，减排成本较高。电力行业是我国温室气体排放量最大的行业，接近全国能源消耗总排放量的50%。我国以燃煤火电为主的发电结构特点决定了电力行业减排行动需要巨额资金支持。

（2）电力碳排放强度较高，电力结构调整受一次能源结构制约。尽管我国燃煤火电机组能耗指标已经达到国际先进水平，但由于煤炭的排放因子远高于石油、天然气，我国的电力碳排放强度仍然较高。我国“富煤、缺油、乏气”的一次能源资源禀赋条件决定了我国以煤为主的电力结构状况将长期存在，通过调整能源结构和技术进步的方式进一步降低电力碳强度面临巨大挑战。

（3）电力装备制造业具有一定的自主创新能力和成本竞争优势，但是部分核心技术仍掌握在发达国家手中，新能源装备制造业面临“双反”压力。我国在超超临界高温材料、重型燃机、新能源、第三代核电、清洁煤发电等方面缺乏核心制造技术而受制于人。风电、光伏制造业等部分新能源装备制造业，不仅技术、市场“两头在外”，而且还面临发达国家“双反”调查等严峻问题。如果发达国家制裁成功或者取消对新能源的政策扶持，我国新能源装备制造将面临市场萎缩和成本上升的困境，对于新能源制造产业和我国能源结构调整都将产生不利影响。

（4）CDM项目受到联合国的限批，清洁发展面临瓶颈。由于可再生能源成本高昂，我国很多新能源企业不得不积极向CDM项目寻求收益。截至2012年3月1日，全球共有3 871个CDM项目成功注册，其中我国成功注册1 832个CDM项目（以风电、水电为主），占全球注册总量的47.33%，是世界上注册CDM项目最多的国家。从2010年起，联合国CDM执行理事会（EB）大量限批了我国的风电CDM项目；欧盟则限制了中国、印度等国的大型水电CDM项目。此外，受欧债危机、能源价格疲软等因素的影响，国际碳市场一再大幅下跌。这些情况均使我国清洁发展项目受到很大的制约。

（5）国际上推行的行业减排或部门减排方案将对我国电力行业产生重大影响。美国参众两院提出的《美国电力法案》和《美国清洁能源与安全法案》、国际能源署的部门减排方案和西方国家的国家适当减缓行动（NAMA）等方案，均将电力行业作为减排重点。若这些方案得到实施，我国电力行业不仅难以获得 CDM 项目收益，而且由于减排行动需要大量资金和技术投入，将推高我国能源成本，对目前处于亏损困境的发电企业更是雪上加霜。

（6）可再生能源比重过大将推高我国能源成本，影响下游产品的国际竞争力。通过大力发展低碳清洁的可再生能源，可以有效降低电力碳强度，促进节能减排。但考虑到可再生能源造价高昂、对资源依赖性强，其在我国能源结构中所占比重小，短期无法承担减排主力军作用，若其比例过高还将推高我国能源成本和发展成本，影响下游产品的国际竞争力。

三、石油行业排放现状及特征

（一）石油行业的排放现状

2010 年我国石油行业总排放量约为 3.77 亿 t CO_2 当量，2014 年约为 4.17 亿 t CO_2 当量，增量主要来自原油加工量的快速增加。我国石油行业排放总量占全国排放总量的 5%以上，且呈现上升趋势。

我国石油与天然气开采行业在全国经济发展中占有重要地位，2000 年以来石油工业产值约占全国 GDP 的 3%。石油行业既是我国能源生产供应大户，又是主要能源消费大户。一般炼油过程本身的耗能是其所加工原料含能量的 4%～10%（因加工深度不同而各异）。全产业链估算，石油行业供给占全国一次能源消费总量的 22.7%，同时自耗能占其所生产能源总量的 25%左右，约占全国总能耗的 5%（含石油化工）。两大支柱业务——石油天然气开采和炼油业务总能耗占全国总能耗的 3%以上。因此，石油行业的节能低碳工作对行业自身、全国能源供应和温室气体减排都非常重要。

我国能源和石油行业发展综合数据见表 4-2，油气能源产量占一次能源产量的比重稳定在 13%左右，同时油气能源消费量占能源消费总量的比重从 2005 年的 20.2%增长到 24.01%，略有上升。原油产量稳中略升，油气能源产量增长主要来自天然气产量的快速增长。油气能源消费量的增长主要依靠进口。我国“十一五”油气能源相关数据对比变化情况见表 4-3。不管是石油还是天然气，相较于煤炭的温室气体排放强度（等热值温室气体排放）都更低，油气能源消费比重的增加有利于温室气体减排工作。

表 4-2 我国能源和石油行业发展综合数据

指标	2005 年	2010 年	2011 年	2012 年	2013 年	2014 年	2015 年
全国能源消费总量/亿 t 标准煤	26.14	36.06	38.7	40.21	41.69	42.58	42.99
全国油气消费总量/亿 t 标准煤	5.28	7.72	8.28	8.77	9.34	9.84	10.32
油气能源占能源消费总量比例/%	20.20	21.40	21.40	21.80	22.40	23.10	24.01
全国一次能源产量/亿 t 标准煤	22.9	31.21	34.02	35.1	35.88	36.19	36.2
全国油气总产量/亿 t 标准煤	3.25	4.18	4.29	4.42	4.59	4.74	4.85
油气产量占全国一次能源的比例/%	14.20	13.40	12.60	12.60	12.80	13.10	13.40
原油产量/亿 t	1.82	2.03	2.03	2.07	2.09	2.11	2.15
原油加工量/亿 t	2.95	4.23	4.48	4.68	4.79	5.02	5.22
原油自给率/%	62	48	45.3	44.3	43.7	42.0	41.2
天然气产量/亿 m^3	500	945	1 027	1 077	1 210	1 301	1 350
天然气消费量/亿 m^3	500	1 111	1 371	1 509	1 719	1 884	1 973
天然气自给率/%	100	85	74.9	71.4	70.4	69.1	68.4

表 4-3 我国油气能源相关数据对比

项目	2010 年	2015 年	变化率/%
全国能源消费总量/亿 t 标准煤	36.06	42.99	19.22
全国一次能源产量/亿 t 标准煤	31.21	36.2	15.99
全国油气总产量/亿 t 标准煤	4.18	4.85	15.98
原油产量/亿 t	2.03	2.15	5.91
天然气消费量/亿 m^3	1 111	1 973	77.61
原油加工量/亿 t	4.23	5.22	23.40
原油自给率/%	47.99	41.19	−14.17
油气能源占一次能源生产总量的比重/%	13.40	13.40	−0.01
油气能源占能源消费总量的比重/%	21.40	24.01	12.16
原油消费量占能源消费总量的比重/%	17.40	18.10	4.03
天然气消费量占能源消费总量的比重/%	4.00	5.90	47.51
国内生产总值/亿元	413 030	689 052	66.83

项目	2010 年	2015 年	变化率/%
人口/万人	134 091	137 462	2.51
人均能源消费量/（kg 标准煤/人）	2 689	3 127	16.29
人均能源生产量/（kg 标准煤/人）	2 328	2 633	13.14
人均原油消费量/（kg/人）	320	393	23.06
人均原油生产量/（kg/人）	151	156	3.31
人均天然气消费量/（m^3/人）	83	144	73.25
天然气产量/亿 m^3	945	1 350	42.86
天然气自给率/%	85.05	68.42	−19.56
我国能源自给率/%	86.55	84.2	−2.71
单位 GDP 能源消费量/(kg 标准煤/万元)	816.62	623.90	−23.60

数据显示，中国“十二五”期间原油年产量稳中有升，年均增长率 1.11%，原油加工量增长了约 23%。2009 年我国原油进口依存度首次突破国际公认的 50%警戒线，2016 年对外依存度达到 64.4%，创历史新高。同样，我国天然气自给率也出现了快速下降，由基本自给下降到自给率仅 67%。天然气消费量增长了 122%，高于我国能源消费和原油消费增速（图 4-12）。由于天然气消费量（图 4-13）自 2010 年以来的快速增加，使我国能源结构更加绿色、清洁，也促进了我国温室气体排放强度的降低。“十一五”期间，我国天然气消费量占能源消费总量的比重从 2.75%上升到 4.15%。与 2005 年相比，2010 年天然气消费量增长了约 600 亿 m^3。按照等热值天然气与标准煤相比约少排放 27%的 CO_2 进行折算，2010 年天然气消费量增加使当年我国温室气体少排放约 4 800 万 t CO_2。因此，增加天然气供应与消费是我国减少温室气体排放的重要途径。

经核算，我国石油行业油气田开采业务燃料燃烧温室气体排放趋势见图 4-14。从图中可以看出，油气田开采业务燃料燃烧温室气体排放主要来自电力、天然气、原油、煤炭的消耗。在油气当量产量增加的情况下，温室气体排放总量基本维持在 1.0 亿～1.1 亿 t CO_2。2014 年油气田开采业务燃料燃烧排放约为 10 494 万 t，排放强度有所降低。

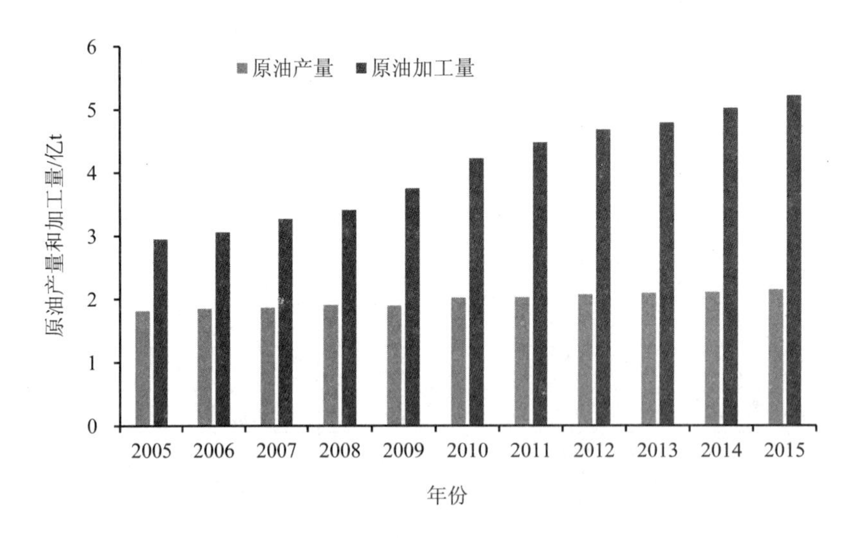

图 4-12　我国原油产量和加工量变化情况

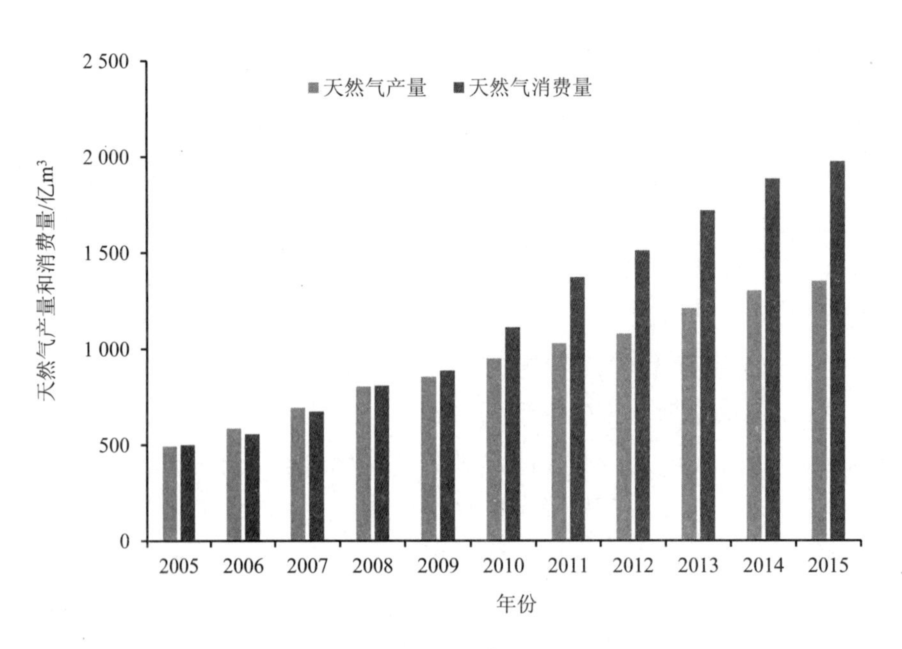

图 4-13　我国天然气产量和消费量变化情况

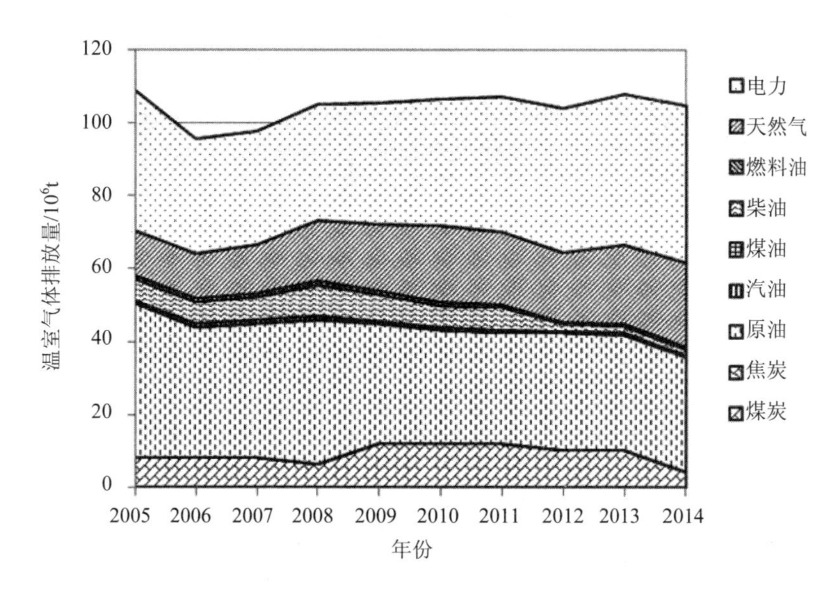

图 4-14　我国石油行业油气田开采业务温室气体排放趋势

我国石油行业炼油业务目前还比较缺乏权威的能源消耗数据。在大量企业调研的基础上，借鉴欧洲炼厂排放系数，初步估算了 2014 年炼油业务燃料燃烧温室气体排放量，约为 18 209 万 t CO_2。加上过程排放和逸散及其他排放，2014 年我国石油行业总排放量约为 4.17 亿 t CO_2 当量（不包括石油化工）。如考虑石油化工排放，我国石油石化行业排放总量所占比例将在 5%以上。

（二）石油行业的排放特点

石油行业产业链长、产品多，温室气体排放主要分布在石油天然气开采、炼油、油气储运与销售等环节，前两者排放比例在 90%以上。主要温室气体排放环节分为油气开采、炼油、油气储运三大领域（图 4-15）。

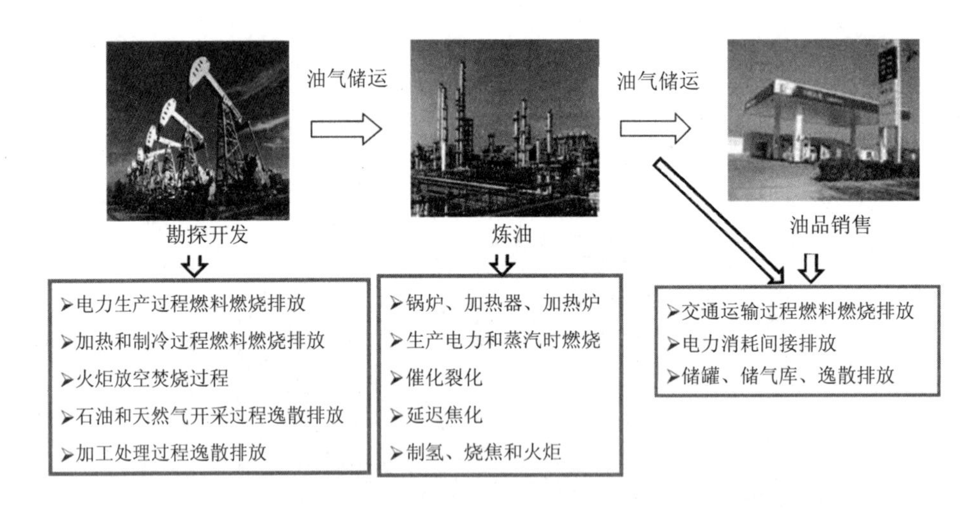

图 4-15　石油行业温室气体板块分布及主要排放环节

1. 油气田开采领域温室气体排放源及分布

油气田温室气体排放包括燃料燃烧、过程排放和逸散排放三大类。油气田温室气体排放源多达几十个，油气田主要温室气体排放源分布见图 4-16。油气田温室气体排放水平不仅受规模、工艺和装备条件等常规因素的影响，还受到原油的类型、储层深度、含水率、渗透率、区域气候条件等影响。

主要排放途径包括油气勘探、开发、集输、废物处理等过程中燃料燃烧造成的直接排放，生产过程中使用电力带来的间接排放，油气集输处理过程火炬放空焚烧排放，油气开采和集输过程逸散排放。油田企业最主要的过程排放源是火炬的放空，包括热放空（即放空焚烧）和冷放空（即直接排放）。其中，热放空排放的温室气体主要是 CO_2，冷放空排放的温室气体是 CH_4。在油气常规生产过程排放的温室气体中，CO_2 排放量占总排放量的 90%以上。

以国内某具备自备电厂的大型油田为例，燃料燃烧的 CO_2 排放量约占直接排放量的 95%（燃料燃烧排放含发电，CH_4 和 N_2O 占比不足 1%），过程排放的 CO_2 占 4%，逸散排放的 CO_2 约占 1%。

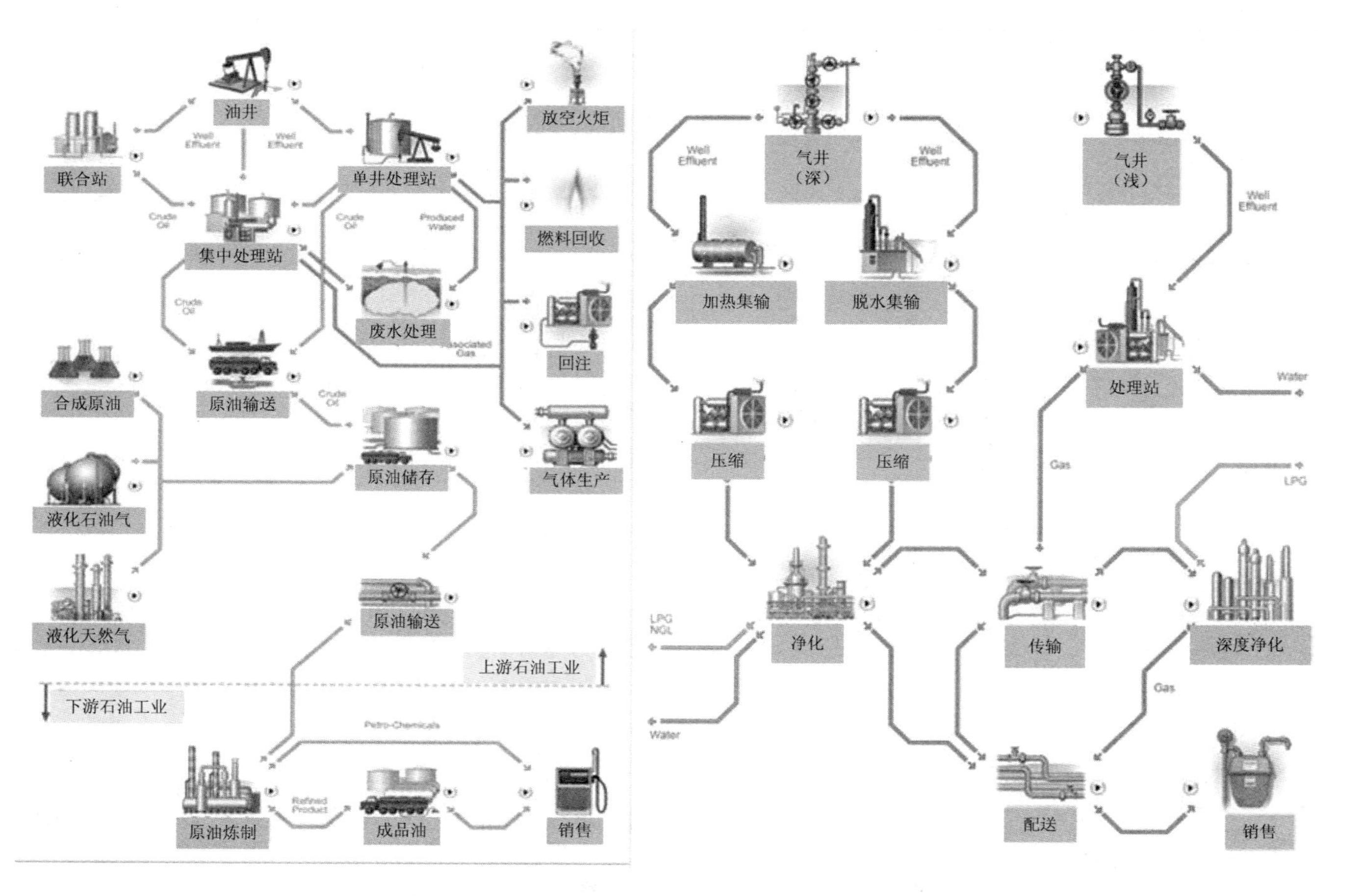

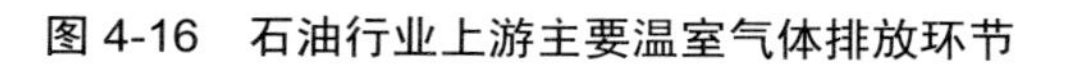
图 4-16 石油行业上游主要温室气体排放环节

2. 炼油领域温室气体排放源及分布

IEA 建立了世界 14 641 个企业的 CO_2 排放源数据库，统计结果表明炼油约占主要企业排放量的 5%。炼油企业排放的温室气体主要为 CO_2 和 CH_4。石油炼制工艺非常复杂，大型炼厂典型工艺及温室气体排放环节见图 4-17。主要温室气体排放装置有常减压（常、减压蒸馏）、催化裂化、催化重整、加氢裂化、延迟焦化以及炼厂气加工、石油产品精制等。其中，作为炼油装置能耗主要组成部分的常减压和催化裂化装置，其能耗之和占炼油装置能耗的 45%～50%，分布在不同位置的加热炉消耗燃料约占总量的 1/3，这些装置也是温室气体的主要排放源，应重视其节能工作。炼油企业最主要的过程排放源是催化剂烧焦、制氢工艺排放、火炬的放空焚烧等。

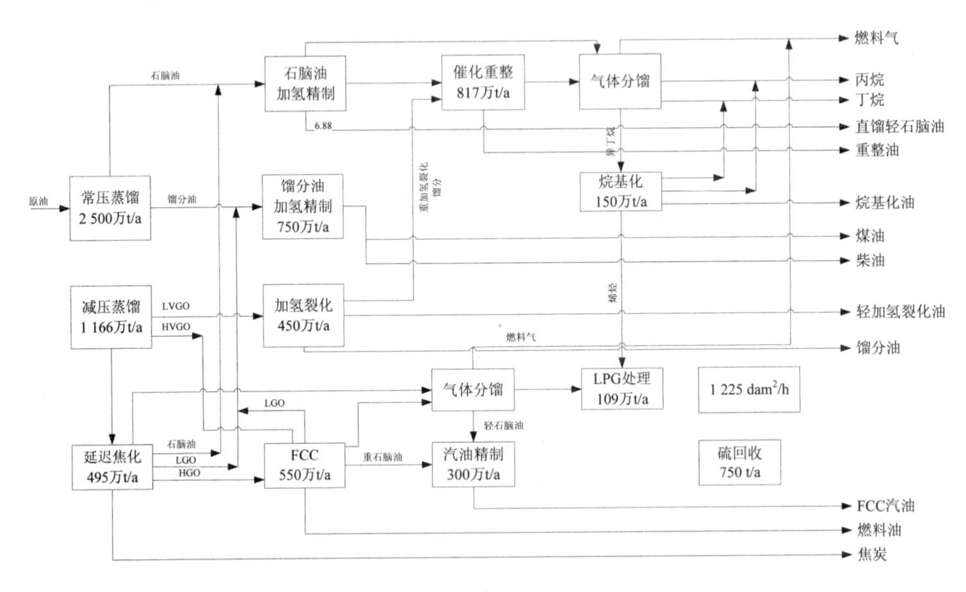

图 4-17 单系列 2 500 万 t/a 炼厂典型工艺流程

3. 油气储运领域温室气体排放源及分布

原油、天然气及其产品的运输有四种方式，分别为水路、公路、铁路和管道。目前，管道运输已经逐渐成为主要的运输方式。主要温室气体排放包括燃料燃烧排放、电力间接排放的 CO_2 和逸散排放的 CH_4。燃料主要用于能源输送中的供热和供能。储运领域是 CH_4 逸散的主要来源之一，包括地下储气库的逸散损失。

由于原油及其产品等能源中 CH_4 的含量很低，折算成温室气体排放当量也相对较小。成品油从炼油厂配送到油库涉及进、运、收三个环节，从油库配送到加油站然后销售给客户涉及进、运、收、发四个环节。成品油的逸散排放在这些环节都会发生，但逸散气体中的 CH_4 含量并不高。天然气的主要成分为 CH_4，且极易逃逸，所以在油气储运环节中天然气储运被视为主要排放源。

由于我国油气储运设施相对较新，装备和技术水平较高，且油气运行规模偏小，因此我国在该领域温室气体排放所占行业总排放的比例相对国外排放比例小，约为4%。但是，随着近年来我国能源需求持续增长，每年需进口大量原油与天然气以满足国内市场的需求，管道建设和运行规模显著增加。2010年，中国石油正在运营的油气管道有5.7万km，占全国的75%，天然气管道为3.28万km，占全国的80%。到2016年，中国石油运营的油气管道里程达到8.12万km，其中天然气管道5.2万km，未来还将加快跨国天然气管道建设，这将导致油气储运领域温室气体排放量和比例持续增加。

（三）石油行业的减排难点

我国油气田整体品质差，且多数进入中后期，造成未来上游碳排放强度的降低潜力不大。近年来，随着许多老油田开发进入后期，开发深度和难度与日俱增。我国陆上石油开采量占全国石油产量的比重近年来一直呈下降趋势，2008年降到80%以下，因此地方油田不得不使用更为耗能的手段进行石油开采，造成了成本与能耗的增加。陆上油田供液能力明显不足，主要采用机械采油设备。全国目前有7.5万多口机械采油井，年耗电量高达105亿kW·h。

在石油低碳化技术方面，回收挥发性烃类气体尚未形成技术体系，碳化工仅有小规模技术示范，利用难度大。部分能源开发技术，如煤层气勘探开发技术、页岩气勘探开发技术等，是发达国家非常重视的低碳技术，对各国的低碳发展和能源结构调整都具有重要意义。这些技术对于石油行业属于间接减排技术，短期内在我国应用前景不大。

替代能源，如非常规天然气的发展仍有大量问题。例如，勘探开发关键技术有待突破，缺乏具有竞争性的准入机制，缺乏积极有效的配套扶持政策，缺乏完善的基础设施与管理体系等。

四、钢铁行业排放现状及特征

（一）钢铁行业的排放现状

2010 年，钢铁行业的温室气体排放总量为 11.24 亿 t CO_2 当量（图 4-18）。我国粗钢产量自 1996 年突破 1 亿 t 之后迅速增长，2005 年达到 3.56 亿 t，2014 年则达到 8.227 亿 t。随着粗钢产量的大幅增长，钢铁行业的能耗和 CO_2 排放总量也迅猛增加，但整体来看，CO_2 总量增长幅度略低于粗钢产量的增长幅度。

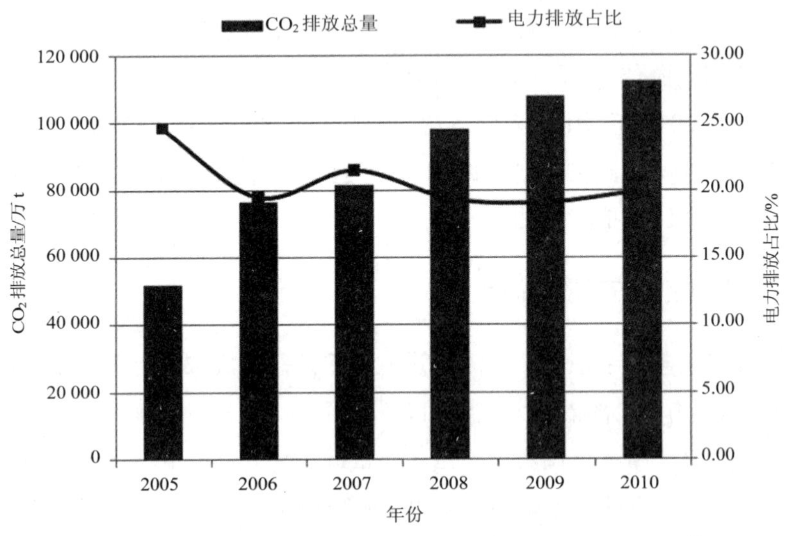

图 4-18　钢铁行业 CO_2 排放总量和电力消耗间接排放占比[①]

据中国钢铁工业协会统计，全国重点钢铁企业的综合能耗已经从 2006 年的 645.12 kg 标准煤/t 降至 2014 年的 586 kg 标准煤/t。这说明我国钢铁工业技术在节能降耗方面取得了可观的进步。虽然 2014 年吨钢综合能耗与 2006 年相比下降了 9.2%，但粗钢产量增加了 96.3%，因此钢铁工业总能耗和碳排放总量仍在增加。2011—2014 年钢铁行业总能耗分别为 4.10 亿 t 标准煤、4.30 亿 t 标准煤、4.67 亿 t 标准煤和 4.86 亿 t 标准煤。每年的 CO_2 排放分别约为 12.9 亿 t、13.5 亿 t、

① 本章节钢铁的数据统计范围均为纳入钢铁工业协会的重点钢铁企业，采用自上而下的统计方法。

15.20 亿 t 和 15.28 亿 t。

目前关注的钢铁行业碳排放目标主要包括单位产品碳排放量和单位增加值碳排放量，其中单位产品碳排放量主要体现在技术工艺水平和设备水平上。表 4-4 显示了 2005—2010 年重点钢铁企业 CO_2 排放强度。

表 4-4　2005—2010 年重点钢铁企业 CO_2 排放强度

年份	吨钢能耗量/（kg 标准煤/t 粗钢）	吨钢 CO_2 排放量/（t/t 粗钢）	单位产值 CO_2 排放量/（t/万元产值）	单位增加值 CO_2 排放量/（t/万元增加值）
2005	851.63	2.09	4.53	17.33
2006	889.72	2.19	6.12	23.50
2007	814.34	2.00	4.34	18.34
2008	977.40	2.40	4.08	20.82
2009	937.36	2.30	4.97	28.50
2010	841.03	2.07	3.99	25.31

现有条件下，单位增加值 CO_2 排放量的下降主要源于两个方面：一是生产过程中技术进步、节能技术的选择；二是产品结构的升级。由于在统计 CO_2 排放总量计算过程中考虑了能源结构变化这一因素，从而致使 2005—2010 年吨钢 CO_2 排放量出现了一定的波动（图 4-19）。

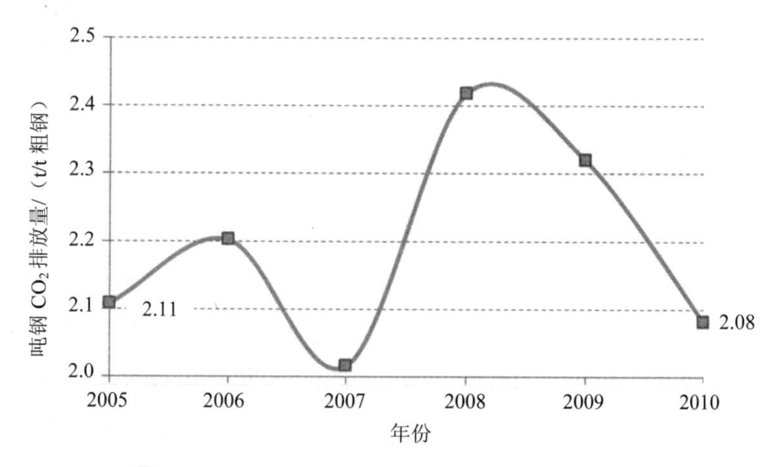

图 4-19　2005—2010 年钢铁行业吨钢 CO_2 排放量

如图 4-20 所示，单位增加值 CO_2 排放量总体呈现上升的趋势，这一现象与钢铁工业的盈利能力大幅下降有关。钢铁盈利能力下降幅度抵消了单位产品能耗下降对于钢铁工业带来的正面作用。

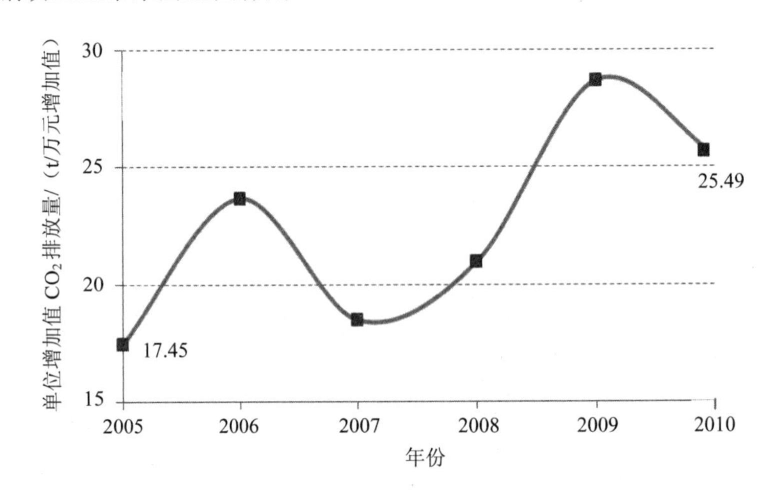

图 4-20　2005—2010 年钢铁行业单位增加值 CO_2 排放量

（二）钢铁行业的排放特点

在钢铁行业碳减排过程中，所关注的碳减排指标主要是单位产品能耗和单位增加值能耗。单位产品能耗水平主要体现了钢铁工业的技术水平，而单位增加值能耗水平则体现了钢铁工业面对能源价格增长、碳税等低碳环境的变化对工业发展带来的冲击的应对能力。

1. 流程结构是能耗水平的关键因素

钢铁生产主要有高炉—转炉长流程和电炉短流程两类。长流程炼钢主要包括焦化、烧结、高炉炼铁和转炉炼钢四大工序，主要原材料包括煤、焦炭、铁矿石和少量废钢；而短流程电炉炼钢仅有电炉炼钢一个工序，主要原料是废钢以及部分铁水。近年来，随着技术的进步、设备水平逐步提高以及大型节能技术的逐步推广和应用，我国钢铁工业的吨钢能耗普遍降低，各工序能耗（图 4-21）下降明显。

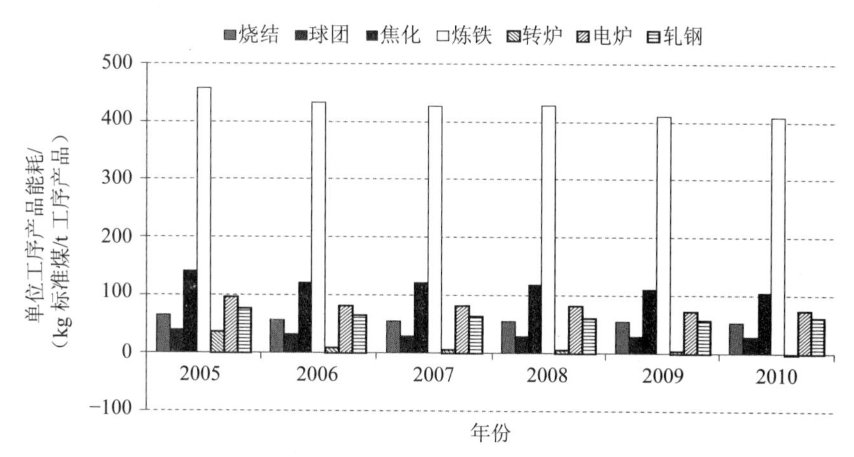

图 4-21　2005—2010 年钢铁行业工序能耗变化

（2010 年球团能耗数据缺失）

图 4-21 显示了 2005—2010 年中国钢铁工业重点企业的工序能耗变化。在长流程中炼铁工序的能耗最高，但是近几年来有逐步降低的趋势；焦化、烧结次之，且其降低幅度不大；转炉炼钢工序的能耗最低，而且近几年来下降幅度较大，2009 年炼钢工序能耗接近于零，2010 年实现负能炼钢。

钢铁行业温室气体排放集中在高炉—转炉炼铁系统，包括烧结、球团、焦化、高炉炼铁、转炉炼钢、石灰焙烧工序，属于直接排放，也有部分间接排放（用电）；精炼、连铸及热轧钢主要用电，属于间接排放，冷轧则需要均热炉，也有 CO_2 排放。钢铁行业长流程直接排放的 90%以上集中在铁前系统（图 4-22）。

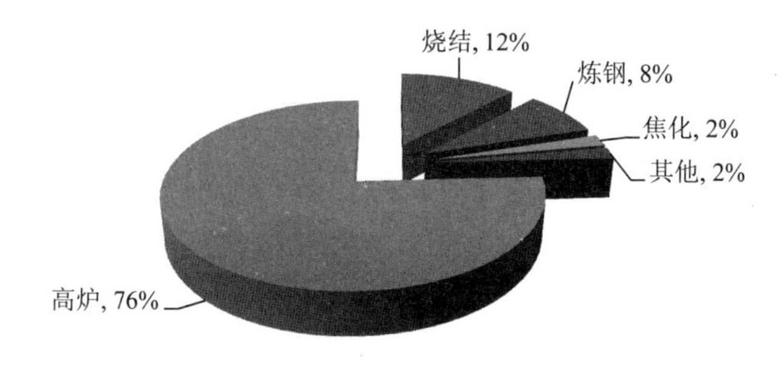

图 4-22　传统长流程不同工序 CO_2 排放

2. 电炉钢比低、铁钢比高

我国电炉钢比一直处于较低的水平，这也是导致钢铁行业平均能耗偏高的原因之一。钢铁行业的短流程能耗集中于电炉炼钢和轧钢工序，其吨钢能耗基本上仅占长流程炼钢能耗的 1/3 左右。由于中国钢铁行业发展较晚，人均累积产钢量较少并导致废钢资源比较少，以及综合利用成本较高等原因，中国短流程炼钢比例较低。虽然我国电炉钢产量逐年增加，由 2001 年的 2 401 万 t 增加到 2012 年的 6 484 万 t，但电炉钢比从 2003 年开始下降，2012 年电炉钢比为 8.9%，比 2003 年下降 39%。2010 年我国电炉钢比仅为 10.6%，而世界平均水平为 29.2%（除中国外是 45.5%），美国为 61.3%，印度为 60.5%，韩国为 41.2%，德国为 30.2%。

一般来说，铁钢比升高 0.1 会使综合能耗上升 20 kg 标准煤/t 左右。表 4-5 显示了主要产钢国家的铁钢比。中国钢铁行业发展到 2010 年，铁钢比仍为 0.95，远高于国际平均水平，与美国等发达国家更无可比性，这也是我国钢铁行业平均能耗偏高的一个重要原因。

表 4-5　2008 年世界钢铁行业铁钢比现状

	美国	德国	日本	国际	中国
铁钢比	0.37	0.64	0.73	0.70	0.94（2008 年） 0.96（2009 年） 0.95（2010 年数据）

3. 能源消费结构以煤和电为主

根据《中国能源统计年鉴 2015》，以钢铁行业为主体的黑色金属冶炼和压延加工业的能源消费结构如表 4-6 所示。从中可知，黑色金属冶炼和压延加工业消费煤和电共计 18 512.30 万 t 标准煤，约占能源消费总量的 91%。

表 4-6　2014 年黑色金属冶炼和压延加工业能源消费结构

能源类别	能源消费量（标准量）/万 t 标准煤	能源消费比例/%
煤合计	11 389.51	56.08
油品合计	220.88	1.09
天然气	486.41	2.39
热力	911.07	4.49
电力	7 122.79	35.07
其他能源	180.25	0.89

注：能源消费比例在小数点后第四位四舍五入。

4．总体水平不均衡

我国一些先进钢铁企业的吨钢能耗水平已经处于国际前列，但由于总体发展不均衡，一部分小型钢铁企业基本都是粗放式生产，其能耗水平要远远高于重点钢铁企业的平均水平。我国钢铁行业平均碳排放水平仍与国际先进水平有一定差距。目前纳入中国工业统计的重点钢铁企业产能仅占总产能的 80%左右，由于重点钢铁企业具有先进的设备和工艺，其单位产品能耗要明显低于那些没有纳入钢铁协会统计的钢铁企业。分析落后产量所占的比重可以发现（表 4-7），近几年落后产量所占比重有下降的趋势，从 2005 年的 29.4%下降到 2010 年的 13.8%，并且还有下降的空间。《钢铁工业调整升级规划（2016 —2020 年）》（工信部规〔2016〕358 号）指明要严格执行环保、能耗、质量、安全、技术等法律法规和产业政策，对达不到标准要求的，要依法依规关停退出。若能有效地淘汰落后产能，将会对 CO_2 减排有非常明显的效果。

表 4-7　落后产能比例分析

年份	重点大型企业钢产量/万 t	小型企业钢产量/万 t	小型钢企产量比重/%
2005	25 110	10 468	29.42
2006	34 947	7 154	16.99
2007	40 413	8 558	17.48
2008	41 492	9 741	19.01
2009	46 453	10 331	18.19
2010	54 017	8 648	13.80

另外，入会企业之间的差距也较大，表 4-8 对 36 家重点长流程钢铁企业的可比能耗以及各工序能耗水平进行了统计分析。对比吨钢可比能耗的最大值为 711.00，最小值为 529.00，平均值为 607.86，标准差为 49.54，即可发现大型钢铁企业间的可比能耗差距也很大。单位增加值能耗、工序能耗也是如此。因此，对大型钢铁企业进行规范性管理，降低重点钢铁企业之间的能耗差距和平均能耗水平也是我国钢铁工业 CO_2 减排的有效方法之一。

表 4-8　2009 年重点钢铁企业的能耗水平对比

	最小值	最大值	平均值	离差
吨钢可比能耗/（kg 标准煤/t）	529.00	711.00	607.86	48.98
单位增加值能耗/（t/万元增加值）	3.01	24.69	9.60	4.628
烧结/（kg 标准煤/t）	38.08	72.88	54.86	7.96
焦化/（kg 标准煤/t）	71.95	330.07	124.20	43.18
炼铁/（kg 标准煤/t）	356.28	459.26	409.25	23.52
炼钢/（kg 标准煤/t）	−12.59	32.51	2.5603	10.14
轧钢/（kg 标准煤/t）	24.22	84.24	56.63	13.28

5. 中国平均排放水平较先进国家仍有较大差距

在钢铁工业迅速发展的同时，节能降耗工作也在有序地进行。中国钢铁工业吨钢能源消耗水平下降明显，一些先进钢铁企业的吨钢能耗水平已经处于国际前列；中国重点钢铁企业平均能耗也从 2006 年的 645 kg 标准煤/t 降至 2014 年的 586 kg 标准煤/t。

但是，根据日本有关研究（图 4-23），如果以日本钢铁工业平均能耗水平为 100 计算，则中国钢铁工业整体能耗水平仍比日本高 10%～20%，且由于总体发展不均衡，我国平均碳排放水平仍与国际先进水平有一定差距。

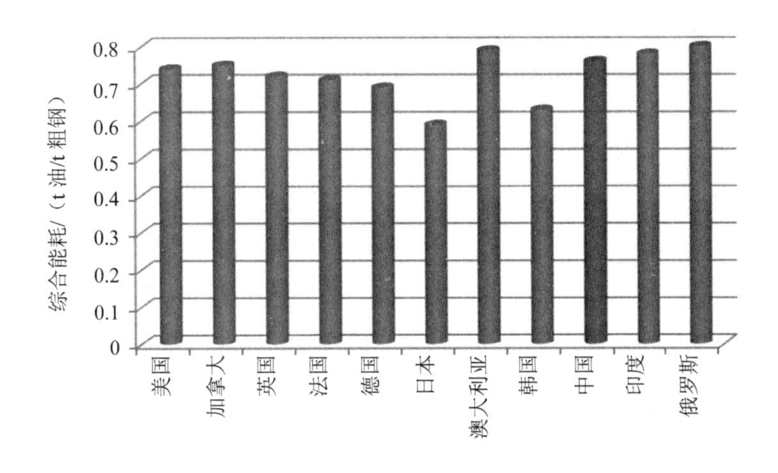

图 4-23　世界主要国家钢铁工业能效对比

（三）钢铁行业减排难点

（1）流程结构的调整有利于大幅度减排，但受我国发展阶段以及现有废钢管理体系的限制，大幅度提升短流程电路炼钢的比例有很大难度。首先，我国在 20 世纪 90 年代中后期的粗钢年产量才突破 1 亿 t，钢材的蓄积量相对较少，加之钢材消费后平均需要二三十年后才可作为废钢来源，已有钢材蓄积量中大部分并未到回收期，相对我国目前庞大的年粗钢生产能力来说，可以回收利用的废钢总量较少。其次，我国对于目前废钢的分类、回收、流通等过程的管理较不规范，以至于废钢的有效利用困难且成本较高。此外，在目前我国环境保护、资源及各类生产要素价格上升的现状下，短流程电炉炼钢在经济性上也未能体现出优势。

（2）产能结构的调整有利于改善吨钢能耗及其碳排放的指标，但并不一定能实现单位增加值碳排放水平的下降。我国相关部门一直在大力推行钢铁工业淘汰落后产能的政策，提高钢铁工业的设备水平，这会在一定程度上降低钢铁工业的单位产品能耗水平，但是从国际比较看其减排空间日益有限。

（3）产品结构的调整未必有利于吨钢能耗及其碳排放指标的改善，但却通常有利于单位工业增加值碳排放水平的下降。钢铁工业的能耗主要集中在铁前工序，深加工的钢材所获得的附加值往往会远大于粗加工产品的附加值。目前，中国的产品主要以建筑钢材等低端钢材为主。此类钢材经过很少的深加工，单位增加值能耗较高。此外，由于其性能和结构都较差，在满足同样需求的情况下，钢材的需求量较多。因此，在影响单位产值能耗和单位增加值能耗的同时，既扩大了对钢材的需求总量，也使得能耗总量和碳排放较高。

（4）进出口结构优化不仅有利于吨钢能耗及其碳排放指标的改善，也同时有利于单位增加值碳排放水平的下降。相对而言，中国钢铁工业主要是出口低附加值产品，进口高附加值产品。当然，进出口结构调整的关键是企业有更大力度的研发和创新，没有科技支撑，进出口结构调整难以实现。

（5）进一步节能减排有待于重大新技术的突破，亟待开发低品质余热和炉渣显热回收利用技术。我国钢铁工业近年节能减排工作取得很大发展和进步，但吨钢能耗下降抵消不了因钢产量增长导致的能源消耗总量的增加，2012 年与 2005 年相比，七年间吨钢能耗下降共节约 5 360 万 t 标准煤，而同期钢产量增加了 3.75 亿 t，能源消耗总量增加了 1.94 亿 t 标准煤。目前我国钢铁工业二次能源产生量较大，主工序二次能源理论产生量约为 396 kg 标准煤/t 钢，其中高炉工序二次能源产生量最大，占 50%以上。贯彻按质用能、梯级利用的科学理念，加强先进余能、余热的高效回收与转换技术和废弃物资源化技术的完善、提高与推广应用，是进一步促进钢铁行业节能减排的重要举措。但目前，钢铁工业尽管在余能、余热的回收利用上取得很大进步，但能源回收效率有待进一步提高，而且占余能、余热总量 50%以上的大量低品质余热和炉渣显热回收利用技术亟待解决。

五、水泥行业排放现状及特征

（一）水泥行业的排放现状

水泥行业是重要的基础原材料工业，虽然为我国经济社会建设和城乡一体化发展提供了重要支撑，但也是资源密集型和能源密集型产业。据统计，水泥工业是世界第三大能源消耗行业，并且是世界 CO_2 排放量第二大的工业部门，其 CO_2 排放量占全球人为 CO_2 排放量的 5%左右。考虑在短期内并不会出现一种大规模代替水泥的新型低碳胶凝材料，故随着全球经济的发展，未来水泥需求量和供给量仍会进一步增加。因此，水泥行业应对气候变化的科技举措会影响该行业的 CO_2

排放量以及全球应对气候变化的效果。

在《京都议定书》列举的与气候变化有关的气体中，CO_2 与水泥行业关系最为密切，而 CH_4 和 N_2O 量很低，两者之和不到温室气体总量的 1%，因此主要考虑水泥行业 CO_2 的排放现状。

水泥行业 CO_2 排放分为直接排放和间接排放，其排放源主要有三种：①工艺过程排放，即生料中碳酸盐分解和少量有机炭燃烧产生的直接排放；②燃料燃烧排放，即各种燃料燃烧所产生的直接排放；③电力消耗排放，即各生产工艺过程电力消耗产生的间接排放。

图 4-24 为水泥行业三种 CO_2 排放源的排放范围。三者的排放比例通常为 50%～60%、30%～40%和 5%～12%，工艺过程排放是水泥行业最大的 CO_2 排放源，其次是燃料燃烧，两者占水泥工业 CO_2 总排放量的 90%左右。

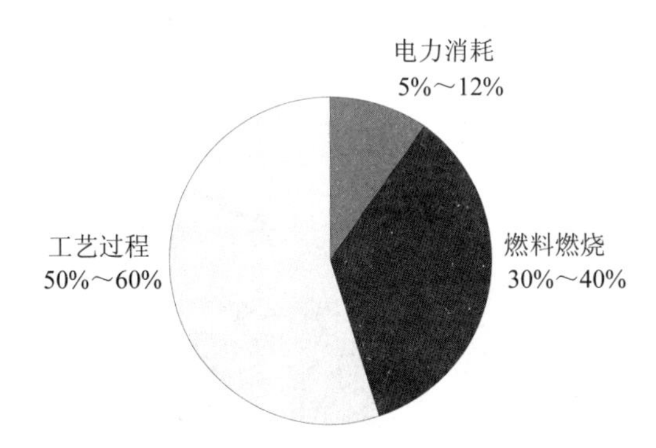

图 4-24　水泥行业三种 CO_2 排放源的排放范围

近年来，我国水泥工业单位产品的煤耗、电耗呈现逐年下降的趋势，但能耗总量却在不断上升，这是我国水泥（熟料）产量一直保持较高增速、总体生产规模不断提升的缘故，进而导致了水泥工业 CO_2 排放总量在不断上升。

20 世纪 90 年代中期，我国立窑及其他回转窑等落后工艺装备的水泥产量占总产量的 80%以上，因此单位产品能耗水平较高，如 1997 年全国平均吨熟料标准煤耗 152 kg，吨水泥的平均电耗约为 104 kW·h。

进入 21 世纪后，我国水泥工业产业结构调整的步伐加快，单位产品能耗继续下降，到 2006 年吨熟料综合能耗下降为 142 kg 标准煤，吨水泥综合能耗降低为

120 kg 标准煤。而到 2007 年，我国水泥工业单位产品能耗进一步下降，吨熟料综合能耗下降到 138 kg 标准煤，吨水泥综合能耗下降到 115 kg 标准煤。2010 年，每吨新型干法水泥熟料综合能耗降至 115 kg 标准煤。2011 年，我国水泥熟料产量 12.8 亿 t，水泥产量近 20.7 亿 t，工艺过程 CO_2 排放约为 6.8 亿 t；标准煤消耗 1.4 亿 t，燃料燃烧 CO_2 排放约为 3.9 亿 t；电力消耗 2 378 亿 kW·h，间接 CO_2 排放约为 2.1 亿 t，水泥生产总计 CO_2 排放约为 12.7 亿 t。到 2014 年，我国水泥熟料产量 14.17 亿 t，水泥产量 24.76 亿 t，工艺过程 CO_2 排放量约为 7.5 亿 t；标准煤耗约 1.56 亿 t，燃料燃烧 CO_2 排放约为 4.3 亿 t；电力消耗 2 400 亿 kW·h 以上，间接 CO_2 排放约为 1.8 亿 t。

据统计，2010—2014 年水泥行业熟料产量、水泥产量和能耗总量的趋势发展如图 4-25 所示。由此可知，与 2010 年相比，2014 年水泥熟料产量增加了近 20%，水泥产量增加了 32.5%，而由于单位产品能源消耗的下降，能耗总量仅增加了 11.1%。

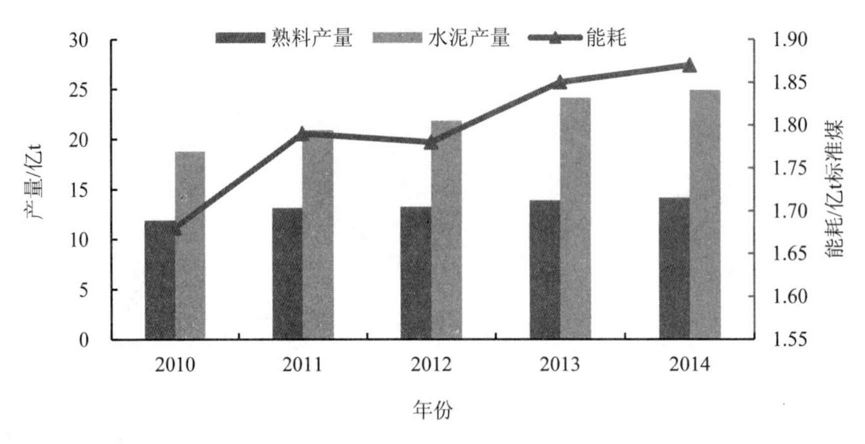

图 4-25　2010—2014 年水泥产量及能耗变化情况

单位熟料标准煤耗和单位水泥电耗（图 4-26）在 2010—2014 年也发生了显著变化。随着无球化粉磨技术的大范围推广及纯低温余热发电技术的普及，单位水泥电耗呈现明显的下降趋势。同样，大规格新型干法水泥生产线、新型短窑、高效篦冷机等技术的发展使单位熟料的煤耗也有所下降。

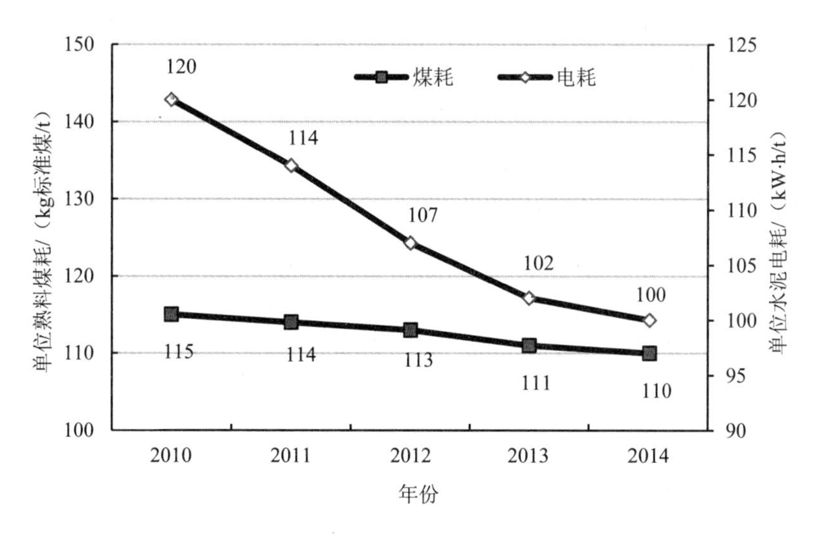

图 4-26 2010—2014 年单位产品煤耗和电耗变化情况

根据相关统计与估算，2005—2014年的CO_2排放量见图4-27。由此可以推算，水泥行业2010年CO_2排放量比2005年增加了49.3%，但单位水泥产品CO_2排放量比2005年下降了15.0%；与2010年相比，2014年水泥行业CO_2排放量增加了16.1%，单位水泥产品CO_2排放量则下降了12.4%。

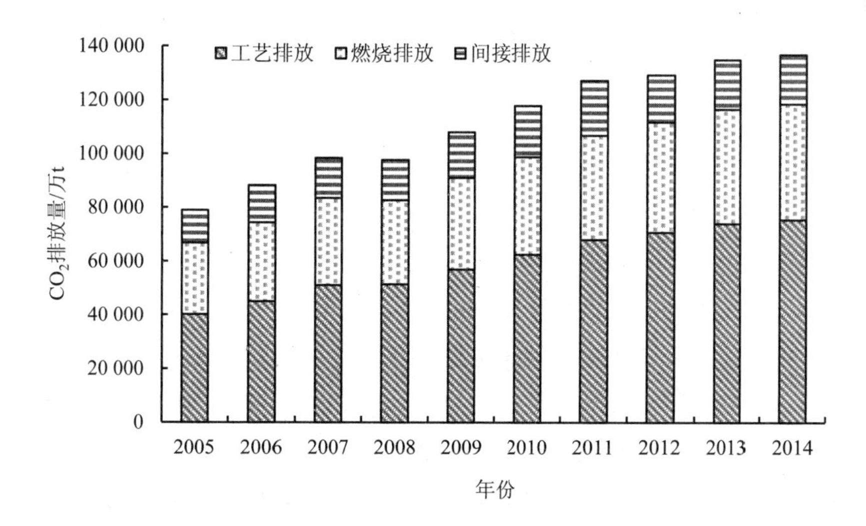

图 4-27 2005—2014 年水泥工业 CO_2 排放量的变化趋势

（二）水泥行业的排放特点

水泥行业 CO_2 的主要排放源来自工艺过程的碳酸盐分解、燃料燃烧以及电力消耗的间接排放。据此，2009 年国际能源署与世界可持续发展工商理事会水泥可持续发展倡议组织（WBCSD-CSI）携手为水泥行业制定了一个技术路线图。该路线图对全球水泥产量和 CO_2 排放量做出了预测，并提出了影响水泥工业 CO_2 排放量的四种主要减排技术，即能效提高、替代燃料使用、熟料替代以及 CCS。这四种技术是影响全球水泥行业 CO_2 排放水平的重要因素。因此，下面将就能效提高、替代燃料使用、熟料替代这三类通用技术对国内外水泥行业 CO_2 排放特点的影响进行对比分析。

1. 能效提高

在燃料碳排放因子不变的前提下，能效提高技术直接决定了水泥工业燃料燃烧和电力消耗所产生的 CO_2 排放量。根据 CSI 对约占世界水泥总产量 25%的 967 个水泥企业的统计，2013 年全球水泥行业吨熟料热耗为 3 500 MJ，而我国水泥行业吨熟料热耗为 3 270 MJ。虽然 CSI 所统计的我国水泥企业的数量只占总数量的 4%，但是该热耗基本能代表国内生产线的水平。在全球范围内，印度水泥企业基本代表了最先进的热耗水平，其在 2013 年吨熟料热耗仅为 3 040 MJ。2005—2013 年，我国水泥工业吨熟料热耗与全球及印度水泥工业的对比如图 4-28 所示。我国吨熟料热耗较世界平均水平低 5%～6%，但较印度水泥工业的热耗水平却高 7%～10%。在假设三者替代燃料率相近似的前提下，我国水泥工业仅燃料燃烧所产生的 CO_2 就较印度高 20～30 kg/t 水泥。

在单位水泥电耗方面，在全球范围内我国同样处于较为先进的水平，如 2013 年全球单位水泥平均电耗为 104 kW·h/t，但我国仅为 93.1 kW·h/t。其部分原因在于我国大部分新型干法生产线都安装了余热发电系统，同时所采样的 4%的水泥企业在电耗方面处于国内较高水平。然而，与印度相比，我国单位水泥电耗仍然较高，印度在 2013 年单位水泥电耗仅为 82.6 kW·h/t。图 4-29 为我国、全球及印度的水泥行业单位水泥电耗的对比情况。可以看出，我国吨水泥电耗较全球平均水平约低 10%，而印度吨水泥电耗较我国仍然要低 10%以上。在假设电力 CO_2 排放因子一致的情况下，仅电力消耗所产生的间接 CO_2 排放方面，我国就较印度高 8～10 kg CO_2/t 水泥。

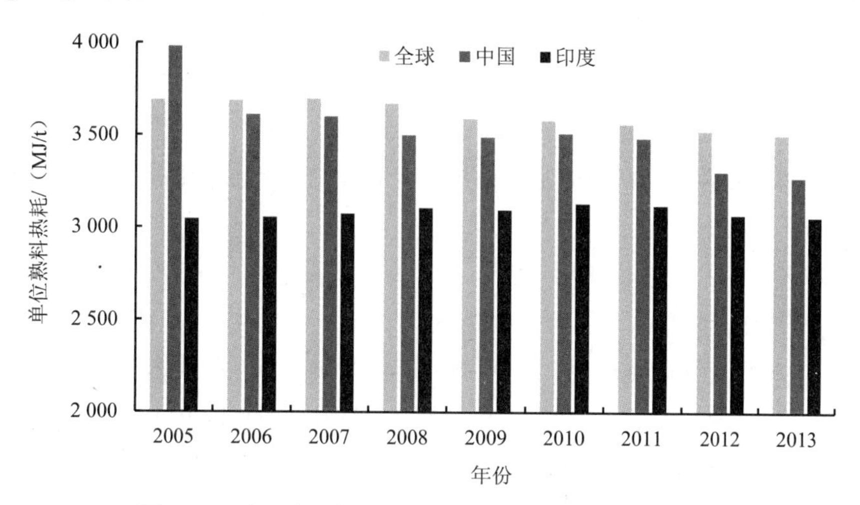

图 4-28　我国水泥行业单位熟料热耗与全球及印度的对比

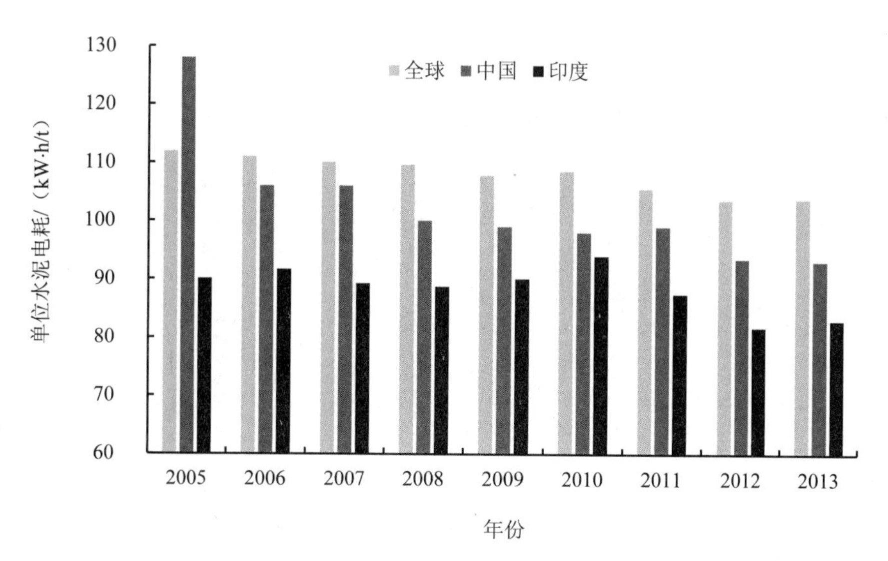

图 4-29　我国、全球及印度的水泥行业单位水泥电耗对比

2. 替代燃料

替代燃料技术指用天然气和生物燃料等碳排放系数较小的燃料代替传统燃料（主要是煤或焦炭）来进行燃烧。由于替代燃料通常比煤的碳排放强度低 20%～25%，因此可以降低燃料燃烧产生的 CO_2 排放量。水泥窑特别适合使用替代燃料的原因有两点：替代燃料的能源组分是化石燃料的替代品；其中的无机部分，如灰分可与熟料相结合。

全球水泥行业 2013 年使用的燃料中，替代化石燃料占 9.64%，生物质燃料占 5.63%，传统化石燃料占 84.70%。与 2005 年相比，传统化石燃料所占比例降低了 7.30%。全球水泥行业燃料种类的变化如图 4-30 所示。在替代燃料方面，我国远远落后于其他国家，根据 CSI 所统计的数据，我国水泥行业 2013 年替代化石燃料占比 0.73%，生物质燃料占比 0.47%，而传统化石燃料占比达 98.8%，如图 4-31 所示。

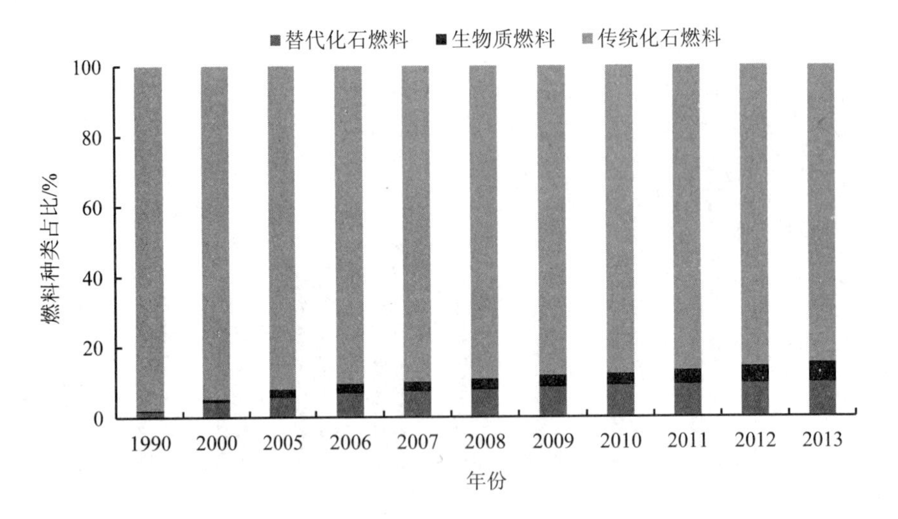

图 4-30 全球水泥行业燃料种类的变化

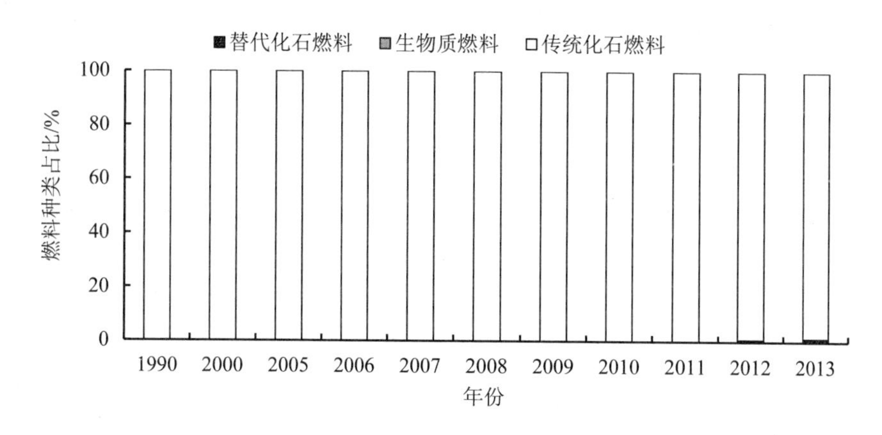

图 4-31　我国水泥行业燃料种类的变化

与替代燃料相对应的是燃料碳排放因子的变化情况。根据不同种类燃料碳排放因子的差异，CSI 计算出了不同地区碳排放因子的变化。表 4-9 是我国水泥行业燃料碳排放因子与全球水泥行业的对比。由此可知，与全球水泥行业相比，我国水泥行业燃料碳排放因子要高 10%以上。以 2013 年单位熟料热耗和燃料碳排放因子为例，2013 年我国吨熟料热耗为 3 270 MJ，由此产生的 CO_2 排放量为 312.6 kg；而全球吨熟料热耗较我国高 7%，为 3 500 MJ，其产生的 CO_2 排放量为 299.3 kg，较我国反而还要低 13.3 kg。

表 4-9　我国水泥行业燃料碳排放因子与全球的对比

单位：g CO_2/MJ

年份	1990	2000	2005	2006	2007	2008	2009	2010	2011	2012	2013
全球	87.1	89.5	88.3	88.1	87.9	87.7	87.7	88.4	86.9	85.2	85.5
中国	96.1	96.3	96.5	96.5	96.5	96.5	96.5	96.4	96.4	95.9	95.6

3．熟料替代

普通硅酸盐水泥是由熟料、石膏和混合材混合粉磨而成的，而熟料制备过程中产生的 CO_2 排放量要远远高于水泥粉磨环节（该环节 CO_2 排放量是由粉磨电力消耗而产生的间接排放），因此在一定范围内降低水泥中熟料的比例，即熟料替代，可以显著降低水泥行业的 CO_2 排放量。

为积极应对国际气候变化，同时降低水泥生产成本，改善水泥性能，全球水泥行业熟料系数比例呈现逐年下降的趋势，如 2005 年全球水泥行业熟料系数为 78.9%，而到 2013 年为 74.7%。根据 CSI 对参与其中的中国水泥企业（仅占中国水泥企业总数量的 4%）数据汇总，2013 年我国水泥企业熟料系数为 72.1%。然而，该值与实际情况相差较大。据中国水泥统计年鉴所述，2013 年全国水泥熟料系数仅 57%。我国与全球水泥行业熟料系数的对比及变化趋势如图 4-32 所示。

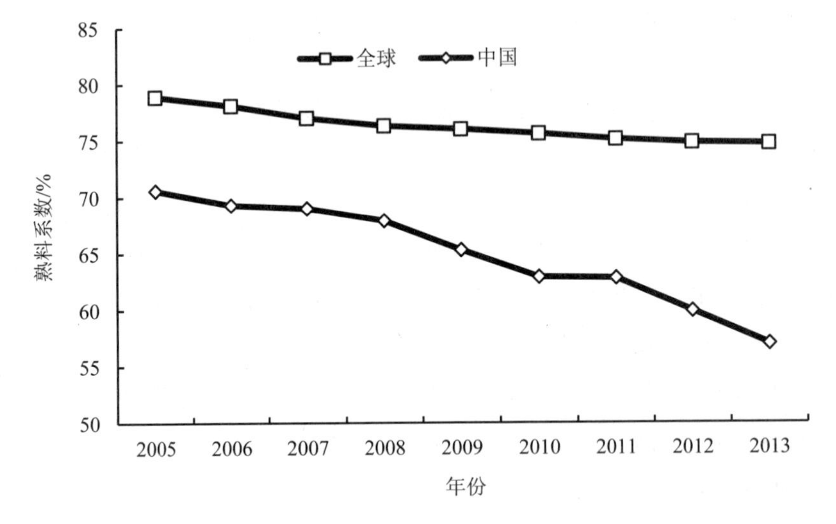

图 4-32　我国与全球水泥行业熟料系数的对比

显然，熟料系数的降低有助于减少单位水泥 CO_2 排放量，同时降低生产成本。以 2013 年数据为例，单位熟料 CO_2 排放量为 865 kg。鉴于我国熟料系数较全球平均水平低 17.7%，在粉磨电耗不变的情况下，我国单位水泥 CO_2 排放量较全球平均水平低 153 kg。

较低的熟料系数虽然降低了我国单位水泥的 CO_2 排放量，但是造成了我国水泥市场中低强度复合水泥占有相当大的比例。而过多的混合材掺入不仅大大降低了水泥标号，使单位混凝土中水泥用量显著提升，而且还可能引发诸多建筑安全事故。

（三）水泥行业的减排难点

（1）水泥产量是影响排放总量的关键因素，这使我国水泥行业排放总量居高不下。我国是世界上最大的水泥生产国，2015 年水泥产量 23.5 亿 t，占世界水泥产量的 57.3%。我国水泥需求仍有上升空间，并会在人均年消费量超过 1 000 kg 的高需求平台上持续 10～20 年，相应减排压力将长期存在，迫切需要进一步降低排放强度。

（2）单位产品 CO_2 排放量高，总量控制和单位排放强度控制均不占优势。虽然目前我国吨熟料能耗达到了较低水平，但吨熟料或吨水泥的 CO_2 排放量却高于世界平均水平，其主要原因是我国水泥窑仍以高含碳的煤为燃料，而欧洲一些工业发达国家几乎没有不烧替代燃料的水泥窑，碳强度低。根据加入 CSI 的公司提供的数据，2010 年世界硅酸盐水泥吨熟料 CO_2 净排放平均水平为 829 kg，我国为 873 kg，德国和奥地利分别为 692 kg 和 667 kg；我国吨水泥 CO_2 净排放为 655 kg，高于世界平均水平的 633 kg，德国和奥地利分别为 478 kg 和 466 kg。我国加入 CSI 的公司均为年产千万吨以上的大型公司，各项性能指标较高，如果以同样基准计算，全国平均吨熟料或水泥的净排放还要更高。

（3）我国能效提高、熟料替代等传统减排手段的边际效益降低。一是 2013 年中国水泥行业新型干法占比已经达到 96.2%，结构节能只有 450 万 t 标准煤的空间。二是余热发电目前只有 20%左右的市场普及空间，只剩不到 80 条生产线可实施余热发电。三是吨水泥中的熟料用量已居全球最低之列，2010 年水泥熟料系数已达 63.23%，远低于世界平均水平 75.5%；混合材掺量高的水泥早期强度偏低，影响其使用范围和混凝土质量，长期来看不利于建筑物使用寿命的提高。

（4）我国在替代燃料使用方面与发达国家差距很大，影响减排效率。欧洲是水泥工业利用替代燃料的领导者，2010 年欧洲替代燃料的使用率约为 30.6%，其中德国以及比利时、荷兰、卢森堡的替代燃料使用率较高。发达国家在利用替代燃料时，一般都是由燃料制备公司（独立的或工厂自身）先将废料制备成替代燃料，因此替代燃料不仅供应量大，而且热值高、质量稳定，可大幅度替代化石类燃料，且不会影响水泥窑的产量、质量。我国只有新北水、上海万安、广州越秀等屈指可数的企业使用可燃废物，年替代燃料总量小于 10 万 t，从行业平均看，燃料替代率远不足 1%。我国尚未建立燃料替代的市场机制和成熟技术体系，缺乏配套的政策与法规，突出表现为废物管理体系欠缺，加之我国目前还没有形成替代燃料制备体系，这势必使我国水泥工业的减排效率更加落后。

（5）我国在 CCS 技术方面尚停留于理论分析阶段。但是，目前国外众多研究机构及生产企业已经开展了一些研究工作及应用实践，如欧洲水泥研究院（德国）与美国哥伦比亚大学等联合开展了全氧燃烧新型水泥窑炉工艺技术的研发，全氧燃烧技术实现了烟气及 CO_2 循环，使排放烟气中的 CO_2 浓度达到 85%以上，为后续的 CO_2 捕集和利用奠定了基础；美国西麦斯水泥公司及中国台湾“水泥中央研究院”研究采用 CO_2 油藻养殖技术，以期对水泥生产排放的 CO_2 进行捕集应用等。

六、电解铝行业排放现状及特征

（一）电解铝行业的排放现状

2014 年我国电解铝产量为 2 544 万 t，排放温室气体约 6.8 亿 t。其中，由电力及原材料生产等带来的排放占 90%。

金属铝具有质量轻、加工性能好、可反复循环利用等特点，因此，铝被称为绿色储能材料。铝在使用过程中具有显著的节能减排作用，其用途将越来越广，是实现节能减排宏伟目标不可或缺的重要基础原材料。

2005—2015 年电解铝产量及占比如图 4-33 所示。2010 年我国电解铝生产能力为 2 250 万 t，主要槽型结构分布为 300 kA 以上电解铝系列产能约 983.5 万 t，占总产能的 43.7%；200～300 kA 产能约 887.8 万 t，占总产能的 39.5%；100～200 kA 产能约 328.7 万 t，占总产能的 14.6%；小于 100 kA 的预焙电解铝系列产能约 50 万 t，占总产能的 2.2%；自焙电解铝系列产能已全部淘汰。到 2015 年，电解铝产能猛增到 3 847 万 t，主要槽型结构向大型化发展，500 kA 大型预焙槽已得到应用，新建及改造电解铝项目必须采用 400 kA 及以上大型预焙槽，小于 100 kA 的预焙电解铝槽被强制淘汰。

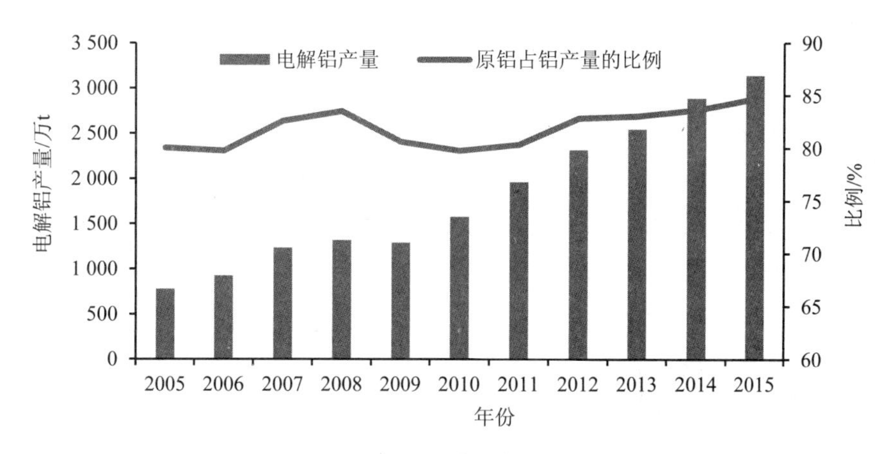

图 4-33　2005—2015 年电解铝产量及占比

由图 4-34 可以看出，2005—2010 年我国电解铝行业单位产品 PFC 排放量逐年下降，符合国际电解铝产业低碳发展的大趋势。与 2005 年相比，2010 年单位产品 PFC 排放量下降了 42.0%，但是由于电解铝产量的快速增长，该行业的 PFC 排放总量没有下降。

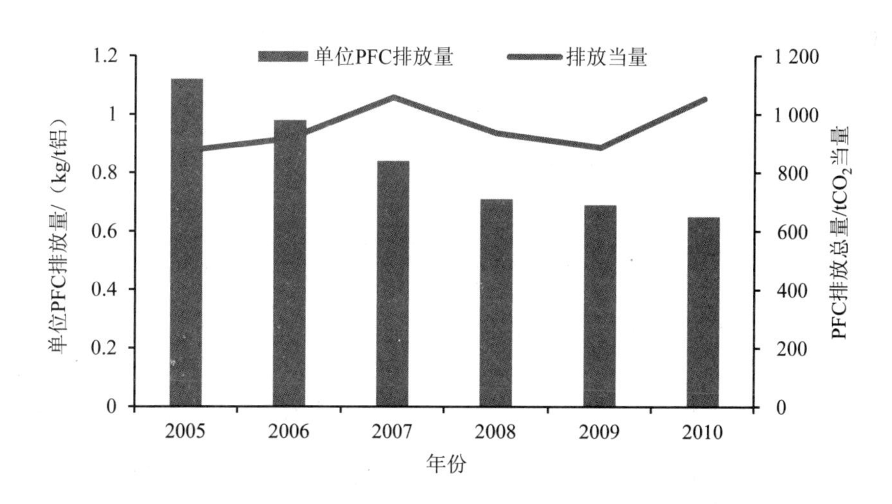

图 4-34　2005—2010 年我国 PFC 排放变化情况

（二）电解铝行业的排放特点

目前乃至今后相当长的一段时间，电解铝生产仍将沿用霍尔-埃鲁特熔盐电解工艺，并且采用炭阳极作为还原电极。因此，原铝生产过程中释放出的大量温室气体由两部分组成：一是直接排放，包括消耗炭阳极产生的 CO_2 排放和生产过程中发生阳极效应时产生的 PFC 排放（正常生产情况下，由于我国电解铝生产原料质量不稳定也会产生少量的 PFC 排放）；二是消耗大量电能、氧化铝、碳素等原材料产生的间接排放。

据估算，电解铝生产过程中的直接排放比例只有 10%，电力间接排放量为 58.5%，因此我国电力行业的单位碳排放情况对电解铝行业的排放总量有着很大的影响。理论上电解铝生产吨铝综合电耗只要 6 330 kW·h、工艺温室气体排放仅 1.22 t（334 kg/t）。然而实际上，2015 年我国吨铝综合电耗 13 562 kW·h、工艺温室气体排放约 2.34 t，与理论值相比，电解铝生产仍有较大的节能减排潜力。

由于铝具有良好的再生性能，可循环使用 20 次以上，且再生铝能耗仅为原生铝（电解铝）的 5%左右。因此，国际上铝行业温室气体减排的主要手段和措施是通过大力发展再生铝工业来实现的。由于我国的铝及铝产品在今后较长一段时间内仍将处在使用周期中，因此当前减少温室气体排放只能从电解铝生产过程中来实现。

（三）电解铝行业的减排难点

（1）国产材料质量性能不稳定，导致能耗增加，PFC 排放量大。受我国铝土矿资源特点所限，我国生产的氧化铝大多为粉状或中间状，与国外砂状氧化铝相比，存在溶解性差、浓度不容易控制等缺点。氧化铝质量的差异造成我国电解铝与国外先进技术相比吨铝能耗高、PFC 排放高等问题。

（2）电解铝产业正在快速向能源丰富的西部地区特别是新疆转移，阶段性产能过剩和抬高部分地区能源消费价格不可避免。目前，我国有 1 000 万 t 左右的电解铝产能在能源供应十分紧张、没有发展优势的高电价地区（如河南、山西、山东），但这些企业的发展曾为我国铝工业由小变大并实现跨越式发展做出了巨大贡献，有的仍是许多县市的财政支柱。虽然这些企业面临低电价地区产量快速增加、市场份额遭到冲击的严峻挑战，但在今后一定时期仍可以获得“边际效益”，可维持我国和全球铝市场供应充分。一方面有利于我国扩大铝的应用，为全社会实现节能减排目标做出新贡献；另一方面也将使我国电解铝产能阶段性能过剩和抬高部分地区能源消费价格不可避免。

（3）铝的再生性能优异，但我国铝产品大多数还处于使用寿命期，电解铝产业仍处于战略发展机遇阶段。虽然利用矿产原料生产铝需要消耗大量能源，但所有铝产品都可以多次循环利用且几乎不减量，其循环利用能耗仅为电解铝的 5%左右，大大优于其他金属。因此，铝工业也被称为是“可持续发展的储能产业”。据统计，2015 年世界再生铝产量已经达到 3 000 万 t，约为原铝产量的 1/2，占世界铝消费量的 30%。我国用铝产品总量较少且绝大多数仍处于使用寿命期，在未来 10～20 年内，再生铝尚不可能支撑快速发展对铝的巨大需求。

七、汽车交通行业排放现状及特征

（一）汽车交通行业的排放现状

随着我国汽车工业的快速发展和保有量的迅速增长，汽车交通用油已经成为带动石油消耗增长的主要领域。车用燃油消费的迅速增长导致汽车 CO_2 排放总量的逐年增加。2010 年，包括货车、客车和轿车内的中国汽车交通行业 CO_2 排放量已达到 3.65 亿 t（图 4-35），比 2005 年（1.85 亿 t）增长了近一倍，成为我国温室气体排放的主要来源之一。在 2010 年汽车排放的 CO_2 中，货车的排放分担率达到 51.5%，客车排放分担率为 24.4%，轿车排放分担率为 24.1%。

近年来，我国汽车工业持续快速增长，2015 年我国汽车（不含低速货车和三轮车）产销量分别达到 2 450.33 万辆和 2 459.76 万辆，其中乘用车产销 2 107.94 万辆和 2 114.63 万辆，同比增长 5.78%和 7.30%；商用车产销 342.39 万辆和 345.13 万辆，同比下降 9.97%和 8.97%，成为世界上第一大汽车生产国和消费国。汽车工业协会所统计的 2005 —2015 年我国汽车产量和销量分别如图 4-36 和图 4-37 所示。

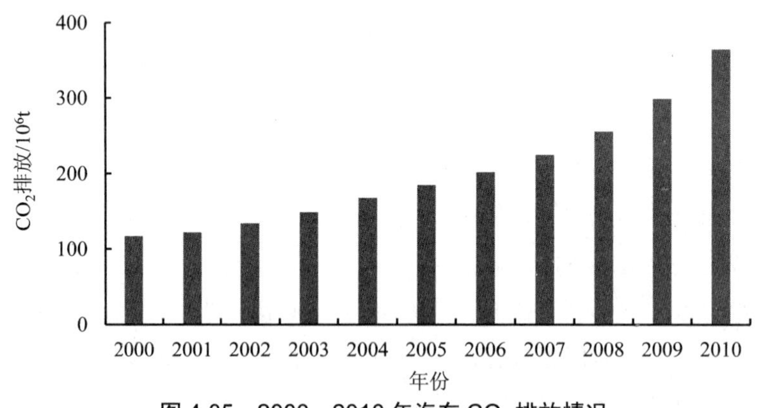

图 4-35 2000—2010 年汽车 CO_2 排放情况

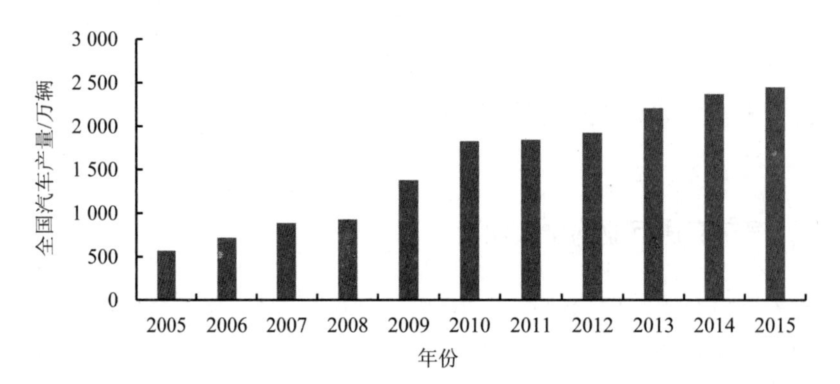

图 4-36 2005—2015 年我国汽车产量

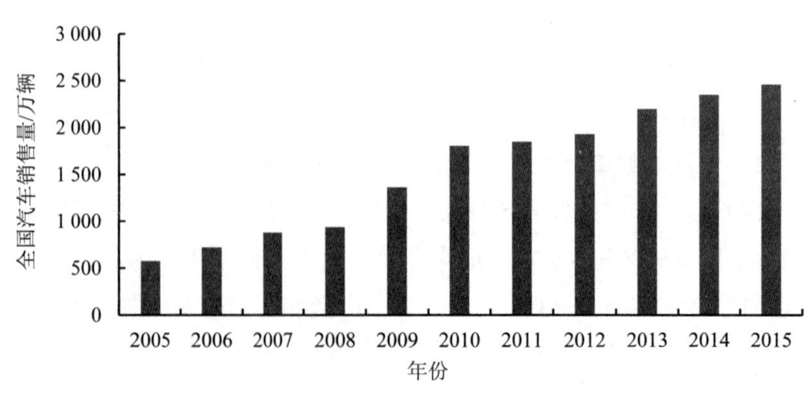

图 4-37 2005—2015 年我国汽车销量

随着汽车销售量的快速增长，我国汽车保有量也呈不断增长的态势。中国汽车保有量持续增长，从 2007 年的 0.57 亿辆达到 2015 年的 1.72 亿辆，翻了不到两番，年复合增长率约 14.8%。2009—2015 年中国汽车保有量及增速如图 4-38 所示。

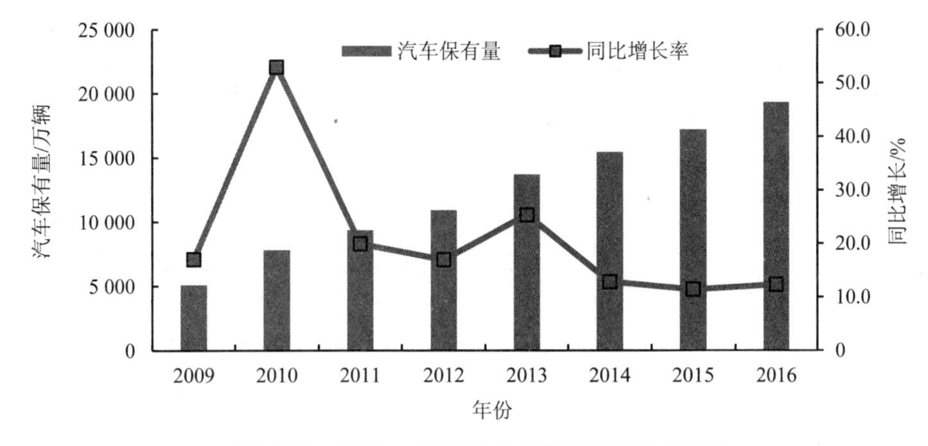

图 4-38　2009—2015 年中国汽车保有量及增速

2015 年汽车保有量按车型分类，客车占 87.2%，货车占 12.8%；按燃料分类，汽油车占 86.2%，柴油车占 12.6%，燃气车占 1.2%；按排放标准分类，国Ⅰ前标准的汽车占 1.6%，国Ⅰ标准的汽车占 6.9%，国Ⅱ标准的汽车占 8.0%，国Ⅲ标准的汽车占 51.6%，国Ⅳ标准的汽车占 30.5%，国Ⅴ及以上标准的汽车占 1.4%。

（二）汽车交通行业的排放特点

随着我国汽车工业的快速发展和保有量的迅速增长，汽车交通用油已经成为带动石油消耗增长的主要领域。2000—2015 年，全国汽柴油消费总量已经由 2000 年的 10 279 万 t 增至 2015 年的 28 729 万 t，10 年间增长了近两倍。汽车用油（不含摩托车和低速货车）则由 2000 年的 4 693 万 t 大幅上升至 2010 年的 1.47 亿 t，年均增长 10%以上，同时占汽柴油消费比例也由 2000 年的 45.7%上升至 2010 年的 61.4%，成为我国汽柴油消费增长的主要动力。中国车用燃油消费现状如表 4-10 和图 4-39 所示。

表 4-10　中国车用燃油消费现状

年份	全国汽柴油消费总量/万 t	车用消费量/万 t			车用消费比例/%
		车用消费总量	车用汽油	车用柴油	
2000	10 279	4 693	2 116	2 577	45.7
2001	10 800	4 982	2 298	2 684	46.1
2002	11 417	5 479	2 648	2 831	48.0
2003	12 482	6 007	2 938	3 069	48.1
2004	14 591	6 608	3 306	3 302	45.3
2005	15 826	7 363	3 647	3 716	46.5
2006	17 078	8 126	4 075	4 051	47.6
2007	18 016	8 918	4 479	4 439	49.5
2008	19 678	10 422	5 283	5 139	53.0
2009	19 929	12 239	5 890	6 349	61.4
2010	20 500	14 676	7 185	7 491	71.6

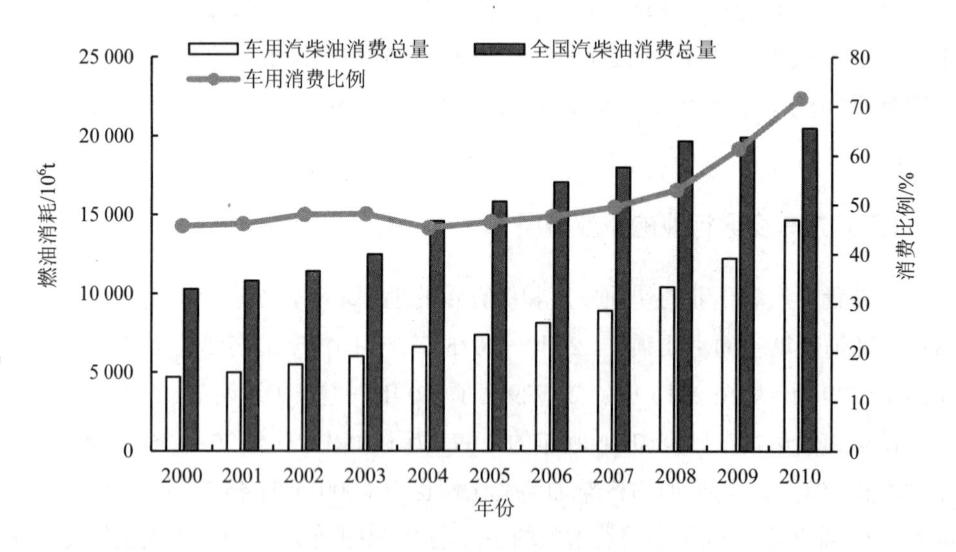

图 4-39　历年汽柴油消耗情况

世界上机动车温室气体排放控制主要采用两大类方法——单车碳排放强度控制方法和车辆燃油消耗量控制方法。单车碳排放强度控制方法一般采用车辆每行驶单位里程排放的 CO_2 质量来衡量（g/km 或 g/mile）。尽管机动车燃油消耗量（如百公里油耗，L/100 km）和燃油经济性（如每升燃油行驶公里数，km/L）的数值标准并不是设计用来直接控制机动车 CO_2 排放的，但其对机动车温室气体排放有直接影响，机动车燃油消耗量与其 CO_2 排放呈现正相关关系。因此，燃油经济性标准被国内外公认为政府控制机动车油耗和降低机动车 CO_2 排放的最有效的手段之一。目前世界范围内至少有 9 个国家或者地区均提交或正在执行各类燃油经济性或者温室气体排放标准，包括美国、欧盟、日本、加拿大、澳大利亚、韩国和中国等。

美国通过使用综合平均燃油经济性标准（US CAFE）对新车进行强制性要求，从而达到 CO_2 减排的目的。美国要求每个汽车生产商每年销售的各型轿车或轻型货车，以其所占总销售量的百分比作为加权系数，乘以该型车辆的燃油经济性，再将各车型的加权燃油经济性累计起来，得到该厂的总平均燃油经济性值，此值应满足法规限值的要求。CAFE 的最大好处是，政府可以从整体上控制汽车的燃油消耗，又不妨碍各个汽车厂生产不同燃油经济性的汽车。但是由于美国油价相对较低，美国大部分客户在购买汽车时并不关注其油耗的高低，因此制造厂需要在满足市场需求的同时符合 CAFE 的限值。2010 年 4 月，美国 EPA 和美国交通部共同制定了新的燃油经济性和温室气体排放联合标准，主要要求 2012—2016 年型的轻型车（包括乘用车和轻型卡车）的燃油经济性从 2008 年型的平均每加仑 26 英里（折合 10.3 L/100 km）提升至 2016 年型的每加仑 34.1 英里（折合 7.6 L/100 km）。相应地，轻型车平均温室气体排放量从 2008 年型的平均 342 g/英里（折合 212 g/km）下降至 2016 年型的 250 g/英里（折合 155 g/km）。

欧洲汽车工业承诺通过与欧盟委员会达成的自愿协议来削减乘用车 CO_2 排放，这个协议建立了整个汽车工业在欧洲销售的新机动车的平均机动车排放目标。2007 年欧盟提出到 2012 年新出厂汽车的 CO_2 排放量减少到每千米 120 g（折合 5.4 L/100 km）以下、2020 年每千米不得超过 95 g（折合 4.3L/100 km）的目标。其中，汽车制造商具有法律约束义务的减排目标为每千米 130 g（折合 5.9 L/100 km），另外 10 g 的减排量可通过“其他补充方式”实现，包括提高空调节能性、改进轮胎以及推广使用生物燃料等措施来实现。由于金融危机的影响，欧盟把实施时间推迟到2015年，采取分阶段的方式实现：到2012年65%的新车达到每千米130 g的减排标准；到2013年75%的新车达标；2014年80%的新车达标；到2015年全部新车最终达到标准。尽管欧洲直到现在并没有出台燃油经济性标准限值，但由于欧洲油价约为美国的三倍，因此政府只要每年公布各车型的实测油耗值，就可以引导用户的购买意向，从而控制CO_2排放，采用的是市场竞争机制，而不是政府的强制控制。

日本通过强制性的燃油经济性标准限值要求来达到CO_2减排的目标。日本与中国的燃油经济性标准类似，都是基于车辆的重量来分类，即机动车必须达到它们各自所属重量级别对应的标准要求。在每个质量范围内则采用CAFE方法，即某一汽车厂在某一质量段内销售的汽车，只要各车型的加权油耗的总和满足该质量段的限值要求即可。2010年开始，允许将满足了不同质量段限值后的富余量折半去弥补别的质量段的不足量。同时对不能满足限值要求的车辆，每个质量段罚款100万日元。日本的节能战略要求到2015年乘用车燃料消耗量限值平均下降到5.9 L/100 km（折合CO_2排放130 g/km），2020年下降到5 L/100 km（折合CO_2排放110 g/km）。

我国于2006年7月1日起对于在生产乘用车全面执行《乘用车燃料消耗量限值》第一阶段限值标准，于2009年1月1日起执行《乘用车燃料消耗量限值》第二阶段限值标准。《乘用车燃料消耗量评价方法及指标》（GB 27999—2011）于2012年1月1日正式实施，该标准规定了乘用车新阶段的燃料消耗量限值并提出了企业平均燃料消耗量的评价方法。乘用车燃料消耗量第四阶段标准（2016—2020年）的《乘用车燃料消耗量限值》（GB 19578—2014，代替GB 19578—2004）和《乘用车燃料消耗量评价方法及指标》（GB 27999—2014，代替GB 27999—2011）已于2014年12月22日正式发布，于2016年1月1日起实施。这两项国家强制性标准要求，从2016年开始，直至2020年，所有企业生产的乘用车平均油耗必须降至5.0 L/100 km。第四阶段的燃油限值标准沿用了第三阶段采用的“车型燃料消耗量限值+企业平均燃料消耗量目标值”的评价体系，并分别加严单车燃料消耗量限值和企业平均目标值要求。其中，对整车整备质量较大的乘用车燃料消耗量目标值更加严格，尤其是1.88 t以上的乘用车。此外，在第三阶段汽、柴油车的基础上，新标准还增加了对天然气、新能源（含纯电动、插电式混合动力、燃料电池）乘用车的考核，如表 4-11 所示。

表 4-11　乘用车燃料消耗量限值

整车整备质量（CM）/ kg	车型燃料消耗限制 1/（L/100 km）	车型燃料消耗限制 2/（L/100 km）
CM≤750	5.2	5.6
750＜CM≤865	5.5	5.9
865＜CM≤980	5.8	6.2
980＜CM≤1 090	6.1	6.5
1 090＜CM≤1 205	6.5	6.8
1 205＜CM≤1 320	6.9	7.2
1 320＜CM≤1 430	7.3	7.6
1 430＜CM≤1 540	7.7	8.0
1 540＜CM≤1 660	8.1	8.4
1 660＜CM≤1 770	8.5	8.8
1 770＜CM≤1 880	8.9	9.2
1 880＜CM≤2 000	9.3	9.6
2 000＜CM≤2 110	9.7	10.1
2 110＜CM≤2 280	10.1	10.6
2 280＜CM≤2 510	10.8	11.2
2 510＜CM	11.5	11.9

注：装有手动挡变速器且具有三排以下座椅的车辆的燃料消耗量为限制 1；其他车辆的燃料消耗量限制为限制 2。

通过乘用车燃料消耗量限值标准的实施，目前中国乘用车单车 CO_2 排放强度已经从 2006 年的 194 g/km 下降到 2010 年的 175 g/km，但距国际先进水平仍有很大差距。欧盟、美国、日本和中国的单车 CO_2 排放强度对比，如图 4-40 所示。

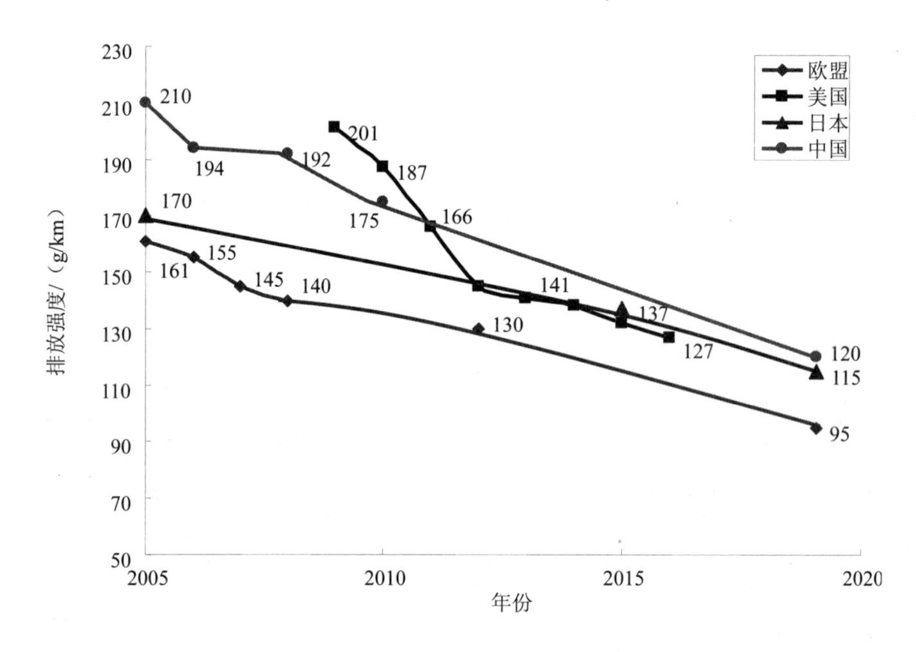

图 4-40 部分国家单车 CO_2 排放强度的对比

（三）汽车交通行业的减排难点

汽车行业是对能源高度依赖的产业部门之一，近年来全国汽车保有量表现出持续强劲增长的趋势，汽车行业的能源消耗规模也随着车辆保有量的增长而逐年增长，成为中国用能增长最快的终端部门之一。目前，在电动汽车技术和成本问题尚未能很好解决的时期，从产品技术层面上大力推广应用发动机先进节能技术，是近中期汽车行业温室气体减排的重中之重。总体来说，我国汽车行业温室气体技术减排的难点和面临的挑战包括如下几点：

（1）汽车行业温室气体控制重在先进节能技术的提升。在产品技术层面上，我国汽车企业主要通过提高发动机先进节油技术、高效传动与驱动技术、车身轻量化技术、整车设计与优化等方式来提高汽车的节能减排水平，但目前这些技术在行业中的推广应用还有待加强。特别是目前国内传统高效内燃机驱动技术的对外依赖度较大，节能核心技术缺失，节能汽车产品比例低，目前批量装车的产品（系统）仍然需要依赖引进，或由合资企业提供。尽管国内一些自主品牌企业对核心节能技术进行了研发，但距离技术成熟还有很长的路要走，要实现大规模的应用尚待时日。

（2）我国目前在电动汽车技术研发和产业规模上已具备一定基础，但与国际产业化趋势和电动汽车先进水平相比，在关键零部件材料和装备的技术水平、可靠性和成本方面仍存在较大差距。目前国内主要整车企业均将电动汽车纳入企业产品规划，积极着手进行产业化布局和能力建设。BSG（Belt-driven Starter and Generator，皮带式启动机-发电机）类微混、ISG（Integrated Starter and Generator，技术和集成式启动机-发电机）类轻混混合动力轿车和中度、深度混合动力大客车初步具备产业化的能力，部分企业实现混合动力汽车小批量商业销售。东风、一汽、长安、奇瑞、吉利、长城等主要汽车企业均开始纯电动汽车的研发，目前已有近百款自主品牌各类电动汽车产品（含底盘）进入国家汽车新产品公告。但同时也应看到，我国目前弱混合和中度混合动力轿车的节能减排指标低于国外先进水平，节能减排效果显著的强混合动力技术仍然没有掌握，混合动力客车关键零部件还没有达到商业化运行的要求；纯电动汽车产品仍以传统车型为基础改造，技术含量较低，缺乏真正意义上的纯电动汽车；燃料电池汽车刚刚开始示范考核运行，数量和运行区域有限，无法与国外大范围高强度的技术验证相比。动力电池技术在系统集成、一致性控制等方面与国外差距显著，燃料电池在耐久性等方面落后于国外商业化产品。此外，在整车设计开发流程、底盘开发及整车、发动机、变速器的匹配技术、碰撞安全性、NVH①等汽车共性技术方面，与国外先进水平相比也存在较大差距，这些都是我国发展电动汽车面临的难点和重要挑战。

（3）我国在高度重视和积极推进电动汽车发展的同时，要充分认识到发展电动汽车在技术突破、市场竞争和对传统汽车工业的影响等方面也存在风险。在相当长的一段时间内，传统汽车仍然将在市场上占据主导地位。在国家层面制定电动汽车发展战略，必将对整个汽车工业的发展带来显著影响。一方面，如果没有国内主要汽车生产企业的积极参与，我国抢占电动汽车产业发展制高点将难以实现；另一方面，若国内企业一窝蜂投入电动汽车，有可能导致其进一步忽视甚至放弃对传统汽车动力技术的研发和追赶，技术差距进一步拉大。一旦电动汽车商业化美好前景无法实现，可能导致我国汽车工业技术落后的局面长期持续下去。

---

① NVH即噪声（Noise）、振动（Vibration）、平稳（Harshness）三项的缩写，代表了乘坐的舒适感。

因此，大力培育发展新能源汽车的同时，积极促进节能汽车发展，“两手抓两手都要硬”，才能真正确保我国汽车行业的健康持续发展。

八、建筑使用行业排放现状及特征

（一）建筑使用行业的排放现状

2000 年之后，我国进入了快速城镇化阶段，建筑领域用能和碳排放总量也迅速增长。2005 年，我国建筑行业总商品能耗为 4.3 亿 t 标准煤，CO_2 排放量为 13 亿 t，约占总排放的 20%。2010 年，我国建筑使用行业的 CO_2 排放量约为 16.7 亿 t，约占总排放的 22%。2006—2010 年，我国建筑领域的碳排放总量（图 4-41）年增长率约为 5%。

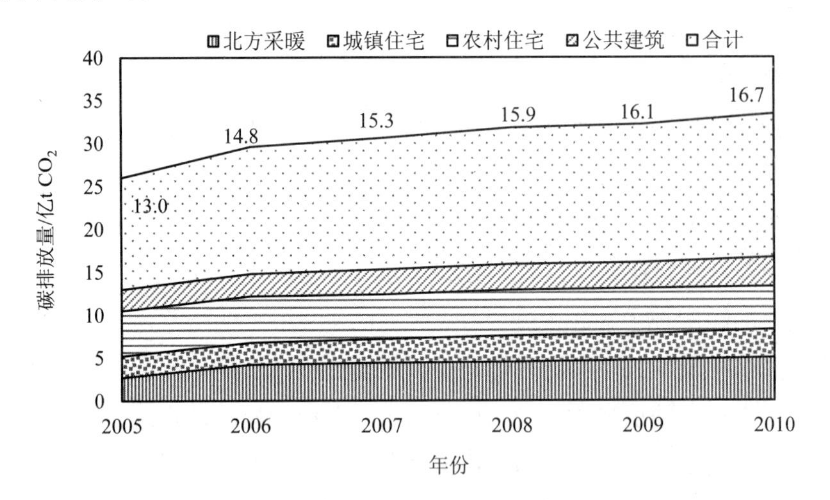

图 4-41　我国建筑行业碳排放数据（2005—2010 年）

从相对水平来看，发达国家建筑领域 CO_2 排放占全国 CO_2 排放的比例较高。例如，美国建筑能耗占总社会能耗的 30%以上，CO_2 排放量占总社会排放量的比例也在 30%以上。从绝对水平来看，美国等发达国家建筑领域的碳排放量高于我国。2006 年，我国建筑领域 CO_2 排放量为 1 091 kg CO_2/人，低于当年世界平均水平（1 326 kg CO_2/人），是美国的 1/7、日本的 1/3、OECD 欧洲部分国家的 1/5；

2006 年我国单位建筑面积的 CO_2 排放量为 28.3 g /m^2，为美国的 1/3，也远低于发达国家水平（表 4-12）。

表 4-12　世界主要国家建筑领域温室气体排放量（2006 年）

		占全国总排放比例/%	人均年排放量/（kg CO_2/人）	单位面积年排放量/（kg CO_2/m^2）
亚洲	中国	20	1 091	28.3
	日本	35	5 460	64
	韩国			69
北美	美国	30	7 644	87
	加拿大			77
欧洲	法国	25		
	英国			72
	OECD 欧洲部分国家		5 460	
世界平均水平			1 326	

从建筑行业碳排放强度变化情况看，2010 年我国单位建筑面积碳排放强度为 30.4 kg/m^2，比 2006 年增加了 7.9%，年增长率为 2%，年均增速小于碳排放总量增长速度。其中主要原因有两方面：一是建筑总量面积增量比较大，但是用能强度并没有完全达到社会平均值，即很多建筑闲置；二是对建筑行业碳排放强度贡献较大的北方城镇地区的采暖碳排放，由于推广热电联产集中供热，碳排放强度有较为明显的降低。建筑能耗与碳排放水平差异很大，建筑运行的碳排放主要与两方面有关：一是建筑的设备能效；二是建筑使用者的消费习惯和水平。

根据我国采暖方式、城乡建筑功能和生活方式的差别，建筑能耗主要包括北方城镇供暖、城镇住宅用能、公共建筑用能和农村住宅用能。从用能总量来看，2013 年建筑四类用能各约占建筑能耗的 1/4（图 4-42）。

我国建筑行业碳排放强度的四个主要方面分别是北方城镇集中采暖碳排放、城镇住宅用能①碳排放、公共建筑用能碳排放②，以及农村用能碳排放。其中，北方城镇集中采暖的碳排放强度在过去 10 年中呈明显下降趋势。与 2005 年相比，

① 不含集中采暖。

② 不含集中采暖。

2010 年我国北方城镇地区集中采暖单位建筑面积碳排放下降了 7.1%；与 1996 年相比则下降了 27.0%。

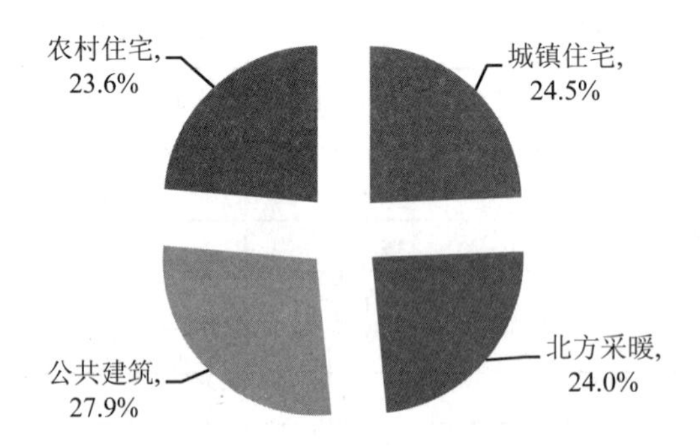

图 4-42　2013 年建筑四类用能领域能耗情况

单纯看我国城镇住宅用能的碳排放强度，尽管在 1996—2002 年下降幅度超过 50%①，但是在“十一五”期间却是先增长后略有降低。公共建筑用能碳排放强度与之类似。

农村住宅的单位面积碳排放强度最低，大约是城镇住宅的 1/3，是公共建筑的 1/4。但是由于农村生活水平的提高，使农村住宅单位面积能耗和碳排放强度持续增长。

（二）建筑使用行业的排放特点

建筑行业的节能减排与工业生产领域有巨大差异，除提高用能效率外，减少需求也可大幅度实现节能减排。工业生产过程节能的关键是提高单位产品的能效水平，即降低单位产品的能耗水平。与其不同的是，建筑行业节能减排问题属消费领域，用能设备的运行模式、能源系统方式的选择、使用时间，多数情况下相对更为重要。控制适当的住宅单元规模和办公室人均建筑面积、合理采用空调采暖方式、合理设定采暖空调温度、减少采暖时间、使用自然通风、合理选择生活

① 这是由于集中供热在北方城镇越来越普及，采用分散燃煤采暖的城镇住宅越来越少，造成住宅燃煤消耗大幅度降低。

热水供应方式等，都能在获得相同或相似服务质量的基础上，减少能源消耗和 CO_2 排放。

建筑行业的碳排放总量等于“碳排放强度”与“建筑总面积”这两个因子的乘积。其中，“碳排放强度”即单位面积的 CO_2 排放量或人均 CO_2 排放量由建筑的用能特点决定，“建筑总面积”反映某个建筑用能分类的规模大小。不同能源种类的 CO_2 排放系数也是影响碳排放总量的重要因素。此外，碳排放总量还和用能的时间直接相关。举例来说，尽管某建筑的用能强度很高，但是如果是间歇使用而不是 24 h 使用，那么总的能耗和 CO_2 排放总量并不见得高。

因此，相比于美国等发达国家，我国建筑行业领域 CO_2 排放量无论从排放总量还是从排放强度都要低，其中的主要原因：一是目前我国的经济水平相比较发达国家而言总体偏低，因此无论集中采暖还是普通公共建筑，尽管用能效率不高，但是单位面积的能耗强度和碳排放强度却比较低；二是从居民家庭用能消费模式看，总体较为节俭，而与之相反的美国则是一种奢侈型的模式；三是由于较为快速的城镇化导致的建筑建设总量大，虽然单位面积的用能强度和碳排放强度不高，但是总量却是持续较为快速的增长。如果不采取措施，这些建筑在未来 15～20 年内将成为用能和碳排放持续增长的黑洞。

随着我国进入快速城镇化阶段，经济水平的提高和居民收入的增加使越来越多的人关注建筑提供的服务水平，这会造成我国建筑能耗和碳排放总量持续增长。尤其需要注意的是，在与国外接轨的口号下，一些不适用于中国的设备系统被盲目引入国内，造成了能源的浪费，从长远来看，这些新的设备系统也在改变中国居民的生活方式，使中国长期形成的节俭的生活模式面临着挑战。

例如，根据中国环境与发展国际合作委员会（简称国合会）2009 年研究报告，以及《中国城市消费领域用能特征及节能途径》研究成果，通过对北京、上海、苏州、武汉、沈阳、银川六个典型城市的实地调研表明，虽然中国城市人均消费领域的能耗[①]与发达国家的差距仍然很大，但是其中占 10%的最高能耗人群的消费领域能耗水平已经达到了发达国家人均能耗的平均值。随着人民生活水平的提高，如果城市消费领域能耗人均水平的需求都达到 OECD 国家的人均水平，则将给中国能源和环境带来严重问题。因此，在目前全球日益紧张的能源与环境形势

① 城市消费领域能耗指的是城市居民日常生活和工作场所消费的能源（建筑运行和客运交通运行能耗）。

下，中国必须在有限的人均能源与资源条件下发展，在城市消费领域走一条与发达国家不同、更注重节约的低碳道路。

（三）建筑使用行业的减排难点

（1）不断提升的生活水平和建筑环境服务品质的提高，必将导致我国建筑领域碳排放的快速增长。伴随着经济水平的提升，建筑采暖、空调、生活热水等刚性需求激增，会带来建筑行业能耗和碳排放的快速增长。例如，随着经济发展与生活水平的提高，目前长江流域的过渡地区陆续提出采暖需求，如果沿用北方地区大规模集中供热的方式，将造成采暖用能的急剧增加。如何根据这一地区的特点发展新型室内热湿环境控制方式，在满足人民生活水平提高需求的同时，不形成过大的能源压力，是目前建筑领域减排所面临的新问题。

（2）欧美发达国家高能耗的生活模式在国内受到盲目的推崇，需求端的节能受重视程度不够。首先，在“与国外接轨”和“三十年不落后”的理念影响下，我国不断涌现大批标新立异、贪大求洋、高标准的建筑，其运行能耗和碳排放大幅度增加。例如，部分大城市大型公共建筑单位面积的年耗电量为 200～300 $kW·h/m^2$，已经达到美国、日本、欧洲等发达国家水平。一些不适用于中国的设备系统被盲目引入国内，造成了能源的浪费，从长远来看，这些新的设备系统也在改变中国居民的生活方式，使中国长期形成的节俭的生活模式面临着挑战。其次，城镇居民对建筑室内环境和功能的要求越来越高，目前部分城市高收入人群建筑能耗水平已经达到发达国家的平均水平。如果中国居民的消费模式由目前传统的节俭型模式转向西方发达国家的奢侈型模式，将造成建筑能耗和碳排放总量的激增。

（3）建筑领域盲目追求技术高新，各种技术泛滥却良莠难辨，一些技术不分场合、条件遍地开花，低质高用和高质低用的不合理现象严重突出，符合中国国情的建筑节能减排技术体系尚未形成，影响了我国建筑领域的减排成效。建筑行业节能减排相对而言还是一个新兴的领域，在技术向应用的转化过程中应充分考虑技术本身的合理性、适用性和经济性。我国现有的建筑节能技术体系主要源自地处高纬度的先进欧美国家，其主要偏重于保温措施，对隔热和除湿方面无法很好地处理，不能有效解决南方地区的建筑节能需求，存在与地域、气候、经济和文化等方面的协调适用问题。许多低价低质产品和技术导致工程应用效果差甚至发生安全隐患，严重影响了可再生建筑的应用推广。例如，用 300℃高温的地热能作为 70℃的建筑热源，高质低用不仅不能实现节能，更会造成能源浪费；太阳能光伏并网技术大部分工程仅作为展示性示范，无法产生实际的减排效果，社会成本过高而收益过低等，严重阻碍可再生能源建筑应用的快速发展。

(4)国内建筑节能减排的法规还不够健全，相关激励机制和政策设计不完善，能耗和碳排放数据收集、节能审查机制缺失，也制约了建筑领域减排能力的提升。

九、生物质燃气行业排放现状及特征

（一）生物质燃气行业的发展现状

生物质废物有机质含量高，在处理处置过程中排放的温室气体主要为 CH_4 和 N_2O。研究表明，1994 年，生物质能源利用、动物粪便管理、废弃物处置这三部分引起的 CH_4 排放占 CH_4 总排放量的 31.3%；2004 年，该贡献率约为 31.9%。以温室气体排放总量为基准，2004 年生物质废物排放的 CH_4 和 N_2O 的贡献率约为 6.07%，是生物质燃气行业典型的温室气体。2005 年生物质燃气行业总排放量为 3.57 亿 t CO_2 当量，2010 年的总排放量为 4.01 亿 t CO_2 当量，2015 年的总排放量约为 3.94 亿 t CO_2 当量。

我国每年约 70 亿 t 的固体废物中，生物质废物占了 60%，是重要的污染源之一；生物质废物的产生、处理、利用过程贯穿食物链的各个环节，与食品安全乃至公共安全密切相关；生物质燃气开发利用潜能巨大，仅可能实现规模化集中利用的生物质燃气资源就占目前全国天然气消费量的 20%以上，是唯一可能形成“碳汇”的新能源，也是国家环境保护、卫生安全和节能战略的重要选择。

生物质废物是来源于动植物、可以被微生物降解的固体废物。按行业分类，主要包括农作物秸秆，蔬菜种植残余物，禽畜粪便，壳芯、饼粕、糟渣等食品工业生物质废物，餐厨垃圾、果蔬垃圾、粪便、污泥等城市生活源生物质废物和农村生活源生物质废物。生物质燃气行业是涉及上述典型固体废物处理与可再生能源开发领域的新兴战略性行业，它以生物质废物为处理利用对象，以高效燃气化技术为核心，通过清洁燃气能源产品开发，实现环境保护、新能源开发和温室气体减排的三重目标。

从生物质废物的产生途径来看，居民消费是生物质废物产生的主要来源。对2015年中国主要生物质废物产生量进行估算，由居民食物消费产生的生物质废物占生物质废物产生总量的 96.1%。该类生物质废物涉及农业、食品工业、城市、农村等社会经济系统的重要部门，既涵盖了以禽畜粪便、厨余垃圾、果蔬垃圾、污泥等为代表的含水率高、易降解的生物质废物，也涵盖了以秸秆、糠麸、壳芯等为代表的含水率相对较低、难降解的生物质废物。

从生物质废物环境影响的角度来看，居民消费生物质废物产生量大、环境污染严重，是生物质废物环境污染治理的重点对象。从以上分析来看，由居民食物消费驱动产生的生物质废物均能够代表中国生物质废物的现状和特点；解决了该类生物质废物的资源潜力、环境影响和污染治理的问题，也就解决了中国生物质废物的主要问题。

（二）生物质燃气行业的排放特点

生物质废物在处理处置过程中的温室气体排放量较大，且呈现上升的发展趋势。主要原因是生物质燃气行业的排放来源于生物质废物，而生物质废物的产生量与人们对食物类物品的基本需求密切相关，随着人口的增加、生活水平的提高，废物的排放增加，在同样的处理处置结构下的温室气体排放增加。

从排放总量来看，生物质燃气行业的排放量约占我国温室气体排放总量中的 5%～6%。其中，养殖单元的排放量占生物质燃气行业排放总量的 48%（图 4-43），是主要的控制单元。同时，随着对农作物秸秆综合利用要求的提高、对工业废物排放控制的日趋严格，种植单元和食品加工单元的废弃物排放也会分别逐渐减少。城市和农村生活单元由于人口众多，日常生活产生的废弃物较多，排放也较多，但城市的基础设施较为完善，所以与农村单元相比是更有潜力的减排单元。

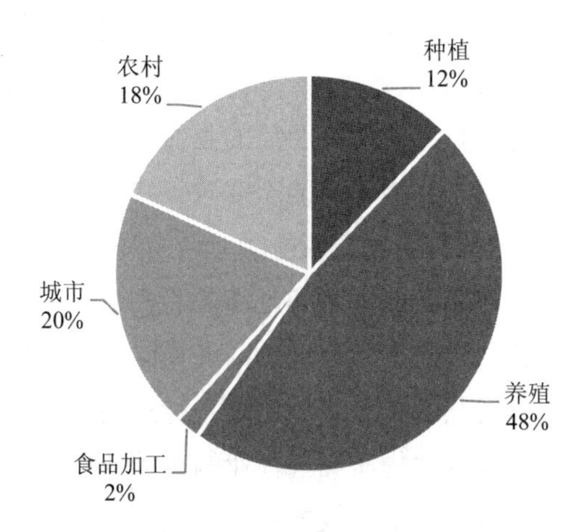

图 4-43　2015 年我国废物处理温室气体排放比例

（三）生物质燃气行业的减排难点

持续规模化供给生物质废物原料、建立生物质燃气产业化市场机制是实现生物质燃气清洁能源、落实行业节能减排效果亟待解决的重大难题。

生物质废物资源产生分散、单位面积上平均能量密度低、收集半径大、物流系统复杂，限制了生物质能规模化开发利用。生物质废物的产生贯穿了日常生产和生活的各个单元，发展生物质能的首要问题是原料的收集和持续供给。但目前这些相关的上游产业对废物管理的模式和城乡居民的生活方式正成为开发生物质能重要的阻碍因素。例如，农业秸秆面积大、质地轻，运输能耗大；畜牧业主要采用散养的方式，大多禽畜粪便无控排放；轻工业上下游物质流动系统复杂，污染控制效率低；城乡居民固体废物混合收集、混合处理等问题，都导致现有的废弃物管理系统无法筛选出足够产量、适合用于生物质燃气开发的原料，资源浪费巨大，同时造成环境污染等问题。

补贴不足以及导向不正确等问题，也是整个行业的新能源生产和减排潜力推进较慢的原因。生物质燃气作为生物质能开发的重要方向，在发展初期，生产和利用清洁燃气能源的成本都比较高，从与生物质燃气相关的上下游产业补贴情况来看，补贴明显不足。从补贴领域来看，生物沼气仅在规模化养殖场大中型沼气工程有明确补贴，对于其他农业、工业、城市农村生活等典型的生物质废物利用没有明确规定。补贴力度与欧洲也有一定差距，如德国在利用城市供电的情况下，开展生物质厌氧消化沼气发电项目，依然有明显的收益。从补贴导向来看，生物质燃气产业最为需要的是以补贴产品为导向的产业政策。这在固体废物资源化的其他领域已有了成功的案例。欧洲在生物质新能源领域也有类似的成功管理经验，使其新能源行业有好的设备、更高效的技术和足够的利润吸引。通过政策导向明确生物质燃气产品的市场定位，建立高效合理的商业模式，使合格的燃气化产品顺畅进入能源产品的主流市场，从而推动生物质燃气行业的自主、良性发展和产业化、市场化建设，才能真正实现生物质燃气行业的减排效果。

从技术发展现状上来看，我国在焚烧发电产业化方面推进较快，技术和装备水平已基本达到国际先进水平，但由于我国生物质废物特性较为复杂，在厌氧消化燃气化方面总体上仍处于技术示范阶段，成功运行的工程较为少见。其他技术如热解/气化、生物柴油生产、暗发酵产氢产乙醇、微藻能源等均处于技术示范或技术储备阶段，与发达国家存在较大差距，绝大部分技术仍处于工程示范和探索阶段，且存在资源利用效率较低、二次污染仍然较重、核心技术设备对我国废物适应性和稳定性差等问题。随着我国生物质废物分类分质收集、减量提质预处理技术发展和实施的推进，我国生物质废物特性将逐步得到改善，在核心设备引进消化吸收再创新的基础上，建立产学研结合的高效模式，我国城市和工业生物质废物处理和利用，特别是能源化利用必将得到高速、全面的发展。

第五章 重点行业温室气体减排技术水平与发展趋势

一、重点行业技术水平现状比较

近些年来，我国加大了工业领域的科技创新，制造工业主要产品中约有 40% 的产品质量接近或达到国际先进水平。同样地，重点耗能行业也在低碳先进技术的开发和应用上有所突破，推动行业产品单位能耗和碳排放强度的下降，已有一大部分大型企业的工艺水平达到国际先进水平。例如，电解铝综合交流电耗、大型钢铁企业技术水平等处于国际先进水平，水泥行业国内企业凭借先进技术广泛参与国际工程服务领域竞争，占有国际水泥工程总承包建设市场 40% 以上的份额。

面对日益激烈的国际行业低碳竞争，我国重点行业的整体技术水平还不足以应对，主要表现在部分高效节能减排核心技术和关键装备尚未完全掌握。例如，核电、风电、光伏发电和生物质发电技术与国际先进水平还存在不小的差距，许多关键设备和材料仍需要进口，缺乏对核心技术的掌握，技术集成不够，装备成套化、系列化、标准化水平低，难以提供系统性解决方案。此外，不少行业内部结构不合理，导致我国大部分行业的平均技术水平与国际先进水平仍存在较大差距。例如，国内电解铝企业之间差距较大，最好的企业为 13 000 kW·h/t 左右，最差的企业为 15 000 kW·h/t，相差 2 000 kW·h/t；在钢铁行业，除了先进的大型钢铁企业外，还存在很多技术水平落后的小型企业，使钢铁行业整体工艺技术水平与国际相比存在较大差距。

当前，以企业为主体的技术创新体系尚未形成，科技创新对重点行业转型升级和区域节能减排效果不显著。我国重点统计钢铁企业研发投入只占主营业务收入的 1.1%，远低于发达国家 3%的水平。由于我国鼓励科技创新和成果产业化的配套政策不健全，很多低碳技术和节能减排技术并没有真正实现市场化应用。以上种种原因导致我国重点行业的能耗强度和温室气体排放强度仍然比较高，重要高耗能工业产品的单位能耗平均水平比国际先进水平高出 20%左右。例如，2014 年国内每吨新型干法水泥熟料平均综合能耗为 110 kg 标准煤，但是企业的能耗水平参差不齐的现象突出。以 5 000 t/d 水泥生产线为例，不同企业生产线的可比熟料综合煤耗差距很大，部分 5 000 t/d 生产线的煤耗测试数据最高值为 108.31 kg 标准煤/t，最低值达到 89.80 kg 标准煤/t，两者相差 18.51 kg 标准煤/t，且部分企业能效指标还不能达到新的能耗限额标准《水泥单位产品能源消耗限额》（GB 16780—2012）的要求。与国际先进水平相比，我国单位水泥产品的能耗指标仍高出 15%～20%。汽车交通行业方面，近些年我国单车燃料经济性水平持续提升，但乘用车销售量加权平均燃料消耗量比欧洲和日本约高 20%，传统内燃机对外依赖度较大，大多关键设备需进口。

选择 1～2 个能源消耗类的指标表征行业低碳技术水平，把我国重点温室气体排放行业的技术发展水平与国际平均或先进水平相比较（表 5-1）。对比结果表明，除电力行业燃煤发电强度、电解铝行业铝锭综合交流电耗低于国际平均水平、与国际先进水平相当，其他行业的指标与国际平均水平相比都没有优势。

表 5-1 重点温室气体排放行业技术发展水平的国别比较分析

行业	指标	单位	国际平均水平	国际先进水平	备注
电力	燃煤发电强度	g/（kW·h）	＜	＝	➢ 居世界较先进水平，1GW 超超临界机组拥有量为世界最多； ➢ 核电、风电、光伏发电和生物发电技术与国际先进国家还有不小的差距
	电力发电强度	g/（kW·h）	＞	＞	
钢铁	单位产品综合能耗	t 标准煤/t 钢	＞	＞	➢ 2014 年吨钢能耗为 586 kg 标准煤，与国际平均水平约有 10%的差距，而与国际先进水平还有较大差距； ➢ 部分大型钢铁企业，如宝钢、鞍钢等工艺水平达国际先进水平
	电炉钢占比	%	＜	＜	

行业	指标	单位	国际平均水平	国际先进水平	备注
水泥	单位产品综合能耗	t 标准煤/t 水泥	>	>	➢ 大型新型干法水泥工艺装备已达世界先进水平，日产万吨的水泥成套装备基本可以自行设计与制造； ➢ 2013 年先进的新型干法水泥熟料比例为96.2%，仍有约 3.8%的产量由落后的立窑等工艺生产
	新型干法水泥生产线综合能耗	t 标准煤/t 水泥	>	>	
石油	生产排放强度	tCO_2/t 成品油	>	>	➢ 受油田品质差，加工重质原油、高含硫原油比例大等因素影响，生产 1 t 油的自耗能约占 26%； ➢ 上游能耗与发达国家相比平均高出10%～30%，下游能耗已逐渐接近国际先进水平
电解铝	铝锭平均综合交流电耗	kW·h	<	=	➢ 2015 年已降到 13 562 kW·h，较世界平均能耗低 677 kW·h； ➢ 电解铝产业节能减排整体水平达到国际先进水平
汽车交通	单位里程 CO_2 排放强度	g/km	=	>	➢ 平均单车碳排放强度与国际先进水平相差 20%～30%； ➢ 国内传统内燃机驱动技术对外依赖度较大，节能核心技术缺失，批量装车的产品（系统）仍然需要依赖引进，或由合资企业提供
	燃料经济性	L/100 km	=	>	
建筑使用	北方采暖耗热量	W/m^2		>	➢ 与我国北方地区气候条件基本相同的北欧、东德等地区，采暖耗热量指标为我国北方地区的 1/2； ➢ 2010 年单位建筑面积 CO_2 排放量为 $30.4\ kg/m^2$，为美国的 40%，低于发达国家水平
	单位建筑面积碳排放量	kg/（m^2·a）		<	

我国行业整体能耗和碳排放高于国际水平的原因主要有两个：一是由于技术本身的能源转化率确实偏低；二是与我国的能源禀赋有很大关系——以煤为主的能源消费结构，导致电力、钢铁、水泥等重点行业难以摆脱高碳能源的供给。发达国家的能源消费结构已经开始从化石能源向核电和可再生能源等低碳能源转变，我国以煤为主的能源结构却难以转变。即使我国燃煤发电的技术已居世界前列，

而且碳排放强度均低于世界平均水平，但燃煤发电占总发电量的 70%以上（2014 年数据），导致了我国电力行业碳强度远远高于世界平均水平。

二、重点行业温室气体减排技术发展趋势

（一）电力行业温室气体减排技术发展趋势

从发电技术分类看，发电环节的低碳技术主要包括洁净煤低碳发电技术、常规低碳发电技术和新型低碳发电技术。

首先，全球 2/3 的燃煤电站净效率只有 29%，CO_2 年排放量达到 39 亿 t，若都能被效率高达 45%的电站取代，排放水平将降低 36%，每年减排 14 亿 tCO_2。因此，发展洁净煤低碳发电技术对于实现节能减排目标具有重要的意义。从目前洁净煤发电技术的发展水平看，超临界和超超临界发电技术、循环流化床技术、增压流化床燃烧联合循环发电技术、整体煤气化联合循环发电技术以及 CCS 技术等，成为各国提高煤电利用效率、实现煤电清洁化的重要支撑。

其次，从大规模替代化石能源发电的可能性看，核电和水电是目前最具潜力且发展最为成熟的发电技术，这两类常规低碳发电技术最主要的特点就是发电过程几乎不排放温室气体，其有效利用对于应对气候变化可起到极大的正面推动作用。

最后，近年来随着以新能源为代表的新兴低碳发电技术的日趋成熟，众多国家将其作为控制温室气体排放的又一重要途径。从技术的成熟度看，风电、太阳能发电和生物质能发电等新兴低碳发电技术具有很好的发展前景。

1. 电力行业温室气体排放控制技术现状

据国际能源署历年统计资料，我国电力工业单位燃煤发电产热 CO_2 排放低于世界电力工业的同期值，但我国电力工业的单位发电产热 CO_2 排放却明显高于世界电力工业的同期值，其主要原因是我国电力工业的发电量构成中火电占的比例大，而且火电中 90%以上都是 CO_2 排放最多的燃煤电量。

与西方发达国家相比，我国电力工业已经处在世界较先进水平，1 GW 超超

临界机组拥有量为世界最多。但在核电、风电、光伏发电和生物发电技术上与国际先进国家还有不小的差距，但发展空间很大。我国核电在建容量占世界 1/3 以上，水电在役容量和可开发量均为世界第一，中国已成为 2014 年全球风电新增装机容量最大的地区和 2014 年年末风电累计装机容量最大的地区。截至 2014 年年底，我国光伏发电累计并网装机容量 2 805 万 kW，同比增长 60%。由于我国未来一段时期将持续关停小火电机组，预期单位发电产热的能耗和碳排放水平将日益下降。

2. 电力行业温室气体排放控制技术发展趋势

我国高度重视结构调整，大力发展超超临界、热电联产等技术，并且积极开发陆上风电、海上风电、光伏发电、核电、生物质等清洁能源和可再生能源，发展前景良好。例如，2011 年以来，我国一些发电集团已经开始 700℃超超临界机组的研究，预计我国在 2020 年后将完全掌握先进的 700℃超超临界机组应用技术，并将成为之后 20 年内最先进的燃煤机组，该型机组效率将达到 42%，煤耗将降低到 236 g/（kW·h）；通过火电机组技术改造，可以使机组供电煤耗下降明显，机组最大出力都能得到较大提高，不同类型机组均可提高 10%。同时，新能源也会得到迅速发展，预计到 2030 年核电装机容量约为 2 亿 kW，发电量将占总电量的 15%，水电装机将达到 4 亿 kW，接近我国目前水电资源的经济可开发量。此外，我国电网方面正在发展特高压技术和智能电网来减少电力输配损耗，从而间接减少 CO_2 排放，预计至 2020 年新建智能变电站超过 7 700 座，变电容量超过 26 亿 kVA，并且原有枢纽及中心变电站将进行智能化改造，改造率达到 100%。中国电力行业主要减排技术及其普及率如表 5-2 和表 5-3 所示。

表 5-2 电力行业主要减排技术

技术类别	技术名称	技术寿命/年	初始投资/（元/kW）	运行维护/[元/（MW·h）]	折算标准煤耗/[g/（kW·h）]
燃煤发电（含脱硫、脱硝）	300 MW 以下亚临界	25	4 400	268	330
	300 MW 级超临界	25	4 300	254	316
	600 MW 级超超临界	25	3 900	227	300
	1 000 MW 级超超临界	25	3 500	214	285
	630℃超超临界	25	4 400	189	250
	700℃超超临界	25	5 000	179	236

技术类别	技术名称	技术寿命/年	初始投资/（元/kW）	运行维护/[元/（MW·h）]	折算标准煤耗/[g/（kW·h）]
燃气发电	天然气-蒸汽联合循环	20	3 500	502	240
核电	压水堆二代改造	40	12 400	105	0
	压水堆三代	40	16 040	126	0
	快堆	40	19 000	126	0
	高温气冷堆	40	15 000	126	0
水电	大中型	—	8 000	40	0
	小型（<5 万 kW）	—	6 000	60	0
	抽水蓄能电站	—	4 000	358	64
风电	陆上并网风电	20	9 000	111	0
	海上并网风电	20	18 000	123	0
太阳能发电	光伏	20	12 000	107	0
	光热	20	15 000	107	0
CCS	采用 CCS 的燃煤超超临界	20	6 250	455	380
IGCC		—	8 400	287	295
余热发电		20	8 000	120	0
生物质发电	秸秆发电	20	9 000	550	0
热电联产	300 MW 超临界热电联产	20	4 070	232	274
线损控制		—	—	—	—

表 5-3　电力行业主要减排技术的普及率

技术类别	技术名称	技术普及率/%（发电量比例）	
		2005 年	2010 年
燃煤发电	300 MW 以下亚临界	33.79	16.61
	300 MW 级超临界	33.78	29.33
	600 MW 级超超临界	11.23	26.48
	1 000 MW 级超超临界	0.00	3.66
	630℃超超临界	0.00	0.00
	700℃超超临界	0.00	0.00
燃气发电	天然气-蒸汽联合循环	0.90	1.84
核电	压水堆二代改造	2.13	1.82
	压水堆三代	0.00	0.00
	快堆	0.00	0.00
	高温气冷堆	0.00	0.00

技术类别	技术名称	技术普及率/%（发电量比例）	
		2005 年	2010 年
水电	大中型	10.06	11.18
	小型（<5 万 kW）	4.65	3.30
	抽水蓄能电站	1.16	1.75
风电	陆上并网风电	0.06	0.75
	海上并网风电	0.00	0.00
太阳能发电	光伏	0.00	0.002 4
	光热	0.00	0.00
CCS	采用 CCS 的燃煤超超临界	0.00	0.00
IGCC		0.00	0.00
余热发电		1.44	1.08
生物质发电（含垃圾发电）		0.00	0.39
热电联产		—	—
线损控制		7.21*	6.53*

注：* 线损控制指标为线损率（%）。

（二）石油行业温室气体减排技术发展趋势

1. 石油行业温室气体排放控制技术现状

我国石油行业在温室气体的控制方面采取了一系列措施，开展了大量卓有成效的工作，这其中离不开技术的创新和新技术的推广。石油行业低碳发展不仅要控制自身的温室气体排放，更要着眼于为国家提供更绿色、低碳的能源。石油行业低碳发展是提高我国石油企业竞争力的重要途径，现阶段正是我国石油企业追赶国际先进能源企业的关键时期。低碳发展为天然气、煤层气、页岩气、生物燃料、甲烷水合物等清洁能源和新能源的开发和使用提供了难得的机遇。对我国石油行业三大石油公司控制温室气体排放的主要技术进行汇总和对比（表 5-4）可以得出，我国大部分技术还处于研发和示范阶段，低碳技术投入不够。

现阶段我国石油技术还较为落后，平均水平和先进水平的技术生产排放强度均高于国际水平。每生产 1 t 油所耗能源为所生产能源的 26%，下游生产系统效率较低，能耗与发达国家能耗相比平均高出 5%～20%。

表 5-4　国内石油行业温室气体减排的主要技术

低碳技术项目	中国石油	中国石化	中海油	国内发展阶段
节能和提高能效	√	√	√	研发/示范/推广
逸散甲烷回收与利用	√	√	√	示范/推广
煤层气开发	√	√		推广
非常规天然气开发利用	√			研发/示范/推广
碳化工		√	√	研发/示范
二氧化碳驱油（CO_2-EOR）	√		√	示范/推广
CO_2 捕集与封存	√	√	√	研发/示范
生物固碳（主要是林业碳汇）	√			示范/推广
燃料替代	√			示范/推广
第二代生物燃料生产	√	√	√	研发/示范
可再生能源开发与利用	√	√		研发/示范

2. 石油行业减排技术发展趋势

国际石油公司早已开始关注气候变化问题，纷纷把发展低碳技术作为其可持续发展战略的重点。国际石油公司低碳技术现状及战略方向对比如表 5-5 所示。

表 5-5　国际石油公司低碳技术现状及战略方向

低碳技术项目	壳牌	埃克森美孚	雪佛龙	道达尔	BP	发展阶段
节能	√	√	√	√	√	示范/推广
热电联产	√	√	√	√	√	示范/推广
CO_2 捕集与封存	√	√	√	√	√	研发
非常规天然气	√	√	√	√	√	研发/示范
第二代生物燃料生产	√	√	√	√	√	研发/示范
太阳能开发与利用	√	√	√	√	√	研发/示范/推广
风力发电	√			√	√	推广
氢能开发利用	√	√	√	√	√	研发
替代燃料	√	√	√	√	√	研发/示范/推广
核电				√		研发/示范
海洋能	√			√		研发/示范
地热能			√			示范/推广
低碳标准与制度	√	√	√	√	√	研发/推广

2009年麦肯锡公司发布了《通向低碳经济之路》的研究报告，认为石油与天然气开采业的低碳技术方向主要包括减少放空点燃、减少管道泄漏、使用LNG（液化天然气）、提高能效、使用CCS技术（图5-1）。

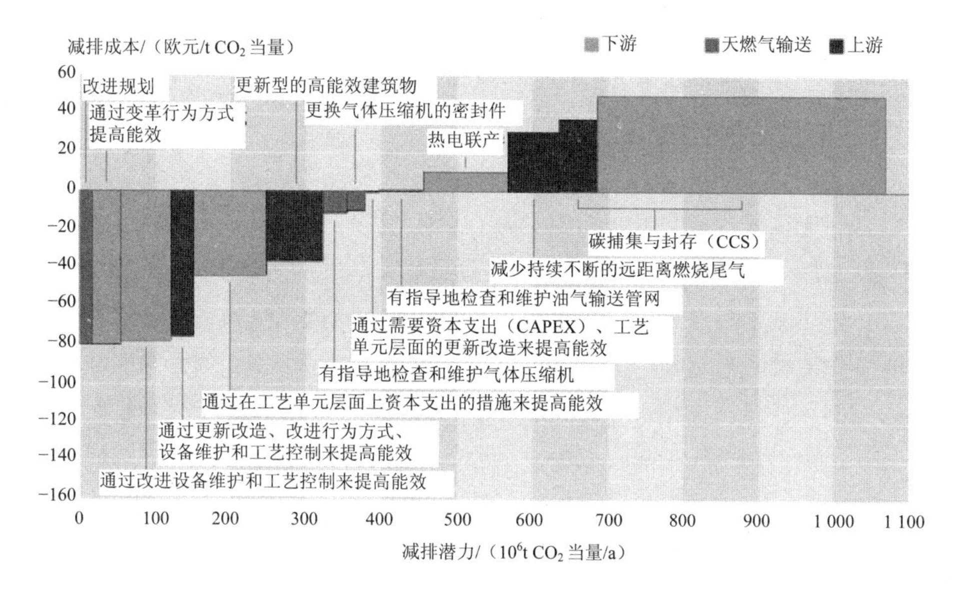

注：该曲线给出了成本低于每吨CO_2当量60欧元的所有温室气体技术性减排措施最大潜力的估计值（假设每种措施都被积极实施），并不是对不同的减排措施和技术将会发挥何种作用的一种预测。

图5-1　石油行业低碳技术减排成本（麦肯锡）

通过对国内外石油公司低碳技术和麦肯锡针对石油行业低碳技术方向的判断进行汇总和对比可知，首先，国际上对石油行业低碳技术的发展方向总体趋于一致，但国际石油公司低碳技术方向更加灵活，很多石油公司致力于积极拓展新能源领域。低成本的减排技术主要集中在提高能效和减少泄漏方面；潜力最大的技术为CCS技术，但其成本也最高；非常规天然气开发、第二代生物燃料、新能源是重要的间接减排技术和未来能源的发展方向，大多数都得到了石油公司的普遍重视。

其次，节能增效是国内外石油行业近期减排的共同方向。目前国内外石油公司都将上下游节能减排作为近期减排的重点。我国石油行业节能减排工作已开展了30多年，整体节能技术水平已接近世界先进水平，但是整体能耗仍有差距。在未来几年，众多大型炼化装置和企业的建成将使我国炼油能力和单体规模都显著提高——千万吨级炼厂将成为主体，设备水平也将不断提升。通过推进自用原油及燃料油节约和替代技术改造、减少原油及燃料油在能耗中的比重，并采取装置热联合技术、夹点技术换热网络优化、催化烧焦余热回收利用、乙烯裂解炉增设空气预热器等技术措施，可以提高用能整体技术水平。“十二五”期间炼油综合能耗有 10%左右的下降空间。

我国石油行业需要有选择地发展低碳能源业务。面对化石能源的日益枯竭，低碳能源、无碳能源成为未来能源发展的必然趋势。中国已成为世界上继巴西、美国之后第三大生物燃料乙醇生产国和应用国。“十一五”期间开展了第二代生物燃料技术纤维素乙醇技术开发和第四代生物燃料技术微藻生物柴油的研发，燃料乙醇正在向非粮乙醇和规模化发展。2015 年前后实现了微藻生物柴油成套技术的户外中试装置研发，远期将建设万吨级工业示范装置。石油行业已开始向太阳能和风能利用领域拓展。例如，利用太阳能加热石油储罐系统，试验太阳能发电采油等。同时，石油企业具有地热资源开发利用的先天优势，可以将油气勘探和开采与地热资源开发结合起来。目前中国在这些方面都进行了积极探索和小规模工业化，但是开发成本仍然需要进一步降低。

CO_2的大规模转化利用目前仍是研究热点与前沿，在石油行业主要为制备化学品以及利用 CO_2 提高采收率。在制备化学品方面，主要的技术路线有催化转化制备能源化学品，直接聚合转化为可降解塑料等，制备聚氨酯、尿素等高附加值产品以及制备碳酸盐等无机盐产品。但是目前在 CO_2 制备化学品领域仍需进一步加强技术的研发，突破规模和能耗瓶颈。需要解决的问题：CO_2废气复杂组分分离提浓与深度净化、高效催化材料设计及制备、专用反应器设计与过程强化、废物协同利用与产品高值化设计。在利用 CO_2 提高采收率方面，我国在含 CO_2气田开发及 CO_2驱油技术的基础理论研究、工艺技术研发集成和现场先导试验上取得重要突破，为含 CO_2气田安全高效开发和 CO_2资源有效利用及埋存打下了基础。

（三）钢铁行业温室气体减排技术发展趋势

1．钢铁行业温室气体排放控制技术现状

目前中国钢铁行业的流程主要以长流程为主，大部分能源消耗集中在焦化—烧结—炼铁等铁前工序。钢铁行业的短流程能耗则远远低于长流程，其主要能耗集中于电炉炼钢和轧钢工序。但是目前中国短流程的产量只占总产量的13%左右。推广应用长流程各工序的重点节能减排技术（表5-6），是目前实现钢铁工业节能减排的有效途径。

表5-6　钢铁行业重点节能减排技术

技术名称	节能减排效益	在国内的应用情况
焦化工序		
干法熄焦技术	目前国外较广泛应用的一项节能减排技术。①节约能源。采用干熄焦技术可回收80%～86%的红焦显热。据测算，每干熄1 t红焦可回收能源40～50 kg的标准煤。按照目前我国重点大中型钢铁企业高炉入炉焦比374 kg/t铁测算，干熄焦技术可使吨钢综合能耗降低15～20 kg.标准煤。若我国焦炭生产全部采用干熄焦，则年可节约1 200万t标准煤。②减少环境污染。对规模为100万t/a焦化厂而言，采用干熄焦技术每年可以减少8万～10万t动力煤燃烧对大气的污染，比传统的湿熄焦节水0.443 t/t焦	我国现有生产和在建设中的干熄焦装置共有140多台；2010年又有16套干熄焦装置先后投入生产；重点统计大中型钢铁联合企业焦炭生产干熄焦率达到82.63%，干熄焦的焦炭量超过1亿t，但对于全国年产焦4.5亿t来说，干熄焦比例还不高
煤调湿（CMC）技术	①焦炉生产能力提高11%；②炼焦耗热量减少15%；③焦炭粒度分布更加均匀；④焦炭机械强度提高1～1.5个百分点或可多配弱黏结性煤8～10个百分点，每吨煤减少剩余氨水约44 kg	在国内，近两年煤调湿技术的应用得到快速发展。由太钢自主研发、制造并建设的国内首家焦化煤调湿项目于2008年12月31日开始试生产，该项目正式投产后，焦炉生产能力提高7%，每年节约能量相当于9 226 t标准煤。此外，宝钢首台工业化运行的煤调湿装置持续稳定运行，该装置投运后生产每吨焦炭节约能耗6 kg标准煤，年降低成本约4 000万元

技术名称	节能减排效益	在国内的应用情况
焦炉煤气资源化技术	据估计每年约有 350 亿 m^3 以上的焦炉煤气未被有效利用而付之一炬，这不仅造成环境污染，而且浪费了大量能源，直接经济损失在 40 亿元/a 以上	如果把这些焦炉煤气收集起来加以利用，可以生产约 1 700 万 t 甲醇，或可以生产约 175 亿 m^3、热值约为 33 MJ 的以甲烷为主的城市清洁燃气，经济效益极为可观
焦炉荒煤气余热回收发电技术	年产 120 万 t 焦炭的 2×60 孔 6 MJ 炉，荒煤气可发电 5 700 kW·h，效益显著，折合 1.1 万 t 标准煤，二氧化碳减排约 2 万 t/a	近期推广技术
烧结工序		
小球团烧结技术	可较大幅度降低烧结工序能耗，提高炼铁产量和降低炼铁工序能耗，促进炼铁工艺技术进步	小球团烧结法是在国外研究的基础上开发的适合我国烧结原料条件的新工艺，曾被列入 1995 年冶金部重点科技攻关项目。该工艺在安阳钢铁公司、酒泉钢铁公司、泰山钢铁公司进行半工业性及工业性试验。在包钢、鞍钢、天钢、新余钢厂的烧结厂进行实验室试验，均取得了很好的效果并逐步推广
烧结环冷机余热回收技术	吨烧结矿可回收蒸汽 20～30 kg，降低工序能耗 4 kg 标准煤左右	“十一五”期间推广率 10%～20%
低温烧结技术	可降低固体燃料消耗，提高烧结矿质量，是烧结工序节能减排的重要途径	已在国内得到广泛应用
烧结低温余热回收技术	烧结余热回收减少了烧结废气的排放，降低了烧结废气除尘和脱硫设施的运行费用。烧结余热回用一般可以生产蒸汽或者发电，由于回收方式的不同和技术差异，一般每吨烧结矿可以回收蒸汽量 30～90 kg，降低烧结工序能耗 3～10 kg 标准煤	国内很多烧结厂在烧结冷却废气余热回收工作上取得了很好效果。为利用烧结余热，宝钢采用与日本合作设计的形式，设置了冷却机废气及主排气余热回收两套装置来产生蒸汽。为有效利用带冷余热，南京化工学院热管技术开发中心与武钢一烧合作，在武钢一烧 4#带冷机上设计安装了一套热管蒸汽发生系统，生产低压蒸汽。采用热管技术回收烧结余热产生蒸汽的系统经马钢二烧、梅山钢铁公司烧结厂、武钢一烧、安阳钢铁公司烧结厂及攀钢烧结厂等厂的投运，均取得了令人满意的效果

技术名称	节能减排效益	在国内的应用情况
烧结余热发电技术	利用钢铁行业烧结过程中产生的低温（200～400℃）废烟气产生蒸汽进行发电的低温烟气发电技术；单位节能12 kW·h/t 烧结矿	马钢第一炼铁总厂于2004年开工建设了国内第一套余热发电系统，并于2005年9月6日并网发电。2006年全年累计发电6 100.51万kW·h，产生经济效益2 367万元，可节约标准煤3万t/a，每年减少排放CO_2约8万t，取得了很好的社会效益和环境效益。国内还有多个烧结余热电站正在建设当中
炼铁工序		
高炉富氧喷煤技术（PCI）	通过在高炉冶炼过程中喷入大量煤粉并结合适量的富氧，达到节能降焦、提高产量、降低生产成本和减少污染的目的。该技术正常喷煤量为200 kg/t-Fe，最大能力达250 kg/t-Fe	于1994年年初在石钢炼铁分厂2#高炉应用成功，随后在多数钢铁企业的高炉环节普遍得到推广应用
高炉炉顶余压发电技术（TRT）	目前国际上公认的有价值的二次能源回收装置，既不消耗任何燃料，也不产生环境污染，发电成本又低，是高炉冶炼工序的重大节能减排项目。一座2 000 m^3高炉如果稳定运行，其TRT系统的运行效率可以达到85%，全年发电量可达0.5亿kW·h，相当于节约原煤3万t	截至2010年，全国重点大中型钢铁企业158座1 000 m^3以上的高炉中，58%采用干式TRT，38%采用湿式TRT，其余4%未使用TRT技术。“十一五”期间TRT推广比率达100%，干式TRT占60%
热风炉双预热技术	以放散的高炉煤气在燃烧炉中燃烧产生的高温废气与热风炉烟道废气混合，以混合烟气将煤气和助燃空气预热至300℃以上，从而实现高炉1 200℃风温	我国大中型高炉已逐步采用了该项技术
高炉鼓风除湿节能技术	国家重点扶持和推广的节能技术，属国家级以奖代补项目。经对高炉的鼓风系统进行适应性改造后，每吨生铁平均降低焦比1 kg，减少鼓风2.5 m^3，节约高炉煤气0.96 m^3	目前此技术已在日本的冶金行业得到广泛应用，国内也有为数不多的钢铁企业采用此技术。国内上海宝钢的三座4 000 m^3级大型高炉率先采用了脱湿鼓风装置，取得了明显的节能和多喷煤粉的效果。现在国内研制的脱湿鼓风装置，性能优于国外引进设备，而价格大幅度下降，具有很好的推广使用前景

技术名称	节能减排效益	在国内的应用情况
利用低热值煤气发电（全烧高炉煤气锅炉技术）	适用于有大量剩余高炉煤气的钢铁企业，高炉煤气发电技术成功地将低品位的高炉煤气转化为高品位电能，不但解决了高炉煤气大量放散所造成能源浪费、环境污染的问题，而且缓解了电力紧张，对推动冶金行业节能减排、降低成本、提高市场竞争力具有重要意义	北京首钢电力厂、西安交通大学、杭州锅炉厂等单位共同开发研制的第一台全烧高炉煤气的高温高压电站锅炉为钢铁企业创造出了一条清洁高效回收高炉煤气的新途径，该技术获得 1999 年由中国专利局和世界知识产权组织颁发的中国专利金奖。该技术在首钢总公司得到应用后，在我国鞍钢、沙钢、武钢、安钢、新疆八一钢厂等均有应用
低热值煤气燃气-蒸汽联合循环发电技术（CCPP）	CCPP 的技术特点为热效率高、发电效率高。相同的煤气量，CCPP 要比常规的锅炉蒸汽多发出 70%～90%的电。CCPP 排烟中 CO_2 排放比常规火力电厂减少 45%～50%	国内济钢、马钢、鞍钢、首钢、邯钢、沙钢、莱钢等已经采用了燃气-蒸汽联合发电技术，但是我国部分钢铁企业高炉煤气和焦炉煤气仍有放散。若将这些煤气都用于 CCPP 发电，仅此一项每年约可节约 600 万 t 标准煤
炉渣余热回用技术	目前，宣钢、新抚钢等企业已经采用高炉冲渣水余热用于冬季采暖，将炉渣余热变为蒸汽，2.5～3 t 炉渣可以生产 1 t 低品质蒸汽。柳钢正在对炉渣余热发电技术进行研究	宝钢、首钢采用轮法炉渣粒化装置，实现节约用水并回收炉渣热量
炼钢工序		
转炉负能炼钢工艺技术	回收利用生产过程中的转炉煤气和蒸汽等二次能源，使转炉炼钢工序消耗的总能量小于回收的总能量，故称为转炉负能炼钢；单位产品节能 23.6 kg 标准煤/t 钢	宝钢是我国最早实现“负能炼钢”的钢铁企业，虽然调整品种结构，增加炉外精炼、电磁搅拌等耗能新工艺装备，转炉工序能耗压力加大，但通过深入挖潜，继续保证了转炉负能炼钢技术的有效实施。近年来武钢、马钢、鞍钢、本钢、唐钢等一批中型转炉也都成功应用负能炼钢技术，在莱钢等小型转炉负能炼钢技术也取得突破。但各技术使用单位在负能炼钢涵盖范围方面还不统一，有些企业未将铁水脱硫预处理、炉外精炼等能耗纳入其中
电炉优化供电技术	以一座年产钢 20 万 t 的炼钢电弧炉为例，采用该技术后，平均可节电 10～30 kW·h/t，电炉炼钢生产效率可提高 5%左右	已普遍得到应用

技术名称	节能减排效益	在国内的应用情况
转炉煤气净化回收技术	本技术与传统湿法工艺相比，可节能20%～25%、节水30%，投资仅为同类进口设备的20%～30%，运行维护工作量小	“十一五”期间，国内安装转炉煤气回收装置的转炉仅占总座数的64%，目前已经基本得到应用，进一步提高转炉煤气的回收利用率是实现转炉负能炼钢的基础
干法（LT法）转炉煤气净化回收技术	炼钢转炉煤气回收利用采用干法除尘技术后通过电除尘器可直接将粉尘浓度降至10 mg/m^{3}以下，不存在二次污染，系统阻损小，煤气发热值高，回收粉尘可直接利用，系统简化，占地面积小，并可以部分或完全补偿转炉炼钢过程的能耗	LT法净化回收技术在国际上已被认定为今后的发展方向，它可以部分或完全补偿转炉炼钢过程的全部能耗，有望实现转炉无能耗炼钢。如果在我国普遍推广，全年除尘电耗可减少近3亿kW·h。转炉回收的煤气与蒸汽综合起来折成标准煤，每吨钢可回收35 kg左右
转炉余热蒸汽发电技术	在提高转炉烟气余热回收量的基础上重点开发低压（饱和）蒸汽发电技术	吨钢发电量按照15 kW·h计算，按年产钢5亿t，每年可发电75亿kW·h，折合300万t标准煤左右，产生效益40多亿元。所发电可以替代从社会电厂购电，实现减排CO_2 630万t
轧钢工序		
蓄热式轧钢加热炉技术	对轧钢加热炉采用适用各种气体和液体燃料的蓄热式高风温燃烧器，热回收率达80%以上，可节能30%以上，提高生产效率10%～15%，能够减少氧化烧损，减少有害气体排放	轧钢加热炉占轧钢工序能耗的50%以上，目前国内已经较大规模推广使用该项技术
机泵变频调速技术	变频器在钢铁工业中主要应用于板材和线材的轧机、卷取机、风机、料浆泵等，利用该项技术能为企业节约大量的电力消耗	已普遍得到推广应用
连铸坯热送热装技术	在冶金企业现有的连铸车间与型线材或板材轧制车间之间，利用现有的连铸坯输送辊道或输送火车（汽车），增加保温装置，将原有的冷坯输送改为热连铸坯输送至轧制车间热装进行轧制。该技术充分利用连铸坯的物理热，不仅达到了节能降耗的目的，而且还减少了钢坯的氧化烧损，提高了轧机产量	钢铁工业今后在此方面应主要探索与不同结构加热炉的衔接、不同钢种最佳的热装温度以及扩大可热送钢种范围等问题，现已得到较大规模的推广应用

技术名称	节能减排效益	在国内的应用情况
辅助生产系统		
动态谐波抑制及无功补偿综合节能技术	设备的大规模应用能够在很大程度上解决配网的无功、谐波、三相不平衡等问题，更好地避免无功功率造成的配网线损，提高用电效率，节约电能	现已得到较大规模的推广应用
锅炉全部燃烧高炉煤气技术	与新建燃煤锅炉房相比，全烧高炉煤气锅炉房由于没有上煤、除灰设施，因此具有占地小、投资省、运行费用低等优点	以一台 75 t/h 全烧高炉煤气锅炉为例，年燃用高炉煤气为 583×10^6 m^3/a，仅此一项每年就能节约能源 5.2 万 t 标准煤
蓄热式燃烧	高温空气燃烧技术把回收烟气余热与高效燃烧及 NO_x 减排等技术有机地结合起来，达到节能减排的目的	已有较大规模的推广应用
能源管理中心技术	该技术集合了现代计算机技术、网络通信技术和分布控制技术，在钢铁生产全过程中对各类能源介质进行全面监视，分析并及时调度处理，进行能源使用情况分析、能源平衡预测、系统运行优化、专家系统运行、高速采集数据和反馈，实现能源系统的集中管理控制。依托该技术建立起的能源管理中心能实现能源系统的集中管理控制，可对企业外购能源、企业内部的能源转换、余热余能的回收和利用等整个能源供给系统进行全方位管理，使企业合理配置、优化使用能源，达到良好的节能效果	目前，国内仅有宝钢等少数几家大型钢铁企业建立了能源管理中心；部分企业也开始建立能源管理中心，但是调控和优化功能不足，节能效果不明显，能源管理中心技术建设和升级在全国还有较大的推广空间

我国钢铁行业现阶段主要推广的减排技术包括干式 TRT 技术（高炉炉顶余压余热发电）、（高压）干熄焦技术、烧结余热发电、转炉煤气高效回收、低热值高炉煤气燃气-蒸汽联合循环发电、炼焦煤调湿风选技术、蓄热式燃烧工程等。其中，TRT 技术、转炉煤气回收技术和煤调湿技术普及率稍高，其他几项正处于大范围推广过程中。

2．钢铁行业温室气体排放控制技术发展趋势

为了全面推动全球钢铁业的减排进程，国际钢铁协会在 2007 年 10 月于德国柏林举行的年会上，向全球钢铁业宣布了新的钢铁业减排途径。全球钢铁业新的

减排途径的核心是所有主要钢铁生产国的成员（钢厂）收集和报告 CO_2 排放数据。过去五年世界钢铁生产的技术进步已经使钢铁生产过程中的 CO_2 排放量大幅降低。这些技术包括炼钢过程的能源效率提高、废钢的回收率提高（目前发达国家的废钢回收率超过 60%）、炼钢过程产生的副产品使用率提高、更好的环保技术等。

（1）德国

德国钢铁产业一直在致力于降低能耗。1960 年，吨粗钢能耗为 30 GJ，现已降到 18 GJ。1980 年以后，用高炉炉顶煤气发电的电量迅速增加。德国钢铁工业从 1982 年开始回收转炉煤气，1995 年每生产 1 t 钢可以从转炉煤气中回收 0.7 GJ 化学热。有些钢铁企业还把废热通过管道输送到居民区用以取暖。同时重复使用钢铁生产过程中的废气，循环多重利用过程中的冷却水。2000 年德国钢铁企业制定了环保目标：到 2005 年，能量消耗比率比 1990 年减少 16%～17%；到 2012 年，CO_2 的释放率比 1990 年减少 22%。

德国钢铁企业每年生产 1 284 万 t 炉渣，包括高炉炉渣、转炉炉渣、电炉炉渣以及其他炉渣。其中有 66.1%的炉渣作为筑路材料或水泥制造原料，17.1%作为钢铁企业原料，5.5%的炉渣作为肥料，5.5%用于其他用途，只有 5.8%作为垃圾堆放。

（2）日本

日本钢铁联盟在 1997 年组织企业编制的以减排 CO_2 为中心的“2010 年节能、环保志愿计划”中，除明确直接节能 10%和工业“三废”基本不外排以外，还要求消纳废料 100 万 t，并通过低温余热供社区节能 2%和发展高效钢材为用户节能 2%。

在节能新技术的研发应用方面，日本的蓄热式燃烧器的加热炉已经大量应用；竖式及废钢连续预热式节能电炉也有数台应用。除基本普及高炉顶压发电和干熄焦技术、含铁尘泥和铁鳞基本供烧结用外，还对高锌含铁粉尘进行处理——脱锌和回收氧化锌。含铁粉尘制成球团脱锌后可供高炉使用。高锌含铁粉尘制成直接还原铁供转炉使用的同时，可回收氧化锌供有色冶炼厂使用。

同时，日本利用社会废物促进节能降耗。主要是掺用废塑料替代焦炭炼焦，或用废轮胎代煤。一种是将废塑料分选、粉碎并进行球团化，将其喷入高炉作为还原剂以取代部分焦炭；另一种是利用炼焦炉将其转化为焦炭、液态塑料和富氢焦炉煤气等化学原材料，焦炭作为铁矿厂炼铁用还原剂，液态塑料作为塑料生产的原材料，煤气用于发电。此外，日本还将社会垃圾气化熔融后发电供钢厂使用。

日本钢铁企业在深化钢铁生产过程中的最高水平节能技术的同时，积极参与全球钢铁产业的节能减排项目，如通过中日钢铁产业环保和节能先进技术交流会议、亚太合作伙伴会议和国际钢铁协会等，向全球钢铁产业推广日本先进的节能技术。

（3）美国

自20世纪70年代以来，美国钢铁工业投入了50多亿美元用于发展“循环经济”体系。钢铁工业15%的投资都用在了建设循环经济项目上。

美国积极推广钢铁生产最新工艺流程，先后投入数十亿美元，应用喷煤技术减少焦炭用量和增加顶压发电技术等，并率先开发出废钢电炉薄板坯连铸连轧工艺。2006年，在美国钢铁协会和能源部共同资助的“技术路标项目”研究中，由美国麻省理工大学Donald R.Sadowa教授领导的团队还成功地演示了一种在实验室中利用更加环境友好的熔融氧化物电解工艺生产铁的方法，生产完全不含碳的铁，过程中仅产生氧，没有CO_2。

美国能源部采取国际合作的形式开发了以下技术：无焦炼铁技术，用转底炉生产DRI或粒铁，作为电炉等的补充原料；LCS激光等直线测量系统，转炉和钢包的耐火砖厚度测量，可以减少炉衬更换次数，延长设备寿命，确保操作安全，节省耐材能耗；高强度轧辊，即长寿命、抗腐蚀的轧辊；DOC系统（稀释氧燃系统），通过一个单独的高速喷口喷燃气和氧，使燃气和氧气在混合之前就加热，避免了波峰温度的出现，减少了氮氧化物，弥散火焰加热钢也更加均匀，比喷空气消耗的燃料更少，可以提高轧钢厂的产量和效率。

据美国钢铁协会数据，在最近25年美国钢铁工业的年度能源消耗量下降了60%，取得这一成绩的主要原因是电炉生产大幅增加和转炉使用了更多的回收废钢，连铸比几乎达到100%，以及在带卷和中厚板生产过程中实现板坯热装。由于取消了加热炉，板坯连铸和热装大幅度降低了能源消耗。

（4）韩国

韩国现在是全球第五大钢铁生产国，积极通过回收设备进行能源回收再利用，用液化天然气发电以及提高副产品和水循环。新一代炼铁工艺也开始产业化，如FINEX熔融还原工艺、薄带连铸计划等。对环境友好的钢材，如汽车钢板、无铬钢板相继扩产。韩国钢铁工业能源消耗占国内整个工业的比例呈逐年下降的趋势。

在韩国诸多钢铁企业中，循环经济和低碳经济发展最好的是浦项制铁公司。FINEX 技术和带钢连铸技术等一系列世界领先的技术就是典型的例子。浦项通过大力回收钢铁生产过程中的废热、废气和余压来减排 CO_2，先后开发出焦炉 CDQ 发电技术、烧结余热回收技术、利用 FINEX 废气发电技术、利用高炉 TRT 能源回收发电技术、转炉煤气回收技术。浦项还通过对原有高炉喷煤装置进行改进，并使用新型磨煤机，使喷煤比提高至 200 kg/t 以上，还原剂比降至 490 kg/t 以下，从而大幅度降低固体燃料消耗，减少了 CO_2 的排放。2006 年浦项开发出在全公司范围内的温室气体管理系统——碳管理系统，通过输入能源、燃料的消耗量，购电量以及产品和副产品的输出量来计算 CO_2 的排放，该系统能够有效地控制钢铁生产过程中 CO_2 的排放。浦项制定了未来技术研发方向：脱碳后高炉炉顶煤气回收技术、用氧进行熔融还原和直接还原技术、CO_2 捕集与封存技术、铁矿石电解技术、氢气利用技术、生物能利用技术等。

（四）水泥行业温室气体减排技术发展趋势

1．水泥行业温室气体排放控制技术现状

经过“十二五”时期的发展，我国水泥工业的工艺和规模结构已经有了很大的改善。新型干法生产线和粉磨企业的大型化促进了能源效率的提高。2013 年，新型干法水泥产量比重占全国水泥总量的 96.2%，立窑等其他工艺水泥产量比重占 3.8%。在实际运营的 1 398 条新型干法生产线中，日产 4 000 t 及以上生产线有 528 条。随着日产 4 000 t 及以上新型干法生产线成为我国水泥生产的主流窑型，并采用先进适用的粉磨技术，我国新型干法水泥生产的能耗接近国际先进水平。

新型干法水泥生产在我国呈现出如下能耗特征：①大型生产线能耗明显低于中小型生产线；②引进生产线技术水平明显高于国产线；③近年来新建生产线熟料烧成技术水平明显高于早先建设的生产线水平；④立磨、辊压机＋球磨机等先进适用技术装备的电耗低于传统球磨机电耗；⑤管理水平较高的企业的技术水平大都高于同类配置生产线水平。

目前新水泥厂多数都采用当前最新的工艺技术，对旧厂在经济可行的情况下

进行节能设备改造，即通过提高水泥厂的热效和电效，利用水泥窑废气余热发电、熟料替代和原料替代等技术来控制温室气体排放，少部分水泥厂采用了替代燃料技术并在逐渐推广，CCS 技术的研究还不明朗。

2. 水泥行业温室气体排放控制技术发展趋势

除采用最佳适用装备和工艺提高能效和减少碳足迹外，也应通过替代原材料和燃料的创新性使用来保护地球资源和减少环境影响。2009 年，CSI 与 IEA 合作出版了水泥技术路线图，提出了影响水泥工业碳减排的四种主要途径，即能效（热效和电效）改进、替代燃料、熟料替代以及 CCS。此外，新型替代水泥也逐渐步入了人们的视线。各种减排途径的减排潜力（图 5-2）：①通过改进热效，可减排 10%的 CO_2；②改进电效也可减少约 10%的间接 CO_2 排放，但在线路图中只考虑了直接排放，没有计算间接排放，其假设到 2050 年时电力排放为碳中性；③使用化石替代燃料和生物质替代燃料可减少 24%的 CO_2 排放；④采用矿渣、粉煤灰、石灰石等替代水泥中的熟料，可减少 10%的 CO_2 排放；⑤CCS 技术如果能在 2030 年以后实现商业应用，可减少 56%的 CO_2 排放；⑥新型替代水泥在 2009 年的线路图中没有考虑。

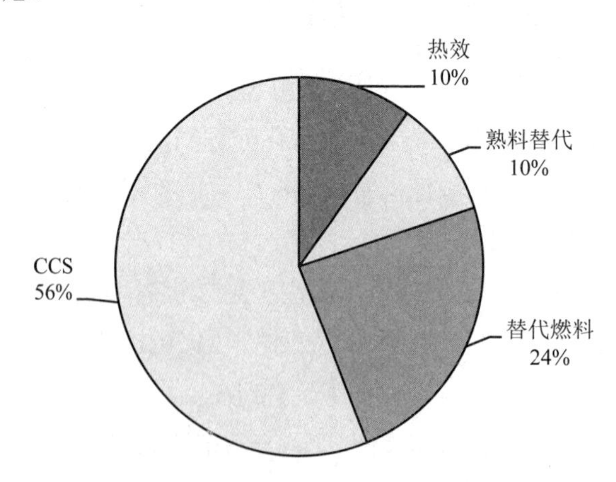

图 5-2　水泥行业各种减排途径的减排潜力（直接排放）

我国是世界上最大的水泥生产国，根据中国水泥协会统计，截至 2015 年年底全国新型干法水泥生产线累计 1 763 条，合计设计熟料产能 18.1 亿 t，实际年熟料产能 20 亿 t，对应水泥产能 33 亿 t。结合国家统计局公布的熟料产量 13.35 亿 t 计算，行业产能利用率为 66.8%，但根据中国水泥协会统计的熟料产量数据计算，实际产能利用率只有 60%。产能过剩已成为行业发展的最大障碍，也是行业总量减排的关键制约因素。

我国通过新型干法窑淘汰立窑、推广纯低温余热发电、增加水泥中混合材掺量、推广节能粉磨和变频调速等技术已明显减少了 CO_2 排放。由于 CCS 和新型替代水泥还没有取得商业成功，理论上要实现进一步的减排只有三种途径：提高能效、替代燃料和熟料替代。目前来看，对于采用最佳适用技术的六级预热器，可能的最低热耗刚刚在 3 000 kJ/kg 熟料之下。德国水泥厂近年来的熟料热耗检测显示，1995 年以来没有进一步的改善，目前的技术水平看不到继续优化的潜力。

根据 CSI 对约占世界水泥总产量 25%的 967 个水泥企业的统计，2013 年全球水泥行业吨熟料热耗为 3 500 MJ，而我国水泥行业吨熟料热耗为 3 270 MJ。在全球范围内，印度基本代表了最先进的热耗水平，其在 2013 年吨熟料热耗仅为 3 040 MJ。2005—2013 年，我国吨熟料热耗较世界平均水平低 5%～6%，但较印度水泥工业的热耗水平却高 7%～10%。水泥工业的单位电耗 2030 年前预期也只能稍有改善，因预见不到低能耗粉磨工艺的出现，而复合水泥（增长趋势）需要更细的粉磨。余热发电节电效果明显，可节省高达 30%的电力需求，但余热发电在我国水泥行业里已是遍地开花，2010 年已占可实施生产线的 71%，一些纯低温余热发电项目不能将水泥工艺与余热发电真正地结合起来，导致煤耗、电耗升高，熟料产量下降。综合来看，通过改进能效进行减排的潜力已很有限。

减少熟料系数可有效减少 CO_2 排放，但因混合材掺量高的水泥早期强度偏低，影响其使用范围和混凝土质量。在世界五大水泥公司中，熟料系数的减少已表现出停滞或上升趋势。我国的熟料系数 2013 年为 57%，远低于世界平均值 74.7%，是否还有减排空间取决于混合和复合水泥的市场前景和混合材的可用量。

水泥厂中使用替代燃料是一种有效减少 CO_2 排放的方法。在不考虑 CCS 和新型替代水泥的情况下，理论上使用替代燃料的减排潜力占总减排潜力（直接排放）的 50%以上。2010 年欧洲替代燃料的使用率约为 30.6%，德国约为 60%。国外在利用替代燃料时，一般都是由燃料制备公司先将废料制备成替代燃料，这些替代燃料热值高、质量稳定、供应量大。我国目前还没有形成替代燃料制备体系，少数水泥窑协同处置废物并没有转到真正的替代燃料上来。制约替代燃料技术在我国发展的因素很多，包括政策、法规、标准、融资、技术设施、使用经验、废弃物管理体系、社会接受度等。

提高替代燃料在水泥窑中的使用率，是影响水泥工业减排效率的关键因素。在将工作重心转移到替代燃料上来的同时，要加强低能耗、低排放新型替代水泥，富氧燃烧技术，CCUS 等高新技术的研究，以抢占技术制高点；要深入研究影响水泥性能的各种因素，切实提高水泥质量，调整水泥产品结构，大力发展高性能水泥生产，在满足绿色高性能混凝土要求的前提下，尽量减少混凝土中的水泥用量；采用最佳适用技术，不断提高工艺技术和管理水平。

（五）电解铝行业温室气体减排技术发展趋势

1．电解铝行业温室气体排放控制技术现状

在技术装备上，我国率先淘汰了高污染高耗能的自焙铝电解槽技术，新建及改造生产线全部采用 400 kA 大型预焙铝电解槽，400～500 kA 槽型的生产线已成为电解铝行业的主流槽型，全球首条全系列 600 kA 铝电解槽研制成功，具有很高的自主创新和产业化应用能力。产业集中度不断提高，2014 年产量前十位的铝业集团及大企业占总产量的 63.8%。400 kA 及以上槽型能力占 50%，远远高于世界平均水平。

此外，煤—电—铝及氧化铝、煤—电—铝—铝加工等产业链完整的企业正在快速成长，正在引领世界铝工业的发展方向。总体来说，当前，中国电解铝工业整体技术装备水平已达到国家先进水平，单位产品能耗比国外平均能耗要低 1 000 kW·h 以上，因此间接排放温室气体要比国际平均水平低。但是，由于我国电解铝生产主要采用国产氧化铝为原料，受资源条件的制约，氧化铝质量较差且不稳定，加上对炭素阳极质量控制不严，因此直接排放的 PFC 较多。有关资料显示，2008 年比国外平均水平高 0.44 tCO_2 当量/t-Al，2009 年高 0.43 tCO_2 当量/t-Al，差距在缩小。总之，中国电解铝行业单位产品温室气体总排放量（直接+间接）同国际水平基本相当，或者略低于国际平均水平。

我国电解铝的整体技术与装备已实现了出口，具备占领国际市场特别是发展中国家市场的能力。2005 年贵阳铝镁设计研究院作为技术供应方率先走出国门，在印度 BALCO 电解铝厂 25 万 t 工程设计建造的 288 台 320 kA 大型预焙铝电解槽系列正式投产，标志着我国电解铝工艺装备技术成功进军国际市场，打破了西方发达国家长期垄断国际铝电解技术市场的格局。随后，我国还向哈萨克斯坦、阿塞拜疆、马来西亚、土耳其等提供了电解铝技术与成套装备。

2. 电解铝行业温室气体排放控制技术发展趋势

（1）CO_2 减排技术：阳极消耗排放的 CO_2 主要由阳极化学反应产生，可通过提高阳极质量、改善阳极反应性能来减少阳极消耗产生的 CO_2。国家级科技成果"铝电解用优质炭阳极生产关键技术"在减少阳极消耗和 CO_2 排放方面起到了明显的作用，目前得到了大范围推广应用。其他技术如船形阳极技术、开槽阳极技术、阳极表面封孔技术、阳极表面镀膜技术也有利于减少阳极消耗导致的 CO_2 排放。

（2）PFC 减排技术：现阶段以自动熄灭阳极效应技术和无效应铝电解生产工艺技术最有推广潜力。其中，自动熄灭阳极效应技术可通过大大缩短阳极效应持续时间降低 PFC 排放。此技术目前处于考核评估阶段，主要问题是与中国电解槽控制系统的兼容性需要进一步改善。无效应铝电解生产工艺技术的核心控制技术是"窄氧化铝浓度控制""dR/dt 控制"[①]和"最优化分子比控制"。在中国铝业公司全面推广应用后，达到了平均阳极效应持续时间从 2.7 min 下降到 1.8 min 以内的目标。非阳极效应 PFC 控制技术仍在研究阶段。其他技术如定值下料控制技术、物料平衡控制技术、磁场稳定化技术等也有利于电解槽的稳定运行，对减少低浓度连续 PFC 排放有一定的效果。

（3）节能技术：自低温低电压铝电解新技术路线实施方案确定并开始进行工业试验以来，云南铝业公司与中南大学等共同研发成功了"大型曲面阴极高能效铝电解槽技术"，目前已在 150 多台电解槽上实现了产业化示范及吨铝直流电耗 12 178 kW·h 的技术指标，同比降低了 1 000 kW·h 左右。此外，河南中孚实业公司与东北大学等共同集成创新的"新型阴极结构铝电解槽"已在中孚 78 台 400 kA

① dR/dt 是槽电阻随时间的变化速率，它的大小反映了槽电阻随氧化铝浓度变化速率 dR/dc 的大小。由于氧化铝浓度目前无法在线检测，"dR/dt 控制"即是利用实时采集生产过程中的信号，通过 dR/dt 来跟踪判断氧化铝浓度 c，实现浓度工作区的最佳浓度控制。

铝电解槽上实现产业化应用，实现了吨铝直流电耗 11 920 kW·h 的国际领先指标。

（4）提高原辅材料质量：通过对我国电解铝生产存在非阳极效应 PFC 排放的现象进行深入分析和比较发现，使用的原辅材料特别是氧化铝、炭素阳极和氟化盐的质量对其有巨大的影响。通常情况下使用高质量的炭阳极对减少非阳极效应产生的 PFC 有显著影响；其次是使用高质量的砂状氧化铝，特别是进口氧化铝；使用高质量的干法生产的氟化盐影响相对较小。因此，大幅度提高原辅材料质量标准，严格控制产品质量是尽可能减少非阳极效应 PFC 排放的关键。

（六）汽车交通行业温室气体减排技术发展趋势

1. 汽车交通行业温室气体排放控制技术现状

我国汽车工业的温室气体减排需要开源和节流并举的双重战略，一方面应全面提升传统汽车技术水平，提高汽车的燃油经济性水平，解决近中期的能源和环境问题；另一方面应大力推进能源动力系统的转型，从根本上降低对石油资源的消耗量。

我国现阶段汽车交通行业节能减排技术与世界先进水平存在一定差距，且对外依赖度较大。单车燃料经济性水平距国际先进水平仍有很大差距，乘用车销售量加权平均燃料消耗量比国际先进水平高 20%。内燃机技术方面，我国内燃机节能核心技术缺失，节能汽车产品比例低，目前批量装车的产品（系统）仍然需要依赖引进；传动与驱动技术方面，我国汽车变速器行业的主导产品几乎都是引进产品，大多处于国外 20 世纪 80 年代初期的先进水平；车身轻量化技术方面，目前国内自主品牌乘用车自重较国外同类车高 8%～10%，均与世界水平有一定差距。

在新能源汽车方面，我国替代能源与新能源汽车技术发展良好，混合动力汽车技术不断提高，轻度混合动力汽车实现小批量生产。因此，我国发展新能源汽车已具备一定基础，初步形成了新能源汽车的开发和产业化能力。在公共服务和私人消费领域已开展多种模式的示范试点运行，新能源汽车市场培育启动。

2. 汽车交通行业温室气体排放控制技术发展趋势

根据各种汽车节能技术的节能潜力、技术成熟度和成本，近期鼓励发展以高效内燃机、高效传动与驱动、整车设计与优化、材料轻量化与结构轻量化、普通混合动力等先进节能技术为基础的节能汽车，大力培育新能源汽车产业，发展以动力电池、驱动电机、电控技术为基础的插电式混合动力汽车和纯电动汽车，积极开展燃料电池汽车技术研发；中期持续提升节能汽车技术水平，形成技术先进、具有国际竞争力的完整新能源汽车产业；远期实现能源动力系统转型，新能源汽车产业成为我国汽车产业的主体。

专题：我国汽车低碳化技术发展和应用情况简介

（1）内燃机动力技术

①高效内燃机技术

汽车对能源的消耗是通过发动机消耗燃油产生动力而发生的。汽车节能最直接的手段就是提高发动机对燃油利用的效率，同时进一步降低发动机的机械损失。由于今后数十年内人类将不得不继续主要依赖油气资源来驱动汽车，提高燃油发动机效率以降低油耗是汽车节能最直接、最现实、最成熟、最不可忽视的手段。

在各种强制性能耗标准和排放标准的制约下，我国各种高效内燃机技术的推广应用取得了突飞猛进的发展。目前国内乘用车市场以汽油车为主，广泛采用了电子控制燃油喷射、三元催化转换器、多气门等技术，可变进气系统（包括可变气门正时、可变气门升程及可变进气管长度）和涡轮增压技术也得到了一定程度的应用。新技术的采用使国内轿车发动机的功率较 20 世纪末提高了 25%~35%，大部分轻型汽油车已达到国Ⅳ排放标准。但总体来说，国内传统高效内燃机技术对外依赖度较大，节能核心技术缺失，节能汽车产品比例低，目前批量装车的产品（系统）仍然需要依赖引进，或由合资企业提供，实现自主发展还有相当长的路要走。

多气门技术是指发动机每一个气缸的气门数目超过两个，其中以四气门，即两个进气门和两个排气门最为普遍（图 5-3）。我国从制定乘用车燃料消耗量限值标准以来的几年间，采用两气门技术的车型所占比例从 38.6%下降至 15%，主要是 20 世纪 80 年代引进的中小排量的车型和 90 年代国内自主研发的微型车。而采用四气门技术的车型比例从2002年的 57.2%增加至 80.4%，成为乘用车发动机的主流技术。此外，采用五气门技术的车型所占比例也从 2.5%增加至 4.6%。

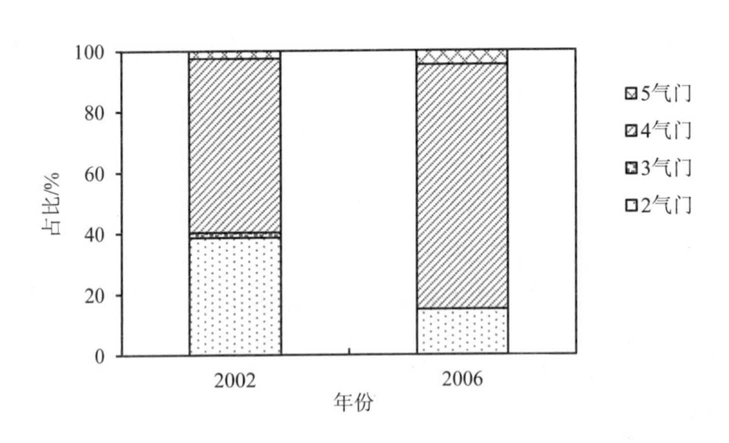

图 5-3　我国乘用车气门数量统计

可变气门技术包括可变气门正时（Variable Valve Timing，VVT）技术和可变气门升程技术。发动机采用可变气门技术可以提高进气充量，使充量系数增加，发动机的扭矩和功率可以得到进一步的提高。进气可变气门正时技术可实现降低整车油耗 5%左右，排气 VVT 技术可降低油耗 1%～2%。国外汽车企业的汽油机多采用进气和排气双向 VVT，而国内多采用进气 VVT，其车型仅占 30%，具有很大的推广空间。

汽油机缸内直喷技术是将燃油喷嘴喷油器安装于气缸内，以压力较高的燃油直接喷入气缸内与进气混合，让燃油和空气能够在整个气缸内进行均匀的混合，从而实现燃油的充分燃烧，可显著提高燃油经济性和降低排放。应用缸内直接喷射技术汽油机的汽车其平均油耗比常规电喷汽油车提高 10%～20%。近年来，国内已有很多高校和企业在直接喷射汽油机方面做了一定的研究工作，上海大众、神龙汽车等汽车公司在最近推出的某些车型，如奥迪、迈腾上装配了缸内直接喷射汽油发动机。目前，我国发展汽油机缸内直喷技术主要存在两大难题：一是油品质量不能满足要求，需要提高国家燃油标准，并对炼油工业投入资金进行升级改造；二是采用缸内直喷技术所需要的一些关键零部件配套跟不上，如油泵、喷油器等一直受外方控制。但是，随着汽车国Ⅲ、国Ⅳ排放标准的强制实施，以上两大难题正在逐步解决，因此，未来 3～5 年内加快发展汽油机缸内直喷技术是可行的。

增压技术是将空气预先压缩后再供入气缸，以提高空气密度、增加进气量，提高了整车的燃油经济性。目前柴油机已广泛采用涡轮增压实现稀薄燃烧，由于汽油机增压成本较高，国内采用增压技术的车型主要集中在上海大众、一汽大众等有限中高档发动机上，应用车型受到成本限制还不普遍。目前欧洲已将增压技术作为实现 CO_2 140 g/km 排放目标的必选技术之一。

柴油机电控燃油喷射技术是提高缸内燃烧效率、降低柴油机排放的重要手段，能够兼顾柴油机燃油经济性提高和排放性能优化。电控燃油喷射系统主要有电控共轨、电控单体泵、电控泵喷嘴三种技术，电控单体泵主要在中重型柴油机上应用，泵喷嘴技术在轿车和商用柴油车上应用，共轨技术则适用范围较广，在轿车、轻型商用车、中重型商用车上均有应用，起步较晚但发展很快。针对同等排放水平的发动机，电控喷射技术较机械燃油喷射技术的燃油经济性提高 5%左右。

怠速启停是在传统内燃机启动系统的基础上，采用增强型启动电机，或者使用启动-发电一体机等技术，在车辆暂停行驶的过程中，如遇到红灯或堵车，车速低于 3 km/h 时，发动机将自动熄火；当驾驶员重新踏下离合器、油门踏板或松抬刹车的瞬间，启动机将快速启动发动机，降低了油耗和排放。目前可以应用的技术包括皮带式启动机-发电机（BSG）技术和集成式启动机-发电机（ISG）技术。中国的乘用车怠速启停 BSG 系统安装强制法规已被提上日程。

由于轿车柴油机的技术含量高，制造加工精度要求高，加上我国汽柴油的结构特点，目前轿车柴油机在我国的应用还不够广泛，市场上已推广销售的柴油轿车仅包括一汽捷达、宝来柴油、奥迪 A6 柴油轿车。随着燃油限值标准的不断加严，国内很多企业都已经认识到轿车柴油机的优点，并在积极进行乘用车柴油机的研发，如一汽集团、玉柴机器、云内动力、长城汽车、华泰汽车等，都相继推出了自己的乘用车柴油机。目前国内柴油机高速直喷、增压及增压中冷、废气再循环等技术已经得到开发和逐步应用，而高压共轨、排气后处理等世界先进技术则处于起步阶段。大力推动柴油车技术的开发和应用，全面采用涡轮增压（中冷）技术，并提高增压技术水平；推进电控高压喷射技术的研发和应用，以改善使用油耗和排放性能；加快电控喷射系统的硬件和控制、标定技术的自主开发生产能力是保持我国柴油机技术持续发展的重要条件。

②先进传动与驱动技术

我国当前的变速器自主生产以手动变速器为主。据2013年版《中国汽车工业年鉴》，共统计27个变速器生产企业2012年的产销数据，其中产销量10万台以上的有13家，产销量5万~10万台的有5家。我国汽车变速器行业主导产品几乎都是引进产品，大多处于国外20世纪80年代初期的先进水平，部分随整车同步引进的轿车变速器与当期世界先进水平同步。

我国手动变速器的产业基础相对自动变速器要好，从5 MT升级到6 MT的技术难度较低，成本上升幅度不大。一些企业已经率先推出了6 MT的新车型。如2007年11月，搭载6挡手动变速器、2.0L SVT全铝合金发动机，奔腾6 MT轿车上市，该车0~100 km/h加速时间仅为10.3 s，在同级车中是出类拔萃的，90 km/h等速油耗仅为6.0 L/100 km，明显低于同类其他车型。2008年4月，新上市的中华酷宝1.8T 6 MT，搭载的6挡手动变速器，是华晨汽车与德国变速器制造商格特拉克集团合作研发的，华晨汽车拥有从整车到核心零部件的关键技术专利。这款6 MT变速器将不会仅用于华晨的轿跑车产品，经调试后还将装备在骏捷和尊驰上。

自动变速器领域由于技术、市场、产业投资规模等多种综合因素的影响，国内汽车自动变速器的研究主要集中在AMT（自动变速器）和CVT（无级变速器）方面。AMT目前有上海采埃孚变速器有限公司、上海通用汽车有限公司、东风本田发动机有限公司、天津艾达自动变速器有限公司、北京现代摩比斯汽车零部件有限公司等几个合资企业利用德国ZF、美国通用、日本本田、日本Aisin-AW、韩国摩比斯成熟技术在国内制造。吉利集团历经三年时间，于2005年成功研发出了第一款AMT，目前已批量匹配自由舰、金刚、熊猫等车型。吉利的产品研发方向为电控化、多速比、大扭矩、NVH及轻量化。同时，中国其他汽车公司也正在加速AMT技术的研发，其中包括6AT。

与国外比较，国内CVT的研究起步较晚，从“九五”开始进行研究，基本上集中在金属带式CVT领域，处于样机鉴定、装车试用阶段，关键零件金属带均从荷兰进口，借鉴了部分国外成熟的技术和成功的经验，CVT样机性能指标接近国外水平，基本具备了产业化基础。新近推出的压力钢带式CVT车型包括东风日产逍客、道奇酷博、本田思域混合动力、奔驰B级车、海马欢动和三菱欧蓝德等。

③整车设计与优化技术

汽车的燃油经济性主要受到汽车行驶时遇到的阻力和发动机的有效油耗的影响。只有这两个因素降低，才能减少汽车的耗油量，提高燃油经济性。而汽车阻力主要为空气阻力和滚动阻力，因此通过整车设计与优化技术降低车辆的空气阻力和滚动阻力，对于汽车燃油消耗的降低具有重要作用。

气动空气阻力优化通过降低车辆的空气阻力和滚动阻力，对于汽车燃油消耗的降低具有重要作用。国外多年的试验研究认为，如果气动阻力系数值减少 15%，燃油消耗可降低 6%。气动阻力系数的减少可以通过整车的风洞试验研究，使汽车外形接近最优化。此外，对现有的车辆，也可以通过增加附加装置的方法，如加前阻风板，加篷和导流罩等空气附加装置减小气动阻力，达到节油的目的。

低能耗车轮是降低车辆滚动阻力系数的重要途径。据测定，轮胎滚动阻力每降低 7%便可使汽车燃油消耗降低 1%，同时也可大幅降低 CO_2 的排放量。因此，通过降低轮胎滚动阻力来推动汽车节能减排是必需的。降低轮胎滚动阻力可以从两方面入手：一是改善轮胎结构，包括子午化、扁平化和无内胎化等；二是用低内耗、低生热的新型原材料制造轮胎。以子午线轮胎为例，其胎体呈子午线方向排列，并有呈周向排列的带束层，相比斜交轮胎，滚动阻力减少 35%～50%，节油 5%以上，尤其在高速行驶时两者差别很大，节能减排效果显著。

目前中国汽车工业飞速发展，轿车整车的气动阻力系数（CD）在 0.30～0.35，与世界水平的 0.27～0.32 还是有一定的差距，轻型客车、大客车、轻型商用卡车、重型商用卡车的气动阻力系数也普遍高于世界水平。从节能的角度来说，降低气动阻力系数是节约能源消耗的有效手段。

在汽车质量不变的情况下，影响汽车滚动阻力的主要因素是滚动阻力系数，而影响滚动阻力系数的主要是路面状况和轮胎。使用子午线轮胎是降低滚动阻力系数的重要途径。在我国，低滚阻轮胎仍处于逐步取代斜交胎的发展期。技术水平不高、低滚阻水平较低、产业结构不合理依然是现阶段我国轮胎工业的特点。我国由于材料强度的差异，车轮厂在进行生产控制时一般采取的对策是加厚原材料的方法来达到相同的疲劳寿命要求，结果同规格的一只 22.5×8.25 车轮重量要比法国米其林车轮重 3 kg，重型车车轮的平均重量要比美国重 10 kg。

2012 年，我国车轮总产量达到 1.4 亿件，其中铝轮 10 500 万件，钢轮 3 700 万件。2014 年，我国轮胎总产量为 11.2 亿条，其中子午线轮胎为 6.3 亿条，占总产量的 56.3%。我国目前有轮胎生产企业 250 多家，其中生产能力在 10 万条的小企业至少有上百家。要推动低能耗车轮和低滚动阻力轮胎的使用，进行企业结构调整非常必要。如果通过标准法规将新增车轮都使用低能耗车轮，节能效果将非常明显。

④车身轻量化技术

目前国内自主品牌乘用车自重较国外同类车高 8%~10%。

20 世纪 90 年代生产的国产轿车，单车用铝量一般在 40~80 kg，国内自主车型已大批量应用的铝合金零件有车轮、气门室罩盖等，铝合金零件基本国产化。近年推出的新车型，铝零件的质量基本都在 100 kg 以上（如东风日产蓝鸟、颐达、一汽奥迪 A6L 等），但国产化率低。发动机铝合金缸体压铸近年发展迅猛，合资车型的部分发动机缸体、变速箱壳体、离合器壳体等零件也采用铸造铝合金制造，一汽集团、广州东风本田发动机公司、重庆长安汽车集团、长安铃木汽车公司等都有全铝缸体用于批量车型或正处于试验开发阶段。

国内汽车上应用的镁合金零件主要以铸造镁合金为主，典型应用的零件有方向盘骨架、座椅骨架等，并且应用范围还相当有限。与国外广泛应用于仪表盘骨架、横梁、门内板、行李箱盖、进气歧管等还存在相当大的差距。变形镁合金的应用基本处于空白状态。不可否认的是，变形镁合金在车身组件（车门、行李箱、发动机罩等）上的应用还具有相当大的潜力。

目前国产轿车塑料的单车用量 50~110 kg，无论从单车用量、应用品种还是塑料制件的生产技术上来看，均已基本达到引进国外同类产品的技术水平。在重型载货汽车中，所使用类型和品种与国外基本相同。国产轻、中型载货车塑料用量为 40~50 kg，重型载货车可达 80~150 kg。例如，斯太尔 1491 型车塑料件使用量为 82.25 kg，斯太尔王为 120.5 kg，相当于国际 20 世纪 80 年代初中期水平，塑料件占汽车自重的 7%~10%，而德国、美国、日本等国则达到了 10%~20%，差距明显。

对于复合材料，目前中国已有了具有自主知识产权的 GMT、LFT-G 和 LFT-D 产品，并形成了一定的生产能力，但在产品的质量和品种门类上与世界先进水平还有相当大的距离，在已知的国产汽车中LFT零件原材料供应90%以上是从欧、美、韩等国引进，另外LFT零件应用主要还是集中在从欧、美、韩等国引进的车型中，这对于中国的汽车复合材料行业来说无疑既是挑战也是机遇。

（2）替代能源动力技术

①天然气汽车

天然气作为车用燃料的研究在我国有较长历史，通过国家“清洁汽车行动”等专项计划的支持，天然气汽车整车、发动机、关键零部件技术得到长足发展，加气站设备已实现国产化。目前天然气汽车在我国已进入产业化快速发展阶段。

国内主要发动机生产企业均在进行第三代天然气发动机研发，替换技术水平较低的机械式发动机。目前已实现了第三代电喷CNG（压缩天然气）发动机批量生产和应用。在满足客户动力性要求的前提下，还可以根据天然气气质不同、使用车辆不同、城市路况不同，进行适应性开发，开发更大马力和更高排放标准的产品，并且能够与国内公交车辆实现全面匹配。

截至目前，国内主要企业完成了电控单燃料大型公交车用CNG发动机的研究开发与产业化。例如，上海柴油机股份有限公司开发出了SC8DT250Q3、SC8DT230Q3天然气发动机，该款发动机采用稀薄混合OTTO循环燃烧方式，增加了尾气后处理装置，动力性与同排量柴油机相当，排放满足国Ⅲ标准。一汽集团公司技术中心开发出了排放满足国Ⅲ标准的CA6SE1天然气发动机，实现了与五种公交车和两种运煤卡车的匹配，已具备批量生产能力。通过成本控制，SC8DT250Q3、SC8DT230Q3和CA6SE1天然气发动机的价格仅为进口产品的一半左右。此外，东风汽车公司开发出满足国Ⅲ/Ⅳ标准的EQDN系列CNG/LNG发动机，已装在八种不同用途卡车和十多种客车上批量生产，行销国内外。

②液化石油气汽车

液化石油气（LPG）汽车在我国曾经历了快速发展的阶段，一度形成以东北地区、长三角地区和珠三角地区为重点的市场推广格局，相应的产品管理制度和政策标准体系也基本建立。LPG汽车在我国的研发和推广的历程有如下特点:

- LPG发动机技术不断提高，目前进入第三代

在国家科技计划的支持和带动下，我国部分发动机和整车企业开展了第三代LPG汽车的研发。第三代电控喷射技术与汽油电控喷射技术一样，能实现空燃比、

点火正时、怠速及爆震等方面的控制，并辅助以废气再循环，加上三效催化净化装置，排放水平完全可以达到欧III、欧IV的标准。如东风朝阳柴油机有限责任公司以CY6102BZ柴油机为基础，采用了多点顺序喷射、理论空燃比与稀薄燃烧相结合、智能控制的技术方案，成功开发出了排放满足国III标准且具有较高燃烧效率的CY6102LPG发动机。

- LPG汽车示范推广取得大量经验

自“清洁汽车行动”实施以来，北京、上海、东北地区、广州先后成为LPG汽车示范推广的排头兵，无论是在示范推广的组织体系建设、鼓励政策的研究制定，还是在推广模式上都为其他城市（地区）发展LPG汽车提供了大量经验。在组织LPG汽车示范推广的同时，为加快新技术的市场导入，国家组织开展了单一燃料LPG公交车的示范工程，对进一步改进提高车辆技术、积累完善运营管理经验起到了积极促进的作用。例如，“十五”期间，科学技术部组织开展了广州和哈尔滨两个单一燃料LPG公交车示范工程，车辆总规模达到200辆，示范车辆排放达到国II标准，并完成了八个月以上的安全运行；完成了汽车加气配套基础设施建设，国产加气设备的比例达到80%以上；实现了燃料的稳定供应，并对气质进行了有效监控；建立了完善的在用车排放监控制度并有效实施；形成了官、产、学、研相结合的单一燃料LPG公交车研制开发、应用与管理体系。

其中，广州市电车公司与广西玉柴机器有限公司等单位合作，研制开发和生产了100辆符合国II排放标准的宇通ZK6118HGA型LPG单一燃料公交车，并于2005年5月投入示范运行，到课题验收时累计安全运行20个月。通过示范运行考核，对车辆技术进行了改进，并取得了实质性的效果：对玉柴yc6112zlq发动机出现的活塞“烧顶”问题进行了技术攻关，提出了整改措施；开发出具有温度修正及自动学习功能的新控制程序，进一步提高了玉柴yc6112zlq发动机的性能；针对玉柴yc6112zlq发动机较突出的主要故障，寻找专门的维修对策，解决了点火模块、点火线圈、喘震阀的故障问题；开发出了电子油门踏板、点火线圈、火花塞、点火线圈绝缘套、喘震阀、点火模块六种国产化零部件，加快了进口零配件的国产化。通过大量的技术攻关和持续技术改进，yc6112zlq发动机已达到同型柴油机的功率输出水平，燃料经济性和可靠性明显提高。

哈尔滨市选择了一汽 CA6102 电子控制多点喷射、潍柴道依茨 226B 柴油机改制的电子控制单点喷射、朝柴 6102 柴油机改制的电子控制单点喷射，三种排放达到国Ⅱ标准以上的国产 LPG 单燃料发动机作为示范车队的实验机型，组建了两支共计 100 辆的公交示范车队，制定了减免线路有偿使用费的扶持政策，示范车辆运行时间达到八个月以上。通过示范运行考核，不断进行技术攻关与改进，取得了一批技术成果：开发出了冷启动预热装置，成功解决了 LPG 单燃料车冬季冷启动问题，取得良好的效果；采用改变 LPG 中丙烷组分保证 LPG 气瓶内工作压力的方法，解决了钢瓶不设燃料泵也能保证其电喷发动机工作的技术难题，降低了公交车的使用、维修成本，增加了可靠性，也为建立 LPG 燃料调配站奠定了基础。示范运行试验结果表明：由汽油机改制的 LPG 单一燃料发动机比汽油、LPG 两用燃料发动机功率可提高 10%，燃料消耗率降低 5%；由柴油机改制的 LPG 单一燃料发动机在与柴油机功率基本持平的情况下，燃气消耗率比汽油、LPG 两用燃料发动机降低 5%；单一燃料 LPG 公交车运行安全、可靠，具有良好的经济和环保效益。

● 众多障碍导致 LPG 汽车发展受阻

尽管我国在 LPG 汽车技术开发和示范推广方面取得了较大进展，但近年来由于各种不利因素的影响，使我国 LPG 汽车的市场推广遇到较大的困难，在部分地区出现了推广工作停滞不前、市场保有量不断萎缩的局面。

③乙醇燃料汽车

从 20 世纪 80 年代起我国开始进行不同比例乙醇汽油的应用研究。2001 年开始，全国部分省份开始进行低比例乙醇汽油的试点推广，近年来试点省市呈增加趋势。根据国家发展燃料乙醇“不与民争粮，不与粮争地”的原则，近期非粮原料如木薯、纤维素等乙醇的生产开始得到大力推动。

我国早期的燃料乙醇以玉米、小麦等粮食作物为原料，但是根据我国乃至世界发展非粮乙醇的趋势，近年来以木薯、红薯、甜高粱、纤维素为原料的乙醇生产备受关注，项目投资不断增加。其中，如河南天冠、山东泽生、淮北中润等公司已实现纤维素乙醇（第二代生物燃料）的小批量生产。

④生物柴油汽车

生物柴油产业在“十五”期间起步，主要是一批民营企业通过收集利用餐饮废油、野生油料植物果实等废弃动植物油脂原料生产生物柴油，但没有进入车用成品油的主要流通使用体系，而是分散用作农业和工程机械燃料。“十一五”以来，生物柴油产业呈加速发展态势，一大批企业建设了数万吨级生物柴油项目，除了利用餐饮废油等原料，还启动建设了小桐子、黄连木等油料植物种植基地。

根据全国生物柴油行业协作组的统计，2015 年全国有规模的生物柴油企业（指年产量能达到 5 000 t 以上）有 46 家，2014 年还在进行生产的有 38 家。这些企业规划的产能超过 200 万 t，而 2014 年实际上报的产量是 88 万 t。受生产项目规模、废油资源收集利用量、油料植物种植基地建设进度的限制，目前只有少数企业实现规模化持续生产。

生物柴油原料资源基础仍然薄弱。目前，国内生物柴油的原料几乎全是餐饮废油，真正能满足车用要求的生物柴油比例很低（10%～15%）。生物柴油产业技术水平亟待提高。

为提高生物柴油产业发展水平，国家发展和改革委员会 2006 年组织实施的“生物质工程高技术产业化专项”重点支持了一批以木本油料及废油脂为原料的生物柴油产业化示范项目。2007 年年初，中石油和中粮公司分别与国家林业局就“发展林业生物质能源”签署了合作框架协议，正式启动了生物能源基地林建设，确定了云南、四川、湖南、安徽、河北、陕西五个基地，计划在 15 年内种植 2 亿亩能源林。2007 年，国家发展和改革委员会批准了三大石油公司的三个小油桐生物柴油产业化示范项目，包括中石油南充炼油化工总厂年产 6 万 t 生物柴油项目、中石化贵州分公司年产 5 万 t 生物柴油项目和中海油海南年产 6 万 t 生物柴油项目。

（3）混合动力驱动技术

我国混合动力汽车技术不断提高，轻度混合动力汽车实现小批量生产。长安、奇瑞、一汽、上汽、东风等我国大多数汽车企业纷纷加快混合动力汽车关键技术的研发，开展了整车优化设计、动力系统集成匹配、电动化底盘技术开发、整车控制策略优化以及车辆批量化生产技术的研究，初步掌握了混合动力电动汽车机电耦合最佳方案的优化、动力系统技术平台工程化集成设计、怠速启停与加速助力技术、制动能量回馈技术、变速箱匹配设计和优化、整车控制系统开发技术、车辆生产制造工艺和技术等混合动力汽车关键技术。自主开发了 BSG 类弱混、ISG 类中混及强混合动力轿车和串联式、并联式混合动力城市客车，依据不同混合度方案，实际路况运行节油 10%～40%。微混带有 BSG 系统（代表车型奔驰 Smart、奇瑞 A5 BSG、奔腾 B50 HEV），节油 10%；轻混采用 ISG 系统（途锐 HEV、思域 HEV），能够节油 20%；全混（代表车型凯迪拉克凯雷德 HEV、宝马 X6 HEV、奔驰 S400 HEV）采用 272 ~ 650 V 的高压启动电机，通过车载电池供电，能够实现节油 40%左右。但是，混合动力的成本随着节油程度的上升而大大提高，如普锐斯节油 7% ~ 18%需加增 2 000 ~ 3 000 美元的成本。

目前，已有 40 多款混合动力汽车获得国家机动车新产品公告。其中，长安杰勋中混混合动力轿车、奇瑞 A5 系列弱混/中混混合动力轿车已进入小批量生产阶段。东风电动、深圳五洲龙、中通客车、南车时代、一汽集团开发的串联式和并联式混合动力城市客车，分别在北京、武汉、深圳、长沙、济南等城市开展了不同规模的示范运行，部分单车运行里程超过 20 万 km，节油效果和可靠性得到了市场的初步检验。如东风电动混合动力客车在武汉 510 公交线上运行，经统计平均油耗为 31.88 L/100 km，节油率为 24%，平均故障间隔里程超过 3 800 km。

（4）纯电驱动系统

我国发展新能源汽车已具备一定基础，初步形成了新能源汽车的开发和产业化能力。目前，基本建立了官、产、学、研相结合的自主研发模式，新能源汽车整车和关键零部件核心技术取得重要进展，新能源汽车技术指标达到国际先进水平，特别是能量型动力电池的综合性能已达到国际先进水平，形成了整车研发和小批量生产能力，动力电池自动化、批量化生产开始起步。在公共服务和私人消费领域已开展多种模式的示范试点运行，新能源汽车市场培育启动。

哈飞、天津清源公司合作开发的锂离子电池纯电动乘用车，最高车速达 120 km/h 以上，0 ~ 50 km/h 加速时间 8.23 s，能量消耗率 16.5 kW·h/100 km，续驶里程达到 180 km，已小批量出口美国。清华大学自主研制的采用新型四轮智能驱动技术和高性能锂离子电池的纯电动微型轿车，最高车速 65 km/h，0 ~ 30 km/h 加速时间 4.5 s，百公里能耗 5 kW·h，续驶里程大于 120 km，已实现小批量生产和示范应用。比亚迪公司研制生产的 F3DM 是国内首款正式上市销售的使用磷酸铁锂电池的插入式（plug-in）电动汽车，最大输出功率为 125 kW，0 ~ 100 km/h 加速时间为 10.5 s，最高时速为 150 km 以上，在纯电动模式下等速工况续驶里程达到 100 km，已小批量投放市场进行商业示范运行。北京京华客车公司、北京理工大学联合研制的纯电动客车，能量消耗率在“十五”基础上提高6%左右，达到83.8 kW·h /100 km，并在国际上率先使用大容量锂离子动力蓄电池，成功在奥运期间进行了小规模应用，代表了当代国际纯电动大客车的先进水平。另外，我国东风、一汽、上汽、长安、奇瑞、长城等汽车公司近来纷纷涉足纯电动和 plug-in 电动轿车的研发，并相继推出了一批整车样车，进入产业化准备阶段，在未来2～3年内将陆续投放市场。

我国燃料电池汽车开发采用独具特色的能量混合型和功率混合型两种燃料电池混合动力系统，具有电-电混合、平台结构、模块集成的技术特征，燃料经济性优异。北汽福田、清华大学合作开发的第三代燃料电池城市客车，系统更加优化，制动能量回馈等混合动力功能得到加强，氢燃料消耗量由≤9.3 kg/100 km降到≤8.5 kg/100 km，在车辆性能和配置基本相当的情况下，生产成本低于国际公司。由上海大众、上燃动力开发的新一代燃料电池轿车动力平台将整车控制器、电机控制器、燃料电池 DC/DC、电池管理系统等集中到集成式动力系统控制单元内，进一步提高了燃料电池轿车技术水平和产品化程度。其中，DC/DC 功率提高10%、单位功率体积减小30%；电机控制器（DC/AC）功率提高35%、单位功率体积减小19%。清华大学和同济大学牵头研制的20余辆燃料电池客车和轿车在北京、上海等地开展了示范考核运行。由于目前燃料电池系统零部件的费用较高，Pt/C 电催化剂、质子交换膜、炭纸和双极板也比较昂贵，目前燃料电池汽车的成本仍是传统汽车的十几倍到几十倍。预计在近中期（2020年以前）燃料电池研究开发的重点仍然是降低成本，提高燃料电池系统功率密度、工作寿命、可靠性和环境适应性，仍将较长时间处于规模化示范运行阶段。

（七）建筑使用行业温室气体减排技术发展趋势

1. 建筑使用行业温室气体排放控制技术现状

2010年我国单位建筑面积碳排放强度为30.4 kg/m^2，为美国的1/3，也远低于发达国家。但根据发达国家经济发展的历史经验来看，随着经济水平的发展，建筑使用行业能耗和碳排放占全社会能耗和碳排放的比例会进一步增加。目前美国建筑能耗和碳排放均占全国总能耗和总排放的40%左右。随着我国经济的发展、人们生活水平的提高，会对建筑面积和生活质量的要求更高。我国不能走美国等高生活质量、高能耗、高排放的老路，必须探索一条适合我国国情的节能低碳的发展道路。

我国的建筑节能工作是以 1986 年发布第一部民用建筑节能行业标准为标志开始的。至 2003 年建成节能居住建筑 3.2 亿 m^2，占采暖区城市居住建筑的 7%，占全国城市居住建筑的 3.5%。在将近 20 年的时间里，通过采取标准先行、先易后难、先新建建筑后既有建筑、先住宅建筑后公共建筑、从北方向南方逐步推进的策略，我国的建筑节能工作取得了一定的成效。初步建立起建筑节能设计标准体系，从建筑的新建、改建、扩建，逐步推行到既有建筑的改造；从单一的居住建筑向公共建筑领域推进。同时，建筑节能标准的要求越来越高，建筑节能的要求经历了从节能 30%到 50%再到 65%这样一个逐步提高的过程。

另外，我国建筑节能的产品、技术和措施也不断丰富，正在积极发展能满足建筑节能要求的材料和设备；努力改进生产技术，提高管理水平，大幅度降低材料和设备生产的单位能耗；改进建筑设计和施工技术、方法，制定推动节能的建筑法规；建立健全促进节能材料、设备生产和应用的经济激励政策；加强建材设备生产、建筑、施工技术及产品应用技术的研究开发。例如，我国已攻克玻璃在线热镀膜技术，建成具有世界先进水平的玻璃在线镀膜生产线，真空夹层玻璃技术已开发并完成产业化，为发展透光体节能围护结构打下良好基础；热泵技术飞速发展；出现一批国际先进和领先的产品；某些温湿度独立控制的空调产品的开发和示范工程的出现也使得我国在新型空调系统方面迎头赶上了世界先进水平。

尽管如此，我国在许多方面也有相当的差距。存在的问题包括长期以来受“先生产、后生活”的计划经济思想影响，我国政府一直偏重于工业节能而忽略了建筑节能，造成建筑节能工作地区发展不平衡，仍有很多地区的人们对建筑节能认识不足；建筑节能的政策、法规、标准的制定和实施监管相对滞后；建筑节能的管理机构、管理体制不健全，缺乏相应的经济激励政策和激励机制，建筑节能的达标率低；缺少科学有效、可操作性的建筑能耗统计模型，尚未建立全国和地方的建筑能耗统计数据库，也没有形成相应的统计渠道；建筑用能能效低，对环境污染严重；建筑节能的新技术、新产品推广应用不力，缺乏对科技发展的深刻认识，缺乏涉及建筑节能关键技术的攻关和综合技术的集成应用。

2. 我国建筑使用行业温室气体排放控制技术发展趋势

实现我国建筑减排的三大方向：①提高能源利用效率，减少单位服务量对能源的需求，从而减少碳排放；②提高可再生能源的利用率，可再生能源零排放的特征使其替代燃料能源具有必然的优势，目前建筑中对可再生能源的利用主要集中在太阳能光热和光电，而相关设备的生产存在高耗能、高污染的现象，所以对可再生能源对建筑领域节能减排作用的评价应该从全生命周期的角度来进行，慎重推广；③降低建筑用能的服务需求，通过推广绿色建筑，鼓励采用被动式设计，充分利用与自然环境空间等方面的交流，减少建筑运行能耗，从而降低碳排放。

具体技术措施：推广吸收式换热循环技术，降低北方城镇集中采暖碳排放；推广热泵技术，解决南方地区的供暖问题；推广绿色照明，减低住宅和公共建筑的照明能耗；采用被动式的建筑设计，减少空调系统能耗；因地制宜地发展可再生能源；设计高效的空调系统，减少公共建筑空调系统能耗；对城镇和农村既有建筑进行围护结构改造等。

专题：我国未来可推广的建筑行业节能减排技术

（1）高性能 Low-E 节能窗（含断热型材）。主要用于北方和夏热冬冷地区新建及既有建筑节能改造。主要参数是外窗的传热系数低于 2.0 W/（m^2·K）。节能减排效果 4 ~ 6 kg 标准煤/（m^2·a）。目前具体的产品包括高透、低透型 Low-E 中空玻璃，暖边型铝合金型材或玻璃钢型材，以及真空玻璃。核心技术——真空玻璃技术掌握在国内厂家，其他如镀膜工艺、型材专利则掌握在发达国家手中。未来该技术可在北方采暖地区或夏热冬冷地区不同气候带新建、既有住宅和公共建筑推广应用。成熟推广后 6 ~ 8 年可回收增量成本。

（2）新型围护结构保温材料。主要用于城镇和农村新建及既有建筑节能改造。技术参数是其导热系数不高于 0.042 W/（m·K），防火性能 B1 级（应对防火高要求）。主要可降低建筑的采暖用能负荷。目前该技术核心掌握在德国、法国、加拿大等国家建筑材料厂家之中，国内厂家处于跟踪学习阶段。未来可在上百亿平方米城镇和农村新建、既有建筑改造中应用。

（3）通断式采暖供热热量计量装置。一种用于解决北方采暖地区住宅建筑采暖节能的新技术和新模式，是解决供热计量收费的关键技术之一。主要技术参数和原理：住户内采暖室温通断控制阀根据室温与设定值之差，确定通断阀的开停比，结合两部制热计量机制推广（即按热量和面积进行热计量）。根据工程示范发现可节能30%，即6~8 kg标准煤/（m^2·a）。这是国内自主创新技术，目前在北京、长春有超过2 000 万 m^2 示范。未来可广泛用于北方集中采暖地区住宅供热计量。投资回收期约五年。与之相似的有热表技术。这也是结合两部制热计量机制推广（即按热量和面积进行热计量）、实现采暖节能的途径。目前以北欧技术为主，在天津、唐山等地有上百万平方米的示范，但是价格偏贵。国内示范近10年未得到广泛推广。

（4）基于吸收式热泵的热电联产供热技术。该整体供热系统方案在不改变目前城市热网基本架构的前提下，可使管网的热量输送能力大幅度提高；在不增加煤耗、不影响发电量的前提下，使热电厂的供热能力大幅度提高。这是热电联产集中供热领域的一项重大自主技术创新，它一方面有助于热电联产集中供热事业摆脱目前的困境；另一方面与普通集中供热方式相比，新技术能使热电厂供热能力提高50%左右、热电联产全年总体供热效率提高30%~50%、城市热网的输送能力提高60%~80%。八名中国工程院院士先后两次联名写院士建议（2008年、2009年），认为这一技术方案是今后我国热电联产集中供热的主导方式。该技术属于国内自主创新技术，目前在内蒙古、山西等地中试。

（5）温湿度独立空调技术。主要用于各类公共建筑。技术核心包括多联机干工况+新风机组技术、温湿度独立空调机组、西北部干空气间接蒸发降温技术，解决东南潮湿地区、西北干燥地区公建中央空调湿度控制不当、耗能高的问题。该技术属于国内自主创新技术，目前在国内有上百万平方米工程示范，实测节能效果在30~50 kW·h/（m^2·a）。

（6）分项计量技术。主要用于公共建筑各项能耗的分项、分级计量，通过在线计量、监测、反馈机制或技术，促进行为节能，提高管理效率。技术核心涉及网络通信模式、公共建筑各项用能的计量模型相关仪表及控制系统。目前在国内有上千万平方米工程示范，国内外技术重点不一致。

（7）数据中心空调技术。主要用于公共建筑、机房、通信基站等圈内高发热空间。该技术通过分离式热管技术与常规制冷技术相结合，可在全年大多数时间实现机房的自然冷却和高效排热，节能潜力在 30 ~ 50 kW·h/（m^2·a）。属于国内自主创新技术，目前在国内有上百个工程示范，可解决高密度耗能机房或档案室、通信基站等的节能问题。

（8）绿色照明。可用于各类建筑、城市室外照明节能问题，包括节能灯具（T5灯、LED灯等）、节能控制系统技术。目前核心技术主要掌握在国外厂家之中，国内掌握部分核心技术，比常规照明方式可节能 20% ~ 30%。

（9）节能电梯。包括拖曳系统、节能控制系统，可节能 20% ~ 30%，以国外技术为主。

（10）太阳能热水系统。包括太阳能真空管、平板热水器等，解决热需求 40% ~ 50%，国内技术更成熟。可用于北方或夏热冬冷地区住宅或集中热水需求大的建筑。

（11）生活热水高效制备技术。包括热泵型、余热回收利用技术，可提高能效 20% ~ 30%。

（12）新型热泵技术。解决夏热冬冷地区住宅采暖、空调问题，包括热泵型、除湿，半导体制冷等小制冷量的高效技术，小型化磁悬浮制冷机，“热二极管”“单向热流阀”等无动力、无能耗热管设备，小温差下的高效热泵，可提高能效 20% ~ 30%。

（13）具有特殊热工性能的新型围护结构材料。包括具有单向导热功能的墙体材料，可将建筑物的外扰抵御在室外，在室内形成局部的“汇”并就地消除室内负荷。可提高能源品位、降低需求量，降低湿负荷 20% ~ 30%。

（14）新型制冷空调压缩机及换热单元。包括涡旋压缩机中间补气方式和排气的新循环方式、大温差换热单元等，可提高能效 20%。

（八）生物质燃气行业温室气体减排的发展趋势

1. 生物质燃气行业温室气体排放现状

生物质废物是来源于动植物、可以被微生物降解的固体废物。生物质燃气行业是涉及典型固体废物处理与可再生能源开发领域的新兴战略性行业，以生物质废物为处理利用对象，以高效燃气化技术为核心，通过工业化水平的清洁燃气能源产品开发，实现环境保护、新能源开发和温室气体减排三重目标。

生物质废物约占固体废物的60%，其不恰当处理处置会对区域水体、大气和土壤环境造成污染，同时它们也是CH_4和N_2O等温室气体的重要排放源。

在固体废物管理领域，欧美发达国家最大的特点是利用法律、法规将固体废物的处理处置、再生利用和产品出路进行了全程覆盖。例如，针对畜禽养殖废弃物的管理这一问题，欧盟出台了一系列政策法规、管理规定、生态补偿标准等，在最大程度上降低养殖废弃物对环境的污染。与欧盟的立法法规、管理条例相比较，中国畜禽污染防治法方面的规定较为粗放，仅在污染治理上有原则性规定，在具体的养殖承载力、农田粪便施用量上没有要求，可操作性不强。从生态补偿机制方面来看，欧盟对属于各种政策目标范围的绝大多数农业环保措施都提供补贴，且补贴力度很大。而中国目前还缺乏合理、持续、系统的补偿政策措施，补贴资金来源单一且不稳定，补偿标准的界定存在过高或过低的问题。

在生物质能开发利用方面，欧美发达国家已经具备了相对成熟的能源化技术体系以及较为成功的市场运作模式。以德国为例，2010年，德国用于生产沼气的原料中生物质废弃物的比例已超过50%，已建成的农业沼气场5 900座，总装机容量2 300 MW。在我国，生物质能开发的技术类别和内容与发达国家没有明显的差别，仅仅在工业制造基础和运营管理水平上有差别，而最大的区别则在于缺少刺激生物质新能源产品利用方面的法律法规。如果能够制定适合的刺激政策，增加利润空间，充分发挥市场作用，就有利于吸引有实力的大企业进入生物质燃气行业，有利于提高重大设备制造能力，推动高新技术发展，扩大产品利用领域，实现后端燃气技术减排。

2. 生物质燃气行业温室气体排放控制技术发展趋势

生物质燃气行业主要通过废弃物统筹管理、废物能源化以及清洁燃气利用三个方面实现温室气体排放控制。通过废弃物统筹管理，可以改变生物质废物传统的处理处置方式，减少在无控条件下的温室气体直接排放；通过废物能源化以及清洁燃气利用技术，可以创新废弃物新型处理处置结构，将生物质废物转化为高品位清洁燃气。在工业生产和日常生活中，使用清洁燃气，以替代不可再生的化石燃料，间接减排温室气体。

在生物质废物统筹管理方面，农业单元应建立原料收集保障体系，重点发展秸秆原位收集、破碎、压缩多功能一体化技术设备，减少运输过程中的废物体积，增加单位体积的能量密度，降低运营成本。养殖单元应重点发展规模化养殖技术，对禽畜粪便进行集中收运管理，为超大型、大型和中型沼气工程提供原料。食品加工单元应严格废物处理要求，强化生物质废物分选技术，运往生物质燃气生产企业进行回收利用。城市以及近郊生活单元应重点建设生活垃圾分类收集系统，并通过政府间多部门协同合作，统一收运厨余粪污、市政污泥、餐厨果蔬等生物质废物，进行混合利用。生物质废物的统筹管理将减少废物在原有排放过程中释放的温室气体，并为清洁燃气生产提供丰富的原料。

在生物质废物能源化转化技术方面，针对规模化养殖禽畜粪便、禽畜食品加工废水、城市污泥和餐厨果蔬垃圾等易降解生物质废物，瞄准具有国际竞争力的战略性、前瞻性技术，以先进生物转化和热化学转化工艺为主线，以高标准污染控制和高效率能源替代为目标，研究开发适于不同废物和区域的生物质废物转化为电、热或生物燃气，同时回收高附加值资源性物质的关键技术体系，突破废物改性预处理与分质利用、厌氧消化（共消化）稳定产气控制、高效低耗热化学转化、填埋气体加速产生与高效收集、先进焚烧发电与二次污染高标准控制、村镇生活垃圾分区分类处理等制约产业化的关键技术，全面提高能源转化与资源回收的整体效率、系统运行稳定性和二次污染控制水平，提升核心设备大型化、国产化水平，保障技术的推广应用与工程的长效运行，形成区域性“清洁低碳替代能源中心”。针对种植业、食品加工、医药、轻工业制造等行业产生的纤维素类生物质废物，发展清洁热化学转化制合成燃气（H_2/CO）、生物天然气（Bio-SNG）和生物氢（Bio-H_2）技术，促进固相有机物热解气化转化率，提高燃气能源纯度和品位。针对燃气产品，发展提纯净化技术以及针对焦油、二噁英等污染物的全过程二次污染控制技术。

在清洁燃气利用方面，继续因地制宜地发展农村户用沼气。大力推广超大中型沼气发电技术。发展沼气提纯净化压缩技术，替代天然气和车用燃料，推动非化石燃料地面交通技术。发展新型低焦油生物质循环流化技术，生物质热解与气化多联产系统技术，掌握配套的兆瓦级内燃机组的技术和设备制造能力，建立生物质气化发电与热电联供系统。继续完善生物质与煤炭混燃发电技术。利用一次燃气产品，制备面向甲醇、二甲醚等高值衍生品的二次能源化技术，提升生物质燃气产品的附加值。培育和创新商业化模式，拓展生物燃气多元化应用领域，推进供气、供热、供电等集成一体化经营，提高盈利水平。整合资源收集、产品应用、碳交易等产业链环节，发掘市场新需求和价值，不断降低成本，提高市场化水平和竞争力。

三、重点行业温室气体减排技术需求

（一）行业低碳化发展技术需求识别方法

在深入了解各行业的主要温室气体减排技术后，可以确定其主要的技术参数，即能耗水平、技术普及率以及技术成本等。在综合考虑各项减排技术的技术阶段、减排潜力、减排成本和推广前景的基础上，初步筛选了我国八大重点行业低碳化发展技术。

1. 技术阶段

技术阶段通过技术成熟度来表示。按照技术生命周期，将技术发展阶段分为萌芽期、孕育期、成长Ⅰ期、成长Ⅱ期和成熟期（图 5-4）。为了提出在未来一段时间内可以实现温室气体减排的技术方案，特别是为实现 2015—2020 年的减排目标，因此技术应该以成长Ⅱ期、可以大范围推广应用的技术为主。同时，考虑到技术储备问题，也涉及了成长Ⅰ期及以前的技术。

2. 减排潜力

考虑到各行业的特点，以及不同阶段技术的市场化程度不同，因此采用定性与定量相结合的方法对各技术的节能减排潜力进行描述，在定量描述中可以采用绝对值或者相对值。

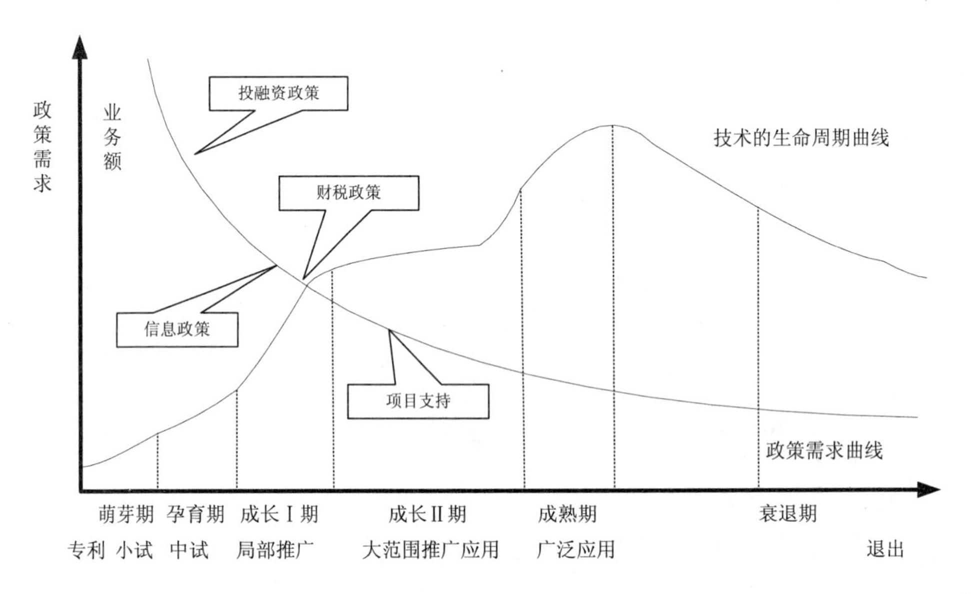

图 5-4 技术的生命周期曲线以及对应的政策需求

3. 减排成本

作为需要在未来推广应用的技术，需要为行业内的各使用者提供减排成本信息，这是产业化的重要依据之一。由于各行业的统计和分析口径不同，此处采用综合成本，即包含了投资成本、运行成本在内的多种成本要素进行表述。

4. 推广前景

推广前景是指未来该技术的应用普及程度，可能在行业市场上的占有比例情况，对可能用于行业减排的各项技术的推广前景进行定性判断，用星级表示，最高为三星级。

（二）重点行业低碳化发展技术清单

综合考虑技术阶段、减排潜力、减排成本以及推广前景等因素，形成各行业减排技术清单（表 5-7～表 5-14）。

表 5-7　电力行业减排技术清单

技术名称	成熟度	技术单位节能量[①]/[g/（kW·h）]	单位综合成本[②]/（元/kW）	推广潜力
1 000 MW 级超超临界	成长 I 期	55	3 500	★★★
630℃超超临界	萌芽期	152	4 000	★★★
700℃超超临界	萌芽期	191	5 000	★★★
压水堆二代核电	成长 I 期	零排放	2 400	★★★
余热发电	成长 II 期	零排放	8 000	★★
天然气-蒸汽联合循环	成长 I 期	零排放	3 500	★★
压水堆三代核电	成长 II 期	零排放	16 040	★★
海上并网风电	成长 I 期	零排放	18 000	★★
光伏	成长 I 期	零排放	12 000	★★
光热	成长 I 期	零排放	15 000	★★
IGCC	孕育期	27.7	8 400	★
秸秆发电	成长 I 期	零排放	9 000	★
快堆核电	孕育期	零排放	19 000	★
高温气冷堆核电	孕育期	零排放	15 000	★
抽水蓄能电站	成长 I 期	零排放	4 000	★
采用 CCS 的燃煤超超临界	萌芽期	接近零排放	6 250	★

注：①与目前主流机组煤耗相比单位发电量减排 CO_2 量；②此处为单位投资。

表 5-8　石油行业减排技术清单

技术名称	成熟度	技术单位节能/减排能力	单位综合成本	推广前景
炼油能量系统整体优化	成长 I 期	炼厂能耗降低 5%	0.35 万元/t 原油	★★★
炼油加热炉能效提高	成长 II 期	加热效率提高约 4%，加热炉能耗占炼厂总能耗按 35%计	0.7 万～0.75 万元/t 原油	★★★
炼油装置热联合与余热利用	成长 II 期	炼油业务余热协同利用预计占综合能耗的 10%～15%，按 15%计	0.6 万～0.65 万元/t 原油	★★★
注采系统节能	成长 II 期	我国油田注采系统平均效率仍然较低，节能技术使效率提高 1.5%	0.59 万元/t 原油	★★★

技术名称	成熟度	技术单位节能/减排能力	单位综合成本	推广前景
油气田地面工程系统优化	成长 II 期	地面系统能耗降低 5%	0.7 万元/t 原油	★★★
劣质原料气化多联产	孕育期	炼厂能耗降低 10%	1.1 万元/t 原油	★★
火炬优化与伴生气回收	成长 II 期	全国有 8 亿～10 亿 m^3 的此类气体需要进一步回收利用	5 元/m^3	★★
CO_2 驱油	孕育期	专家估算可提高采收率 10%～15%，按 15%计算，总潜力 45 亿 t	2 100 元/t（按 10 年投资回收期计）	★★
咸水层与枯竭油气藏碳封存	萌芽期	专家估算的理论总量为 1.5 万亿～3 万亿 t	4 500 元/t（按 15 年投资回收期计）	★

表 5-9 钢铁行业减排技术清单

技术名称	成熟度	技术单位节能量[①]/（kg 标准煤/t 工序产品）	单位综合成本/（元/kg 标准煤）	推广前景
小球团烧结工艺	成长 II 期	5.5	1.25	★★★
烧结余热发电技术	成长 I 期	1.48	12	★★★
高炉鼓风除湿节能技术	萌芽期	8.67	18.3	★★★
高炉高效喷煤技术	成长 II 期	90	6.13	★★★
高炉喷吹焦炉煤气技术	萌芽期	30	17	★★★
低热值高炉煤气-燃气-蒸汽联合循环发电	成长期	22.74	22.65	★★★
热风炉双预热技术	萌芽期	8.2	10.55	★★★
电炉优化供电技术	成长 I 期	2.46	0.3	★★★
蓄热式燃烧工程	成长 II 期	24	10.2	★★★
能源管理中心技术	成长 I 期	9.9	10	★★★
非高炉炼铁	孕育期	100	3 600	★★
转炉烟气高效回收利用技术	成熟期	7.75	16.7	★★
转炉煤气干法（LT 法）净化回收技术	成熟期	21.9	15	★★
转炉负能炼钢工艺技术	成熟期	23.6	24	★★
干法熄焦（CDQ）	成熟期	9.22	130	★★
低温烧结技术	成熟期	10	1.2	★★
降低烧结漏风率技术	成熟期	0.26	0.78	★★

技术名称	成熟度	技术单位节能量[①]/（kg 标准煤/t 工序产品）	单位综合成本/（元/kg 标准煤）	推广前景
高炉炉顶压煤气干式余压发电技术	成熟期	14.5	16	★★
高炉煤气全干法除尘技术	成熟期	21.9	17.64	★★
煤调湿技术（CMC）	成长Ⅰ期	8.55	111.5	★

注：①与不采用该技术相比，单位工序产品能耗下降量。

表 5-10　水泥行业减排技术清单

<table>
<tr><th colspan="2">技术名称</th><th>成熟度</th><th>技术单位节能量/（kg 标准煤/t 产品）</th><th>单位综合成本/（元/tCO_2）</th><th>推广前景</th></tr>
<tr><td colspan="2">熟料、矿渣等分别粉磨技术</td><td>成长Ⅰ期</td><td>7.19（相比共同粉磨）</td><td>7</td><td>★★★</td></tr>
<tr><td colspan="2">辊压机生料终粉磨技术</td><td>成长Ⅰ期</td><td>3.33（相比立磨和中卸磨）</td><td>18.6</td><td>★★★</td></tr>
<tr><td colspan="2">替代燃料（包括水泥窑协同处置废物）</td><td>成长Ⅰ期</td><td>14.07（相比用煤煅烧熟料）</td><td>80</td><td>★★★</td></tr>
<tr><td colspan="2">新型替代水泥（未来可能技术）</td><td>孕育期</td><td>170.78（相比于普通硅酸盐水泥）</td><td>250</td><td>★★</td></tr>
<tr><td colspan="2">水泥立磨终粉磨技术</td><td>成长Ⅰ期</td><td>3.16（相比于球磨机）</td><td>30</td><td>★★</td></tr>
<tr><td colspan="2">高效冷却机技术</td><td>成熟期</td><td>3.06（相比第三代篦冷机）</td><td>5</td><td>★★</td></tr>
<tr><td colspan="2">纯低温余热发电</td><td>成熟期</td><td>11.24（相比于无此设备）</td><td>50</td><td>★★</td></tr>
<tr><td colspan="2">提高工厂自动化/控制水平</td><td>成熟期</td><td>4.44（相比当前一般水平）</td><td>1.5</td><td>★★</td></tr>
<tr><td rowspan="2">新型干法生产技术</td><td>淘汰立窑</td><td rowspan="2">成熟期</td><td>24.00（相比于大中型新型干法）</td><td>（−110.00）</td><td>★★</td></tr>
<tr><td>淘汰 2 000 t/d 以下新型干法</td><td>39.66（相比于大中型新型干法）</td><td>（−280.00）</td><td>★</td></tr>
<tr><td colspan="2">采用低碳替代原材料生产熟料</td><td>成熟期</td><td>19.67（相比于不采用低碳替代原料）</td><td>12</td><td>★</td></tr>
<tr><td colspan="2">辊压机+球磨机联合粉磨系统</td><td>成熟期</td><td>2.33（相比于球磨机）</td><td>27</td><td>★</td></tr>
<tr><td colspan="2">变频调速技术</td><td>成熟期</td><td>2.00（相比不用变频调速）</td><td>6.15</td><td>★</td></tr>
<tr><td colspan="2">减少水泥熟料含量</td><td>成熟期</td><td>1.27（多掺 1%的混合材）</td><td>0</td><td>★</td></tr>
<tr><td colspan="2">CCS 技术</td><td>孕育期</td><td>161.24（相比于不采用 CCS 技术）</td><td>1 200</td><td>★</td></tr>
</table>

表 5-11　电解铝行业减排技术清单

技术名称	成熟度	技术单位节能量	单位综合成本	推广前景
铝电解槽阴极结构优化技术	成长Ⅰ期	吨铝节电 30 kW·h，非阳极效应 PFC 排放下降 10%	8 元/t 铝	★★★
系列不停电停/开槽大修技术	成熟期	吨铝节电 50 kW·h	38 元/t 铝	★★★
低温低电压铝电解技术	成长Ⅰ期	吨铝节电 300 kW·h	15 元/t 铝	★★★
铝电解低电压高效节能控制技术	成长Ⅱ期	吨铝节电 20 kW·h	13 元/t 铝	★★★
基于惰性电极的新工艺	萌芽期	吨铝电耗下降 20%，温室气体排放大幅减少	6 310 元/t 铝	★★★
提高炭阳极质量的工艺技术	孕育期	吨铝阳极净碳耗下降 20 kg	50 元/t 铝	★★
提高国产氧化铝质量的工艺技术	孕育期	阳极效应系数下降 30%	400 元/t 铝	★★

表 5-12　汽车交通行业减排技术清单

技术名称	成熟度	技术单位节能量	单位综合成本	推广前景
怠速启停技术	成长Ⅱ期	5%～10%	0.1 万～0.2 万元	★★★
先进充气技术	成熟期	2%～10%	0.02 万～0.2 万元	★★★
6 挡及以上的多挡变速器	成长Ⅱ期	挡位每增加一个，实现 3%的节油效果	0.02 万～0.3 万元	★★★
汽油机缸内直喷技术	成长Ⅱ期	10%～20%	0.36 万～0.46 万元	★★
发动机增压和尺寸减小	成长Ⅱ期	5%～7%	0.3 万～0.45 万元	★★
插电式混合动力技术	成长Ⅰ期	单次使用不超过电池提供的续驶里程情况下可以做到零排放	5 万～8 万元（不含基建）	★★
纯电驱动技术	成长Ⅰ期	零排放	8 万～16 万元（不含基建）	★★
氢燃料电池汽车技术	孕育期	零排放	15 万元以上（不含基建）	★

表 5-13 建筑使用行业减排技术清单

技术名称	成熟度	节能减排潜力	单位综合成本	推广前景
通断式热量计量装置	成长Ⅱ期	6～8 kg 标准煤/（m^2·a）	2 000 元/户	★★★
温湿度独立空调技术	成长Ⅰ期	30～50 kW·h/（m^2·a）	300 元/ m^2	★★★
绿色照明	成熟期	节能 20%～30%	30%增量成本	★★★
基于吸收式热泵的热电联产供热方式	孕育期	8～10 kg 标准煤/（m^2·a）	增量约 5 000 万元/万 t 标准煤供热	★★★
新型热泵技术	孕育期	能效提高 30%	30%增量成本	★★★
绿色建筑评价标识体系	成长Ⅰ期	提升能效 20%	400 元/m^2	★★★
提高建筑节能技术标准	成长Ⅰ期	提升能效 30%	320 元/m^2	★★★
高性能 Low-E 节能窗（含断热型材）	成长Ⅱ期	4～6 kg 标准煤/（m^2·a）	1 000 元/m^2	★★
新型围护结构保温材料	成长Ⅰ期	降低采暖用能负荷需求	30%增量成本	★★
热表	成长Ⅰ期	4～5 kg 标准煤/（m^2·a）	5 000 元/户	★★
分项计量技术	成长Ⅰ期	15～20 kW·h/（m^2·a）	≥20 万元/栋楼	★★
数据中心空调技术	孕育期	30～50 kW·h/（m^2·a）	200 元/m^2	★★
节能电梯	成长Ⅱ期	节能 20%	30%增量成本	★★
太阳能热水系统	成熟期	解决热需求 40%～50%	5 000 元/户	★★
生活热水高效制备技术	孕育期	提高效率 20%～30%	5 000 元/户	★★
可调节遮阳	孕育期	太阳辐射的热降低 60%～80%	800 元/ m^2	★
太阳能光电	孕育期	零排放	5 000 元/ m^2	★
风电	孕育期		25 000 元/kW	★

表 5-14　生物质燃气行业减排技术清单

技术名称	成熟度	技术单位节能量	单位综合成本	推广前景
中温厌氧消化	成熟期	有机物转化率可达 35%～40%，较常温技术提高一倍	1 000～3 000 元/m³ 反应器容积	★★★
高温厌氧消化	成长 I 期	比中温消化有机物转化率可再提高 10%～20%，停留时间缩短 20%	2 000～4 000 元/m³ 反应器容积	★★★
预处理+厌氧消化（高级厌氧消化）	成长 I 期	有机物转化率 50%～70%，停留时间比一般中温消化缩短 50%以上	5 000～10 000 元/m³ 反应器容积	★★★
高温热解汽化	成长 I 期	有机物转化率 70%～80%	吨废物处理能力投资 20 万～30 万元	★★★
低温热解碳化	孕育期	有机物碳化率 40%～50%，气化率 20%～30%	吨废物处理能力投资 15 万～20 万元，每吨生物活性炭生产能力设备投资 45 万～60 万元	★★★
热解气重整制氢	孕育期	有机物产氢率 50%～60%	吨废物处理能力投资 30 万～40 万元；每千克生物氢生产能力设备投资 8 000～10 000 元	★★★
沼气提纯车用燃料	成长 II 期	1 m³ 沼气提纯生产 0.5～0.6 m³ 甲烷，可替代 0.5～0.6 L 汽油，150 m³ 沼气提纯生产甲烷，相当于减排 1.2 t CO_2	每立方米沼气处理能力设备投资 400～600 元	★★★

第六章　我国重点行业减排潜力分析

一、行业温室气体减排潜力分析模型

分析行业温室气体减排潜力的核心是定量化计算行业 CO_2 排放量，本章主要关注行业低碳技术对温室气体减排的削减能力，因此采用了基于技术的自底向上建模（Bottom-Up Modelling）的方法。在调研了行业 100 多项关键低碳技术并进行筛选后，最终将八个行业共 115 项技术纳入建模所需的技术清单。对八个行业未来 CO_2 减排潜力计算的时间段覆盖到 2015—2030 年，以 2015 年、2020 年和 2030 年作为关键时间节点，在潜力计算的情景分析中均对这些关键时间节点进行设定。潜力分析以 2005 年和 2010 年为计算分析的基准年，主要目的：一是作为情景分析中未来年份预测的基础数据支撑；二是作为减排潜力的比较标杆。为便于后续对行业 CO_2 减排潜力分析结果的理解，本章详细介绍模型的主要模块和关键设定。

（一）行业温室气体减排潜力分析模型整体构架

行业温室气体减排潜力分析模型的整体构架如图 6-1 所示，共包含五个模块：温室气体减排技术数据库、温室气体排放核算模块、技术减排分析计算模块、情景设定模块和技术成本分析模块。

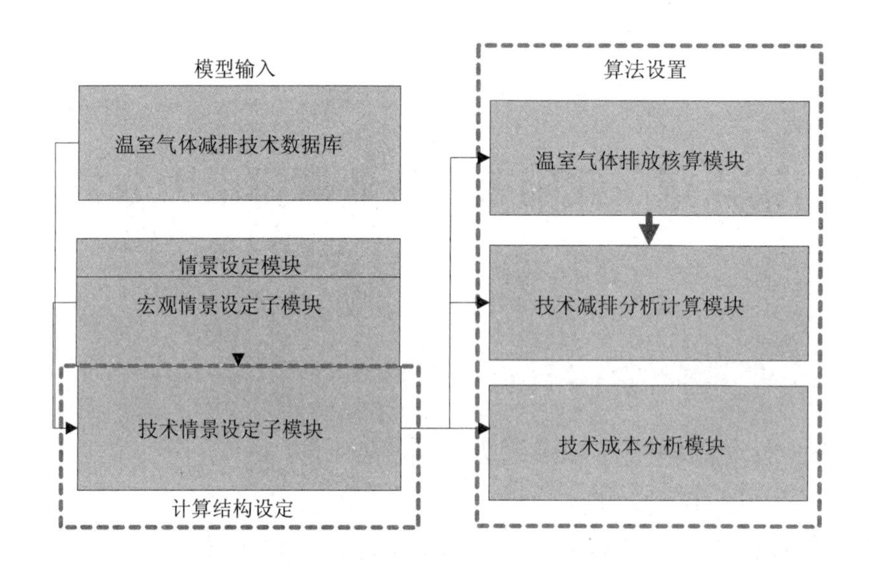

图 6-1 我国行业温室气体减排潜力分析模型结构

温室气体减排技术数据库储存八个行业共 115 项工艺/技术及对应的技术参数。技术参数包括特定技术的排放水平（单位产品 CO_2 排放量）、减排水平（单位产品 CO_2 排放削减量）和成本信息等。情景设定模块分为宏观情景和技术情景两个子模块。宏观情景模块储存计算所需的行业产品产量、原材料和燃料需求量等数据；技术情景模块实质体现技术政策情景设置。其中，可操作变量为技术普及率，技术相关政策相异的类别及力度都将通过技术普及率这一变量表征。

温室气体减排技术数据库及情景设定模块决定了模型计算的输入数据及数据结构。温室气体排放核算模块、技术减排分析计算模块及技术成本分析模块则以数据结构为基础，包含了行业温室气体排放量、各情景减排潜力分析和技术减排成本等核算方法和公式，统称为算法模块（图 6-1）。通过温室气体排放核算模块和技术减排分析计算模块计算的结果之间的关系示意见图 6-2。

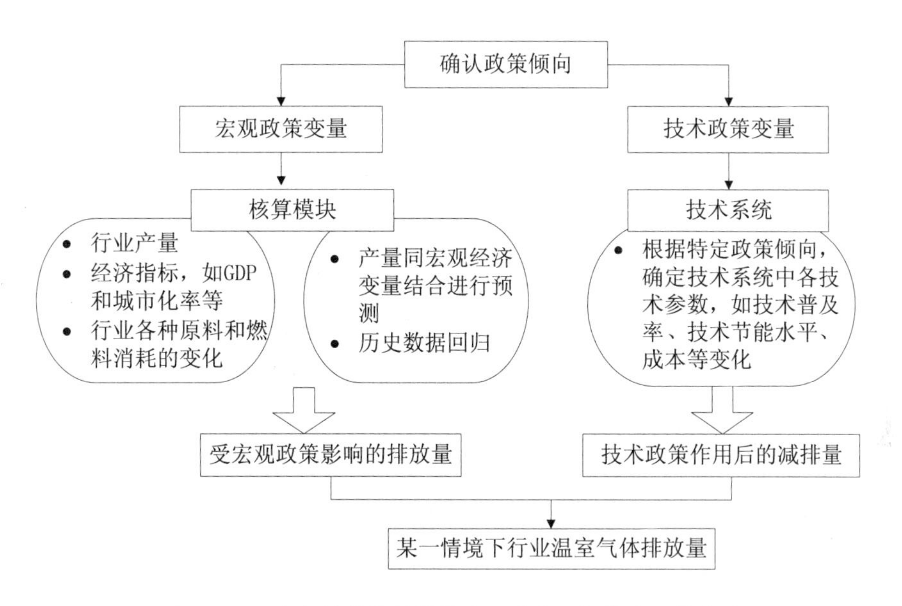

图 6-2　温室气体排放核算模块和技术分析模块计算关系

行业温室气体排放控制政策是塑造未来行业温室气体排放形态的最重要的因素。在所有可施行的政策中，一类施力于行业宏观发展（宏观政策），另一类影响行业减排技术的普及应用（技术政策）。宏观政策在本模型中体现在对宏观情景设定子模块中相关参数的设定，通过将这些参数输入温室气体排放核算模块中的计算公式，可以获得行业受特定宏观政策影响的温室气体排放量。技术政策则由技术普及率变量代表，技术情景设定子模块的具体设置同技术减排分析模块中的计算方法相结合，可以计算出技术政策作用后减排技术实施引起的温室气体减排量。宏观排放量同技术减排量相减即为某种政策倾向下（这里的倾向指力度的强弱）行业总体温室气体排放量。现实中宏观政策和技术政策对行业排放的影响基本是同时发生的，然而为了使模型算法及数据需求同各行业的实际数据可得性接轨，采用了将两类政策对排放影响进行单独核算的方式。

（二）温室气体减排技术数据库

数据库共包含 115 项技术。其中，电力行业 23 项，石油行业 9 项，钢铁行业 20 项，水泥行业 24 项，电解铝行业 20 项，汽车交通领域 12 项，建筑使用领域

11 项，生物质燃气行业 6 项。

（1）电力行业具体技术清单：①燃煤发电——300 MW 以下亚临界燃煤发电，300 MW 级超临界，600 MW 级超超临界，1 000 MW 级超超临界，630℃超超临界，700℃超临界；②燃气发电——天然气-蒸汽联合循环燃气发电；③核电——压水堆二代改造，压水堆三代，快堆，高温气冷堆；④水电——大中型规模，小型（<5 万 kW），抽水蓄能电站；⑤风电——陆上并网风电，海上并网风电；⑥ 太阳能发电——光伏发电，光热发电；⑦整体煤气化联合循环发电（IGCC）；⑧ 300 MW 超临界热电联产；⑨其他技术——利用秸秆等生物质发电，各种余热发电，采用 CCS 的超临界燃煤。

（2）石油行业具体技术清单：炼油能量系统整体优化，炼油加热炉能效提高，炼油装置热联合与余热利用，劣质原料气化多联产，注采系统节能，油气田地面工程系统优化，火炬优化与伴生气回收，CO_2 咸水层与枯竭油气藏碳封存，CO_2 驱油（CO_2-EOR）。

（3）钢铁行业具体技术清单：①焦化工序——煤调湿技术（CMC），干法熄焦（CDQ）；②烧结球团工序——低温烧结技术，降低烧结漏风率技术，小球团烧结工艺，烧结余热发电技术；③高炉炼铁工序——高炉鼓风除湿节能，高炉炉顶压煤气干式余压发电技术，高炉高效喷煤技术，高炉喷吹焦炉煤气，低热值高炉煤气-燃气-蒸汽联合循环发电，热风炉双预热技术；④转炉炼钢——转炉烟气高效回收利用技术，转炉煤气干法（LT 法）净化回收技术，转炉负能炼钢技术；⑤电炉炼钢——电炉优化功能技术；⑥其他技术——蓄热式燃烧工程，能源管理中心。

（4）水泥行业具体技术清单：新型干法窑替代立窑，4 000 t/d 及以上新型干法窑，生料辊压机粉磨，水泥立磨终粉磨，辊压机球磨机联合粉磨系统，高效冷却技术，纯低温余热发电技术，新型多通道燃烧器，高效选粉机，变频调速技术，矿渣微粉生产技术（以立磨为主），低碳替代原材料生产熟料，水泥窑协同处理废弃物，采用粒化高炉矿渣、粉煤灰等减少水泥熟料含量，替代燃料技术，降低石灰饱和系数，高贝利特和硫铝酸盐等特种水泥，先进粉磨技术（筒辊磨、超声波、等离子体等），低聚水泥，创新型凝胶材料，提高工厂自动化控制水平，减少混凝土中水泥含量的高性能水泥（42.5 等级以上），CO_2 捕集、封存及回收再利用技术。

（5）电解铝行业具体技术清单：系列不停电停/开槽大修技术，氧化铝精确下料技术，电解槽磁场优化技术，自动熄灭阳极效应技术，铝电解槽阴极结构优化技术，提高炭阳极质量的工艺技术，提高国产氧化铝质量的工艺技术，电解质体系优化技术，低温低电压铝电解技术，底部进电铝电解槽技术，电解槽能量平衡控制技术，无效应铝电解技术，阴极钢棒优化技术，阳极导杆优化技术，高效率再生铝生产、铝产品直接利用技术，基于惰性电极的铝电解工艺，粉煤灰直接炼铝，碳热还原法直接炼铝，铝土矿直接炼铝。

（6）汽车交通行业具体技术清单：①调整产品结构——汽车小型化，燃油的柴油化；②车身技术——内燃机使用汽油机，内燃机使用缸内直喷技术，包括多气门、可变气门等先进充气技术，发动机增压和尺寸减小，6 挡及以上变速器，无级变速器，低能耗车轮，混合动力技术；③使用压缩天然气和液化石油气的汽车；④新能源汽车——插电式混合动力汽车，纯电动汽车。

（7）建筑使用行业具体技术清单：热电联产集中供热技术，集中供热热计量和集中供热改造，温湿度独立空调技术，用能定额管理和分项计量技术，机房/数据中心空调技术，绿色照明/节能电梯等，农村低煤村综合节能减排技术，生活热水高效制备，可再生能源高效利用，南方新型热泵供暖，具有特殊热工性能的新型围护结构材料。

（8）生物质燃气行业具体技术清单：①污染物统筹管理技术——农村秸秆集中回收利用，禽畜规模化养殖，城市生活垃圾分类回收；②生物质能源化技术——厌氧消化技术，热解气化技术，填埋场沼气利用技术。需特别指出的是，生物质燃气行业本身就具备 CO_2 减排效果，数据库中的污染物统筹管理技术旨在提高生物质能源的转化效率。

（三）情景设定模块

1. 宏观情景设定子模块

该模块中既有同全社会经济发展相关的参数（人口总量、GDP 或人均 GDP 的总量或增速、城镇化率、产业结构），又有涉及特定行业的宏观参数（使用规模、产品产量、原/燃料使用量）。汽车交通、建筑使用等消费部门的规模同全社会人口数量、城镇化率等密切相关，而其他生产端行业的产出又取决于消费规模。因此，在具体计算上多使用行业宏观发展参数，但对大部分行业来说，它们都经过了基于社会经济发展参数的推演。在研究中，社会经济发展情景分为高发展情景（SH）和低发展情景（SL），两种情景的具体设定如表6-1所示。所有行业的宏观发展情景也包含高、低两类，具体设定见后续行业减排潜力分析章节。

表6-1　社会经济发展情景

情景类型	参数	2015年	2020年	2030年	依据
低发展情景（SL）	GDP增速/%	7	5	4	2020年之前按实现GDP翻两番目标，2020年之后适当减缓
	城市化率/%	51.5	56	60	
	人口/亿人	13.755	14.110	14.846	综合各文献预测结果
高发展情景（SH）	GDP增速/%	8	7	6	增速保持8%～10%的较快增幅
	城市化率/%	55	60	65	2015年综合各地区“十二五”规划取较高值，2020年和2030年适当增长
	人口/亿人	13.755	14.110	14.846	同低情景

2．技术情景设定子模块

该模块旨在设定八个行业100余项技术在关键时间节点（2015年、2020年和2030年）的普及率。每个行业又分别设置四种技术政策情景，体现未来行业在温室气体减排上的政策力度和减排强度的差异。基准情景以2005年为基准年，政策情景中的技术应用情况全部采用现实数据。

（1）基准情景（简写为BAU）：以2005年为基准年，它忽略2005年之后国家关于温室气体控制方面的承诺和压力。在无减排压力的情景下，延续2005年及之前相关政策的执行，以此推断技术的发展前景。尽管2005年之前的技术政策较现在稀少，但仍会对数据库中某些技术的发展产生正面影响，使其以快于自然发展的轨迹普及。

（2）弱减排情景（简写为CPW）：该情景充分考虑2005年后的技术政策，技术普及率的设定参考行业近中期规划。在弱减排情景下，除目前普及率极低的技术认为遵循自然发展态势普及，几乎所有技术的发展都显著快于自然发展的轨迹。

（3）中减排情景（简写为 CPM）：与弱减排情景相比，经济结构会进一步优化，我国将加大节能减排的力度，对低碳经济发展有较大投入，基本形成节约型的生产和消费方式。我国承诺的 2020 年减排目标可以作为重要的参考条件，以此作为设定技术相关参数的重要依据。

（4）强减排情景（简写为 CPS）：在国内自愿减排的基础上，考虑到全球减排行动，实现较低的全球温室气体浓度目标。我国将全面转变为低碳发展模式，在低碳技术的研发和应用上全力投入资金和力量，并加强国际合作，各项低碳技术得到了快速突破并得到普遍应用，表现为技术普及率基本达到最大预期普及率。

（四）温室气体排放及减排潜力主要计算公式

模型计算的温室气体排放为 CO_2 排放，一方面是考虑到 CO_2 排放占所有温室气体排放的 80%以上（折合成 CO_2 当量）；另一方面是从数据可得性看，行业可获得的数据类型绝大部分只能获得含碳燃料消耗和电耗的数据。将 CO_2 的排放源分为三类——燃料燃烧、含碳原料分解和外购电力消耗，各行业排放无非产生于这三者中的一个或多个。我们将行业在产品生产或产品使用过程中燃料燃烧和含碳原料分解排放定义为直接 CO_2 排放，而行业利用外购电力所引起的 CO_2 排放称为间接排放。对于既有含碳原燃料使用又有电能消耗的行业来说，其总体 CO_2 排放必然包括直接排放和间接排放。但是在把这类行业同电力行业的排放加总时，因外购部分的电力排放已经在它生产的时候计算过，所以存在重复计算的情况。模型中对 CO_2 排放的核算采用自上而下的核算方法，基本思路是利用含碳燃料、原料或电力总消耗量乘以相应的排放因子而得。

1. 燃料燃烧排放

$$\mathrm{FCE} = \sum_i F_i \times \mathrm{fEF}_i \times 10^{-3} \tag{6-1}$$

设行业消耗 i 种燃料。其中，F 为燃料消耗量（万 t 或万 m^3）；fEF 为燃料 CO_2 排放因子（kg CO_2/t 燃料或 kg CO_2/m^3 燃料），FCE 为燃料燃烧 CO_2 排放量（万 t）。

2. 含碳原料分解排放

$$\mathrm{MCE} = \sum_j M_j \times \mathrm{MC}_j \times \mathrm{mEF}_j \tag{6-2}$$

或

$$\mathrm{MCE} = \sum_j M_j \times \mathrm{MCC}_j \times 12/44 \tag{6-3}$$

设行业消耗 j 种原料。其中，M 为原料消耗量（万 t）；MC 为含碳原料品位（%，即有效成分的质量比）；mEF 为含碳原料 CO_2 排放因子（kg CO_2/kg 原料），MCC 为原料中碳元素的质量分数（%）；MCE 为含碳原料分解产生的 CO_2 量（万 t）。

3. 外购电力排放

$$\mathrm{ECE} = \mathrm{Elec} \times \mathrm{elecEF} \tag{6-4}$$

式中：Elec 为行业外购电力（亿 kW·h）；elecEF 为电力排放因子（t CO_2/MW·h）；ECE 为外购电力间接排放的 CO_2 量（万 t）。

4. 行业总 CO_2 排放量

$$\mathrm{FCE} + \mathrm{MCE} + \mathrm{ECE} \tag{6-5}$$

考虑各行业技术清单中所有技术减排效果的总和，因此要拟定对技术减排定量分析的公式。设 t 为预测年，t_0 为基准年，P 为行业产品年产量（万 t）。技术清单可以分为节能或耗能：一类是表现为消耗能源的技术，用能源消耗参数表征，设共有 n 种；另一类是表现为节能的技术，用能源节约参数表征，设共有 m 种。

$$\Delta\mathrm{CE} = \left(P_t \times \mathrm{PR}_t \times \sum_i \mathrm{FC}_{t,i} \times \mathrm{fEF}_i - P_{t_0} \times \mathrm{PR}_{t_0} \times \sum_i \mathrm{FC}_{t_0,i} \times \mathrm{fEF}_i\right) \times 10^{-6} \tag{6-6}$$

$$\Delta\mathrm{CR} = \left(P_t \times \mathrm{PR}_t \times \sum_i \mathrm{FS}_{t,i} \times \mathrm{fEF}_i - P_{t_0} \times \mathrm{PR}_{t_0} \times \sum_i \mathrm{FS}_{t_0,i} \times \mathrm{fEF}_i\right) \times 10^{-6} \tag{6-7}$$

式（6-6）表示未来预测年同基准年相比单项技术（表观上消耗能源的技术）CO_2 排放量的变化，式（6-7）表示未来预测年同基准年相比单项技术（表观上节约能源的技术）CO_2 减排量的变化。两个式中，ΔCE 为单项技术 CO_2 排放量的变化（万 t）；ΔCR 为单项技术 CO_2 排放减少量的变化（万 t）；PR 为技术普及率（%）；

FC 为技术能耗指标（kg 标准煤/t 产品，kg 燃料/t 产品，km^3 燃料/t 产品或 kW·h/t 产品）；FS 为技术节能指标（kg 标准煤/t 产品，kg 燃料/t 产品，km^3 燃料/t 产品或 kW·h/t 产品）；fEF 为 CO_2 排放因子（kg CO_2/t 标准煤，kg CO_2/t 燃料，kg CO_2/m^3 或 kg CO_2/MW·h）。

预测年行业实际排放的 CO_2 总量应为基准年 CO_2 排放量叠加技术清单中所有技术对 CO_2 排放影响的量（由于技术清单中绝大多数技术都是节能的，所以技术总体对 CO_2 排放的影响为减少排放）。预测年 CO_2 总排放量计算公式如下：

$$\mathrm{FCE}_{t_0} + \mathrm{MCE}_t + \sum_n \Delta\mathrm{CE}_n - \sum_m \Delta\mathrm{CR}_m \tag{6-8}$$

式中：$FCEt_0$ 为基准年 t_0 燃料消耗 CO_2 排放；MCE_t 为预测年含碳原料分解 CO_2 排放；$\sum_n \Delta CE_n$ 为 n 种用耗能指标表示的技术的 CO_2 排放量变化；$\sum_m \Delta CR_m$ 为 m 种用节能指标表示的技术的 CO_2 减排量变化。各行业技术清单中基本不包含对含碳原料节约的技术，或由于数据可得性无法度量它们同时对能源和原料的使用产生的影响，在式中预测年含碳原料分解排放直接通过基准年排放拟合外推。

本章讨论的 CO_2 减排潜力的含义：预测年在三种技术政策情景下（即 CPW、CPM 和 CPS）行业 CO_2 排放总量同基准情景（BAU）中对应年份的 CO_2 排放总量相比较的差值。因为政策情景的排放量小于基准情景，所以该差值为负数，称之为减排量。显然，这个“减排潜力”的定义与将基准年作为比较对象的减排潜力含义不同。对于大多数行业而言，近中期内行业规模（如产量、发电量）的扩大程度，将远大于减排措施为行业带来的减排效果。因此，从表观上看，采取减排措施只能降低排放量增加的速率，而基本无法扭转增长形态。也就是说，在政策情景下（甚至是强减排情景下），预测年 CO_2 排放极有可能是持续增长的。在这种情况下，就不存在预测年同现在相比能够产生“减排”的作用，自然也就无“减排潜力”可言。确定这一定义是理解后续有关行业减排潜力情景分析的基础。

二、电力行业减排潜力分析

（一）电力行业情景设定

电力行业的宏观情景主要指对发电量和装机量的预测，在参考中国电力企业联合会 2011 年研究报告的基础上，2015—2030 年我国电力发电量和装机量的预测区间：全国发电量在 2015 年、2020 年和 2030 年可能分别处于 5.99 万亿～6.57 万亿 kW·h、7.85 万亿～8.56 万亿 kW·h 和 11.04 万亿～12.36 万亿 kW·h；全国装机量在 2015 年、2020 年和 2030 年可能分别处于 13.73 亿～15.06 亿 kW、18.05 亿～19.68 亿 kW 和 25.38 亿～28.41 亿 kW。本章将上述区间的低值作为电力行业宏观低发展情景（SL），高值作为宏观高发展情景（SH）。

在四种技术情景中，基准情景（BAU）遵循“十一五”之前的能源政策思路，电源结构维持以煤为主的格局，执行 2010 年以前的电价政策；技术清单中重点加强超超临界燃煤发电技术应用，2025 年前后考虑新能源技术的渗透。

弱减排情景（CPW）以 2020 年单位 GDP 排放下降 40%～45%的约束条件和“十二五”规划的远景推算为依据，适当发展可再生能源和清洁能源，重点加强超超临界、陆上风电、光伏发电和核电的渗透。

中减排情景（CPM）将高度重视结构调整，积极发展清洁能源和可再生能源，以 2020 年非化石能源比重达到 15%为约束条件。重点加强超超临界、风电（陆上和海上）、光伏发电、核电和生物质能源的渗透普及，适当考虑 CCS 技术。

强减排情景（CPS）除延续中减排情景对清洁和可再生电源的大力推广外，CCS 技术在电力领域将迎来使用热潮。但由于 CCS 的巨大能耗，供电煤耗可能适当回弹。

在满足 CO_2 减排要求的约束条件下，经过对各种技术的详细分析，表 6-2 和表 6-3 分别展示了 2015—2030 年电力行业技术清单中所有技术在四种情景下发电量和装机量的构成比例。

表 6-2　电力行业 2015—2030 年四种技术情景下各种技术发电量构成比例

技术名称	BAU 发电量比例/%			CPW 发电量比例/%			CPM 发电量比例/%			CPS 发电量比例/%		
	2015年	2020年	2030年	2015年	2020年	2030年	2015年	2020年	2030年	2015年	2020年	2030年
300 MW以下燃煤发电	10.00	2.31	0.49	9.77	2.21	0.47	9.55	2.02	0.36	9.42	1.89	0.31
300 MW级燃煤	20.89	17.35	1.24	20.40	16.65	1.19	19.95	15.16	0.90	19.67	14.23	0.77
600 MW级燃煤	26.21	30.01	6.74	18.41	20.72	6.46	18.00	13.71	4.92	17.75	12.86	4.20
1 000 MW级燃煤	17.30	21.02	36.96	24.47	21.31	27.74	23.93	18.38	12.73	23.59	17.24	10.88
630℃超超临界	0.00	4.98	23.70	0.00	10.81	23.44	0.00	15.08	10.57	0.00	13.83	9.19
700℃超超临界	0.00	0.00	0.00	0.00	0.00	6.52	0.00	0.00	20.04	0.00	0.00	17.13
燃气发电	1.54	1.46	1.93	1.93	1.65	1.93	2.65	3.20	3.94	3.13	4.15	3.94
压水堆二代改造核电	2.70	1.19	0.86	2.70	1.30	0.97	2.57	1.95	1.37	2.57	2.17	1.60
压水堆三代核电	2.70	4.17	9.43	2.70	4.55	10.68	2.57	6.83	15.08	2.57	7.57	17.59
快堆核电	0.00	0.00	0.00	0.00	0.00	0.00	0.00	0.00	0.00	0.00	0.00	0.00
高温气冷堆核电	0.00	0.00	0.00	0.00	0.00	0.00	0.00	0.00	0.00	0.00	0.00	0.00
大中型水电站	10.29	9.05	7.94	10.50	9.84	8.39	10.91	10.16	8.94	10.91	10.16	8.94
小型水电站	3.09	2.77	2.40	3.15	3.01	2.54	3.27	3.11	2.71	3.27	3.11	2.71
抽水蓄能电站	0.48	0.46	0.32	0.48	0.46	0.32	0.48	0.46	0.32	0.48	0.46	0.32
陆上并网风电	2.44	2.31	2.18	2.74	3.01	2.18	3.05	3.59	2.52	3.05	4.64	2.76
海上并网风电	0.13	0.49	1.25	0.14	0.65	1.25	0.16	0.77	1.44	0.16	0.99	1.58
光伏太阳能	0.03	0.06	0.56	0.08	0.17	1.11	0.17	0.76	6.678	0.25	1.13	8.91

技术名称	BAU 发电量比例/%			CPW 发电量比例/%			CPM 发电量比例/%			CPS 发电量比例/%		
	2015年	2020年	2030年	2015年	2020年	2030年	2015年	2020年	2030年	2015年	2020年	2030年
光热太阳能	0.01	0.03	0.09	0.04	0.10	0.17	0.07	0.46	1.03	0.11	0.70	1.37
IGCC	0.00	0.00	0.00	0.00	0.00	0.00	0.00	0.00	0.00	0.00	0.00	0.00
各种余热发电	1.20	1.22	0.86	1.61	1.22	0.86	1.61	1.22	0.86	1.61	1.22	0.86
生物质发电	0.48	0.61	0.86	0.80	0.91	1.29	0.96	0.91	3.00	1.36	1.22	4.28
CCS	0.00	0.00	0.00	0.00	0.00	0.00	0.00	0.00	0.00	0.00	0.00	0.00
热电联产供热部分	15.40	14.95	17.12	15.40	14.95	17.12	15.40	14.95	17.12	15.40	14.95	17.12

表 6-3　电力行业 2015—2030 年四种技术情景下装机量构成比例

技术名称	BAU 装机量比例/%			CPW 装机量比例/%			CPM 装机量比例/%			CPS 装机量比例/%		
	2015年	2020年	2030年	2015年	2020年	2030年	2015年	2020年	2030年	2015年	2020年	2030年
300 MW 以下燃煤发电	9.02	2.09	0.46	8.70	1.96	0.43	8.32	1.76	0.29	8.13	1.61	0.26
300 MW 级燃煤	18.85	15.75	1.14	18.16	14.72	1.08	17.38	13.20	0.74	16.99	12.11	0.64
600 MW 级燃煤	24.01	27.24	6.22	16.39	18.31	5.87	15.68	11.94	4.02	15.33	10.95	3.49
1 000 MW 级燃煤	15.61	19.09	34.10	21.79	18.84	25.19	20.85	16.00	10.40	20.38	14.68	9.04
630℃超超临界	0.00	4.98	23.70	0.00	10.81	23.44	0.00	15.08	10.57	0.00	13.83	9.19
700℃超超临界	0.00	0.00	0.00	0.00	0.00	5.92	0.00	0.00	16.37	0.00	0.00	14.24
燃气发电	2.24	2.13	2.76	2.80	2.39	2.76	3.85	3.99	3.69	4.55	4.52	3.69
压水堆二代改造核电	1.47	0.65	0.46	1.47	0.71	0.52	1.40	1.06	0.74	1.40	1.18	0.86
压水堆三代核电	1.47	2.28	5.07	1.47	2.48	5.74	1.40	3.72	8.11	1.40	4.14	9.46
快堆核电	0.00	0.00	0.00	0.00	0.00	0.00	0.00	0.00	0.00	0.00	0.00	0.00

技术名称	BAU 装机量比例/%			CPW 装机量比例/%			CPM 装机量比例/%			CPS 装机量比例/%		
	2015年	2020年	2030年	2015年	2020年	2030年	2015年	2020年	2030年	2015年	2020年	2030年
高温气冷堆核电	0.00	0.00	0.00	0.00	0.00	0.00	0.00	0.00	0.00	0.00	0.00	0.00
大中型水电站	13.18	11.61	10.04	13.45	12.26	10.61	13.99	13.03	11.32	13.99	13.03	11.32
小型水电站	3.95	3.55	3.04	4.03	3.86	3.21	4.20	3.99	3.43	4.20	3.99	3.43
抽水蓄能电站	2.80	2.66	1.84	2.80	2.66	1.84	2.80	2.66	1.84	2.80	2.66	1.84
陆上并网风电	5.31	5.04	4.69	5.98	6.57	4.69	6.64	7.45	5.16	6.64	9.20	5.39
海上并网风电	0.28	1.08	2.68	0.31	1.41	2.68	0.35	1.60	2.95	0.35	1.97	3.08
光伏太阳能	0.10	0.16	1.60	0.24	0.49	3.19	0.49	1.65	14.38	0.73	2.47	19.17
光热太阳能	0.04	0.10	0.25	0.10	0.30	0.49	0.21	1.01	2.21	0.31	1.52	2.95
IGCC	0.00	0.00	0.00	0.00	0.00	0.00	0.00	0.00	0.00	0.00	0.00	0.00
各种余热发电	1.05	1.06	0.74	1.40	1.06	0.74	1.40	1.06	0.74	1.40	1.06	0.74
生物质发电	0.42	0.53	0.74	0.70	0.80	1.11	0.84	0.80	2.58	1.99	1.06	3.69
CCS	0.00	0.00	0.00	0.00	0.00	0.00	0.00	0.00	0.00	0.00	0.00	0.00
热电联产供热部分	14.03	13.62	15.33	14.03	13.62	15.33	14.03	13.62	15.33	14.03	13.62	15.33

（二）电力行业二氧化碳排放预测及减排潜力评估

我国电力行业 2005—2030 年的各个情景下，发电和供热 CO_2 排放总量和单位发电量 CO_2 排放强度分别见图 6-3 和图 6-4。两种宏观情景下 CO_2 排放曲线的形态相似，差别仅在排放总量。在未来 20 年左右，弱减排情景的政策力度还不足以扭转电力行业 CO_2 排放持续增长的态势。然而，当政策力度达到中减排情景程度时，电力行业 CO_2 排放总量的增势将得到控制，并极有可能在 2025 年前后达到峰值。若进一步加强对电力行业 CO_2 排放的控制（如达到强减排情景水平），则总量在经历峰值之后仍有显著下降。从 CO_2 排放强度看，所有情景下的碳排放强度都将降低。2030 年排放强度将最多降低至 2010 年的一半左右，即使在弱减排情景下，排放强度也有超过 20%的降低率。

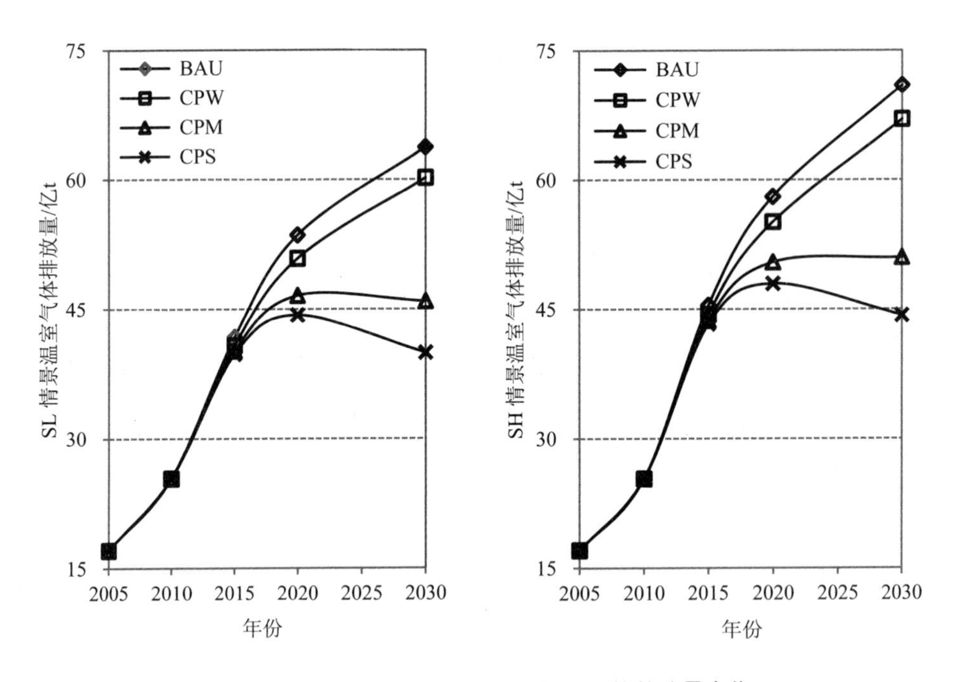

图 6-3　电力行业 2005—2030 年 CO_2 排放总量变化

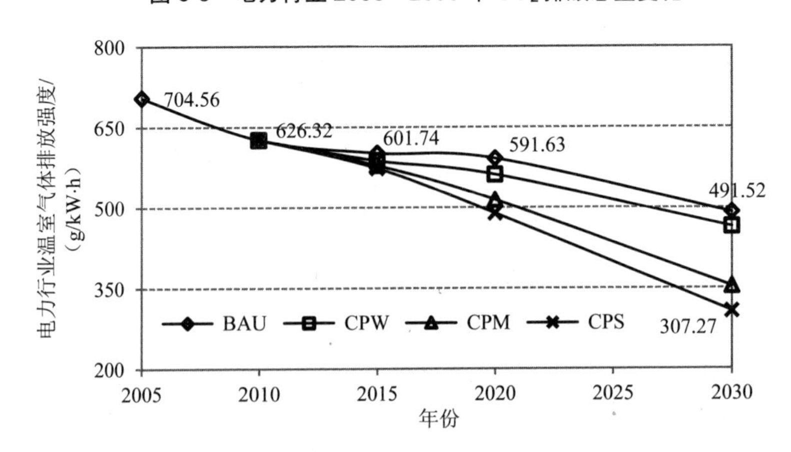

图 6-4　电力行业 2005—2030 年各情景下发电和供热 CO_2 排放强度变化

根据本章之前定义的CO_2减排潜力含义，按照这种计算方法，电力行业在三种技术政策情景下2015—2030年CO_2减排潜力如表6-4所示。2015年电力行业CO_2减排量在弱、中、强情景下同排放总量的占比约为2.4%、4.0%、5.0%，2020年电力行业CO_2减排量在弱、中、强情景下同排放总量的占比约为5.3%、15.0%、20.9%，2030年电力行业CO_2减排量在弱、中、强情景下同排放总量的占比约为5.9%、39.0%、59.7%。可以看出，2020年之后中减排情景和强减排情景的减排潜力都非常显著。

表6-4　电力行业各情景下CO_2减排潜力　　单位：万t

情景	宏观社会低发展情景（SL）			宏观社会高发展情景（SH）		
	2015年	2020年	2030年	2015年	2020年	2030年
弱减排情景（CPW）	9 800	27 100	35 500	10 800	29 500	39 700
中减排情景（CPM）	16 000	69 900	178 400	17 500	76 200	199 800
强减排情景（CPS）	19 700	92 500	238 200	21 600	100 900	266 700

三、石油行业减排潜力分析

（一）石油行业情景设定

石油行业宏观情景设定是综合国家能源发展相关规划、大型石油公司发展规划，以对石油行业主要生产数据增长速度的预测为核心完成的。石油行业主要宏观指标包括原油产量和加工量、天然气产量、天然气消费量和油气当量产量。社会高、低发展情景下具体数值设定见表6-5。

关于技术政策情景，基准情景中技术措施基本遵循自然发展规律。弱减排情景中碳排放约束适度（排放强度降低约20%），重点普及低成本、业已成熟的技术。中减排情景中进一步提高约束条件，预期碳排放强度达到40%以上，半成熟技术开始大力推广。强减排情景将碳排放约束设置为60%以上，在半成熟技术几乎普及的同时，着眼高成本、低普及率技术的应用。按照上述原则，石油行业在四种情景下2015—2030年技术清单中所有技术普及率见表6-6。

表 6-5　石油行业宏观情景指标及数值设定

指标	宏观社会低发展情景（SL）				宏观社会高发展情景（SH）			
	2015 年	2020 年	2025 年	2030 年	2015 年	2020 年	2025 年	2030 年
原油产量/亿 t	2.24	2.41	2.56	2.44	2.24	2.41	2.56	2.44
原油加工量/亿 t	5.15	5.97	6.59	6.75	5.40	5.97	6.59	8.01
天然气产量/亿 m^3	1 388.52	1 858.15	2 154.10	2 263.98	1 388.52	1 858.15	2 154.10	2 052.55
天然气消费量/亿 m^3	1 957.96	2 620.19	2 892.91	3 040.47	2 541.93	2 620.19	2 892.91	6 048.63
油气当量产量/亿 t 标准油	3.35	3.90	4.28	4.24	3.35	3.90	4.28	4.07

表 6-6　石油行业 2015—2030 年四种技术情景下各种技术普及率　　单位：%

技术名称	基准情景（BAU）			弱减排情景（CPW）			中减排情景（CPM）			强减排情景（CPS）		
	2015 年	2020 年	2030 年	2015 年	2020 年	2030 年	2015 年	2020 年	2030 年	2015 年	2020 年	2030 年
炼油能量系统整体优化	6	10	16	7	9	15	8	11	18	10	15	30
炼油加热炉能效提高	13	18	25	15	20	30	20	30	40	30	40	50
炼油装置热联合与余热利用	25	30	35	30	35	45	35	45	60	40	55	80
劣质原料气化多联产	2	4	7	3	7	13	4	10	18	5	15	30
注采系统节能	13	18	25	14	20	30	15	25	45	18	30	50
油气田地面工程系统优化	23	26	30	25	30	35	28	33	40	30	40	50
火炬优化与伴生气回收	70	75	80	73	80	90	75	85	95	80	90	99
CO_2 咸水层与枯竭油气藏碳封存	0	0	0.000 5	0	0	0.001	0	0.000 5	0.01	0.000 5	0.000 3	0.02
CO_2-EOR	0.1	0.2	0.6	0.3	0.8	2	0.5	1	4	0.8	3	10

（二）石油行业二氧化碳排放预测及减排潜力评估

我国石油行业2015—2030年在各情景下CO_2排放总量（图6-5）都将持续增长。宏观社会低发展情景下，石油行业到“十二五”末CO_2排放量达到4.4亿t，与2010年相比增长约17%；2030年排放量将达到5.84亿t，增速减缓，相比于2010年增长约55%。宏观社会高发展情景下，石油行业到“十二五”末CO_2排放量达到4.5亿t，与2010年相比增长约19%；2030年排放量达到约6.17亿t，增速减缓，相比2010年增长约63%。石油行业2010—2030年单位CO_2排放强度变化见图6-6。

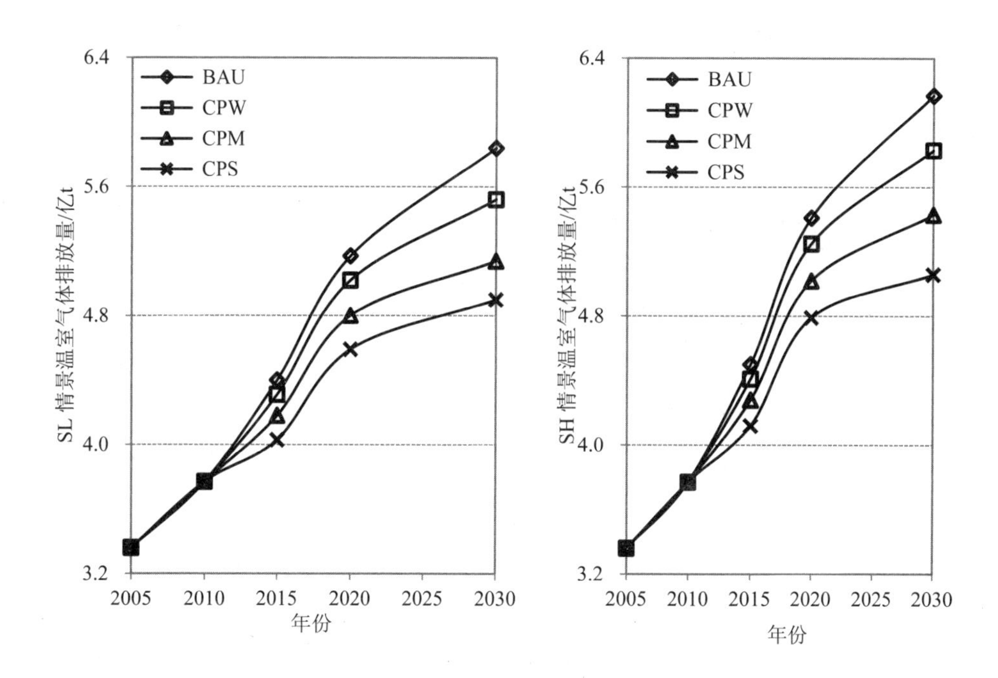

图6-5　石油行业2010—2030年CO_2排放总量变化

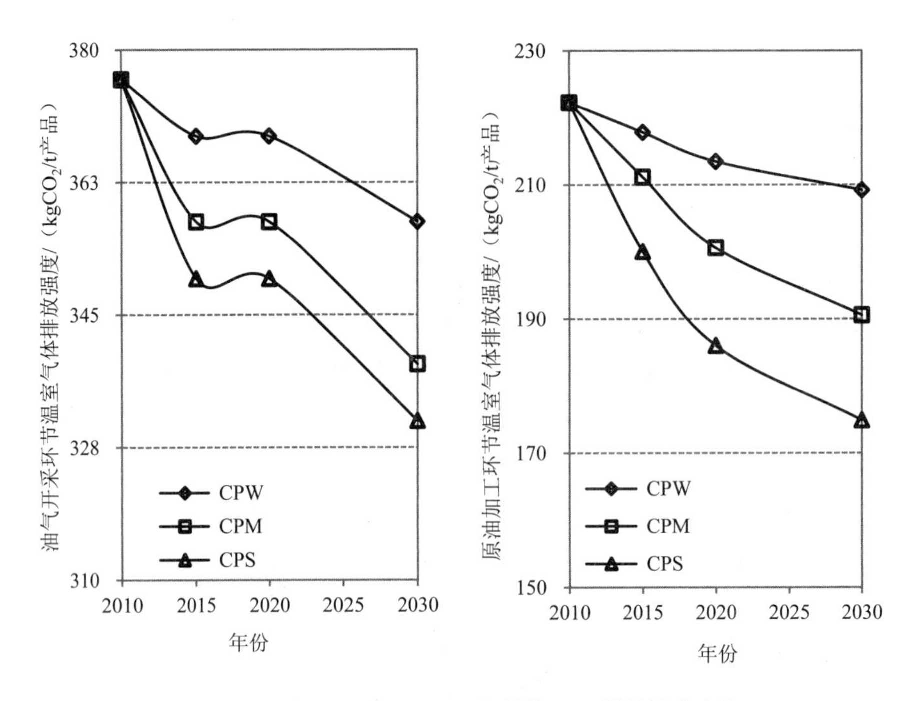

图 6-6　石油行业 2010—2030 年单位 CO_2 排放强度变化

石油行业在弱、中、强三种减排情景下，2015—2030 年 CO_2 减排潜力（表 6-7）分析表明：2015 年石油行业 CO_2 减排量在弱、中、强情景下同排放总量的占比约为 2.0%、5.1%、9.2%；2020 年石油行业 CO_2 减排量在弱、中、强情景下同排放总量的占比约为 3.0%、7.8%、12.7%；2030 年石油行业 CO_2 减排量在弱、中、强情景下同排放总量的占比约为 5.8%、13.7%、20.9%。弱减排情景下重点推动常规节能减排技术，然而因为石油行业两大主体业务（石油天然气开采和炼油）节能减排潜力有限，仅靠这些环节对应的技术渗透很难实现政策预期的 CO_2 减排量。在中减排情景和强减排情景中，随着高成本、高减排技术（如 CCS 技术）的应用，减排量逐渐变得可观。例如，CCS 减排潜力在 2015 年前还相对较小，2020 年前后则可以达到和主体生产优化技术同一数量级的水平，2030 年前后其潜力则远远超过常规生产优化技术。

表 6-7　石油行业各情景下 CO_2 减排潜力　　单位：万 t

情景	宏观社会低发展情景（SL）			宏观社会高发展情景（SH）		
	2015 年	2020 年	2030 年	2015 年	2020 年	2030 年
弱减排情景（CPW）	900	1 500	3 200	900	1 600	3 400
中减排情景（CPM）	2 200	3 700	7 000	2 200	3 900	7 400
强减排情景（CPS）	3 700	5 800	9 400	3 800	6 200	11 100

四、钢铁行业减排潜力分析

（一）钢铁行业情景设定

钢铁行业宏观情景中的关键参数是粗钢产量，本书根据对 GDP 增长率、城市化率同钢铁生产关系的拟合以估计粗钢的产量，评估预测粗钢产量在 2025 年前后达到峰值。宏观社会低发展情景下粗钢在 2015 年、2020 年和 2030 年产量分别达到 7.1 亿 t、9.0 亿 t 和 8.1 亿 t，宏观社会高发展情景下粗钢在 2015 年、2020 年和 2030 年产量分别达到 7.4 亿 t、10.5 亿 t 和 9.4 亿 t。钢铁生产中其他重要工序产品在未来的产量通过确定它们之间的比例指标获得，具体指标及数值设定见表 6-8。

表 6-8　钢铁行业宏观情景中的关键指标及其数值　　单位：%

关键指标	2015 年	2020 年	2030 年
转炉钢比重	0.9	0.85	0.75
电炉钢比重	0.1	0.15	0.25
焦比	0.40	0.40	0.40
烧结矿比	1.30	1.30	1.30
球团比	0.17	0.17	0.17
铁钢比	0.95	0.9	0.8
传统流程炼铁比重	0.98	0.96	0.83
非高炉炼铁比重（包括熔融还原等）	0.02	0.04	0.17

钢铁行业技术情景设置的内容包括对技术清单中各项节能技术普及率的确定以及对设备大型化水平的设置。四种技术情景的关键区别在于不同力度的政策实施后，最终导致各种技术推广应用普及程度的差异。基准情景下，各种技术按照基准年前颁布的政策所带来的影响自然发展，强减排情景则表现为几乎所有技术按照2030年前后能够达到预期最大普及率的轨迹发展。对节能技术普及率的设置，主要考虑技术普及率速度变化情况，采用S形曲线模拟未来的变化趋势，对设备大型化水平设置则考虑了落后产能淘汰的力度和水平。技术政策情景设置具体情况如表6-9所示。

表6-9 钢铁行业2015—2030年四种技术情景下各种技术普及率 单位：%

技术名称	基准情景（BAU）			弱减排情景（CPW）			中减排情景（CPM）			强减排情景（CPS）		
	2015年	2020年	2030年	2015年	2020年	2030年	2015年	2020年	2030年	2015年	2020年	2030年
煤调湿技术（CMC）	18	34	73	20	39	81	23	47	91	27	58	100
干法熄焦（CDQ）	87	94	100	88	95	100	90	96	100	92	98	100
转炉煤气干法（LT法）净化回收技术	77	89	98	79	91	100	82	93	100	85	95	100
低温烧结技术	77	89	100	79	91	100	82	93	100	85	95	100
小球团烧结工艺	60	78	100	63	81	100	67	86	100	71	90	100
烧结余热发电技术	36	56	87	39	62	92	43	69	96	48	78	100
高炉鼓风除湿节能技术	9	18	53	10	21	64	11	27	81	13	37	89
高炉炉顶压煤气干式余压发电技术	77	89	100	79	91	100	82	93	100	85	95	100
高炉煤气全干法除尘技术	69	84	100	72	87	100	75	90	100	79	93	100
转炉负能炼钢工艺技术	69	84	96	72	87	98	75	90	100	79	93	100
高炉高效喷煤技术	60	78	100	63	81	100	67	86	100	71	90	100
高炉喷吹焦炉煤气技术	2	5	21	3	6	30	3	8	50	4	12	66
转炉烟气高效回收利用技术	69	84	96	72	87	98	75	90	99	79	93	100
蓄热式燃烧工程	56	69	95	52	74	92	49	79	95	86	99	100
低热值高炉煤气-燃气-蒸汽联合循环发电	33	53	86	36	59	90	40	66	96	45	75	99
能源管理中心技术	36	56	92	39	62	87	43	69	92	48	98	100
电炉优化供电技术	36	56	87	39	62	92	43	69	96	48	78	98
热风炉双预热技术	7	14	45	7	17	57	8	22	76	10	30	86
非高炉炼铁	2	5	21	3	6	30	3	8	50	4	12	66
降低烧结漏风率	77	89	100	79	91	100	82	93	100	85	95	100

（二）钢铁行业二氧化碳排放预测及减排潜力评估

随着粗钢产量 2020 年前后达到峰值，我国钢铁行业在所有情景下 CO_2 排放也将同期达到排放顶峰（图 6-7）。宏观社会低发展情景下，钢铁行业峰值 CO_2 排放水平处于 16 亿～18 亿 t，2030 年 CO_2 排放量将降至 13 亿～14 亿 t；宏观社会高发展情景下，钢铁行业峰值 CO_2 排放水平处于 18 亿～20 亿 t，略高于宏观社会低发展情景，2030 年 CO_2 排放量将降至 15 亿～16 亿 t。所有情景下钢铁行业单位 CO_2 排放强度都持续下降（图 6-8），技术进一步普及推广将带来排放强度降低速度的增加。在强减排情景下，吨钢 CO_2 排放强度在 2030 年为 1.69 t CO_2/t 粗钢，同 2010 年相比降低约 19%，显著高于弱减排情景下 13%的降低率。

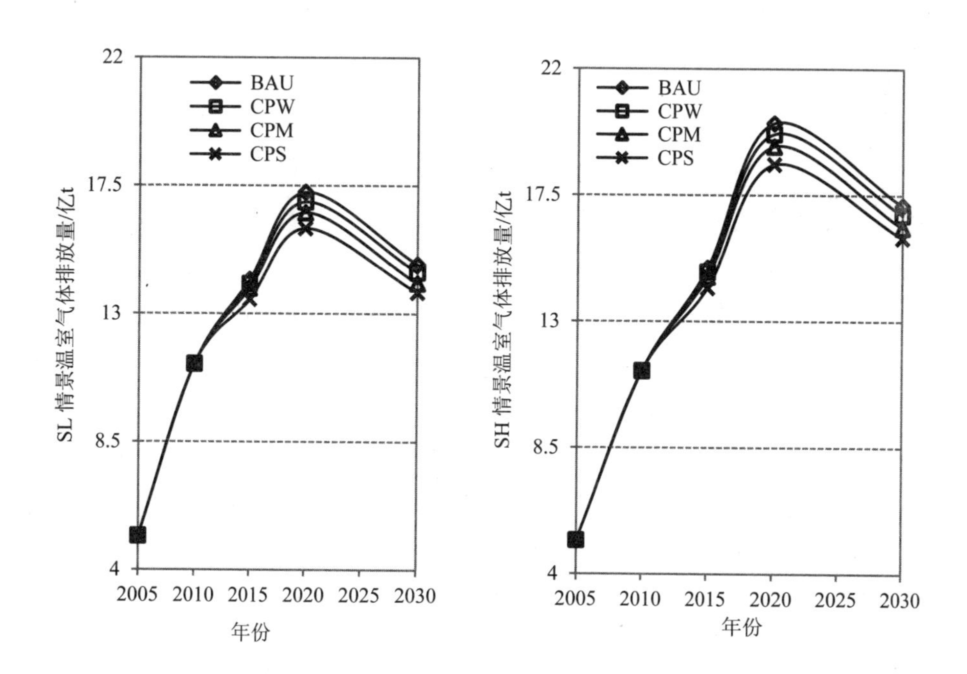

图 6-7　钢铁行业 2010—2030 年 CO_2 排放总量变化

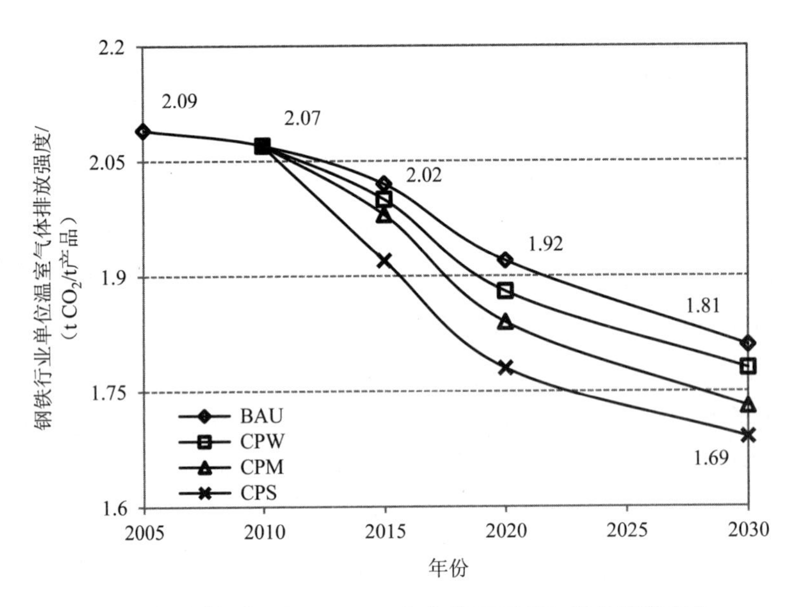

图 6-8 钢铁行业 2005—2030 年各情景下 CO_2 排放强度变化

表 6-10 展示了钢铁行业在 2015—2030 年三种情景下 CO_2 减排潜力：2015 年钢铁行业 CO_2 减排量在弱、中、强情景下同排放总量的占比约为 1.0%、2.1%、4.5%；2020 年钢铁行业 CO_2 减排量在弱、中、强情景下同排放总量的占比约为 2.0%、4.3%、7.7%；2030 年钢铁 CO_2 减排量在弱、中、强情景下同排放总量的占比约为 2.0%、4.6%、7.0%。在设置的四个情景中，随着行业减排政策越来越严厉，CO_2 减排效果也越明显。在基准情景下，2030 年由于节能技术进步应用带来的减排量为 297.8 kg CO_2/t 粗钢，由于淘汰落后产能使得设备水平升级导致的减排量为 19.2 kg CO_2/t 粗钢。在强减排情景下，至 2030 年依靠节能技术的普及和应用的减排量为 371.9 kg CO_2/t 粗钢，设备大型化带来的减排量为 63.0 kg CO_2/t 粗钢。

表 6-10 钢铁行业各情景下 CO_2 减排潜力 单位：万 t

情景	宏观社会低发展情景（SL）			宏观社会高发展情景（SH）		
	2015 年	2020 年	2030 年	2015 年	2020 年	2030 年
弱减排情景（CPW）	1 400	3 400	2 800	1 400	3 900	3 300
中减排情景（CPM）	3 000	7 200	6 700	3 100	8 300	7 800
强减排情景（CPS）	6 900	12 700	9 900	7 100	14 700	11 500

五、水泥行业减排潜力分析

（一）水泥行业情景设定

水泥行业宏观情景设定主要是设定水泥产量，以人口和经济增速为依据。根据人均 GDP 的历史变化规律，推测大概在 2018 年（宏观社会高发展情景）和 2020 年（宏观社会低发展情景）分别接近 15 000 美元，即一般认为水泥产量应产生拐点的经济发展水平。水泥产量峰值在同一时期显现，为 25 亿～27 亿 t，产量在高位上保持一段时间后开始下降，2030 年产量为 15 亿～17 亿 t（预测的各年份水泥产量见表 6-11），行业宏观情景（包括产品产量和资源消耗量）设定见表 6-12。

表 6-11　水泥产量预测

年份	人口	按2005年PPP计算的人均GDP/美元	水泥产量/Mt		水泥人均累积消费量/t		水泥人均消费量/（kg/人）	
			低发展情景（SL）	高发展情景（SH）	低发展情景（SL）	高发展情景（SH）	低发展情景（SL）	高发展情景（SH）
2010①	13.409 1	8 679	1 879	1 879	14.311	14.311	1 401	1 401
2011①	13.473 5	10 145	2 090	2 090	15.862	15.862	1 551	1 551
2012	13.546		2 215	2 257	17.497	17.528	1 635	1 666
2013	13.616		2 348	2 438	19.221	19.319	1 724	1 791
2014	13.685		2 395	2 510	20.971	21.153	1 750	1 834
2015	13.755	11 763（SL） 12 323（SH）	2 443	2 586	22.747	23.033	1 776	1 880
2016	13.825	12 288（SL） 13 118（SH）	2 455	2 625	24.523	24.932	1 776	1 899
2017	13.896	12 837（SL） 13 965（SH）	2 468	2 664	26.299	26.849	1 776	1 917
2018	13.967	13 410（SL） 14 867（SH）	2 480	2 704	28.075	28.785	1 776	1 936
2019	14.038	14 009（SL） 15 827（SH）	2 492	2 623	29.85	30.653	1 775	1 868
2020	14.11	14 635（SL） 16 848（SH）	2 504	2 544	31.625	32.456	1 775	1 803
2021	14.182	15 143（SL） 17 769（SH）	2 379	2 442	33.302	34.178	1 677	1 722
2025	14.473		1 938	2 075			1 339	1 434
2030	14.846		1 499	1 691			1 010	1 139

注：① 2010 年和 2011 年为实际值。

表 6-12　预测年水泥产量和资源消耗量　　单位：亿 t

名称	情景	2015 年	2020 年	2030 年
水泥	低发展情景（SL）	24.43	25.04	15
	高发展情景（SH）	25.86	25.44	17
水泥熟料	低发展情景（SL）	14.90	15.15	9.00
	高发展情景（SH）	15.77	15.39	10.2
水泥生料	低发展情景（SL）	23.10	23.48	13.95
	高发展情景（SH）	24.44	23.85	15.81
石灰质原料	低发展情景（SL）	18.48	18.78	11.16
	高发展情景（SH）	19.55	19.08	12.65
黏土质原料	低发展情景（SL）	3.47	3.52	2.09
	高发展情景（SH）	3.67	3.58	2.37
铁质校正材料	低发展情景（SL）	1.16	1.17	0.70
	高发展情景（SH）	1.22	1.19	0.79
石膏	低发展情景（SL）	0.98	1	0.6
	高发展情景（SH）	1.03	1.02	0.68
混合材	低发展情景（SL）	8.55	8.89	5.4
	高发展情景（SH）	9.05	9.03	6.12

水泥行业技术情景设定主要指对技术清单中各项技术普及率在未来预测年份的估计。同钢铁行业一样，四种技术情景的关键区别在于在不同力度政策的影响下技术应用程度的差异（表 6-13）。

表 6-13　水泥行业 2015—2030 年四种情景下各种技术普及率　　单位：%

技术名称	基准情景（BAU）			弱减排情景（CPW）			中减排情景（CPM）			强减排情景（CPS）		
	2015 年	2020 年	2030 年	2015 年	2020 年	2030 年	2015 年	2020 年	2030 年	2015 年	2020 年	2030 年
立窑	8	6	4	7	5	3	6	4	2	5	3	1
2 000 t/d 以下新型干法	4.5	4	3.5	4	3.5	3	3.5	3	2	3	2	1
2 000～4 000 t/d 新型干法	34	34.5	35	33.5	33	32.5	33	32	30	32	31	28
4 000 t/d 以上新型干法	53.5	55.5	57.5	55.5	58.5	61.5	57.5	61	66	60	64	70
高效冷却机技术	20	30	50	30	40	60	40	50	70	50	60	80
纯低温余热发电	78	82	90	80	84	92	82	86	94	84	88	96

技术名称	基准情景（BAU）			弱减排情景（CPW）			中减排情景（CPM）			强减排情景（CPS）		
	2015年	2020年	2030年	2015年	2020年	2030年	2015年	2020年	2030年	2015年	2020年	2030年
提高工厂自动化/控制水平	68	72	81	71	75	84	74	78	87	77	81	90
采用低碳替代原材料生产熟料	5	6	8	6	7	10	7	8	12	8	9	14
辊压机生料终粉磨技术	10	15	25	15	20	30	20	25	35	25	30	40
水泥立磨终粉磨技术	15	20	30	20	25	35	25	30	40	30	35	45
辊压机+球磨机联合粉磨系统	35	38	44	37	40	46	39	42	48	41	44	50
熟料、矿渣等分别粉磨技术	15	20	30	20	25	35	25	30	40	30	35	45
变频调速技术	32	35	38	34	37	40	36	39	42	38	41	44
采用粒化高炉矿渣、粉煤灰、火山灰等材料减少水泥熟料含量	33.5	34	34.5	34	34.5	35	35	35.5	36	36	36.5	37
42.5 级及以上水泥	36	37	39	39	41	44	42	45	49	45	49	54
替代燃料技术（包括水泥窑协同处理废物）	0.08	0.12	0.2	1	5	15	2	10	25	3	15	35
新型替代水泥	0	0	0	0	1	3	0	2	6	1	4	9
CCS 技术	0	0	0	0	0	1	0	0	2	0	0	3

（二）水泥行业二氧化碳排放预测及减排潜力评估

水泥的产量同粗钢一样也将在 2020 年前后达到峰值，与同产量密切相关，水泥行业 CO_2 排放量也将在 2020 年前后达到峰值，峰值排放量为 14 亿～15 亿 t。峰值期之后产量将快速下降至 10 亿 t 以下（图 6-9）。在三种技术政策情景下，水泥行业 CO_2 排放强度持续下降（图 6-10）。最强力度的减排政策可以使排放强度在 2020 年下降到大约 2010 年的 92%，2030 年同 2010 年相比下降约 13%。

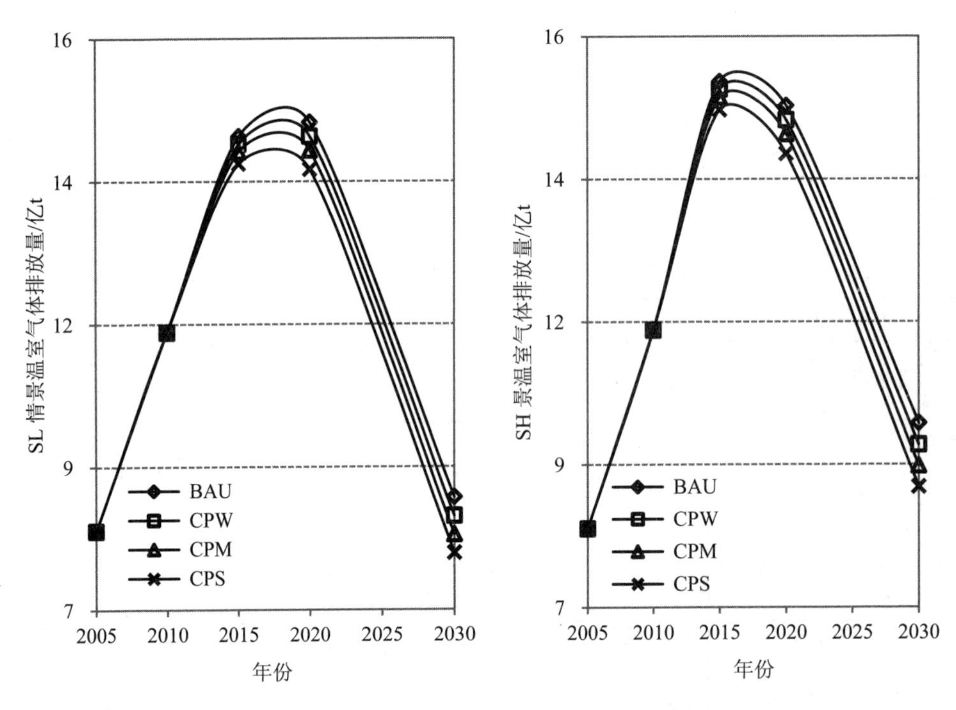

图 6-9 水泥行业 2005—2030 年 CO_2 排放总量变化

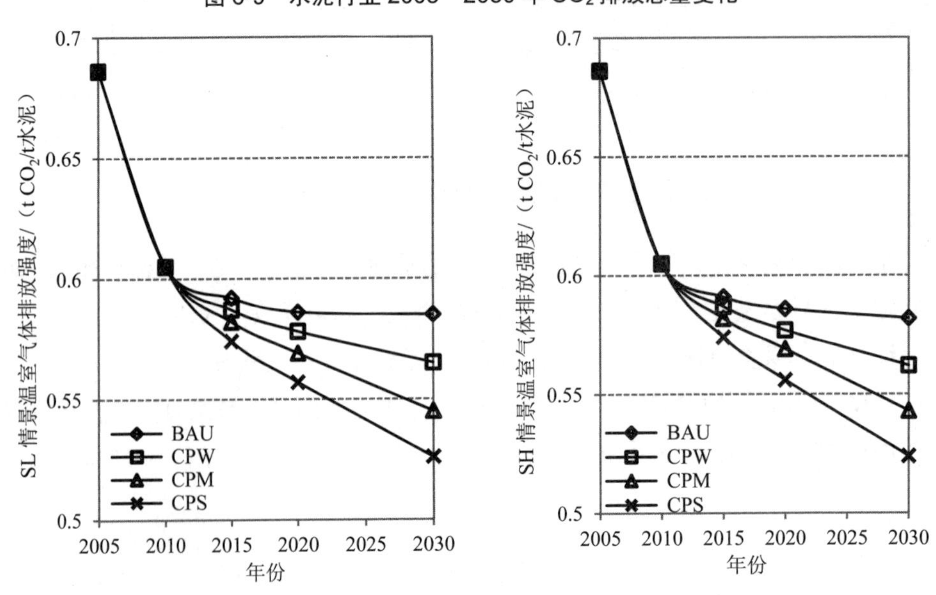

图 6-10 水泥行业 2005—2030 年 CO_2 排放强度变化

水泥行业在三种技术政策情景下 CO_2 减排潜力（表 6-14）表明：2015 年水泥行业 CO_2 减排量在弱、中、强情景下同排放总量的占比约为 0.8%、1.6%、3.0%；2020 年水泥行业 CO_2 减排量在弱、中、强情景下同排放总量的占比约为 1.5%、3.5%、5.2%；2030 年水泥行业 CO_2 减排量在弱、中、强情景下同排放总量的占比约为 3.4%、6.9%、10.8%，减排效果随着政策力度由弱到强显著增加。将技术清单中的技术划分为成熟和新兴技术两类。相比于 2010 年，预测年（2015 年、2020 年、2030 年）所选技术在两种宏观情景下的最高减排潜力分别为 7 474 万～8 110 万 t、12 092 万～12 339 万 t 和 11 436 万～13 415 万 t。其中，成熟技术的减排潜力分别为 6 768 万～7 363 万 t、9 223 万～9 424 万 t 和 6 393 万～7 700 万 t，剩余的为未来新兴技术的减排潜力。可以看到，初期（2015 年）成熟技术对减排的贡献超过 80%，随后新兴技术减排能力不断增大，到 2030 年已经与成熟技术平分秋色。

表 6-14　水泥行业各情景下 CO_2 减排潜力　　单位：万 t

情景	宏观社会低发展情景（SL）			宏观社会高发展情景（SH）		
	2015 年	2020 年	2030 年	2015 年	2020 年	2030 年
弱减排情景（CPW）	1 200	2 200	3 000	1 200	2 300	3 400
中减排情景（CPM）	2 400	4 400	5 900	2 500	4 500	6 700
强减排情景（CPS）	4 300	7 400	8 800	4 500	7 600	10 000

六、电解铝行业减排潜力分析

（一）电解铝行业情景设定

电解铝行业的宏观情景设定包括预测年电解铝产量和关键的原料能耗指标。按照电解铝行业发展特点及有关规划，预测电解铝产量在 2010—2015 年以年均增速 5%左右增长，在 2020 年前后达到峰值，峰值产量接近 2 500 万 t，随后以约 2%的年均速度下降至 2030 年的 2 000 万 t 左右。电解铝行业的技术指标及原料/能源消耗指标基本由电解铝主体生产工艺（一般分为传统电解法和多极槽生产工艺两种）决定，在按照技术进步规律确定预测年份主体生产工艺比例的基础上，设定电解铝行业关键技术指标和原料/能源消耗指标（表 6-15）。

表 6-15 电解铝单位产品主要技术指标

主要技术指标	2005 年	2010 年	2015 年	2020 年	2030 年
炭阳极净耗/（kg/t-Al）	445.4	430	410	400	351
阳极效应系数/（次/槽-日）	0.3	0.2	0.11	0.08	0.03
效应持续时间/min	3.5	3.05	2.85	2.7	2
综合交流电耗/（kW·h）	14 574	13 979	13 300	12 500	11 800
发电标准煤单耗/[g 标准煤/（kW·h）]	374	340	320	280	270
氧化铝单耗/（kg/t-Al）	1 933	1 918	1 910	1 900	1 900
氧化铝工艺能耗/（kg/t-Al_2O_3）	998	632	550	500	450
氟化盐单耗/（kg/t-Al）	28	21	17	17	17
氟化盐工艺能耗/（kg/t）	460	270	245	245	245
碳阴极单耗/（kg/t）	25	20	20	20	18
炭阳极工艺能耗/（kg/t）	1 123	917	800	800	800

对电解铝四种技术情景进行设定。基准情景中，2005 年之后对电解铝节能减排无新要求，现有节能减排技术水平仅按自然规律发展。弱减排情景中，国家对电解铝的宏观调控和节能减排政策基本符合实际情况，对电解铝的淘汰落后产能步伐加快，原材料质量提高，基本淘汰了 120 kA 以下的电解铝槽型生产系列；现有先进适用技术迅速大面积推广应用，所有电解铝企业的主要技术指标达到 2010 年行业国内领先企业水平。中减排情景中，国家在现有的宏观调控和节能减排政策上进一步加大力度，具有技术和管理优势的电解铝企业占全国总产量的 85%以上，所有电解铝企业实现了低温低电压工艺技术路线，90%以上的电解铝产能为 200 kA 以上槽型；无效应电解技术、新型阴极结构电解技术和优质炭阳极生产技术实现了大范围产业化示范应用。强减排情景中，国家对电解铝行业的减排政策力度达到最大；具有技术和管理优势的电解铝企业占全国总产量的 90%以上，50%左右的电解铝生产能力采用了自动熄灭阳极效应技术，90%以上的电解铝产能为 300 kA 以上槽型，多极槽铝电解技术和碳热还原法炼铝等新技术得到推广应用。

（二）电解铝行业二氧化碳排放预测及减排潜力评估

电解铝行业同其他生产行业在 CO_2 排放特征上不同，因为它的主体生产工艺电解铝主要消耗电能，所以电解铝行业 CO_2 排放总量中间接排放占据绝大部分。2010 年电解铝行业直接和间接 CO_2 排放比例约为 1∶9。因为电解铝产量在 2020 年前后出现拐点，所以在各种情景下 CO_2 排放曲线均存在峰值（图 6-11）。除强减排情景推动峰值前移到 2015 年附近，其余情景下峰值的时间分布基本同产量峰值一致。宏观社会低发展情景下，电解铝行业在弱、中、强三种减排情景下峰值 CO_2 排放量为 4.5 亿～5.5 亿 t；宏观社会高发展情景下，电解铝行业的峰值 CO_2 排放总量处于 5.5 亿～6 亿 t。两种宏观情景下减排政策明显削减了峰值的排放量，同基准情景下的 6 亿 t 和 8 亿 t 排放量有较明显差异。如图 6-12 展示的电解铝行业 2005—2030 年 CO_2 排放强度变化所示：弱减排情景下，CO_2 排放强度基本无变化；强减排情景下，2005—2030 年电解铝行业单位产品 CO_2 排放强度才明显下降；2030 年排放强度达到 16 t CO_2/t 电解铝，同 2010 年相比降低 24%。

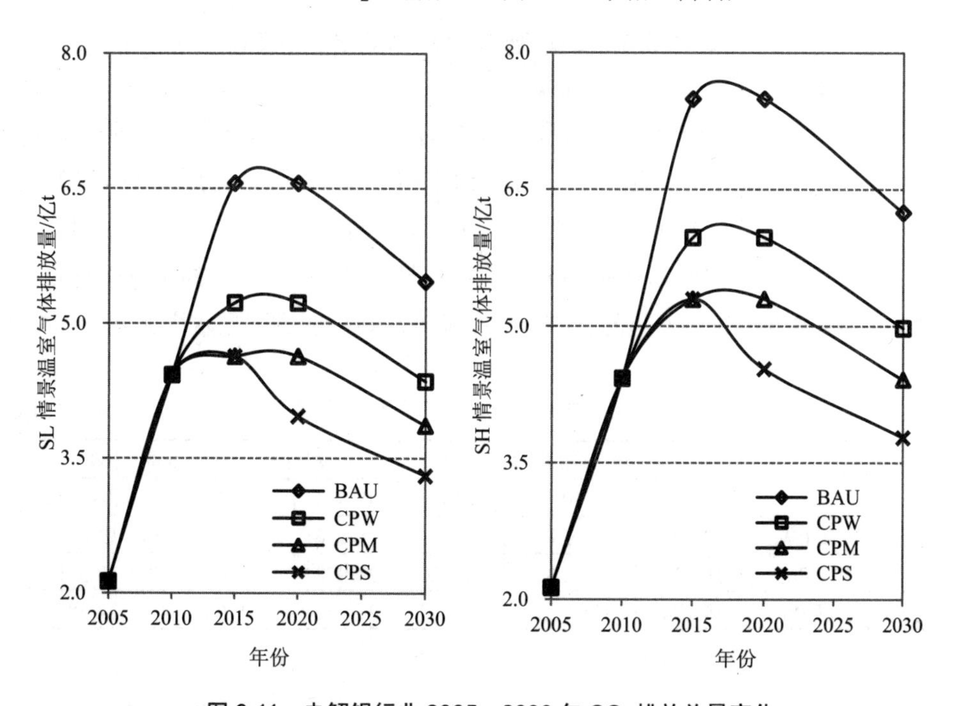

图 6-11　电解铝行业 2005—2030 年 CO_2 排放总量变化

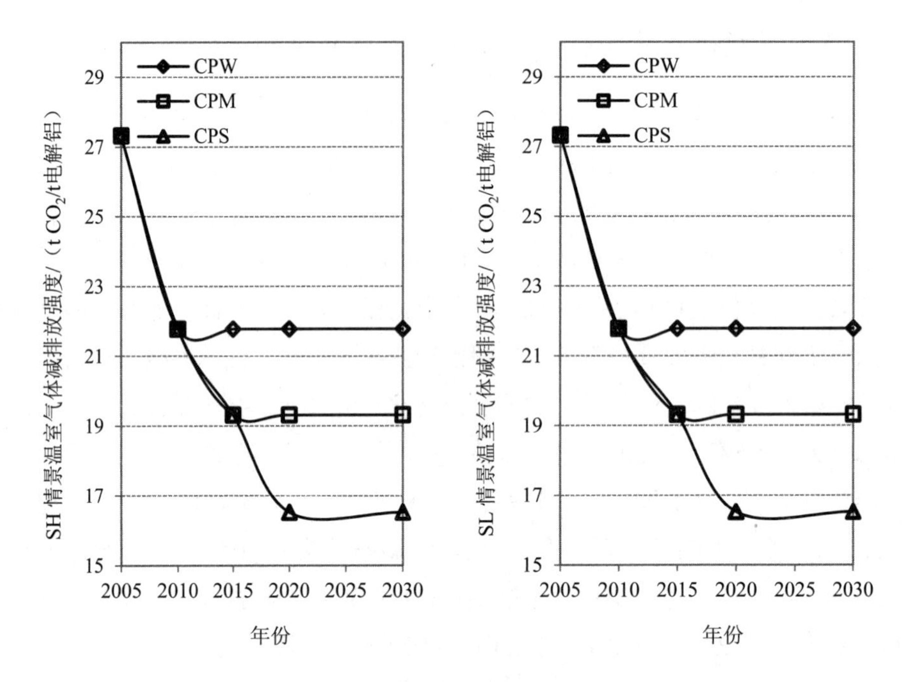

图 6-12　电解铝行业 2005—2030 年 CO_2 排放强度变化

电解铝行业在三种技术政策情景下的 CO_2 减排潜力（表 6-16）表明：2015 年电解铝行业 CO_2 减排量在弱、中、强情景下同排放总量的占比约为 20%、37%、41%; 2020 年电解铝 CO_2 减排量在弱、中、强情景下同排放总量的占比约为 21%、37%、56%；2030 年电解铝行业 CO_2 减排量在弱、中、强情景下同排放总量的占比约为 21%、37%、56%。显然，减排效果随着政策由弱到强显著增加。

表 6-16　电解铝行业各情景下 CO_2 减排潜力　　单位：万 t

情景	宏观社会低发展情景（SL）			宏观社会高发展情景（SH）		
	2015 年	2020 年	2030 年	2015 年	2020 年	2030 年
弱减排情景（CPW）	13 296	13 296	11 080	15 196	15 196	12 665
中减排情景（CPM）	19 224	19 224	16 020	21 972	21 972	18 311
强减排情景（CPS）	19 224	25 920	21 600	21 972	29 625	24 689

七、汽车交通行业减排潜力分析

（一）汽车交通行业情景设定

在汽车交通行业宏观情景设定中对汽车保有量的预测是关键。本书采用饱和水平限制的 Gompertz 模型，结合 GDP 和人口增长、每千人汽车保有量的饱和度预测汽车总保有量和分车型保有量（表 6-17）。2015 年之后我国汽车保有量增长速度将会降低，2015—2030 年总保有量年均增速约为 5.5%，显著小于 2005—2015 年 17%左右的增速。在各种车型中，轿车是拉动汽车总保有量增长的主要车型，其在 2015—2030 年的年均增速约为 6.5%，高于总保有量的平均水平。

表 6-17　汽车行业总体及分车型保有量预测　　单位：万辆

		轿车	客车	货车	总保有量
低发展情景（SL）	2005 年	1 213	998	1 025	3 236
	2010 年	3 848	2 243	1 820	7 910
	2015 年	7 807	4 130	2 754	14 691
	2020 年	12 569	6 477	3 928	22 974
	2025 年	16 002	8 112	4 402	28 516
	2030 年	18 776	9 429	4 622	32 827
		轿车	客车	货车	
高发展情景（SH）	2005 年	1 213	998	1 025	3 236
	2010 年	3 848	2 243	1 820	7 910
	2015 年	8 495	4 522	3 096	16 113
	2020 年	14 352	7 360	4 511	26 223
	2025 年	18 960	9 574	5 257	33 791
	2030 年	21 636	10 839	5 425	37 900

汽车行业技术情景设定中考虑的主要减排技术（或手段）包括油耗限值的提升幅度（技术清单中的节能技术）和车型结构向低能耗发展（如小排量汽车、柴油车、替代能源汽车以及新型动力汽车的普及）。四种技术情景的具体设置见表 6-18。

表 6-18 汽车行业技术政策情景设置

情景	结构调整		提高终端利用能效	替代燃料车辆	电动汽车
	柴油乘用车	小型乘用车			
弱减排情景（CPW）	2015 年，占乘用车市场份额的 10%； 2020 年，占乘用车市场份额的 20%； 2030 年，占乘用车市场份额的 25%	2015 年，占乘用车市场份额的 20%； 2020 年，占乘用车市场份额的 30%； 2030 年，占乘用车市场份额的 35%	2010—2020 年，燃油消耗量年均下降 2%，到 2020 年共计下降 20%； 2020—2030 年，燃油消耗量年均下降 1%，到 2030 年共计下降 30%	—	—
中减排情景（CPM）	2015 年，占乘用车市场份额的 10%； 2020 年，占乘用车市场份额的 20%； 2030 年，占乘用车市场份额的 25%	2015 年，占乘用车市场份额的 20%； 2020 年，占乘用车市场份额的 30%； 2030 年，占乘用车市场份额的 35%	2010—2020 年，燃油消耗量年均下降 3%，到 2020 年共计下降 30%； 2020—2030 年，燃油消耗量年均下降 1%，到 2030 年共计下降 40%	到 2020 年，CNG 200 亿 m^3，LPG 400 万 t，燃料乙醇 1 000 万 t，生物柴油 200 万 t； 到 2030 年，NG 300 亿 m^3，LPG 600 万 t，燃料乙醇 2 000 万 t，生物柴油 1 000 万 t	—
强减排情景（CPS）	2015 年，占乘用车市场份额的 10%； 2020 年，占乘用车市场份额的 20%； 2030 年，占乘用车市场份额的 25%	2015 年，占乘用车市场份额的 20%； 2020 年，占乘用车市场份额的 30%； 2030 年，占乘用车市场份额的 35%	2010—2020 年，燃油消耗量年均下降 4%，到 2020 年共计下降 40%； 2020—2030 年，燃油消耗量年均下降 1%，到 2030 年共计下降 50%	到 2020 年，CNG 200 亿 m^3，LPG 400 万 t，燃料乙醇 1 000 万 t，生物柴油 200 万 t； 到 2030 年，CNG 300 亿 m^3，LPG 600 万 t，燃料乙醇 2 000 万 t，生物柴油 1 000 万 t	2015 年，电动汽车达到 50 万辆；2020 年，电动汽车保有量达到 500 万辆；2030 年，电动汽车保有量达到 3 000 万辆

（二）汽车交通行业二氧化碳排放预测及减排潜力评估

我国汽车交通行业 2015—2030 年的 CO_2 排放总量见图 6-13。除强减排情景有可能扭转排放总量增长的态势，汽车交通行业 CO_2 排放总量在其余情景下仍将保持持续增长。基准情景下，到 2030 年汽车交通行业 CO_2 排放总量接近 18 亿 t，体量巨大。但汽车交通行业如果采取减排措施，其潜力也是相当可观的。强减排情景在2030年可以将排放总量控制在8亿t以内，相比基准情景减排量超过50%。而即使是减排力度较弱的弱减排情景也能产生约 5 亿 t 的减排潜力。

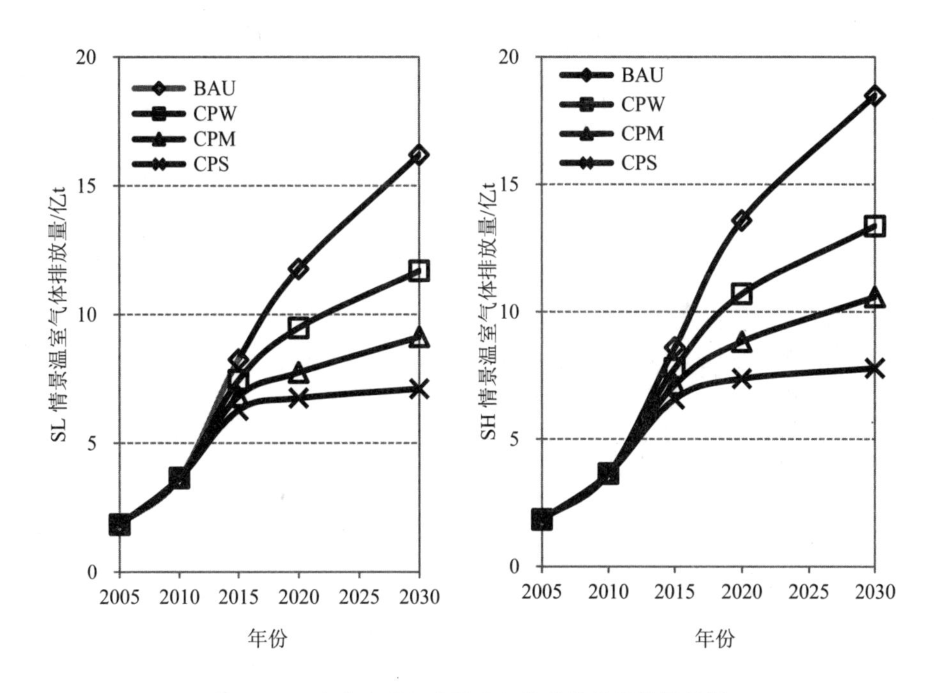

图 6-13　汽车交通行业温室气体排放总量情景分析

汽车交通行业在三种技术政策情景下 CO_2 减排潜力分析（表 6-19）表明：2015 年汽车交通行业 CO_2 减排量在弱、中、强情景下同排放总量的占比约为 10%、20%、31%；2020 年 CO_2 减排量在弱、中、强情景下同排放总量的占比约为 24%、52%、72%；2030 年 CO_2 减排量在弱、中、强情景下同排放总量的占比约为 38%、77%、127%。汽车交通行业的减排量在所有行业中是最为可观的，在 2030 年强减排情景下减排量甚至已经超过当年的 CO_2 排放量。

表 6-19 汽车交通行业各情景下 CO_2 减排潜力 单位：万 t

情景	宏观社会低发展情景（SL）			宏观社会高发展情景（SH）		
	2015 年	2020 年	2030 年	2015 年	2020 年	2030 年
弱减排情景（CPW）	8 000	23 000	45 000	8 200	28 900	51 200
中减排情景（CPM）	14 300	40 300	70 700	14 600	47 600	79 100
强减排情景（CPS）	19 600	50 200	90 800	20 200	62 100	107 000

如果把汽车交通行业的减排措施分为单项技术节能、替代燃料和车辆类型结构调整三项措施，可以得到各种措施对减排量的贡献程度。首先，通过技术达到的 CO_2 减排量占车辆总排放量的 32%～40%，是现阶段汽车交通行业减排的关键；其次通过采用 CNG、LPG、生物柴油等替代燃料，可达到的 CO_2 减排量占比为 5%～10%；最后通过发展电动汽车可达到的 CO_2 减排量占比为 2%～5%。可见当前在电动汽车成本较高，动力电池续驶里程较低的情况下，大力开发和应用各种先进节能技术、积极发展节能汽车、提高小排量乘用车和柴油乘用车等节能产品的市场份额，都是快速降低汽车油耗水平、促进汽车产业 CO_2 减排的重点措施。

八、建筑使用行业减排潜力分析

（一）建筑使用行业情景设定

影响建筑使用行业 CO_2 排放的因素有很多，其中建筑面积变化是宏观因素，因此将其作为建筑使用宏观情景设定的主要参数。一方面，我国建筑面积的增长与城市化进程密不可分，城市化率的发展可分为高、低两个情景，所以设定的建筑面积也包含了高、低两种模式；另一方面，体现建筑面积增长的重要指标是人均建筑面积，建筑使用体现了一种生活生产方式，所以发达国家人均建筑面积的演变也有一定经验可借鉴。如果以欧美及日本在与我国同一社会发展阶段的人均建筑面积为标准，则又可以区分不同的发展情景。为同技术情景相适应，将人均建筑面积设置为三个标准，面积由小到大分别对应基准情景、弱减排情景、中减排情景和强减排情景。所以，建筑使用行业的宏观情景对未来总建筑面积的设定共有八种，具体设定见表 6-20。

表 6-20 建筑使用行业不同社会情景下典型年份的总建筑面积 单位：亿 m^2

典型年份	宏观社会低发展情景（SL）				宏观社会高发展情景（SH）			
	BAU	CPW	CPM	CPS	BAU	CPW	CPM	CPS
2010	421.2	417.2	411.7	404.7	428.2	422.8	415.8	406.8
2015	460.4	449.9	436.2	419.2	469.6	457.0	441.2	421.5
2020	507.6	488.4	464.9	435.9	520.2	498.2	471.9	439.3
2030	625.5	582.7	533.9	476.0	634.8	587.5	535.1	472.5

建筑使用行业的碳排放一方面与建筑设备系统的技术效率有关，另一方面与建筑使用者的使用模式密切相关。随着我国经济的发展和生活水平的提高，人们对建筑本身及建筑设备能够实现的功能要求越来越高，传统的节俭生活方式正在面临着挑战，尤其是我国与国外的交往越来越多，国外的生活模式在我国也逐渐有相应的反映。因此，在我国同时存在多种生活模式，形成了高、中、低能耗的人群。综合建筑技术的发展和生活模式变迁两个方面，表 6-21 为我国建筑领域能耗和碳排放设定了四种不同的发展情景。

表 6-21 不同减排情景下建筑使用模式及技术进步方案

节能减排重点领域	基准情景（BAU）	强减排情景（CPS）	中减排情景（CPM）	弱减排情景（CPW）
北方城镇采暖	2030 年与 2006 年单位面积能耗指标保持不变	通过推广技术 1、2，使单位面积能耗指标比 2005 年降低 25%	强减排情景减排效果的 80%	强减排情景减排效果的 70%
夏热冬冷城镇采暖	分散采暖比例维持现状的 40%，单位面积电耗为 15 kW·h/（m^2·a）	发展技术 3、8，单位面积电耗降为 13 kW·h/（m^2·a）	强减排情景减排效果的 80%	强减排情景减排效果的 70%
农村采暖	商品能源在农村广泛普及，农村居民使用的商品能源代替了 80%生物质能和其他可再生能源	保持目前农村生活模式，近四成的能源仍然使用生物质能提供；发展技术 7、9，单位面积采暖能耗降低 20%	强减排情景减排效果的 80%	强减排情景减排效果的 70%
城镇住宅	生活模式向西方过渡，技术水平没有明显提高，2030 年单位面积能耗是 2006 年 1.5 倍，达到 5 kg 标准煤/（m^2·a）	保持勤俭节能的生活模式，对达不到节能标准的住宅进行节能改造（推广技术 6、8），技术水平明显提高，2020 年单位面积能耗与 2006 年相当	强减排情景减排效果的 80%	强减排情景减排效果的 70%

节能减排重点领域	基准情景（BAU）	强减排情景（CPS）	中减排情景（CPM）	弱减排情景（CPW）
农村住宅	商品能源在农村广泛普及，农村居民的使用商品能源代替了 80%生物质能和其他可再生能源	发展技术 6、7、9，提高现有采暖效率，近四成的能源仍然使用生物质能提供，单位面积能耗降低 10%	强减排情景减排效果的 80%	强减排情景减排效果的 70%
公建除采暖外	采用西方的空调、采暖技术系统和用能运行方式，空调系统能效维持不变	推广技术 5、6、9、10，使普通公共建筑能耗低于 60 kW·h/（m^2·a），大型公共建筑电耗低于 120 kW·h/（m^2·a），机房空调能耗下降 40%～60%	强减排情景减排效果的 80%	强减排情景减排效果的 70%

注：1～10 项技术分别为基于吸收式循环的热电联产集中供热技术，集中供热热计量和热改造，南方新型热泵供暖，温湿度独立空调技术，用能定额管理和分项计量技术，绿色照明及节能电梯技术，农村低煤村综合节能减排技术，新型围护结构保温隔热材料，可再生能源高效利用，绿色建筑标识体系。

（二）建筑使用行业二氧化碳排放预测及减排潜力评估

我国建筑使用行业 2015—2030 年的 CO_2 排放总量预测见图 6-14。由于数据匮乏，建筑使用行业 CO_2 排放量以 2005 年为基准年（图中 2010 年数值为根据历史趋势推算数值），2010—2015 年出现的波动不符合实际情况。如果以 2005 年数值为参照，则所有政策情景下的碳排放量都将持续增加，仅有强减排情景中的措施也许能在一定程度上遏制快速增长态势。

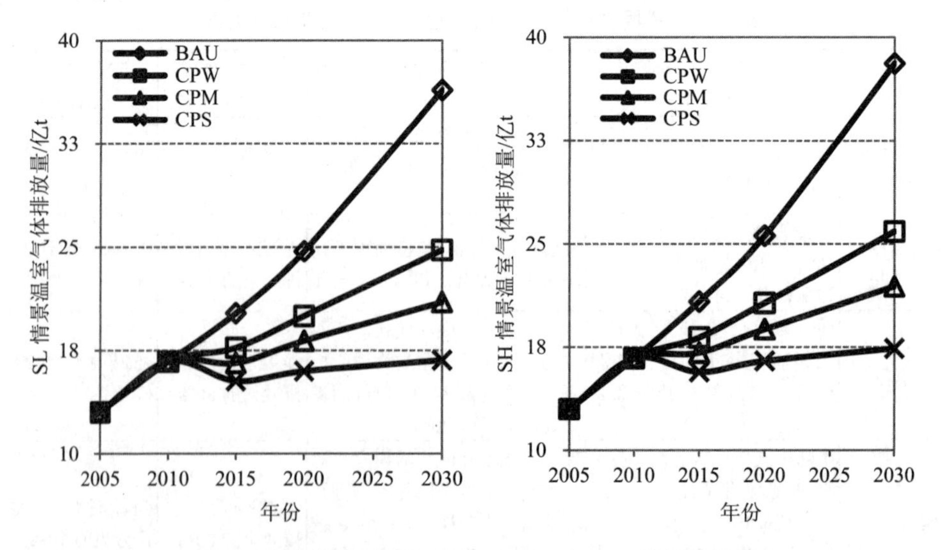

图 6-14 建筑使用行业 2005—2030 年 CO_2 排放总量变化

作为消费端的建筑使用行业，CO_2 排放体量巨大且持续增加，2030 年基准情景下 CO_2 排放量接近 40 亿 t，需要引起决策者的重视。在建筑使用领域采取减排措施的效果也不容小觑，强、中、弱三种情景分别能将 2030 年排放量控制在 20 亿 t、21 亿 t、26 亿 t 的水平。需要注意的是，在基准情景和弱减排情景下，2020 —2030 年排放量年均增长率要大于 2010—2020 年的年均增速。建筑使用行业 CO_2 排放强度的变化如图 6-15 所示。2015 年排放强度要远大于 2005 年的水平，建筑使用行业碳强度同经济发展密切相关。2015 年之后，弱减排情景的碳排放强度仍在上升，中减排情景刚刚能够扭转排放强度的增势，而在强减排情景下排放强度才逐步下降。通过排放总量增速和排放强度的变化可以看出，如果没有适当严厉的减排措施，因人口增长导致消费规模扩大给 CO_2 排放造成的回弹效应是十分明显的。

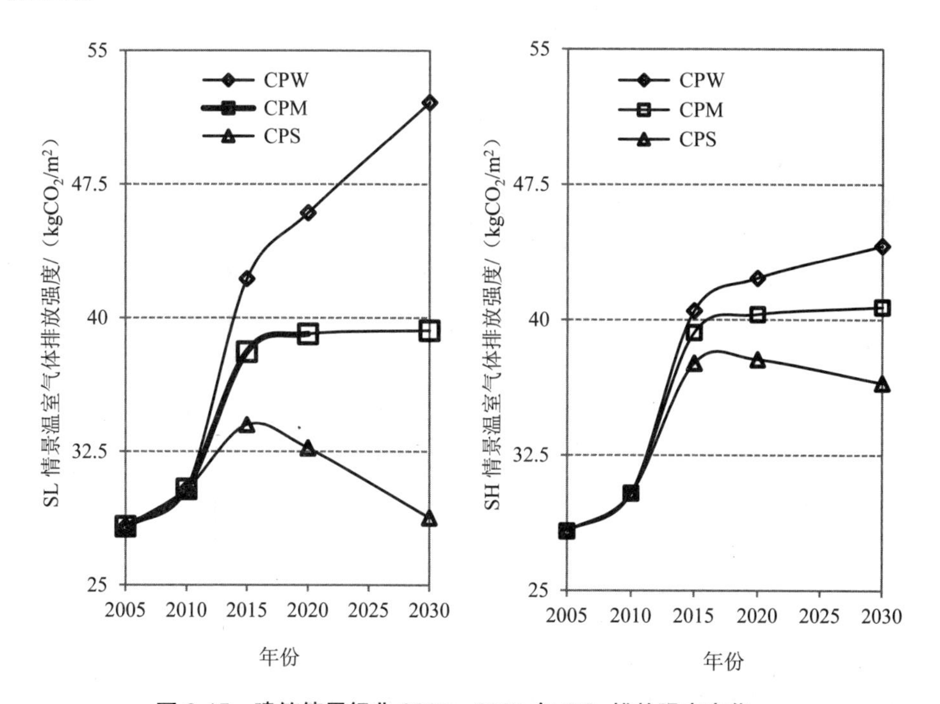

图 6-15　建筑使用行业 2005—2030 年 CO_2 排放强度变化

建筑使用行业在三种技术政策情景下的 CO_2 减排潜力（表 6-22）表明：2015 年减排量在弱、中、强情景下同排放总量的占比约为 14%、21%、32%；2020 年

CO_2 减排量在弱、中、强情景下同排放总量的占比约为 23%、36%、55%；2030 年建筑使用行业 CO_2 减排量在弱、中、强情景下同排放总量的占比约为 46%、74%、116%。建筑使用行业的减排量同汽车交通行业一样都非常可观，在 2030 年强减排情景下的减排量甚至已经超过当年的 CO_2 排放量。

表 6-22 建筑使用行业各情景下 CO_2 减排潜力 单位：万 t

情景	宏观社会低发展情景（SL）			宏观社会高发展情景（SH）		
	2015 年	2020 年	2030 年	2015 年	2020 年	2030 年
弱减排情景（CPW）	25 000	47 000	116 000	26 000	49 000	122 000
中减排情景（CPM）	35 000	66 000	154 000	37 000	68 000	163 000
强减排情景（CPS）	49 000	88 000	196 000	51 000	92 000	207 000

建筑使用行业的减排来源于技术进步与消费模式的变迁，在这两个因素中消费模式变迁对减排的贡献率更大。以宏观社会低发展情景下中减排情景为例，与基准情景相比，该情景下 2030 年 CO_2 减排量为 15.4 亿 t，其中技术进步导致的减排量为 4.1 亿 t（27%），消费模式变迁导致的减排量为 11 亿 t（73%）。可见消费模式在建筑使用行业减排中的重要性。因此，在减排措施的采取和政策制定上，应当重视对建筑用能消费方式的引导，避免我国传统节俭的生活模式被奢侈浪费型的生活模式所取代。

九、生物质燃气行业减排潜力分析

（一）生物质燃气行业情景设定

生物质燃气行业的情景设定以每种生物质废物产生单元为对象，从废弃物管理（规模指标）和能源化转化技术（技术指标）两方面着手，根据各单元生物质废物不同的利用情况和采用的技术设置不同情景。结合《农业生物质能产业发展规划（2007—2015 年）》（农计发〔2007〕18 号）、《全国种植业发展第十二个五年规划（2011—2015 年）》《全国畜牧业发展第十二个五年规划（2011—2015 年）》（农牧发〔2011〕8 号）、《农业科技发展规划（2006—2020 年）》（农科牧发〔2007〕

6 号)、《农业科技发展“十二五”规划（2011—2015 年)》、《国家“十二五”污泥处理规划》和《“十二五”全国城镇生活垃圾无害化处理设施建设规划》（国办发〔2012〕23 号）等在内的多项国家规划，可以对生物质能源的发展趋势设置为中减排情景；按照约 80%的比例降低中减排情景作为弱减排情景；根据行业特点，在特殊的控制条件下设定强减排情景。生物质燃气行业分析的单元包括城市与农村生活垃圾产生单元、种植单元、禽畜养殖单元和食品加工单元，具体情景设定见表 6-23～表 6-26。

表 6-23　生物质燃气行业城市与农村生活单元情景设定

		2015 年	2020 年	2030 年
弱减排情景	规模指标	主要指标为中减排情景的 80%		
	技术指标			
中减排情景	规模指标	生活垃圾收集率 65%且厨余果蔬餐厨等分选率 30%；污泥厌氧消化 50%，粪便厌氧消化 20%	生活垃圾收集率 70%且厨余果蔬餐厨等分选率 40%；污泥厌氧消化 60%，粪便厌氧消化 30%	生活垃圾收集率 80%且厨余果蔬餐厨等分选率 60%;污泥厌氧消化 90%，粪便厌氧消化 50%
	技术指标	厨余果蔬餐厨等厌氧消化有机物转化率 30%；污泥和粪便的厌氧消化有机物转化率 20%	厨余果蔬餐厨等厌氧消化有机物转化率 35%；污泥和粪便的厌氧消化有机物转化率 25%	厨余果蔬餐厨等厌氧消化有机物转化率 40%；污泥和粪便的厌氧消化有机物转化率 30%
高减排情景	规模指标	主要指标为中减排情景的 110%		
	技术指标			

表 6-24　生物质燃气行业种植单元情景设定

			2015 年	2020 年	2030 年
弱减排情景	规模指标	户用沼气	户用沼气总数达到 5 000 万户左右（比 2020 年新建 1 000 万户，占适宜农户的 38%左右)，年生产沼气 194 亿 m^3 左右	户用沼气总数达到 8 170 万户左右（比 2015 年新建 3 170 万户，占适宜农户的 60%左右)，年生产沼气 317 亿 m^3 左右	户用沼气总数达到 11 600 万户左右（比 2010 年新建 9 000 万户，占适宜农户的 87%左右)，年生产沼气 450 亿 m^3 左右
		秸秆燃气	年产秸秆燃气 5.48 亿 m^3	年产秸秆燃气 7.31 亿 m^3	年产秸秆燃气 10.96 亿 m^3
	技术指标	户用沼气	按照有机物转化率 15%计算，即 158L/kg 秸秆干重	按照有机物转化率 15%计算，即 158 L/kg 秸秆干重	按照有机物转化率 15%计算，即 158L/kg 秸秆干重
		秸秆燃气	产 H_2 量为 8.60 mg/g 干燥原料、产 CO 的量为 348.3 mg/g 干燥原料	产 H_2 量为 8.60 mg/g 干燥原料、产 CO 的量为 348.3 mg/g 干燥原料	产 H_2 量为 8.60 mg/g 干燥原料、产 CO 的量为 348.3 mg/g 干燥原料

			2015年	2020年	2030年
中减排情景	规模指标	户用沼气	户用沼气总数达到 6 000 万户左右（比 2010 年新建 2 000 万户，占适宜农户的 45%左右），年生产沼气 233 亿 m^3 左右	户用沼气总数达到 10 300 万户左右（比 2015 年新建 4 300 万户，占适宜农户的 75%左右），年生产沼气 400 亿 m^3 左右	户用沼气总数达到 13 000 万户左右（比 2020 年新建 1 700 万户，占适宜农户的 95%左右），年生产沼气 500 亿 m^3 左右
		秸秆燃气	年产秸秆燃气 7.3 亿 m^3	年产秸秆燃气 10.95 亿 m^3	年产秸秆燃气 18.25 亿 m^3
	技术指标	户用沼气	按照有机物转化率 20%计算，即 210L/kg 秸秆干重	按照有机物转化率 30%计算，即 315L/kg 秸秆干重	按照有机物转化率 40%计算，即 420 L/kg 秸秆干重
		秸秆燃气	产 H_2 量为 9.46 mg/g 干燥原料、产 CO 的量为 383.1 mg/g 干燥原料	产 H_2 量为 10.41mg/g 干燥原料、产 CO 的量为 421.4 mg/g 干燥原料	产 H_2 量为 12.59mg/g 干燥原料、产 CO 的量为 510 mg/g 干燥原料
强减排情景	规模指标	户用沼气	户用沼气总数达到 6 600 万户左右（比 2010 年新建 2 600 万户，占适宜农户的 49%左右），年生产沼气 256 亿 m^3 左右	户用沼气总数达到 11 330 万户左右（比 2015 年新建 4 730 万户，占适宜农户的 82%左右），年生产沼气 440 亿 m^3 左右	户用沼气总数达到 14 300 万户左右（比 2020 年新建 2 970 万户，占适宜农户的 99%左右），年生产沼气 550 亿 m^3 左右
		秸秆燃气	露天焚烧部分完全用作秸秆燃气	露天焚烧+BAU2020 燃料利用的秸秆有 50%做秸秆燃气	露天焚烧+BAU2030 燃料利用除户用沼气外的秸秆全部做秸秆燃气
	技术指标	户用沼气	按照有机物转化率 30%计算，即 315L/kg 秸秆干重	按照有机物转化率 40%计算，即 420L/kg 秸秆干重	按照有机物转化率 50%计算，即 525L/kg 秸秆干重
		秸秆燃气	产 H_2 量为 10.41 mg/g 干燥原料、产 CO 的量为 421.41mg/g 干燥原料	产 H_2 量为 11.45mg/g 干燥原料、产 CO 的量为 463.54mg/g 干燥原料	产 H_2 量为 13.85mg/g 干燥原料、产 CO 的量为 561 mg/g 干燥原料

表 6-25 生物质燃气行业养殖单元情景设定

		2015年	2020年	2030年
弱减排情景	规模指标	规模化养殖比例 15%；厌氧消化比例 5%	规模化养殖比例 20%；厌氧消化比例 10%	规模化养殖比例 30%；厌氧消化比例 20%
	技术指标	容积产气率 0.5	容积产气率 0.5	容积产气率 0.5
中减排情景	规模指标	规模化养殖比例 20%；厌氧消化比例 10%	规模化养殖比例 30%；厌氧消化比例 20%	规模化养殖比例 50%；厌氧消化比例 40%
	技术指标	容积产气率①一半 0.8，一半 0.5	容积产气率一半 1，一半 0.8	容积产气率一半 1，一半 2
强减排情景	规模指标	规模化养殖比例 25%；厌氧消化比例 20%	规模化养殖比例 40%；厌氧消化比例 40%	规模化养殖比例 70%；厌氧消化比例 80%
	技术指标	容积产气率一半 1，一半 2	容积产气率 2	容积产气率 3
全国规模化养殖废水处理率		30%	50%	90%

注①：容积产气率的单位为 m^3/（m^3·d）。

表 6-26　生物质燃气行业食品加工单元情景设定

			2015 年	2020 年	2030 年
弱减排情景	规模指标	热解	当年直接燃用部分中 10%作热解气化	当年直接燃用部分中 15%作热解气化	当年直接燃用部分中 25%作热解气化
		沼气工程	当年 10%的屠宰废水用于沼气工程	当年 20%的屠宰废水用于沼气工程	当年 30%的屠宰废水用于沼气工程
	技术指标	热解	产 H_2 量为 8.60 mg/g 干燥原料、产 CO 的量为 348.3 mg/g 干燥原料	产 H_2 量为 8.60 mg/g 干燥原料、产 CO 的量为 348.3 mg/g 干燥原料	产 H_2 量为 8.60 mg/g 干燥原料、产 CO 的量为 348.3 mg/g 干燥原料
		沼气工程	容积产气率①2	容积产气率 2	容积产气率 2
中减排情景	规模指标	热解	当年直接燃用部分中 10%作热解气化	当年直接燃用部分中 20%作热解气化	当年直接燃用部分中 40%作热解气化
		沼气工程	当年 40%的屠宰废水用于沼气工程	当年 50%的屠宰废水用于沼气工程	当年 60%的屠宰废水用于沼气工程
	技术指标	热解	产 H_2 量为 9.46 mg/g 干燥原料、产 CO 的量为 383.1 mg/g 干燥原料	产 H_2 量为 10.41mg/g 干燥原料、产 CO 的量为 421.4 mg/g 干燥原料	产 H_2 量为 12.59mg/g 干燥原料、产 CO 的量为 510 mg/g 干燥原料
		沼气工程	容积产气率 2	容积产气率 2.5	容积产气率 4
强减排情景	规模指标	热解	当年直接燃用部分中 20%作热解气化	当年直接燃用部分中 40%作热解气化	当年直接燃用部分中 80%作热解气化
		沼气工程	当年 70%的屠宰废水用于沼气工程	当年 80%的屠宰废水用于沼气工程	当年 90%的屠宰废水用于沼气工程
	技术指标	热解	产 H_2 量为 10.41 mg/g 干燥原料、产 CO 的量为 421.4 mg/g 干燥原料	产 H_2 量为 11.45 mg/g 干燥原料、产 CO 的量为 463.6 mg/g 干燥原料	产 H_2 量为 13.85 mg/g 干燥原料、产 CO 的量为 561 mg/g 干燥原料
		沼气工程	容积产气率 2.5	容积产气率 3	容积产气率 5

注①：容积产气率的单位为 m^3/（m^3·d）。

（二）生物质燃气行业二氧化碳排放预测及减排潜力评估

我国生物质燃气行业 2015—2030 年 CO_2 排放量见图 6-16。从排放的发展趋势来看，生物质燃气行业碳排放量呈现逐年上升的趋势，2030 年较 2010 年排放量增加大约 50%，主要原因是生物质燃气行业的排放来源于生物质废物，而生物质废物的产生量与人们对食物类物品的基本需求密切相关。随着人口的增加、生活水平的提高，生物质废物排放增加，在相同的处理处置结构下 CO_2 排放增加。

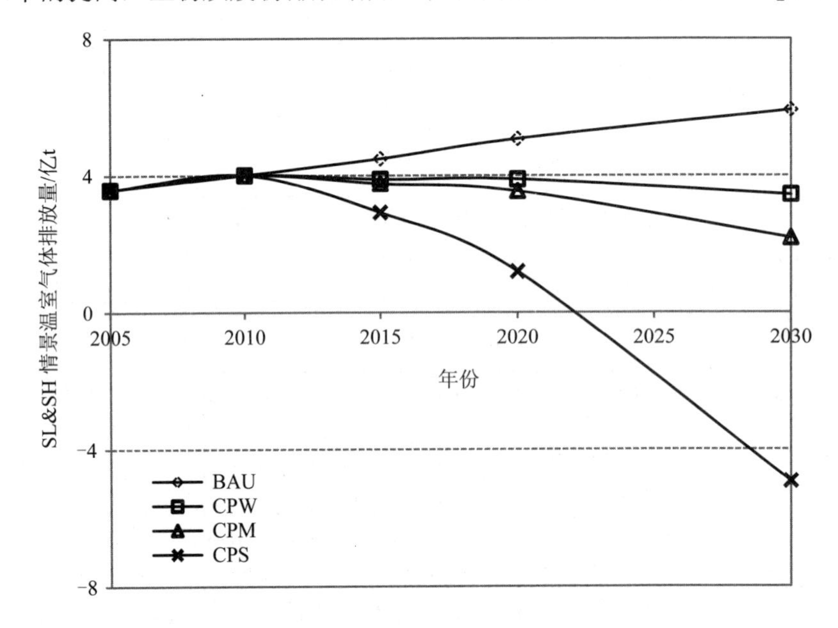

图 6-16 生物质燃气 2005—2030 年 CO_2 排放总量变化

从排放的总量来看，生物质燃气行业的排放量占我国温室气体排放总量中的5%～6%。其中，养殖单元的排放量占生物质燃气行业排放总量的 50%，是主要的控制单元。同时，随着对农作物秸秆综合利用要求的提高、对工业废物排放控制的日趋严格，种植单元和食品加工单元的废弃物排放也会分别逐渐减少。城市和农村生活单元由于人口众多，日常生活产生的废弃物较多，排放也较多，但城市的基础设施较为完善，较农村单元是更有潜力的减排单元。

生物质燃气行业因为是通过消纳各种废物提供能量的，故本身可以作为一种替代能源，具有 CO_2 减排的特性。生物质燃气行业的减排是从废弃物统筹管理和能源化两方面进行的，两个方面的统筹兼顾将分别在 2015 年实现 0.6 亿～1.6 亿 t、2020 年实现 1.2 亿～3.9 亿 t、2030 年实现 2.5 亿～10.9 亿 t 的减排量（表 6-27）。生物质废物能源化转化的前提是废物量的积累，只有做好废弃物统筹管理才能提供更多合适的生物质废物原料，实现新能源产品的规模化生产。

表 6-27　生物质燃气各情景 CO_2 减排潜力　单位：万 t

情景	2015 年	2020 年	2030 年
弱减排情景（CPW）	6 000	11 800	24 700
中减排情景（CPM）	7 300	15 300	37 400
强减排情景（CPS）	15 800	38 800	108 500

（1）种植单元：露天焚烧是种植业单元无控排放的首要控制对象，露天焚烧中秸秆低效燃烧替代化石能源并不能有效减少温室气体排放，因此应尽可能在条件允许的地方利用新能源来替代秸秆直接用作农村燃料。种植单元所设置的强减排情景的基本出发点就是要大力控制秸秆的露天焚烧，充分利用秸秆资源发展沼气和热解气化新能源产品来实现减排。在此情景下，2030 年最大的减排潜力为 4.12 亿 t。

（2）养殖单元：在本单元中控制规模化养殖废水的直接排放、提高废水的处理率、采用能源化技术进行新能源化转化是减排温室气体最重要的途径。本单元所设置的强减排情景的基本出发点是规模化养殖比例迅速提高，沼气化转化技术在 2030 年达到德国现阶段高效厌氧消化水平，能源得以充分开发。在此情景下，2030 年最大的总减排潜力为 5.89 亿 t。

（3）食品加工单元：本单元温室气体排放主要来自于壳类物质的直接燃料利用和还田处置以及屠宰废水。为了满足日趋严格的工业废水废物排放标准的要求，可以对燃料利用和屠宰废水部分的废物进行能源化转化。食品加工单元所设置的强减排情景的基本出发点是考虑到废物管理标准的严格性和屠宰废水的易生物降解性。在此情景下，2030 年最大的总减排潜力为 0.45 亿 t。

（4）城市与农村生活单元：城市目前正在大力推广生活垃圾分类，在传统的固废处理处置技术体系中逐渐引入了类似厌氧消化的新技术，对于承受巨大压力的填埋用地严重不足、产生二次污染等问题有很重要的缓解作用。农村的基础设置条件不如城市好，减排潜力按城市的 20%处理。城市与农村生活单元所设置的强减排情景的基本出发点是建议充分利用城市生活垃圾中的生物质废物及其良好的易降解性。在此情景下，2030 年最大的总减排潜力为 0.39 亿 t。

（5）生物质废物的能源化转化技术：能源化转化技术是消纳原有部分生物质资源并将其转化为新能源、实现节能减排的关键。在充分利用生物质废物资源的情况下，即对应每个单元的强减排情景，通过能源化转化生产的新能源所对应的间接减排量甚至比直接减排的效果更加明显，对总减排的贡献率更大。以养殖单元为例，2030 年高减排情景下的直接减排量为 2.08 亿 t CO_2，而间接减排达到 3.8 亿 t。生物质燃气行业较小的排放量决定其直接减排潜力较小，然而在生物质燃气废物能源转化的过程中则能变废为宝，明显增加间接减排量。例如，在养殖单元高减排情景下，直接与间接减排量总和超过了基准情景的排放总量。这说明生物质燃气行业在一定条件下可以成为碳汇。因此，生物质废物的能源化转化技术发展对最终实现该行业的 CO_2 减排起决定作用。

十、行业排放量预测及减排潜力分析

本书根据行业特点将八个行业划分为三个类别：能源行业、工业生产行业和消费行业。能源行业主要包含能源生产和转化过程，这类行业的主要产出为可供工业生产或生活消费利用的能源，电力和石油行业应当归属此类。同时，生物质废物能源化利应当作为可再生能源的一种，也应属于能源行业。工业生产行业顾名思义为生产工业产品的行业，在八个行业中钢铁、水泥和电解铝行业符合条件。这三个工业生产行业均为流程型行业，其产出均为满足国民经济发展的重要基础工业产品。八个行业中剩余的两个行业——汽车交通和建筑使用行业在此被划归为消费行业，这两个行业提供的产品或服务主要用以满足人们生活“住”和“行”的需求，其能源消费和 CO_2 排放的体量同人口规模密切相关。以下分析 2015—2030 年 CO_2 排放和减排潜力结果，以及每个行业对它所属行业类别的减排量贡献程度，最后对八个行业 CO_2 排放量、减排潜力和贡献程度进行综合评估。

（一）能源行业排放量及减排潜力

电力、石油和生物质燃气行业 2005—2030 年 CO_2 排放总量变化如图 6-17 所示。需要强调的是，此处是将三个行业直接 CO_2 排放总量相加作为能源行业 CO_2 排放总量数值。原因是电力行业的排放量全部为直接排放量；由于生物质燃气行业中生物质处理的电耗极小，由此带来的 CO_2 排放可以忽略不计，所以生物质燃气行业的排放量也可以认为是直接排放量；石油行业生产既耗电又耗燃料，因此包含直接和间接两部分排放。炼油的电耗一部分来源于厂内自发电，另一部分来源于外购。自发电部分的间接排放已经在发电燃料消耗的过程中当成直接排放计算过，因此无须重复计算；外购电力的排放是石油行业真正意义上的间接排放，但显然与电力行业中这一小部分电力在发电时燃料消耗的直接排放重复计算，所以此处只考虑石油行业的直接 CO_2 排放。此外，因为石油行业的自供电比例很高，间接排放量较少，所以通过直接排放量计算潜力时也不影响减排潜力的量级。以数据为例，2010 年石油行业 CO_2 排放总量为 3.77 亿 t，间接排放量仅为 0.42 亿 t（10%）。

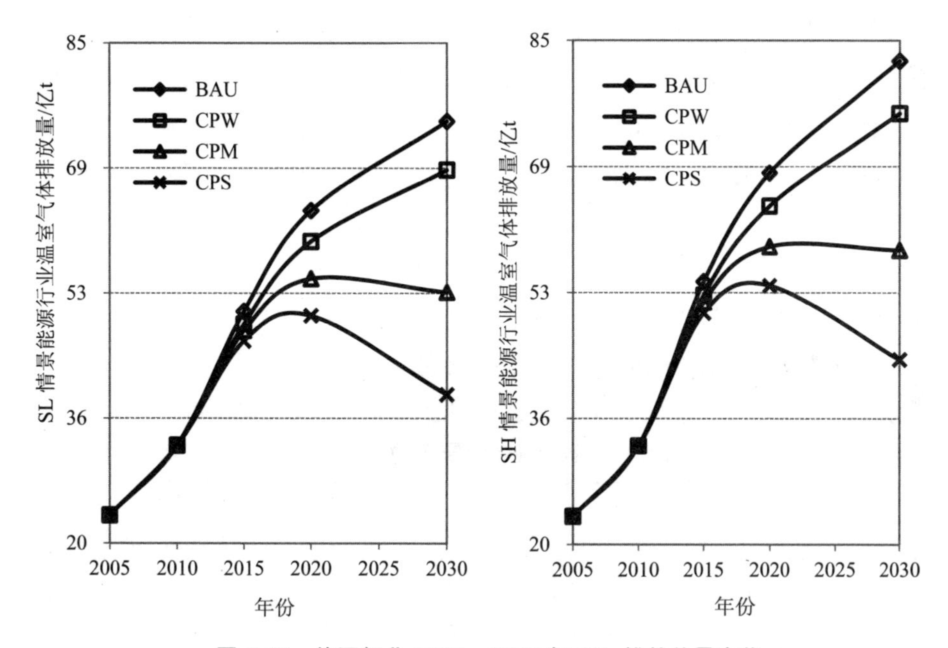

图 6-17　能源行业 2005—2030 年 CO_2 排放总量变化

在社会低发展情景及技术弱减排情景下，2015 年、2020 年和 2030 年 CO_2 排放总量分别为 48.48 亿 t、59.20 亿 t 和 68.53 亿 t；技术中减排情景在三个年份 CO_2 排放总量分别为 47.61 亿 t、54.38 亿 t 和 52.63 亿 t；技术强减排情景在三个年份 CO_2 排放总量分别为 46.28 亿 t、49.58 亿 t 和 39.32 亿 t。在社会高发展情景下，技术弱减排情景在 2015 年、2020 年和 2030 年 CO_2 排放总量分别为 52.18 亿 t、63.66 亿 t 和 75.61 亿 t；技术中减排情景在三个年份 CO_2 排放总量分别为 51.26 亿 t、58.34 亿 t 和 57.98 亿 t；技术强减排情景在三个年份 CO_2 排放总量分别为 49.86 亿 t、

53.41 亿 t 和 43.85 亿 t。两种宏观情景下只是 CO_2 排放总量的数值存在差异，各种技术情景下 CO_2 排放量的变化轨迹则相似。在技术弱减排情景下，能源行业 CO_2 排放量仍持续增长，2015—2030 年的年均增速约为 2.4%，比基准情景的 4.2%有较大幅度的降低。技术中减排情景能够遏制排放量持续增长的趋势，2020 年之后排放量逐渐平稳在 55 亿～60 亿 t。技术强减排情景下能源行业 CO_2 排放量在 2020 年前后出现峰值，峰值排放量约为 50 亿 t，随后强政策力度使排放量开始下降，2030 年排放量大约为 40 亿 t。

两种宏观情景及三种技术情景下，能源行业 CO_2 减排潜力结果见表 6-28。2015 年能源行业 CO_2 减排量在弱、中、强情景下同基准情景排放总量的占比（削减率）约为 3.4%、5.0%、7.7%。2020 年能源行业 CO_2 减排量在弱、中、强情景下的削减率约为 6.3%、13.9%、21.5%。2030 年能源行业 CO_2 减排量在弱、中、强情景下同排放总量的占比约为 8.3%、29.7%、47.4%。可以看到，中减排情景在 2020 年之后能产生约 10 亿 t（随着时间推移减排量越大，可接近 15 亿 t）的减排潜力，而强减排情景的减排量相当可观，2020 年已经能够产生 20 亿 t 以上的削减潜力，尤其是 2030 年削减率几乎相当于基准情景排放量的一半。

表 6-28　能源行业各情景下 CO_2 减排潜力　　单位：亿 t

情景	宏观社会低发展情景（SL）			宏观社会高发展情景（SH）		
	2015 年	2020 年	2030 年	2015 年	2020 年	2030 年
弱减排情景（CPW）	1.7	4.0	6.3	1.8	4.3	6.7
中减排情景（CPM）	2.5	8.8	22.2	2.7	9.5	24.4
强减排情景（CPS）	3.9	13.6	35.5	4.1	14.5	38.5

三个行业对能源行业总减排量的贡献率（图 6-18）表明：在所有情景下，能源行业中电力行业对 CO_2 减排贡献量超过半壁江山，其次是生物质燃气行业，石油的贡献率仅约为 5%。电力行业 CO_2 排放体量最大，所以减排量同样也相当可观。石油行业在政策力度达到中减排情景之后，其贡献程度开始逐渐增大。当政策力度达到强减排情景时，生物质燃气对减排的作用同其他情景相比，增加幅度异常明显，它与石油行业贡献率共同增加，使得电力行业的减排作用萎缩。强减排情景中加强对生物质能源化的利用可产生巨大的碳汇作用。这一结果说明，如

果想在能源行业中获得较高的CO_2减排潜力，必须诉诸低煤耗的方式（石油或天然气）或者新能源（如生物质能源）的开发利用。

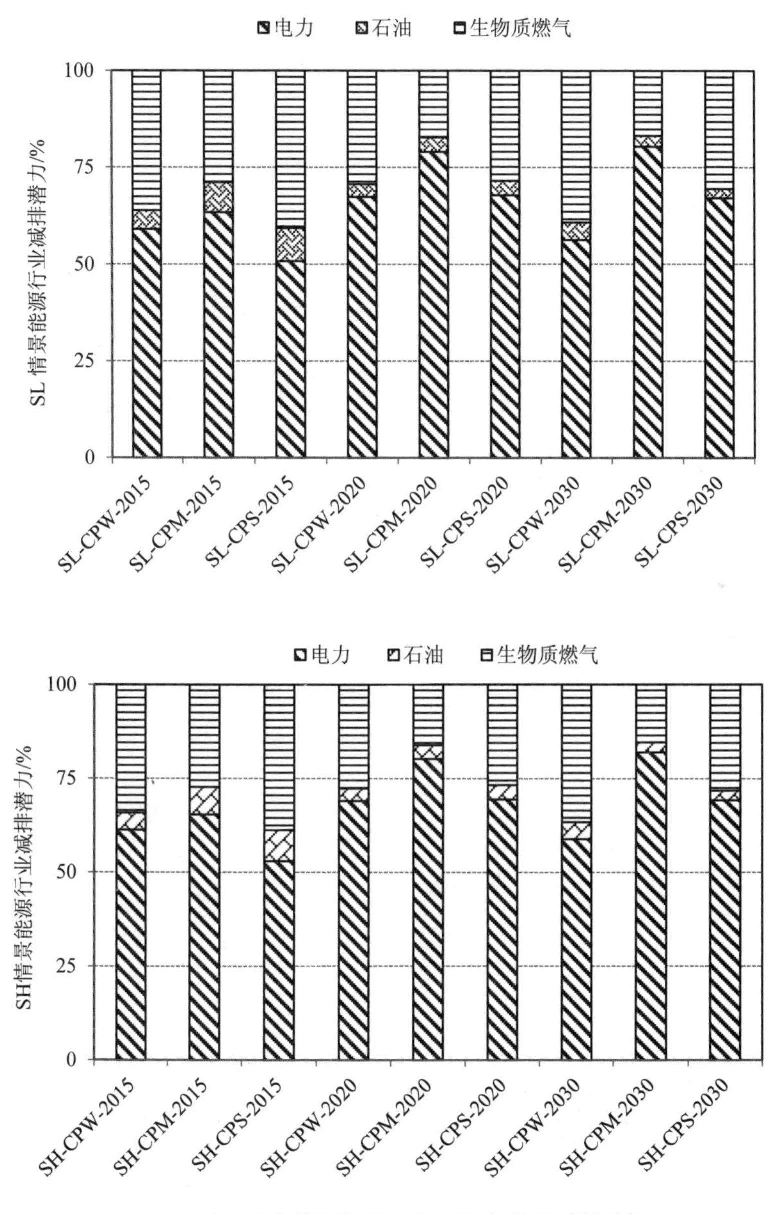

图 6-18　三个能源行业对总 CO_2 排放的减排分解

（二）工业生产行业排放量及减排潜力

钢铁、水泥和电解铝三个行业的 CO_2 排放都来自含碳燃料和原料的消耗分解及外购电力的使用，因此既包括直接排放又包括间接排放。然而，三个行业在直接和间接排放的比例上却不同，钢铁行业和水泥行业的直接排放占绝大多数（80%以上），电解铝行业的 CO_2 排放则绝大部分（90%左右）来自电解槽使用的电力。三个行业在 2005—2030 年 CO_2 排放总量变化如图 6-19 所示。在宏观社会低发展情景下，技术弱减排情景在 2015 年、2020 年和 2030 年 CO_2 排放总量分别为 33.62 亿 t、36.62 亿 t 和 27.29 亿 t；技术中减排情景在三个年份 CO_2 排放总量分别为 32.74 亿 t、35.42 亿 t 和 26.11 亿 t；技术强减排情景在三个年份 CO_2 排放总量分别为 32.16 亿 t、33.90 亿 t 和 24.94 亿 t。在宏观社会高发展情景下，技术弱减排情景在 2015 年、2020 年和 2030 年 CO_2 排放总量分别为 35.89 亿 t、40.32 亿 t 和 31.34 亿 t；技术中减排情景在三个年份 CO_2 排放总量分别为 34.92 亿 t、38.99 亿 t 和 29.99 亿 t；技术强减排情景在三个年份 CO_2 排放总量分别为 34.32 亿 t、37.27 亿 t 和 28.66 亿 t。同能源行业不同，工业生产行业 CO_2 排放总量在所有技术情景（即使是基准情景）下在 2020 年左右都出现拐点，其关键因素是三个行业的产品产量在同一时期都到达峰值。

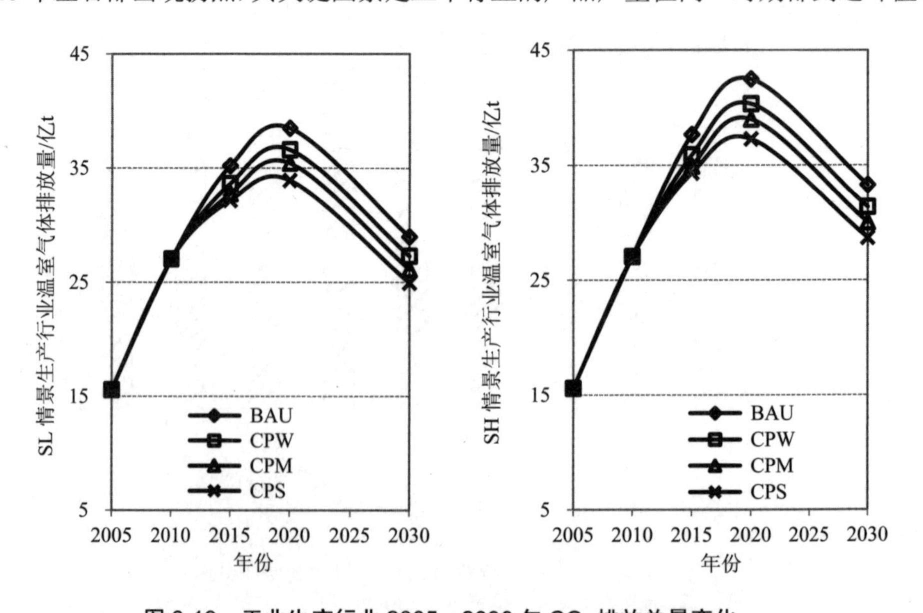

图 6-19　工业生产行业 2005—2030 年 CO_2 排放总量变化

两种宏观情景及三种技术情景下，工业生产行业CO_2减排潜力结果见表6-29。2015年工业生产行业CO_2减排量在弱、中、强情景下同基准情景排放总量的占比（削减率）约为1.0%、1.8%、3.1%。2020年工业生产行业CO_2减排量在弱、中、强情景下的削减率约为1.5%、2.9%、4.9%。2030年工业生产行业CO_2减排量在弱、中、强情景下同排放总量的占比约为2.0%、4.1%、6.0%。由于减排技术的普及程度不断提高，减排量及削减率在弱、中、强情景下依次增加。最强技术情景下三年的减排量分别达到3亿～3.5亿t、4.5亿～5亿t以及4亿～4.5亿t，同能源行业可观的减排潜力相比，工业生产行业的减排量相对较小。数据的产生除模型对工业生产行业技术应用的未来设定较保守、技术清单中无法对未来对减排有突破性的技术做出预测等原因外，也说明生产基础工业产品的工业部门减排潜力挖掘程度有限，减排成本在日益增加，在工业领域应当寻求其他的减排新方法。

表6-29　工业生产行业各情景下CO_2减排潜力　单位：万t

情景	宏观社会低发展情景（SL）			宏观社会高发展情景（SH）		
	2015年	2020年	2030年	2015年	2020年	2030年
弱减排情景（CPW）	15 896	18 896	16 880	17 796	21 396	19 365
中减排情景（CPM）	24 624	30 824	28 620	27 572	34 772	32 811
强减排情景（CPS）	30 424	46 020	40 300	33 572	51 925	46 189

图6-20比较了钢铁、水泥和电解铝三个行业对工业生产行业总减排量的贡献率。电解铝行业对减排的贡献程度在技术减排情景下均超过50%，在三个行业中居首位。钢铁和水泥行业的贡献率基本相当，约为25%，但随着政策力度的增加，两者的比重递增。由于电解铝行业间接排放占据绝大部分，由此计算的减排潜力同钢铁、水泥行业不可比较，因此将三个行业对直接CO_2排放的减排潜力贡献率绘制在图6-21中。该图的比例与图6-20有显著区别——随着减排政策力度的增大，钢铁行业贡献率上升，强减排情景三个年份的贡献程度接近50%。水泥行业在各强度的情景下的贡献比例几乎维持在40%左右的水平，三个行业中位于第二。电解铝行业的贡献率则随着政策强度和年份的增长持续缩小，主要原因在于电解铝行业更关注节约电力消耗的减排政策。

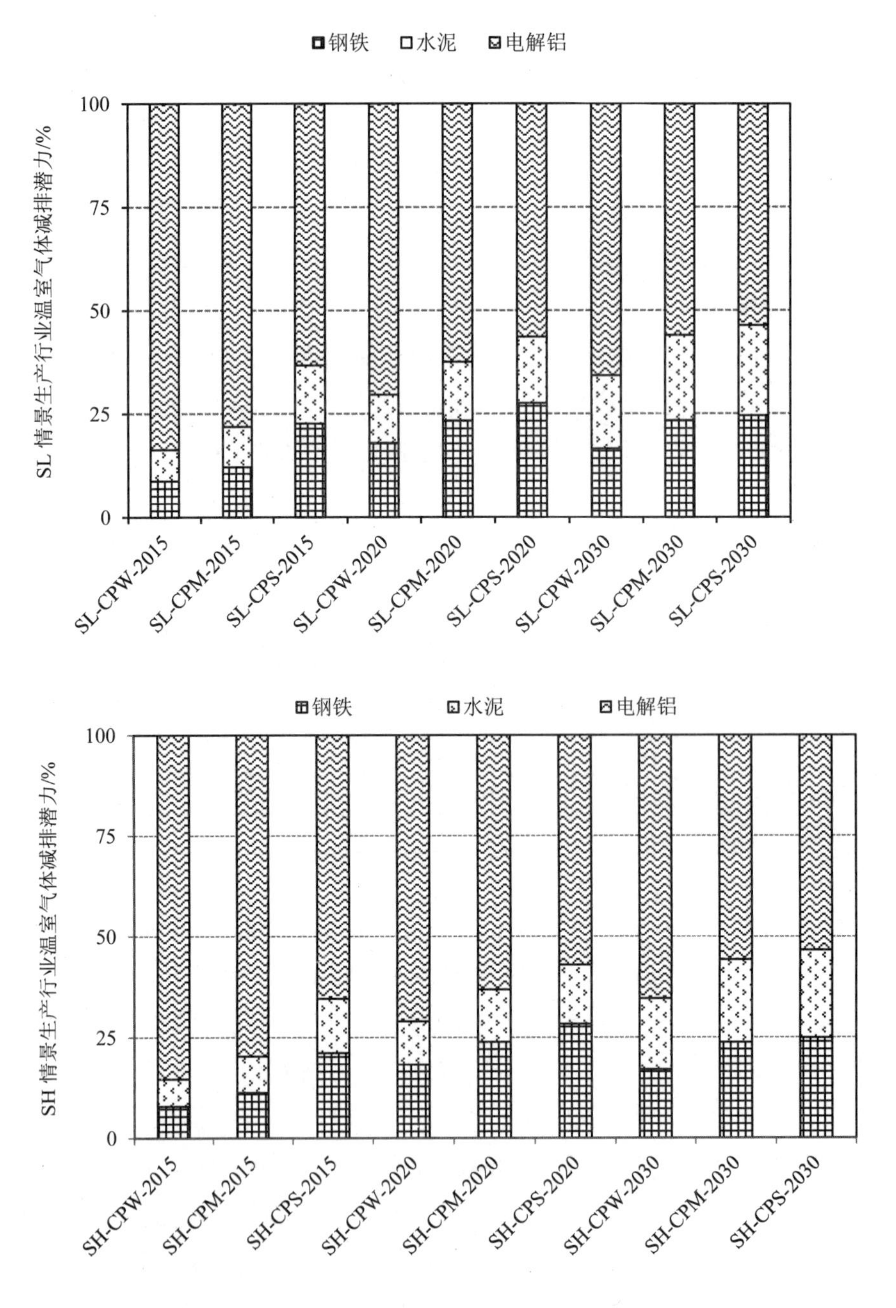

图 6-20　三个工业生产行业对总 CO_2 排放的减排分解

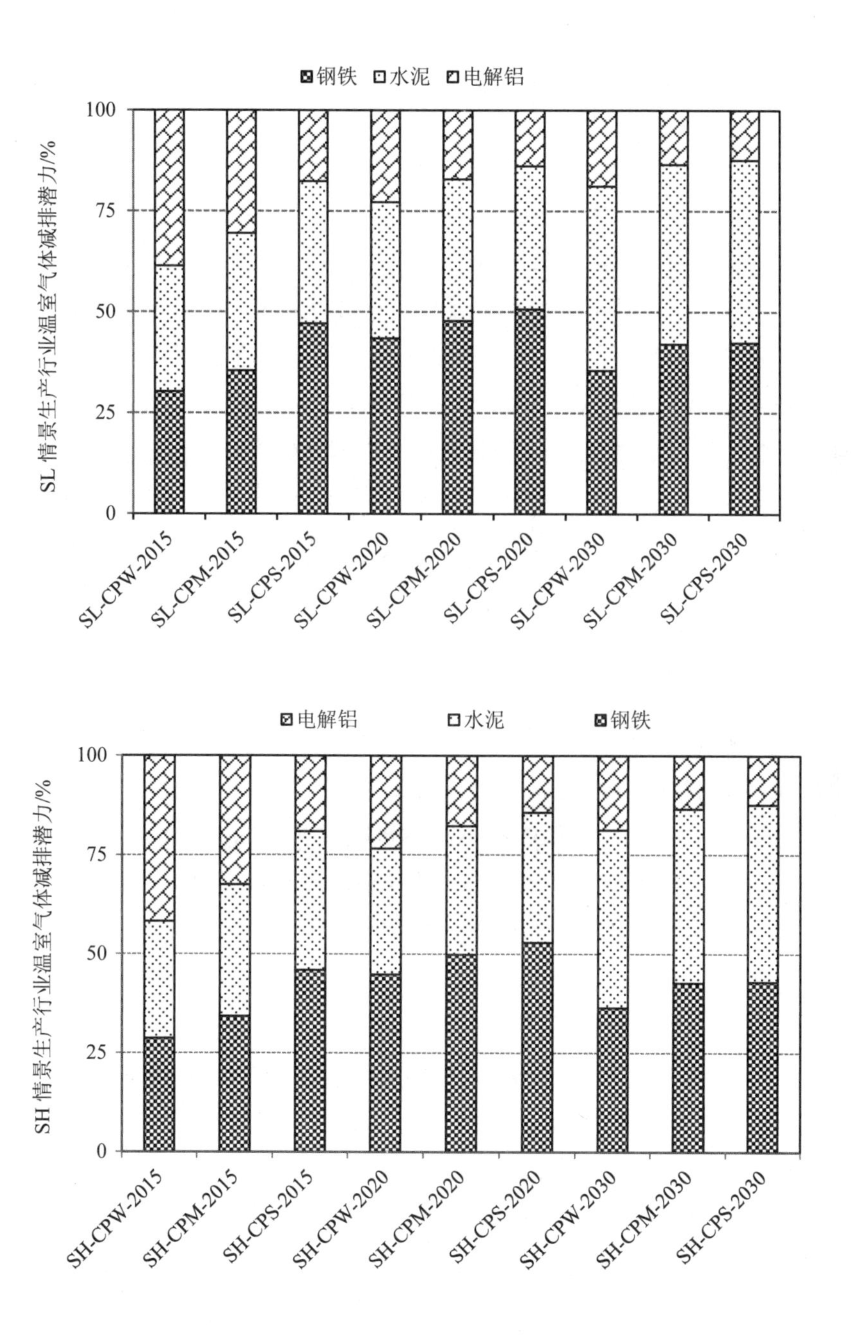

图 6-21　三个工业生产行业对直接 CO_2 排放的减排分解

（三）消费行业排放量及减排潜力

汽车交通行业和建筑使用行业的 CO_2 排放都源自能源的利用。因电动汽车占比较小，汽车交通行业使用的能源以含碳燃料为主，其排放基本为直接排放。建筑使用行业既消耗含碳燃料又使用电能，所以包含直接和间接排放，并且两者比值约为 1∶1。以下仅基于二者 CO_2 排放总量进行分析。汽车交通和建筑使用行业在 2005—2030 年 CO_2 排放总量变化如图 6-22 所示。在宏观社会低发展情景下，技术弱减排情景在 2015 年、2020 年和 2030 年 CO_2 排放总量分别为 25.12 亿 t、29.48 亿 t 和 36.5 亿 t；技术中减排情景在三个年份 CO_2 排放总量分别为 23.42 亿 t、25.95 亿 t 和 30.13 亿 t；技术强减排情景在三个年份 CO_2 排放总量分别为 21.59 亿 t、22.76 亿 t 和 23.92 亿 t。在宏观社会高发展情景下，技术弱减排情景在 2015 年、2020 年和 2030 年 CO_2 排放总量分别为 25.98 亿 t、31.40 亿 t 和 38.27 亿 t；技术中减排情景在三个年份 CO_2 排放总量分别为 24.24 亿 t、27.63 亿 t 和 32.48 亿 t；技术强减排情景在三个年份 CO_2 排放总量分别为 22.28 亿 t、27.63 亿 t 和 25.19 亿 t。从排放总量看，汽车交通和建筑使用行业的排放量与前述三个工业生产行业相当，为能源行业排放量的 50%～70%。消费部门排放总量同我国人口持续增长和生活水平日益提升相关，2015—2030 年 CO_2 排放总量呈现持续增长。其中，弱、中和强情景下 2015—2030 年均增长率分别为 2.5%、1.8%、0.8%。强减排情景对应的政策力度基本能遏制排放量快速增长的态势。

两种宏观情景及三种技术情景下，工业生产行业 CO_2 减排潜力结果见表 6-30。2015 年消费行业 CO_2 减排量在弱、中、强情景下同基准情景排放总量的占比（削减率）约为 7.0%、11.2%、15.4%。2020 年消费行业 CO_2 减排量在弱、中、强情景下的削减率约为 12.7%、20.0%、25.8%。2030 年消费行业 CO_2 减排量在弱、中、强情景下同排放总量的占比约为 19.4%、28.0%、35.7%。最强技术情景的减排潜力相当可观，三年的减排量分别能达到 11 亿 t、15 亿～16 亿 t 以及 19 亿～21 亿 t。消费行业的减排率随时间增长几乎呈指数形式上升，这主要归功于减排技术的应用基数——人口和经济规模的都呈现双重增长。

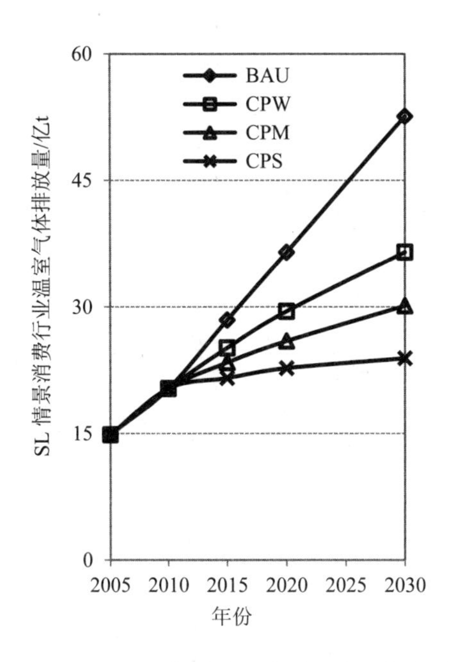

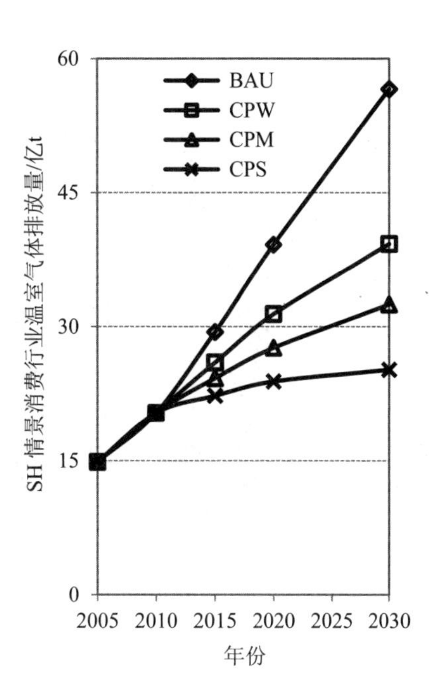

图 6-22　消费行业 2005—2030 年 CO_2 排放总量变化

表 6-30　消费行业在各情景下 CO_2 减排潜力　单位：亿 t

情景	宏观社会低发展情景（SL）			宏观社会高发展情景（SH）		
	2015 年	2020 年	2030 年	2015 年	2020 年	2030 年
弱减排情景（CPW）	2.0	4.6	10.2	2.1	5.3	11.2
中减排情景（CPM）	3.2	7.3	14.7	3.3	8.1	16.0
强减排情景（CPS）	4.4	9.4	18.8	4.5	10.8	21.0

从两个行业对总 CO_2 排放减排量的贡献程度来看（图 6-23），建筑使用行业的比重（70%左右）明显高于汽车交通行业（30%左右）。其中，汽车交通行业贡献程度在逐年增加。然而，如果计算两个行业对直接 CO_2 排放量减排的贡献程度，两者相差无几（建筑使用行业的比重为 51%左右，略高于汽车交通）。

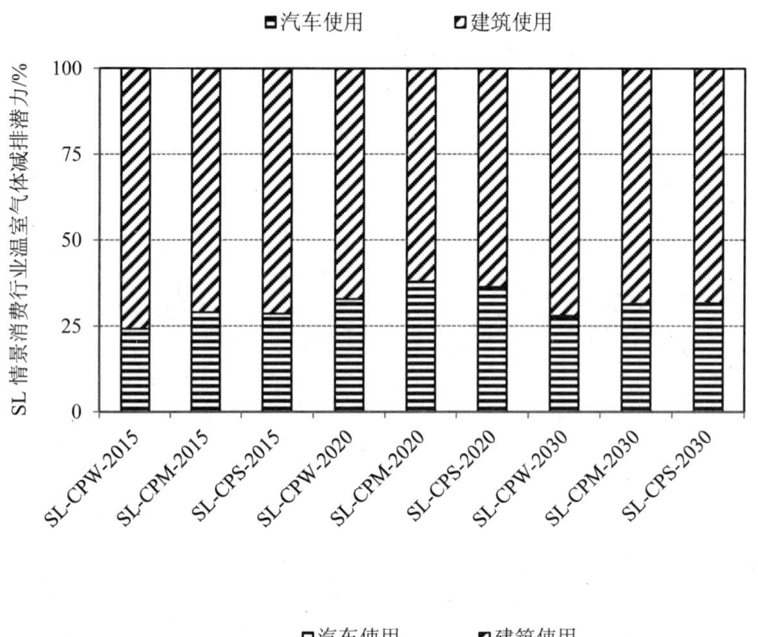

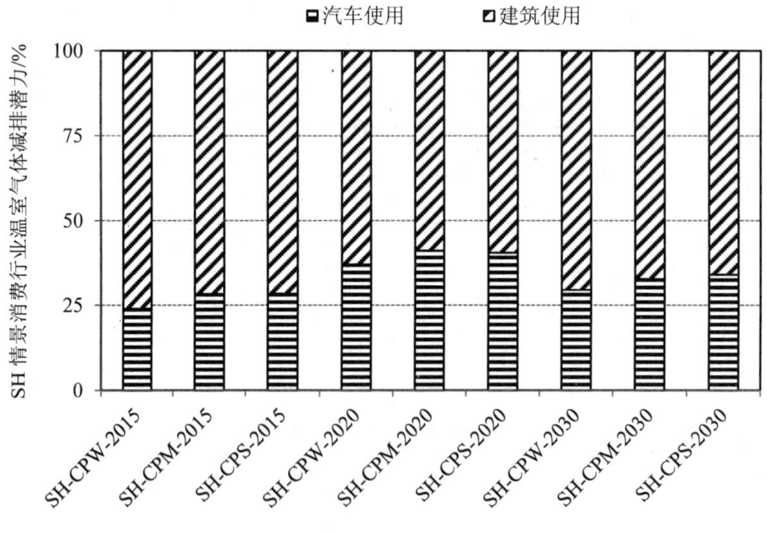

图 6-23　消费行业对总 CO_2 排放的减排分解

（四）行业总体排放量及减排潜力

因含碳物质使用产生的 CO_2 排放定义为直接排放，电力能源使用的排放定义为间接排放。因此，其他存在间接排放的行业在计算间接 CO_2 排放时，与电力行业的部分直接排放存在重复计算，所以在汇总各行业排放总量的时候，如果包含电力行业则应将所有行业的直接排放加总，如果不包含电力行业则可以将剩余行业的排放总量加总。按照这一思路分析总体的计算结果如下：

1. 八个行业 CO_2 直接排放总量及减排量

宏观社会低发展情景下，技术弱减排情景 2015 年、2020 年和 2030 年 CO_2 直接排放总量分别为 88.7 亿 t、104.8 亿 t 和 111.4 亿 t；技术中减排情景三个年份的直接排放总量为 86.3 亿 t、96.8 亿 t 和 90.5 亿 t；技术强减排情景三个年份直接排放总量为 83.3 亿 t、89.2 亿 t 和 72.5 亿 t。宏观社会高发展情景下，技术弱减排情景 2015 年、2020 年和 2030 年温室气体直接排放总量分别为 94.3 亿 t、113.2 亿 t 和 123.5 亿 t；技术中减排情景三个年份的直接排放总量为 91.9 亿 t、104.5 亿 t 和 100.4 亿 t；技术强减排情景直接排放总量为 88.7 亿 t、96.1 亿 t 和 80.6 亿 t。

从 CO_2 排放量上可知，宏观社会发展情景发展速率显著影响 CO_2 排放的绝对值。以技术弱减排情景为例，2015 年、2020 年和 2030 年排放总量在高、低宏观情景下的差距为 5.6 亿 t、8.4 亿 t、12.1 亿 t，并且随经济规模的扩大，高、低宏观情景间排放量的差距也在不断增大。尽管两种社会发展情景下 CO_2 排放的具体数值不同，但趋势形态却相似（图 6-24）。技术中减排和强减排情景下，CO_2 直接排放量均在 2020 年前后出现拐点，而技术弱减排情景中排放总量在 2010—2030 年的年均增速（约 3%）也明显小于基准情景（约 4%）。

计算八个行业弱、中、强三个政策情景直接 CO_2 排放量同基准情景相比的减排潜力（图 6-25）。社会低发展情景下，同基准情景相比可获得的最小直接减排潜力（技术弱减排情景）在 2015 年、2020 年和 2030 年为 4.05 亿 t、9.24 亿 t 和 17.14 亿 t；可获得的中等减排潜力（技术中减排情景）为 6.32 亿 t、17.28 亿 t 和 24.90 亿 t；可获得的最大直接减排潜力（技术强减排情景）为 9.36 亿 t、24.9 亿 t 和 56.05 亿 t。社会高发展情景下，同基准情景相比可获得的最小直接减排潜力（技术

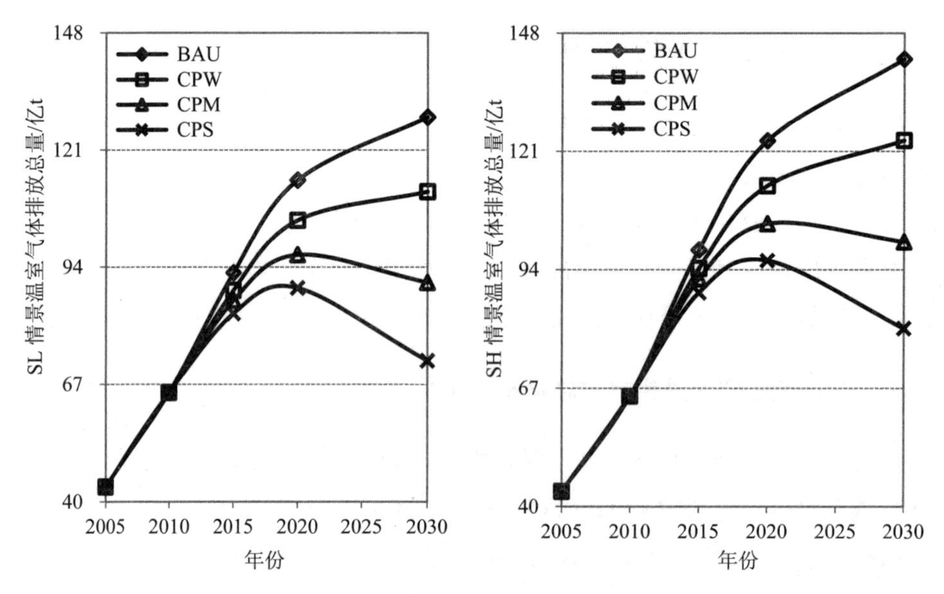

图 6-24 八个行业 2005—2030 年直接 CO_2 排放总量变化

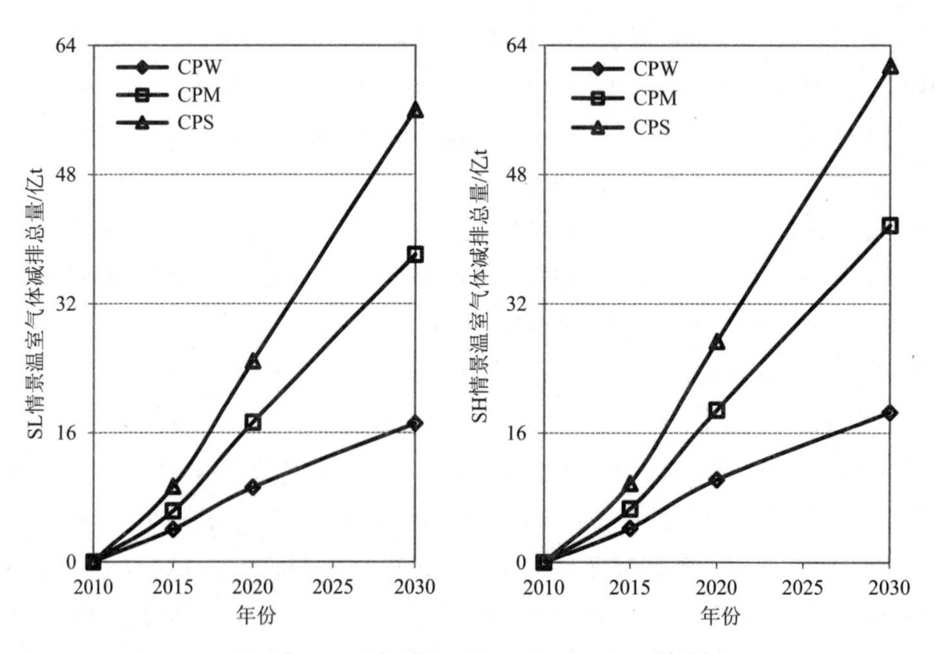

图 6-25 八个行业 2015—2030 年 CO_2 减排潜力

弱减排情景）在 2015 年、2020 年和 2030 年为 4.23 亿 t、10.24 亿 t 和 18.59 亿 t；可获得的中等直接减排潜力（技术中减排情景）为 6.65 亿 t、18.87 亿 t 和 41.73 亿 t；可获得的最大直接减排潜力（技术强减排情景）为 9.78 亿 t、27.37 亿 t 和 61.47 亿 t。将各情景下的减排量同基准情景相比可以获得削减率，计算结果总结于表 6-31。技术强减排情景在 2030 年可实现对排放量近一半的削减。此外，在某种情景下，随着时间增长直接 CO_2 排放削减率增加，一方面因为基准情景下排放总量的增长速度要远高于其他政策情景；另一方面（也是主要原因）因为各行业技术清单中的减排技术普及率随时间增长，尤其是对于目前普及率较低的技术，加之政策的推动，普及率随时间几乎呈指数函数增长。

表 6-31　各情景八个行业直接减排量相对于各年 BAU 情景排放量的削减率　单位：%

情景	宏观社会低发展情景（SL）			宏观社会高发展情景（SH）		
	2015 年	2020 年	2030 年	2015 年	2020 年	2030 年
弱减排情景（CPW）	4.4	8.1	13.3	4.3	8.3	13.1
中减排情景（CPM）	6.8	15.1	29.6	6.7	15.3	29.4
强减排情景（CPS）	10.1	21.8	43.6	9.9	22.2	43.3

将 CO_2 直接减排量在八个行业中进行分解（图 6-26）：电力、建筑使用和汽车交通行业为减排量最突出的三个行业，贡献率总和达到 70%以上。2015 年在三种技术情景下，建筑使用行业的贡献率最高（接近 30%），其次是电力行业（23%左右），汽车交通行业居末位（20%左右）。2020 年和 2030 年，在中、强减排情景下，电力行业减排量突增，使其贡献程度达到 40%左右，此时建筑和汽车交通行业的贡献程度相当。电力减排量突增的主要原因是电力行业在中、强减排情景设置中，以可再生能源的发展目标为关键约束条件，促使了该情景下发电结构由煤向清洁、可再生能源的转变。从电力行业贡献比重随时间变化的趋势来看，贡献程度随时间推移而开始递增，说明电力行业温室气体减排将是我国中长期温室气体减排的工作重点。与其他领域相比，在弱减排情景各年度下的贡献率，建筑使用行业均高于技术中减排情景及技术强减排情景的贡献率，故在技术弱减排情景下推荐优先考虑建筑使用行业温室气体减排政策及技术推广。

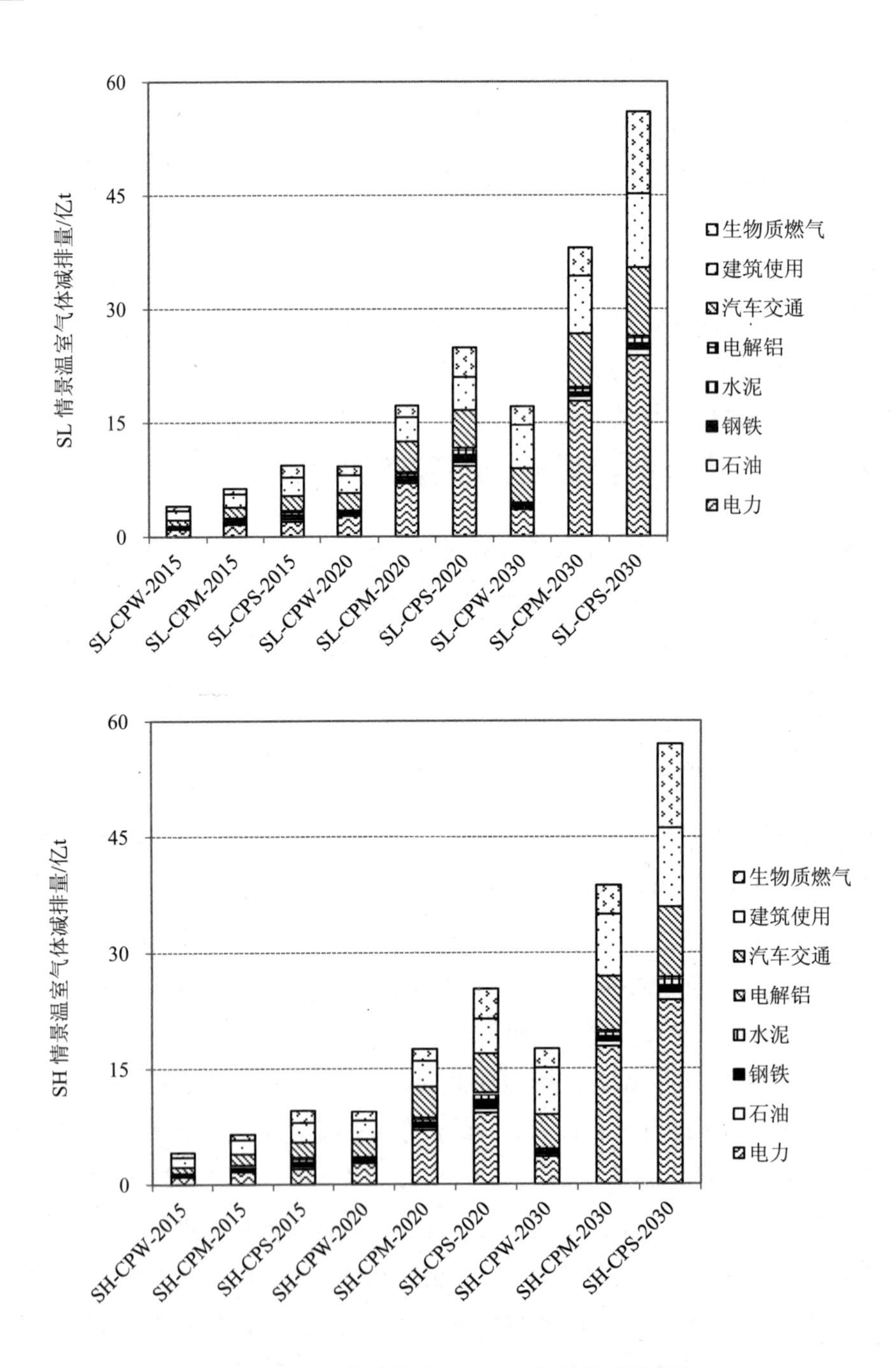

图 6-26　八个行业对直接 CO_2 排放的减排分解

2. 除电力行业外其他七个行业 CO_2 排放总量

宏观社会低发展情景下，技术弱减排情景下 2015 年、2020 年和 2030 年温室气体排放总量（直接排放与间接排放总和）分别为 67 亿 t、75 亿 t 和 72.7 亿 t；技术中减排情景三个年份的排放总量为 64.1 亿 t、69.7 亿 t 和 63.6 亿 t；技术强减排情景的排放总量为 60.7 亿 t、62.4 亿 t 和 48.8 亿 t。在宏观社会高发展情景下，技术弱减排情景在 2015 年、2020 年和 2030 年温室气体排放总量分别为 70.2 亿 t、80.9 亿 t 和 79.9 亿 t；技术中减排情景三个年份的排放总量为 67.2 亿 t、75.2 亿 t 和 70.1 亿 t；技术强减排情景三个年份的排放总量为 63.6 亿 t、67.1 亿 t 和 54 亿 t。

同八个行业直接排放总量变化形态不同（图 6-27），七个行业 CO_2 排放总量在三个政策情景下都会在 2020 年前后产生拐点。电力行业同其他行业相比可观的 CO_2 排放总量，以及七个行业技术清单中多包含节电措施是三个情景下都会出现排放峰值的根本原因。

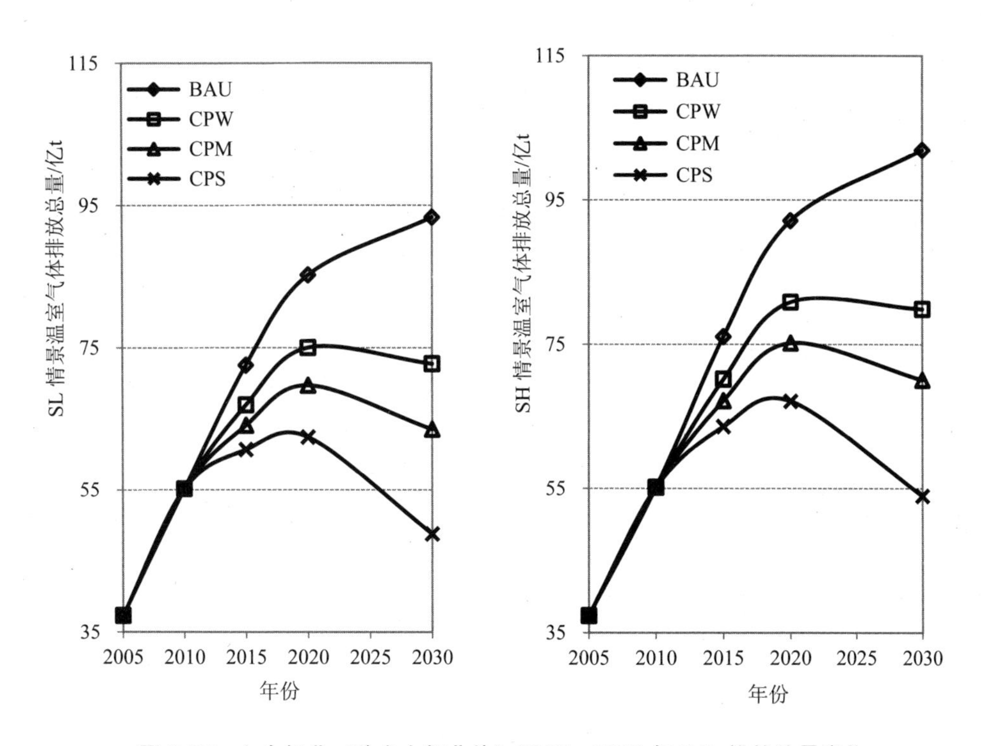

图 6-27 七个行业（除电力行业外）2005—2030 年 CO_2 排放总量变化

除电力行业以外的七个重点行业在宏观社会低发展情景下，同基准情景相比可获得的最小总减排潜力（技术弱减排情景）在2015年、2020年和2030年为5.6亿t、10.2亿t和20.6亿t；可获得的中等总减排潜力（技术中减排情景）为8.3亿t、15.6亿t和29.8亿t；可获得的最大总减排潜力（技术强减排情景）为11.9亿t、22.9亿t和44.5亿t。宏观社会高发展情景下，同基准情景相比可获得的最小总减排潜力（技术弱减排情景）在2015年、2020年和2030年为5.9亿t、11.3亿t和22.1亿t；可获得的中等总减排潜力（技术中减排情景）为8.9亿t、17亿t和32亿t；可获得的最大总减排潜力（技术强减排情景）为12.4亿t、25.1亿t和48亿t。

由于在行业低碳技术清单中节约燃料和节电技术在各行业和各种情景下的普及份额的差异，七个行业总CO_2减排潜力与包含电力行业在内的共八个行业直接CO_2减排潜力之间呈现出不确定关系。在技术弱减排情景下，前者的减排量比后者大，而在技术中、强减排情景下，2020年之后后者的减排程度大于前者。

除电力行业外，将七个行业对总CO_2排放的减排潜力进行分解（图6-28）可以看到，贡献程度最高的前三个行业依次是建筑使用行业（约45%）、汽车交通行业（20%）和生物质燃气行业（13%）。消费行业尽管对碳减排存在回弹效应，但采取措施后的减排量是相当可观的。如果对生物质燃气行业能源利用化技术大规模产业化应用进行强化，则其将产生巨大的碳汇作用，同时对今后我国能源结构的调整也起到重要作用。对于工业生产行业而言，由于本书涉及的工业生产行业相对整个工业领域而言体量有限，而且在2020年前后开始出现排放峰值，这导致减排体量也较小，同其他行业相比贡献程度技术减排空间较低。

总之，如果从三类行业的角度来看：2030年前消费领域将是温室气体减排的主力部门，尤其应当对汽车交通和建筑使用这两个领域加大控制CO_2减排的力度；同时还可以发现消费领域的碳减排举措决不能局限于单项减排技术的使用——由于消费行业排放形态同人们的使用模式密切相关，因而应该同时（或者更加）注重低碳行为方式的引导。

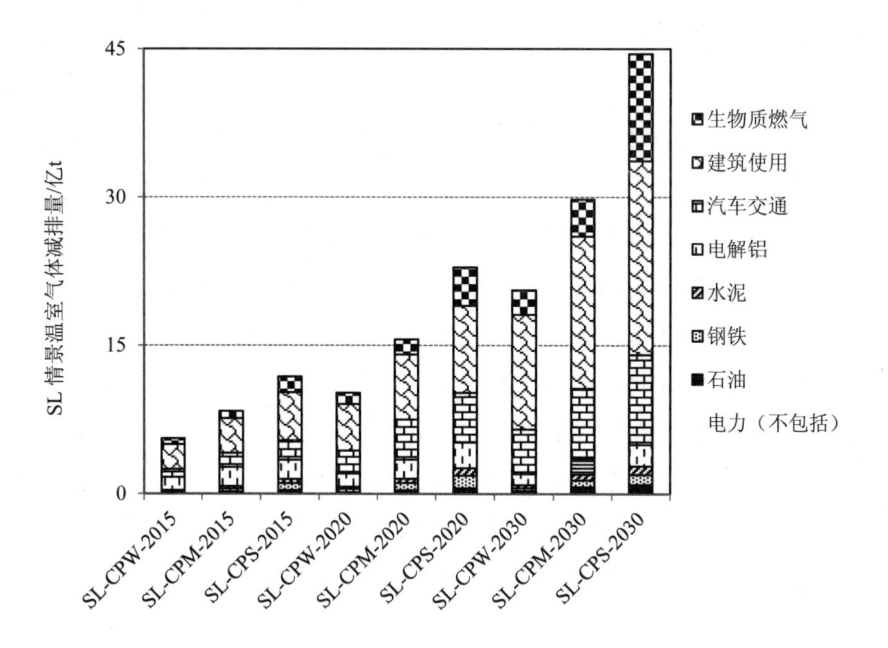

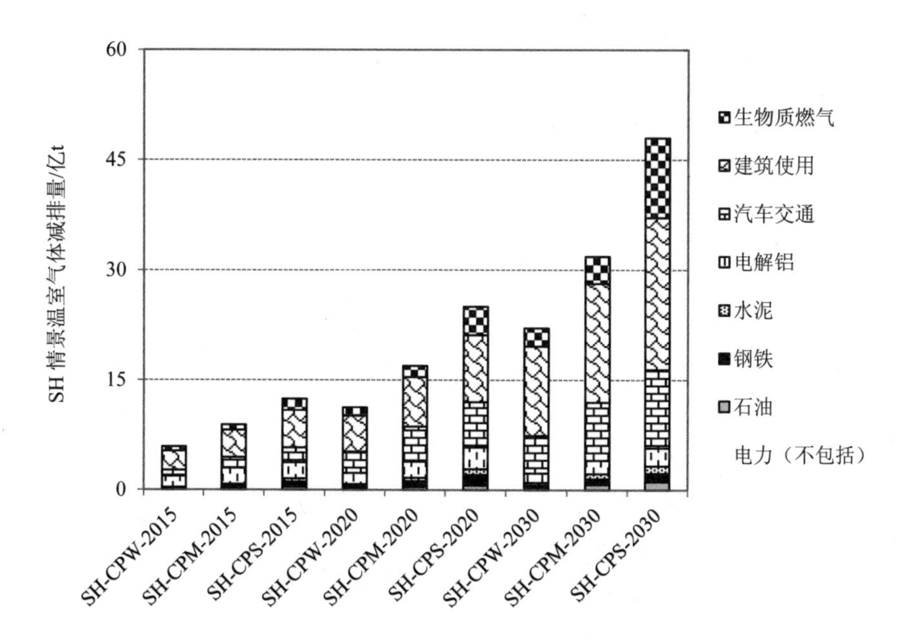

图 6-28　七个行业对总 CO_2 排放的减排分解

对能源行业而言，我国有可再生能源发展目标的约束，所以发电技术在近中期必定会向清洁及可再生方向转变，这必然也会带来可观的减排量。此外，在对属于可再生能源的生物质燃气化行业评估后发现，将生物质能源利用规模化、产业化所带来的碳减排量非常高，甚至高于其他能源形式，因此建议相关部门在可再生能源发展上也应致力于生物质能源化利用技术产业化及生物质燃气行业规模化的推动。人们之前认为的温室气体减排主力——工业生产领域，在综合评估中发现其占比较小，因此工业领域减排措施基本上维持现状的政策力度是足够和充分的，其排放量的降低将为消费领域的温室气体排放提供排放空间。这一方面因为估算中只从庞大的工业行业中选取了三个提供基础工业产品的传统工业；另一方面因为这三个工业已经挖掘出相当大部分的减排潜力，相比于消费和能源行业它们的减排潜力在2030年前再有较大增长的可能性不大。这从另一个角度也表明，我国温室气体排放控制政策要适时从原来高度集中于工业领域转向汽车交通、建筑使用等消费端领域。

第七章　行业减排路径及实施机制

一、行业减排成本分析方法

从行业碳减排潜力分析可知，随着碳减排政策力度的加强，各行业减排量也毫无疑问地在增加。然而，在碳减排具体政策的实施上，特别是针对碳减排技术的推广应用，需花费的成本也是极为重要的考量因素。强减排情景下尽管碳减排潜力可观，但成本付出很高昂，所以在纳入成本后设定的行业减排目标必定会在强减排情景的基础上折中，而折中下的目标会更符合实际情况，更具操作性。本章提出的行业减排路线图以微观尺度单项减排技术成本和宏观尺度行业总体减排技术成本的分析为绘制基础。其中，单项技术成本分析是在计算行业技术清单中各单项技术减排成本的基础上，获得各技术在减排成本范畴下由低到高的排序，从而为单一行业的减排技术路径提供参考；行业减排总体成本分析是结合行业减排潜力来评估政策情景下所有技术的成本和效益，从而筛选经济效益①最好的情景所对应的减排路线图。

（一）单项技术减排成本分析

单项技术减排成本分析的核心是计算单位减排量的成本额。其中，减排量指单项技术分别在2015年、2020年和2030年同基准年（2010年）相比可以达到的CO_2削减量。对于不同的技术种类而言，预测年同基准年相比在CO_2排放量上的变化可能为正也可能为负，若为正数则说明该项技术具有减排效果，若为负数则

① 这里的经济效益中的效益指减排效益。

说明该项技术产生排放。成本额指单项技术综合减排成本分别在 2015 年、2020 年和 2030 年同 2010 年相比的增加量。单位减排成本值越小，说明实现单位减排量的成本代价越小，减排量即为效益，也说明该技术经济效益越好，在行业温室气体减排行动中应当优先给予推荐使用。

综合减排成本包括了固定成本和可变成本。在计算中，具体是把设备初始投资表征为固定成本，以技术或设备对应的运行维护成本来表征可变成本。由于固定成本是一次性投资，在计算年成本时要做折算，可采用如下两种方法：

1. 净年值法

净年值法的分摊年限为技术寿命期，具体计算公式如下：

$$\mathrm{FC} = P \cdot \mathrm{IN} \cdot \mathrm{PR} \cdot \frac{i(1+i)^{\mathrm{TL}_{i,t}}}{(1+i)^{\mathrm{TL}_{i,t}} - 1} \tag{7-1}$$

式中：FC 为每年总固定成本；P 为技术对应产品产量；IN 为技术初始单位投资，一般以单位产量核算；PR 为技术普及率；i 为贴现率（根据国家标准，取 8%）；TL 为技术寿命（一般取 20～40 年）。

2. 固定资产折旧法

固定资产折旧法的分摊年限为技术折旧期限，具体计算公式如下：

$$\mathrm{FC}=\mathrm{FA}\cdot(1-\mathrm{RV})/\mathrm{DP} \tag{7-2}$$

式中：FA 为固定资产原值（万元）；RV 为固定资产残值率（%）；DP 为折旧年限。

电力行业中统一以电力平准成本（Levelised Costs of Electricity，LCOE）核算发电技术成本，具体计算公式如下：

$$\mathrm{LCOE} = \frac{\sum_{t=1}^{n} \frac{I_{t+} M_t + F_t}{(1+r)^t}}{\sum_{t=1}^{n} \frac{E_t}{(1+r)^t}} \tag{7-3}$$

式中：I_t 为 t 年投资成本；M_t 为 t 年的运行维护成本；F_t 为 t 年的燃料成本；

E_t为 t 年的电力生产量（kW·h）；r 为贴现率；n 为机组生命周期，按照机组典型寿命 20～40 年计算。计算过程不考虑销售收入的影响。

在计算各项减排技术单位减排成本的基础上，将各项技术单位减排成本从低到高排列，依次绘制在以单项技术减排量为横坐标和以单位减排成本（元/tCO_2）为纵坐标的成本曲线图中（图 7-1）。通过成本曲线图可以直观判断技术单位减排成本的优先序，同时可在设定具体减排目标下选取能够实现该目标、具有最小减排成本的技术集合（图 7-1 中的黑色方框标识）。

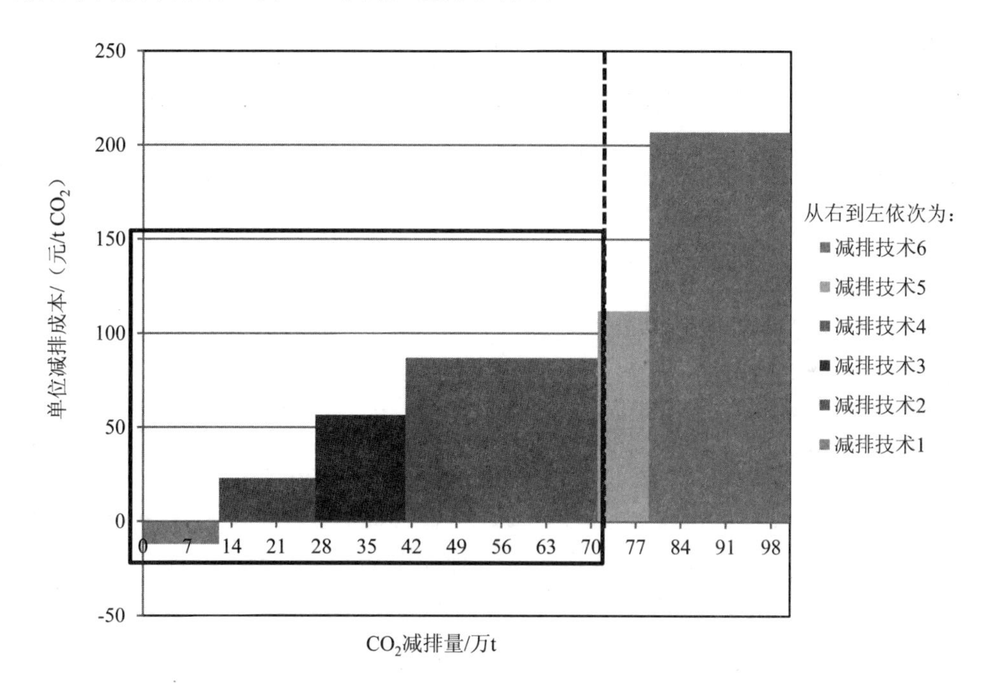

图 7-1 单项技术成本曲线

（二）行业总体减排成本分析

同单项技术减排分析类似，技术政策情景下减排成本分析的核心是计算设定的三种技术政策情景的单位减排成本。此处的减排量即减排潜力，沿用上一章节的定义——指行业在政策情景下 2015 年、2020 年和 2030 年总 CO_2 排放量同基准情景对应年份相比的差值。一般来说，政策情景 CO_2 排放总量比基准情景要低，因此减排量在所有政策情景下都为正值。成本值的计算以减排潜力的比较为依据，指行业在政策情景下2015年、2020年和2030年行业减排的综合总成本同基准情景对应年份相比的增加量。行业减排成本也包括固定和可变两类成本。其中，固定成本以行业总体投资额表示，而可变成本则囿于数据可得性，在研究中简单采用消耗原、燃料的费用计算。对于绝大多数行业而言，原、燃料费用占全行业总可变成本的60%～80%，因此选取这两项具有一定的代表性。行业成本核算方法同上一章CO_2排放和减排计算类似，现状年利用自上而下的方式计算，而预期年总成本则是在现状值的基础上增加应用减排技术的成本获得。

基准年行业总成本如式（7-4）所示：

$$C_{t_0}=CAA_{t_0}+FC_{t_0}+MC_{t_0} \tag{7-4}$$

式中：CAA_{t_0}为基准年t_0固定资产投资完成额（万元）；FC_{t_0}为基准年t_0燃料消耗成本（万元）；MC_{t_0}为基准年t_0含碳原料消耗成本（万元）。

预测年行业总成本的计算公式如式（7-5）所示，其中反映了技术成本的变化［式（7-6）］。

$$C_t=CAA_{t_0}+\Delta fC+FC_t+MC_t \tag{7-5}$$

式中：CAA_{t_0}为基准年t_0行业固定资产投资完成额；ΔfC为技术总固定成本变化；FC_t为预测年t燃料消耗成本（用预测年燃料消耗值计算）；MC_t为预测年t原料消耗成本（用预测年原料消耗值计算）。单位均为万元。

若令 $fC_t=P_t\cdot\left[\sum_m\left(IN_{m,t}\times PR_{m,t}\times\frac{i(1+i)^{TL_{m,t}}}{(1+i)^{TL_{m,t}}-1}\right)+\sum_n\left(IN_{n,t}\times PR_{n,t}\times\frac{i(1+i)^{TL_{n,t}}}{(1+i)^{TL_{n,t}}-1}\right)\right]$

则 $$\Delta fC=fC_t-fC_{t_0} \tag{7-6}$$

式中：ΔfC为预测年相比于基准年技术总固定成本变化；用能源消耗参数表征的技术为n种，用能源节约参数表征的技术为m种，其余参数的意义参考式(7-1)。

政策情景下单项技术减排成本数值越小，说明对应的技术政策情景下温室气体减排的经济效益越好。在比较三个政策情景单位减排成本的基础上，可以确定单位减排成本最小的情景为最优情景。最优情景下的行业温室气体减排量、单位排放强度、减排所需的成本代价总额以及对应的技术发展路径都对行业减排政策的制定有实际参考作用，尤其是这一政策情景下对应的技术发展路径能够为各行业近中期碳减排技术方案提供支撑。

二、行业单项技术减排成本分析

（一）电力行业单项技术减排成本分析

通过对电力行业 2005—2010 年具体案例的统计分析，可以得出各项技术的电力平准成本。电力行业投资建设周期较长，所以该成本可以作为 2015 年已投产的成本。2020 年和 2030 年的成本是在考虑技术发展潜力、原料供给成本和社会经济发展的基础上推算得到的。2015 年、2020 年和 2030 年各项技术的电力平准成本见表 7-1。其中，由于数据可行性，线损控制的成本难以单独统计因此未列其中。

表 7-1　主要发电技术电力平准成本预测　　单位：元/（MW·h）

技术类别	技术名称	2015 年	2020 年	2030 年
燃煤发电（含脱硫、脱硝）	300 MW 以下亚临界	329	329	329
	300 MW 级超临界	313	313	313
	600 MW 级超超临界	279	276	276
	1 000 MW 级超超临界	261	258	258
	630℃超超临界	248	242	235
	700℃超超临界	247	247	240
燃气发电	NGCC 热电联产	458	447	442
核电	压水堆二代改造	205	203	197
	压水堆三代	248	236	223
	快堆	267	267	267
	高温气冷堆	242	242	242
水电	大中型	185	240	313
	小型（<5 万 kW）	169	169	242
	抽水蓄能电站	807	893	980
风电	陆上并网风电	459	438	416
	海上并网风电	810	734	619

技术类别	技术名称	2015年	2020年	2030年
太阳能发电	光伏	718	589	457
	光热	871	616	514
CCS	采用CCS的超超临界	1 060	1 060	1 060
IGCC		415	415	352
余热发电		242	235	227
生物质发电		753	730	685
热电联产	300 MW级超临界热电联产	284	284	284

在减排潜力评估和电力平准化成本核算的基础上，可以计算各项技术的单位减排成本（表7-2）——随着技术进步原有的一些技术不再是先进技术，所以在不同阶段，一些技术以符号“×”表示。其中，热电联产的成本已经包含在发电成本中，表中未单独列出。

表7-2　主要发电技术的减排成本预测　　单位：元/t CO_2

发电技术	2015年	2020年	2030年
600 MW级USC燃煤	×	×	×
1 000 MW级USC燃煤	−363	×	×
630℃ USC燃煤	−274	−299	×
700℃ USC燃煤	−244	−244	−267
NGCC热电联产	285	263	253
压水堆二代改造核电	−120	−122	−129
压水堆三代核电	−75	−88	−101
快堆核电	−55	−55	−55
高温气冷堆核电	−81	−81	−81
大中型水电	−141	−83	−6
小型水电	−158	−158	−81
抽水蓄能电站	631	743	854
陆上并网风电	147	124	102
海上并网风电	517	436	316
光伏	419	284	145
光热	580	312	205
采用CCS的USC燃煤	779	779	779
IGCC	719	719	246
余热发电	−81	−89	−97
生物质发电	456	432	385

根据表 7-2 可以绘制电力行业减排成本曲线图，图 7-2 是 2015 年、2020 年和 2030 年中减排情景下减排成本曲线。某一预测年已经落后的技术和普及率极低、对减排贡献近似于零的技术均未列其中。从成本曲线图可以看出，同一情景各年份下，技术清单中单位减排成本优先序和每种技术带来的减排量差异比较大。

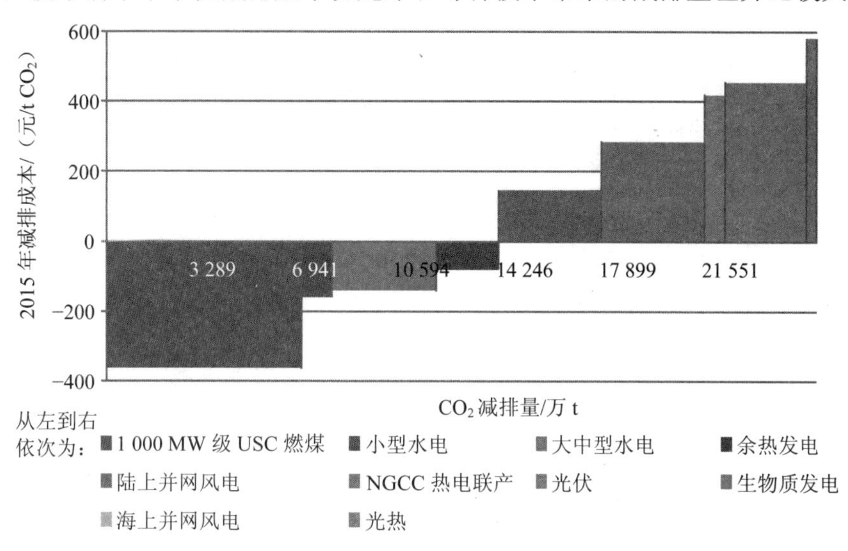

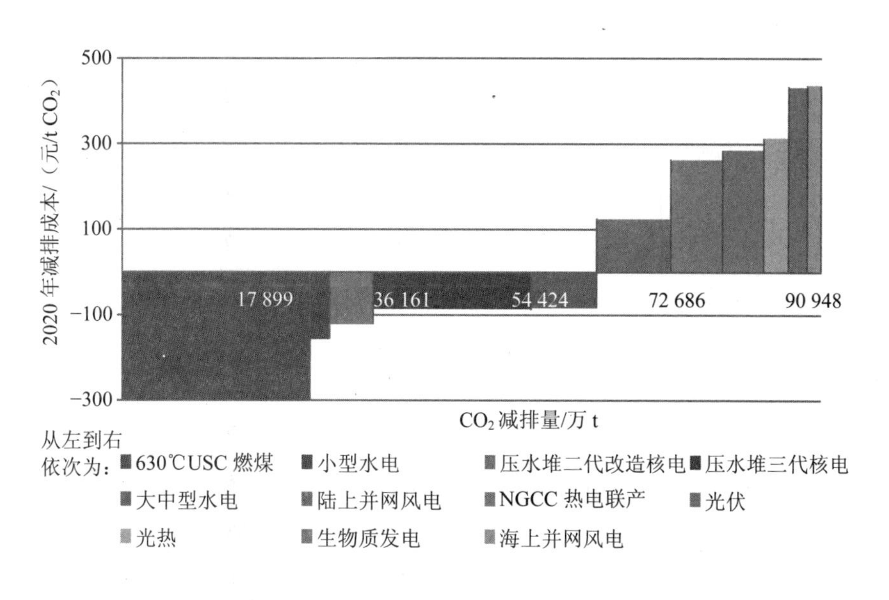

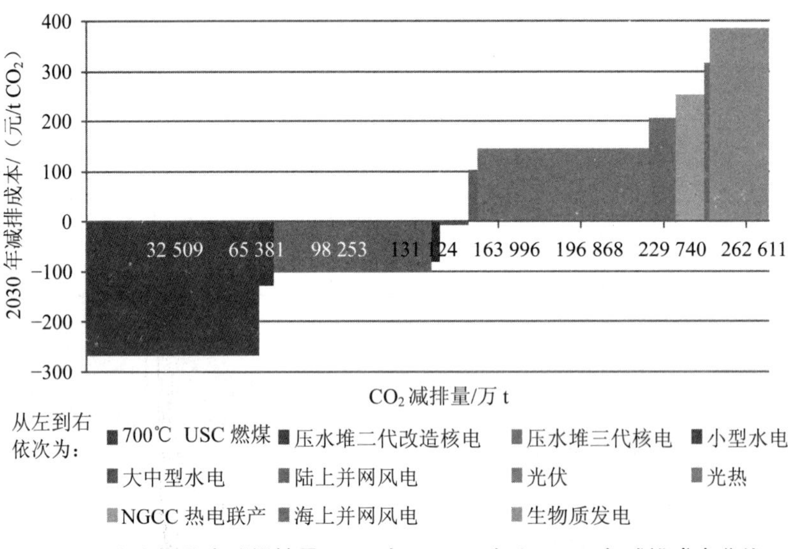

图 7-2　电力行业中减排情景 2015 年、2020 年和 2030 年减排成本曲线

从单位减排成本来看，USC 燃煤发电的减排成本在所有年份中均最小；压水堆二代改造核电和压水堆三代核电的减排成本在 2020 年大于小型水电，但在 2030 年却小于小型水电；光热技术减排成本随时间推移也在不断减小，2030 年已经比 NGCC 的单位减排成本低；与此相反，生物质发电的减排成本在 2015—2030 年不断增加，2030 年成为电力行业技术清单中减排成本最高的技术。从减排量上看，2015 年减排量贡献程度最高的前四项技术为 USC 燃煤发电、大中型水电、陆上并网风电和 NGCC 热电联产；2020 年贡献程度最高的技术为 USC 燃煤发电、水堆三代核电、陆上并网风电以及大中型水电；2030 年对应技术为 USC 燃煤发电、压水堆三代核电以及光伏发电。

（1）USC 燃煤发电减排量在 2015—2030 年有较快的增长，2030 年减排量同 2015 年相比增长将近 10 倍。

（2）压水堆三代核电到 2020 年才出现，其减排量至 2030 年稳步增长。

（3）陆上并网发电减排量在 2015—2030 年持续增长，在 2020—2030 年增长趋势减缓，贡献程度逐渐降低，是 2030 年减排贡献量最少的几项技术之一。

（4）光伏发电的减排量剧增，从 2015 年为减排贡献程度较小的技术到 2030 年已然跃居为减排量最大的三个技术之一。

对于减排贡献程度较小的技术而言，其所包含的技术种类也在不断变化：2015年为光热发电、光伏发电和小型水电；2020年为海上并网风电、生物质发电和小型水电；2030年为海上并网风电、陆上并网风电和小型水电。贡献程度低的技术主要为新能源技术，其中，小型水电贡献率一直很低；风电在前期对温室气体减排有较大贡献，但后期因发展减慢对减排作用降低。

（二）石油行业单项技术减排成本分析

石油行业各情景下主要技术成本计算见表7-3和表7-4，成本曲线如图7-3和图7-4所示，主要选用的是社会经济发展低情景下的中、强减排情景技术成本曲线进行展示，可以看到不同政策情景下的技术成本效益排序。

石油行业低碳技术按照减排潜力和经济性综合考虑分类，潜力和经济性一般的技术包括注采系统节能、油气田地面工程系统优化；潜力和经济性均较好、应大力推广应用的技术包括炼油加热炉能效提高、炼油装置热联合与余热利用、炼油能量系统整体优化；减排潜力较大但仍需进一步研发以降低成本的技术包括劣质原料气化多联产、火炬优化与伴生气回收、CO_2-EOR、CO_2咸水层和枯竭油气藏碳封存。从减排的综合效果考虑，应该重点推广应用生产优化技术，而企业从经济效益角度考虑也更愿意采用这些技术。从技术研究的角度必须加大研发力度，尽快降低减排技术成本，这应当是石油行业减排技术政策应重点解决的问题。

（三）钢铁行业单项技术减排成本分析

钢铁行业碳减排同节能密切相关，温室气体排放量基本是由能源消耗引起的。钢铁行业中减排情景下各年份技术单位减排的成本和曲线图如表7-5、图7-5所示。因烧结余热发电技术、煤调湿技术、干法熄焦、非高炉炼铁的单位减排成本很高，同图中其他技术不在同一数量级，故未在图中展示。

表 7-3　石油行业社会经济低发展情景下的技术成本

单位：万元

技术名称	2015 年				2020 年				2030 年			
	基准	弱减排	中减排	强减排	基准	弱减排	中减排	强减排	基准	弱减排	中减排	强减排
炼油能量系统整体优化	15 842	23 763	31 685	47 527	69 388	57 824	80 953	127 212	203 886	186 896	237 867	441 753
炼油加热炉能效提高	12 459	22 971	45 943	91 885	55 896	69 870	139 741	209 611	161 675	215 567	323 351	431 134
炼油装置热联合与余热利用	79 211	158 423	237 634	316 846	192 746	289 118	481 864	674 609	318 572	530 953	849 525	1 274 288
劣质原料气化多联产	49 790	99 580	149 370	199 160	181 731	363 463	545 194	848 080	400 491	800 981	1 134 723	1 935 704
注采系统节能	14 349	19 133	23 916	38 265	46 749	58 436	87 654	116 871	105 393	140 524	245 918	281 049
油气田地面工程系统优化	68 099	113 498	181 597	226 997	166 393	277 322	360 519	554 644	333 448	500 172	666 896	1 000 344
火炬优化与伴生气回收	128 949	206 318	257 897	386 846	257 897	386 846	515 794	644 743	349 678	582 797	699 356	792 604
CO_2咸水层与枯竭油气藏碳封存	0	0	0	141 365	0	0	141 365	84 819	127 783	255 566	2 555 657	5 111 313
CO_2-EOR	151 588	454 763	757 938	1 212 700	303 175	1 212 700	1 515 875	4 547 626	822 139	2 740 462	5 480 924	13 702 311
生产优化技术合计	368 699	643 686	928 042	1 307 525	970 801	1 502 879	2 211 718	3 175 771	1 873 143	2 957 890	4 157 636	6 156 876
总计	520 287	1 098 449	1 685 979	2 661 591	1 273 976	2 715 579	3 868 959	7 808 215	2 823 065	5 953 918	12 194 217	24 970 500

表 7-4　石油行业社会高发展情景下的技术成本

单位：万元

技术名称	2015 年				2020 年				2030 年			
	基准	弱减排	中减排	强减排	基准	弱减排	中减排	强减排	基准	弱减排	中减排	强减排
炼油能量系统整体优化	16 596	24 894	33 192	49 788	76 269	63 557	88 980	139 826	247 228	226 625	288 432	535 660
炼油加热炉能效提高	14 438	24 064	48 128	96 257	61 439	76 798	153 597	230 395	196 044	261 392	392 088	522 784
炼油装置热联合与余热利用	82 980	165 960	248 940	331 919	254 229	381 343	635 572	889 801	540 811	901 351	1 442 162	2 163 243
劣质原料气化多联产	52 159	104 318	156 476	208 635	199 751	399 503	599 254	932 173	485 626	971 252	1 375 940	2 347 192
注采系统节能	14 349	19 133	23 916	38 265	46 749	58 436	87 654	116 871	105 393	140 524	245 918	281 049
油气田地面工程系统优化	68 099	113 498	181 597	226 997	166 393	277 322	360 519	554 644	333 448	500 172	666 896	1 000 344
火炬优化与伴生气回收	128 949	206 318	257 897	386 846	257 897	386 846	515 794	644 743	349 678	582 797	699 356	792 604
CO_2咸水层与枯竭油气藏碳封存	0	0	0	141 365	0	0	141 365	84 819	127 783	255 566	2 555 657	5 111 313
CO_2-EOR	151 588	454 763	757 938	1 212 700	303 175	1 212 700	1 515 875	4 547 626	822 139	2 740 462	5 480 924	13 702 311
生产优化技术合计	377 570	658 184	950 146	1 338 707	1 062 727	1 643 805	2 441 370	3 508 454	2 258 228	3 584 114	5 110 792	7 642 876
总计	529 158	1 112 947	1 708 084	2 692 772	1 365 902	2 856 505	4 098 610	8 140 898	3 208 149	6 580 142	13 147 373	26 456 500

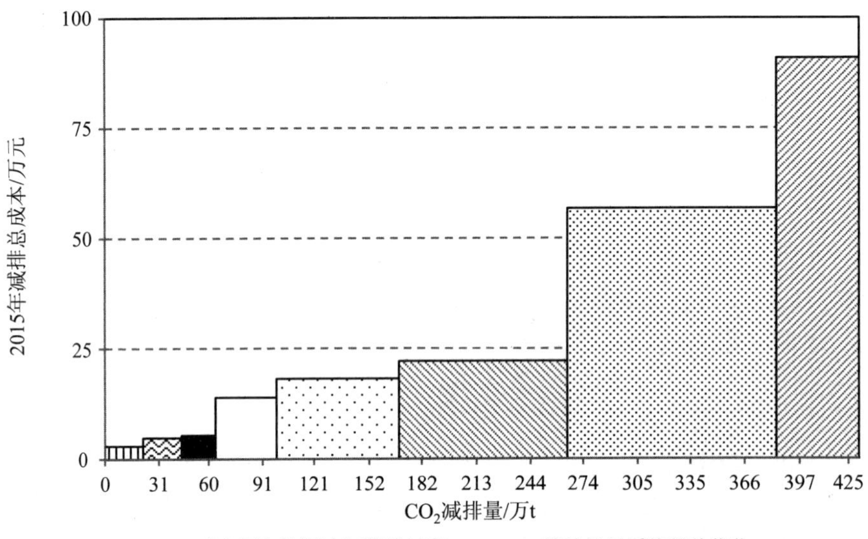
100
75
50
25
0
2015年减排总成本/万元
0
31
60
91
121
152
182
213
244
274
305
335
366
397
425
CO2减排量/万t
CO2咸水层与枯竭油气藏碳封存
炼油能量系统整体优化
注采系统节能
炼油加热炉能效提高
劣质原料气化多联产
油气田地面工程系统优化
炼油装置热联合与余热利用
火炬优化与伴生气回收
CO2-EOR

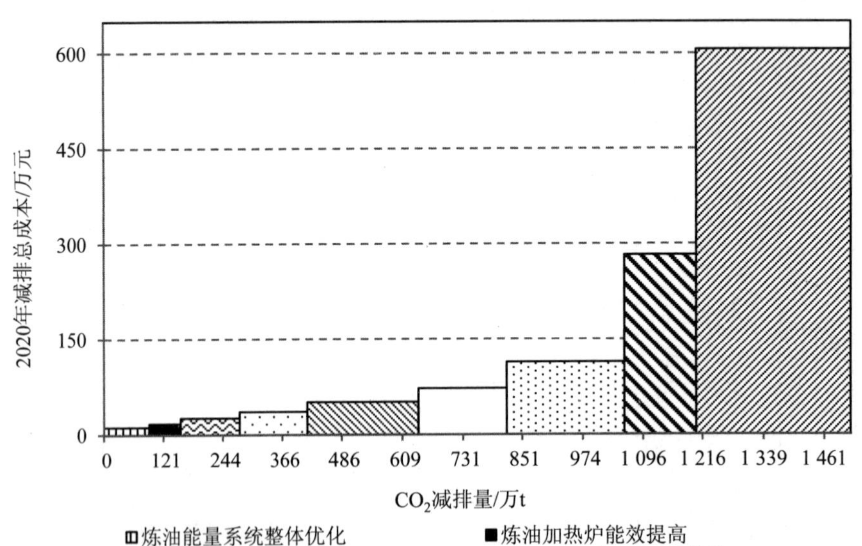
600
450
300
150
0
2020年减排总成本/万元
0
121
244
366
486
609
731
851
974
1 096
1 216
1 339
1 461
CO2减排量/万t
炼油能量系统整体优化
炼油加热炉能效提高
注采系统节能
油气田地面工程系统优化
炼油装置热联合与余热利用
劣质原料气化多联产
火炬优化与伴生气回收
CO2咸水层与枯竭油气藏碳封存
CO2-EOR

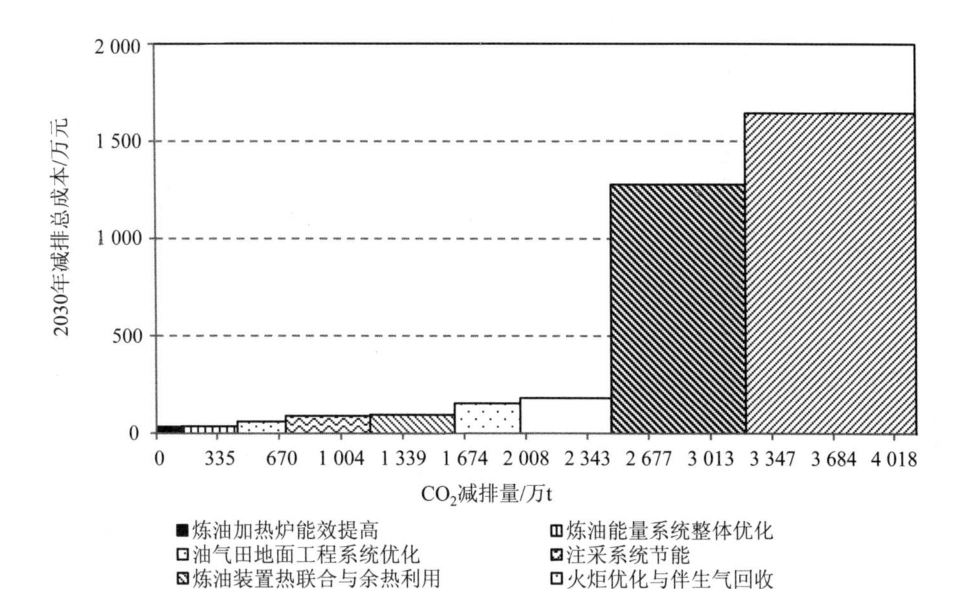

图 7-3 石油行业中减排情景 2015 年、2020 年和 2030 年技术成本曲线

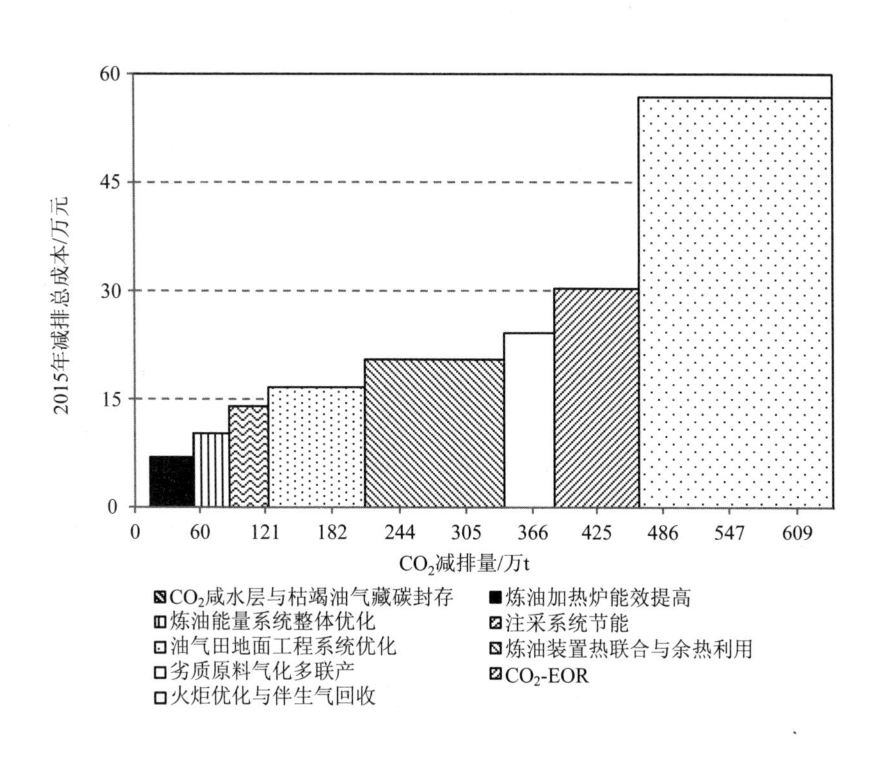

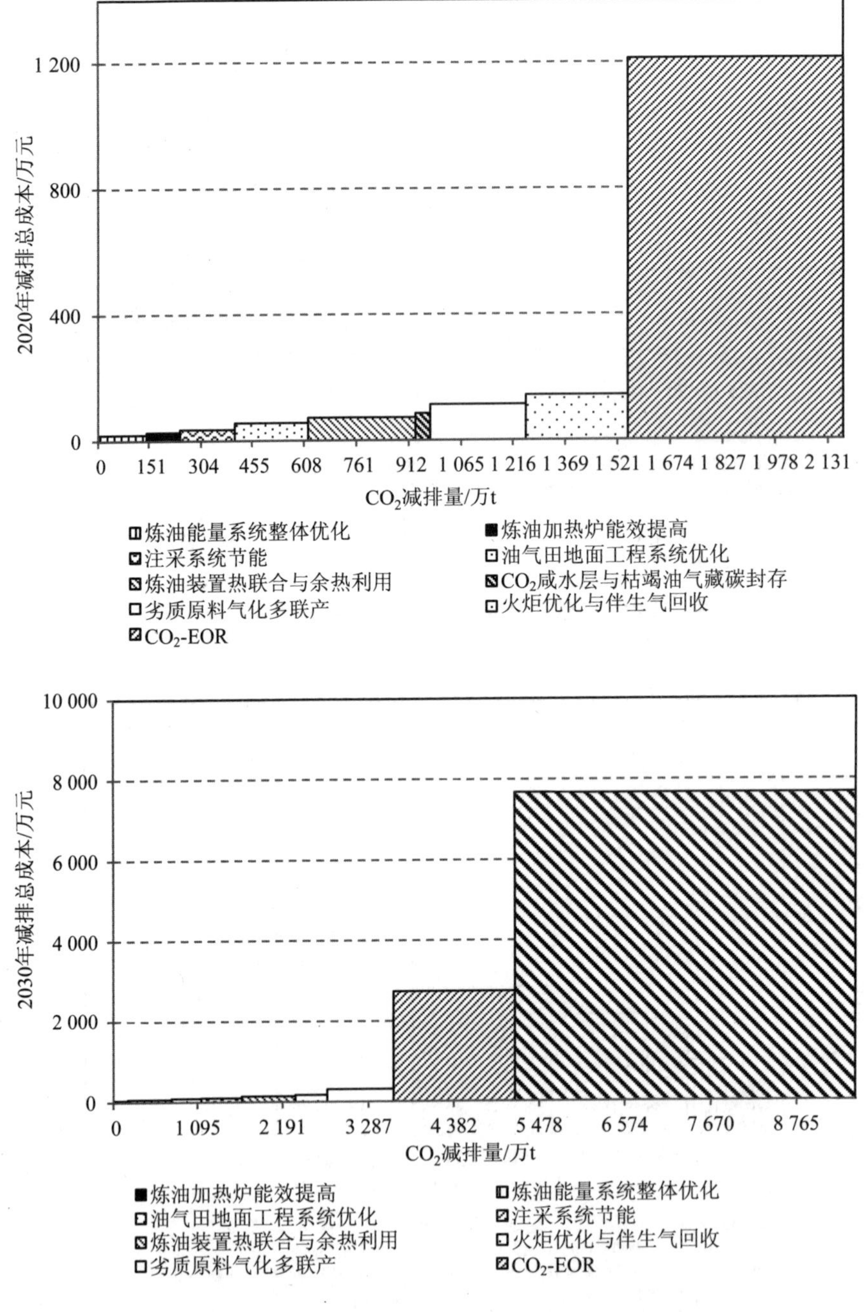

图 7-4 石油行业强减排情景 2015 年、2020 年和 2030 年技术成本曲线

表 7-5　钢铁行业不同减排技术成本

技术名称	单位减排量/（kg CO_2/工序产品）	固定投资/（元/kg CO_2）	节能的净收益/（元/kg CO_2）
煤调湿技术（CMC）	23.1	4.83	4.46
干法熄焦（CDQ）	25.0	5.22	4.85
低温烧结技术	27.0	0.04	−0.33
降低烧结漏风率技术	0.7	1.13	0.76
小球团烧结工艺	14.9	0.09	−0.29
烧结余热发电技术	4.00	3.00	2.63
高炉鼓风除湿节能技术	23.4	0.78	0.41
高炉炉顶压煤气干式余压发电技术	39.2	0.41	0.04
高炉煤气全干法除尘技术	59.1	0.30	−0.07
高炉高效喷煤技术	24.3	0.25	−0.12
高炉喷吹焦炉煤气技术	81.0	0.21	−0.16
低热值高炉煤气-燃气-蒸汽联合循环发电	61.4	0.37	0
热风炉双预热技术	22.1	0.48	0.11
非高炉炼铁	270.0	13.33	12.96
转炉烟气高效回收利用技术	20.9	0.80	0.43
转炉负能炼钢工艺技术	63.7	0.24	−0.13
转炉煤气干法（LT 法）净化回收技术	59.1	0.41	0.04
电炉优化供电技术	6.6	0.04	−0.33
蓄热式燃烧工程	64.8	0.16	−0.21
能源管理中心技术	26.7	0.37	0.003

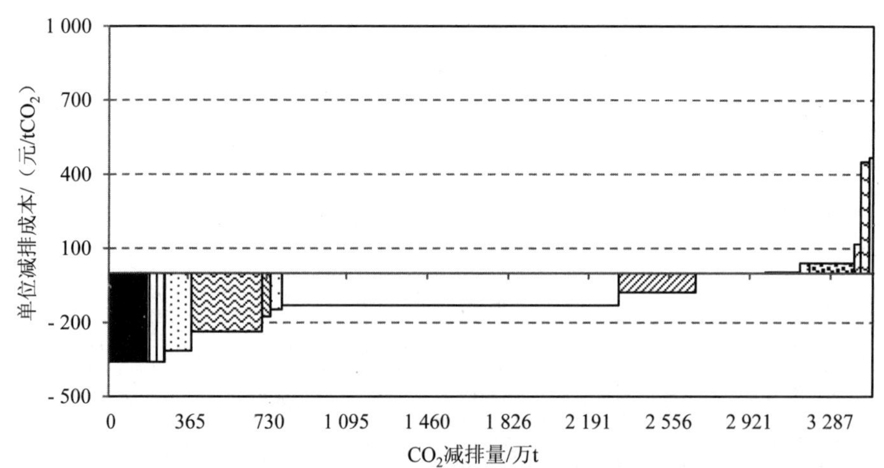

■低温烧结技术
□小球团烧结工艺
▨高炉喷吹焦炉煤气技术
□高炉高效喷煤技术
◪低热值高炉煤气—燃气—蒸汽联合循环发电
□转炉煤气干法（LT法）净化回收技术
▨热风炉双预热技术
□转炉烟气高效回收利用技术
□电炉优化供电技术
▨蓄热式燃烧工程
□转炉负能炼钢工艺技术
▨高炉煤气全干法除尘技术
□能源管理中心技术
◪高炉炉顶压煤气干式余压发电技术
◪高炉鼓风除湿节能技术
◪降低烧结漏风率技术

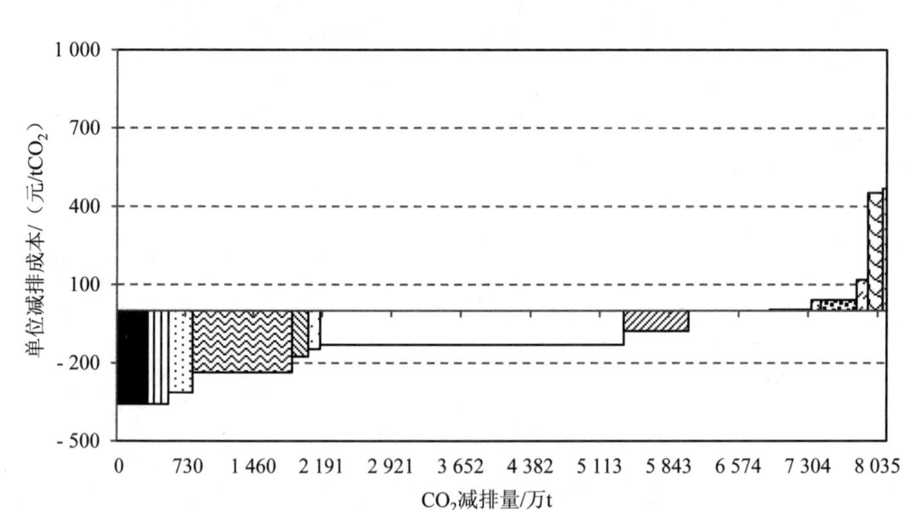

■低温烧结技术
□小球团烧结工艺
▨高炉喷吹焦炉煤气技术
□高炉高效喷煤技术
◪低热值高炉煤气—燃气—蒸汽联合循环发电
□转炉煤气干法（LT法）净化回收技术
▨热风炉双预热技术
□转炉烟气高效回收利用技术
□电炉优化供电技术
▨蓄热式燃烧工程
□转炉负能炼钢工艺技术
▨高炉煤气全干法除尘技术
⊞能源管理中心技术
◪高炉炉顶压煤气干式余压发电技术
◪高炉鼓风除湿节能技术
◪降低烧结漏风率技术

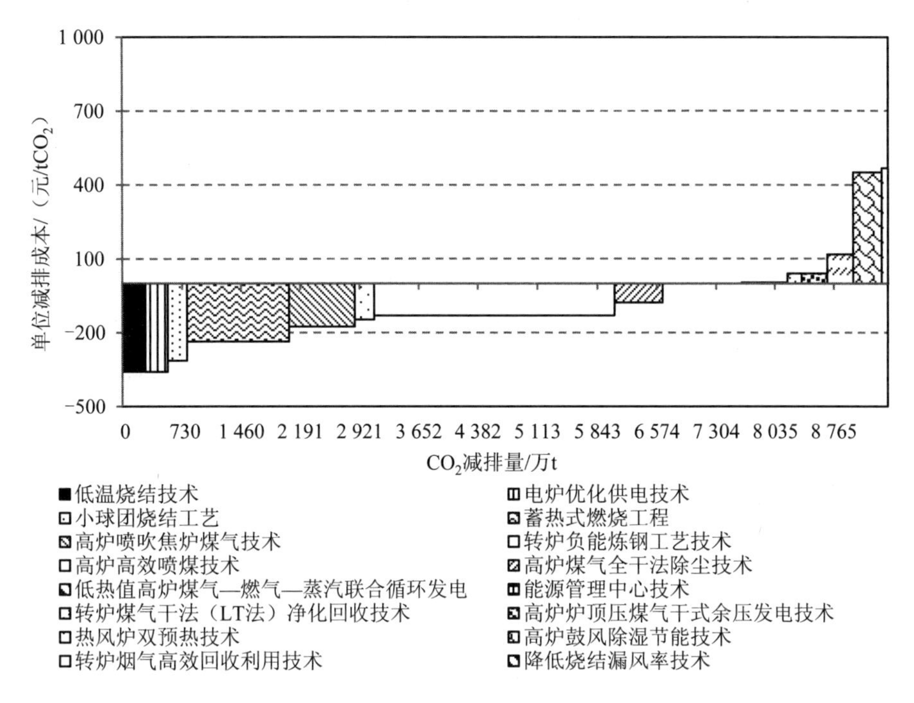

图 7-5　钢铁行业中减排情景 2015 年、2020 年和 2030 年技术成本曲线

钢铁行业不同工序的减排（或节能）成本存在差异：处于高炉炼铁工序的节能技术及后续工序的节能成本普遍较低，其次分别是烧结、焦化。因此，在节能技术改造时应首先关注高炉炼铁、转炉炼钢等成本较低工序的节能减排工作。

（1）高炉炼铁工序：根据技术普及周期来看，高炉炼铁技术中的高炉鼓风除湿节能技术、高炉炉顶压煤气干式余压发电技术、高炉煤气全干法除尘技术、高炉高效喷煤技术等技术现有普及率较高，并且已经进入快速普及阶段，而高炉喷吹焦炉煤气技术、低热值高炉煤气-燃气-蒸汽联合循环发电、热风炉双预热技术等技术普及率较低，且普及速度在一定时期内较慢，应该对此类技术予以政策支持。

（2）炼钢工序：分为转炉炼钢和电炉炼钢。转炉炼钢的工序能耗较低，其节能技术较少，主要包括转炉烟气高效回收利用技术、转炉负能炼钢工艺技术、转炉煤气干法（LT 法）净化回收技术。这类技术投资成本都较低，且目前已经在较大范围内得到推广应用。电炉炼钢目前所占比例还比较低，且其比例在未来时期内会有增长的趋势。目前电炉炼钢工序常用的电炉优化供电技术所占比例较低，此技术的初始投资也较低，因此应优先对电炉优化供电技术进行普及。

（3）轧钢工序：蓄热式燃烧工程常用于轧钢工序的加热过程，目前轧钢工序的能耗偏低，因此并未引起较多的注意。蓄热式燃烧工程的初始投资较低，有大范围的应用空间，且目前普及率较低，其大幅推广需要政策的推动。

（4）烧结工序：小球烧结、低温烧结、降低烧结漏风率技术普及率较高，且小球烧结和低温烧结的投资成本较低，已得到迅速普及；烧结余热发电技术固定投资稍高，且目前普及率较低，但是由于节能效果较好，作为关键的节能技术，其普及力度已在逐步增加。

（5）焦化工序：干熄焦技术普及率较高，并开始迅速增长，对政策需求不高；煤调湿技术现在的普及率较低，但是由于投资成本稍高和技术本身应用范围的限制，在未来一定时期内还应适当加快推广。

对于非高炉炼铁技术，由于技术的不成熟性、投资成本高和技术多样性的特点，应多开展示范工程，在示范之后如果投资成本降低且节能效果能够确定，可以择机进行大范围推广。

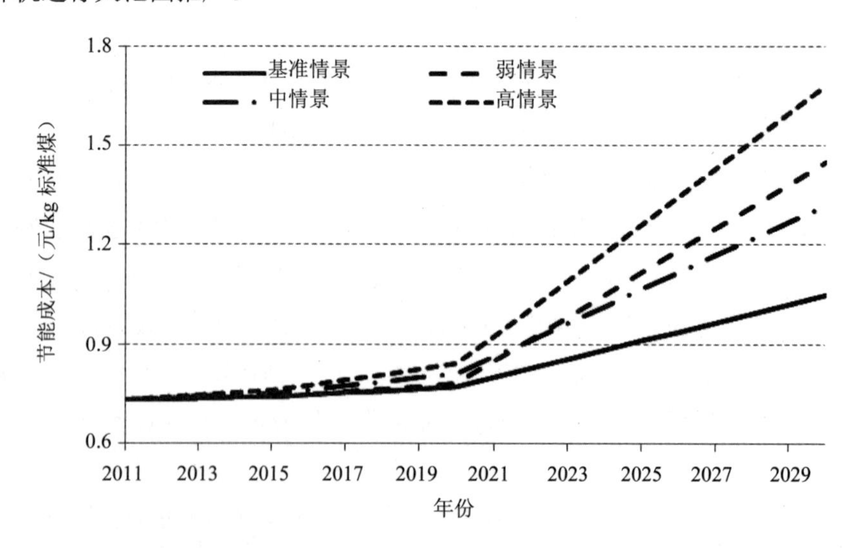

图 7-6 钢铁行业不同情景下的节能成本

不同情景下单位节能成本将会发生变化（图 7-6），2015—2020 年平均节能成本随着政策情景的严厉性增加而增大——强减排情景下平均节能成本最高，成本的增速基本和情景的严厉性成正比，且随时间增长成本之间差异也逐渐增大。然而，2022 年前后弱减排情景和中减排情景的成本开始对调，中减排情景低于弱减排情景。

（四）水泥行业单项技术减排成本分析

水泥行业减排技术单位成本如表 7-6 所示，可详细区分为固定成本和可变成本，可变成本中主要考虑了技术变化所带来的燃料和电力成本的节约[①]。水泥行业技术成本曲线图以中减排情景下三个年份的结果为例（图 7-7）。

表 7-6 水泥行业采用各种减排技术所需的固定成本投资及社会成本

技术名称		固定成本/（元/t CO_2）	可变成本/（元/t CO_2）	备注
新型干法技术	淘汰立窑	（−193.14）	−544.50	负值表示淘汰时的成本节约值
	淘汰 2 000 t/d 以下	（−213.55）	−516.03	负值表示淘汰时的成本节约值
	2 000～4 000 t/d	（−630.67）	−1 012.72	负值表示在 2030 年生产能力减少、真正减排时的成本节约值，其他年份增加排放
	4 000 t/d 以上	1 451.86	1 230.4	减排投资成本和社会成本均最高
高效冷却机技术		60.03	−116.78	设备投资
纯低温余热发电		150.30	−266.86	设备投资
提高工厂自动化/控制水平		14.24	−310.71	仪器设备投资
采用低碳替代原材料生产熟料		22.41	334.14	储存和处理设施等费用
辊压机生料终粉磨技术		111.56	−597.93	设备投资
水泥立磨终粉磨技术		293.81	−410.44	设备投资
辊压机+球磨机联合粉磨系统		358.62	−345.72	设备投资

① 为了使成本变化对比更明显，并消除预测年原燃料和电力价格预测带来的不准确性，全部以 2010 年不变价格计算。

技术名称	固定成本/（元/t CO_2）	可变成本/（元/t CO_2）	备注
熟料、矿渣等分别粉磨技术	35.77	−284.29	设备投资
变频调速技术	184.80	−518.53	设备投资
采用粒化高炉矿渣、粉煤灰、火山灰等材料减少水泥熟料含量	0	−284	设施已有
替代燃料技术（包括水泥窑协同处置废物）	208.88	−560.17	设备投资
新型替代水泥	53.78	53.78	设备投资
CCS 技术	273.41	1 168.18	设备、设施投资
平均值	189.38	−175.42	淘汰技术的投资以0计

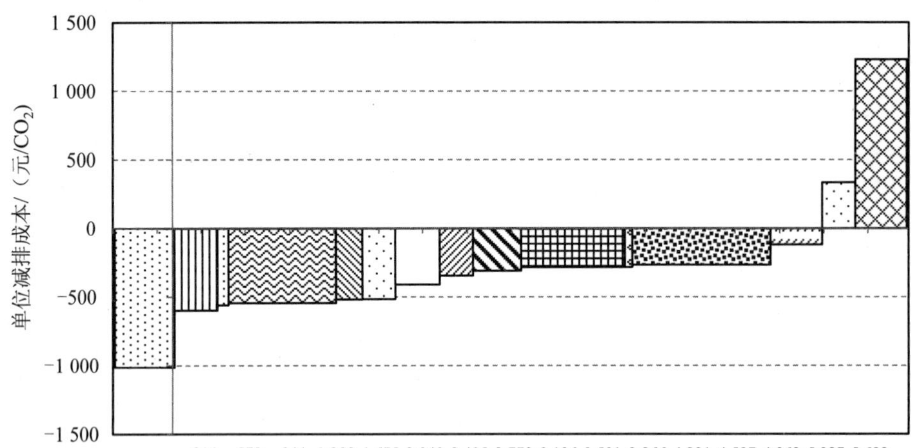

- 2 000～4 000 t/d新型干法
- 替代燃料（包括水泥窑协同处置废物）
- 变频调速技术
- 水泥立磨终粉磨技术
- 提高工厂自动化/控制水平
- 采用粒化高炉矿渣、粉煤灰、火山灰等材料减少水泥熟料含量
- 高效冷却机技术
- 采用低碳替代原材料生产熟料
- 4 000 t/d以上新型干法
- 辊压机生料终粉磨技术
- 淘汰立窑
- 淘汰2 000 t/d以下新型干法
- 辊压机+球磨机联合粉磨系统
- 熟料、矿渣等分别粉磨技术
- 纯低温余热发电
- 新型替代水泥
- CCS技术

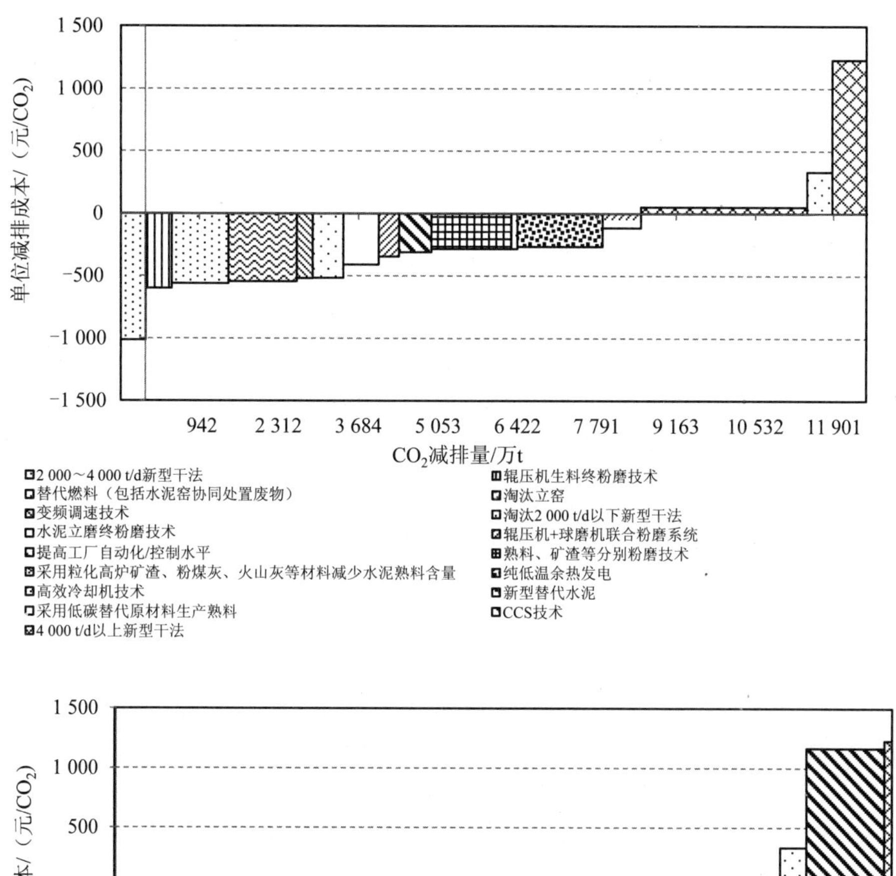

图 7-7　水泥行业中减排情景 2015 年、2020 年和 2030 年技术成本曲线

在水泥行业生产技术中，4 000 t/d 以上新型干法的减排成本最高，在国家水泥生产严重过剩的情况下应首先控制水泥窑的建设。立窑属于国家政策规定的淘汰技术，从减排潜力大小来看，其仍将在预测年减排中发挥一定作用；2 000 t/d 以下新型干法也将逐步淘汰，在强减排情景下减排潜力增长较大；2 000～4 000 t/d 新型干法中的高耗能部分同样需要逐步改造或淘汰。

CCS 技术、采用低碳替代原材料生产熟料、新型替代水泥的成本数值为正。其中，CCS 技术需要大量的资金投入，2030 年之前在我国的示范项目不会很多；采用低碳替代原材料生产熟料的投资成本不大，投资成本包括替代原材料储存和处理设施的费用，但运行成本增加较多，替代原材料的使用有地区局限性，受材料特性和材料来源等限制，减排潜力一般，但在使用废弃材料时，运行成本可能为负值。新型替代水泥属于远期发展技术，需要部分额外投资，但投资额不大，减排潜力很大，可减少 CO_2 排放 50%以上。目前该技术还不成熟，应加大产品研发力度，促使其早日应用。

除此以外的其他技术可变成本均为负值。其中，替代燃料技术的运行成本降低幅度较大，但考虑我国的各种条件，热量替代率近期不会太高，2015—2020 年的减排潜力预计不大，但在 2020—2030 年的强减排情景下有可能快速增长。纯低温余热发电技术减排效果非常明显，虽然剩余的减排空间已不足 20%，2015—2020 年的减排潜力所占比例仍然很大。熟料、矿渣等分别粉磨技术目前还处于初级发展阶段，不仅减排潜力大，减排单位 CO_2 的投资成本也不高。该技术的发展是优化水泥和混凝土性能、降低水泥用量、改变水泥品种的最有效措施之一。

高效冷却机技术、辊压机生料终粉磨技术、水泥立磨终粉磨技术、提高工厂自动化/控制水平、辊压机+球磨机联合粉磨系统的减排潜力，除后者略小外，其他技术在各预测年的减排潜力相差不大[①]。提高自动化/控制水平的投资较小，宜近、中期发展；其余几项技术的投资成本排序为高效冷却机＜辊压机生料终粉磨＜水泥立磨终粉磨＜辊压机+球磨机联合粉磨系统，可变成本排序为辊压机生料终粉磨＜水泥立磨终粉磨＜辊压机+球磨机联合粉磨系统＜高效冷却机，随着燃料和电力价格的上升，辊压机生料终粉磨的减排优势愈加明显。变频调速技术运行成本的降低幅度也较大，但水泥厂的普及率已较高，剩余的减排空间不大。通

① 例外情况是提高自动化/控制水平 2030 年较小，因与水泥产量相关性大。

过采用粒化高炉矿渣、粉煤灰、火山灰等材料，减少水泥熟料含量是非常有效的减排措施，但我国水泥中的熟料含量已接近世界最低值，进一步的减排潜力非常小，极有可能出现增排状况。是否能降低水泥熟料含量，还需进一步的实验研究和产品应用测试。

（五）电解铝行业单项技术减排成本分析

电解铝行业主要减排技术成本与效益计算见表 7-7。表中前 14 种技术适用于现有的传统电解工艺，后 6 种技术适用于新法炼铝。表中前 14 种技术的年成本图和单位成本图分别见图 7-8 和图 7-9。其中，提高国产氧化铝质量的工艺技术和提高炭阳极质量的技术成本远大于其他技术，而电解质体系优化技术无论在年成本还是单位成本上都最小。

表 7-7　电解铝主要减排技术成本效益

技术名称	技术指标	技术成本		年成本万元	单槽产铝/t	产铝量/t	节电/（kW·h/t-铝）	年效益/万元
		单槽/元	吨铝/元					
系列不停电停/开槽大修技术	吨铝节电 50 kW·h	2 500	38	61 368	2.20	66.00	50	40 500
氧化铝精确下料技术	阳极效应系数下降 50%	3 000	15	24 547	2.20	197.99	—	0
电解槽磁场优化技术	非效应 PFC 排放下降 30%	5 000	13	20 456	2.20	395.97	—	0
自动熄灭阳极效应技术	效应持续时间下降 50%	5 000	13	20 456	2.20	395.97	—	0
铝电解槽阴极结构优化技术	吨铝节电 50 kW·h，非效应 PFC 排放下降 10%	1 500	8	12 274	2.20	197.99	50	40 500
提高炭阳极质量的工艺技术	吨铝阳极净碳耗下降 20 kg	9 899	50	81 000	2.20	197.99	651	527 442
提高国产氧化铝质量的工艺技术	阳极效应系数下降 30%	79 194	400	648 000	2.20	197.99	—	0

技术名称	技术指标	技术成本		年成本万元	单槽产铝/t	产铝量/t	节电/（kW·h/t-铝）	年效益/万元
		单槽/元	吨铝/元					
电解质体系优化技术	阳极效应系数下降20%	1 000	5	8 182	2.20	197.99	—	0
低温低电压铝电解技术	吨铝节电30kW·h	3 000	15	24 547	2.20	197.99	30	24 300
底部进电铝电解槽技术	非阳极效应PFC排放下降10%	5 000	13	20 456	2.20	395.97	—	0
电解槽能量平衡控制技术	吨铝节电20kW·h	5 000	13	20 456	2.20	395.97	20	16 200
无效应铝电解技术	阳极效应系数下降70%	3 000	8	12 274	2.20	395.97	—	0
阴极钢棒优化技术	吨铝节电5kW·h	5 000	13	20 456	2.20	395.97	5	4 050
阳极导杆优化技术	吨铝节电5kW·h	3 000	15	24 547	2.20	197.99	5	4 050
高效率再生铝生产技术**	吨铝电耗下降90%	8 000 000	10 102	16 364 871	2.20	791.94	12 600	10 206 000
铝产品直接利用技术**	吨铝电耗下降10%	1 500 000	1894	3 068 413	2.20	791.94	1 400	1 134 000
惰性电极铝电解新工艺**	吨铝电耗下降20%	1 500 000	631	1 022 804	2.20	2 375.82	2 800	2 268 000
粉煤灰直接炼铝技术**	吨铝电耗下降15%	3 000 000	1263	2 045 609	2.20	2 375.82	2 100	1 701 000
碳热还原法炼铝技术**	吨铝电耗下降10%	5 000 000	2105	3 409 348	2.20	2 375.82	1 400	1 134 000
铝土矿直接炼铝技术**	吨铝电耗下降10%	2 000 000	842	1 363 739	2.20	2 375.82	1 400	1 134 000
合计/万元				28 273 806				18 234 042
小计/万元				999 020				657 042

注：** 适用于新法炼铝。

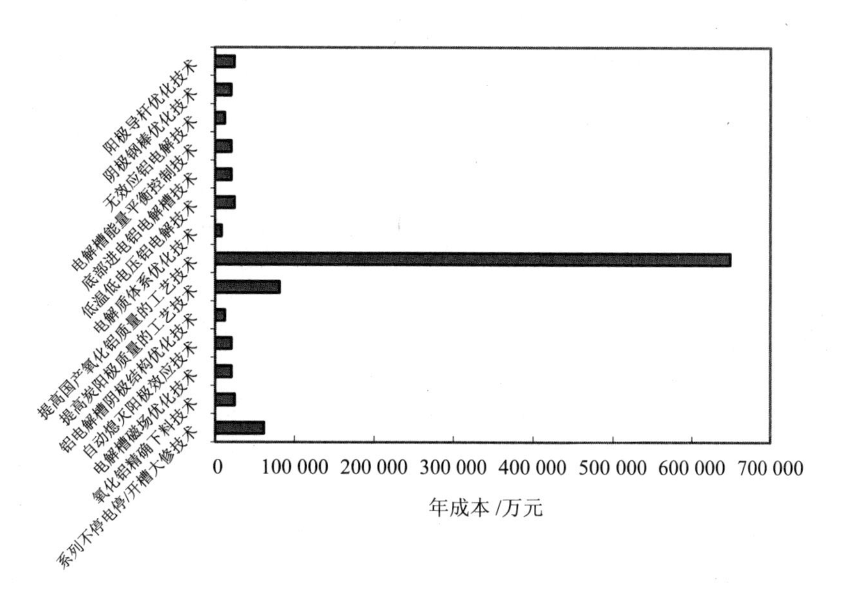

图 7-8　电解铝主要减排技术的年成本

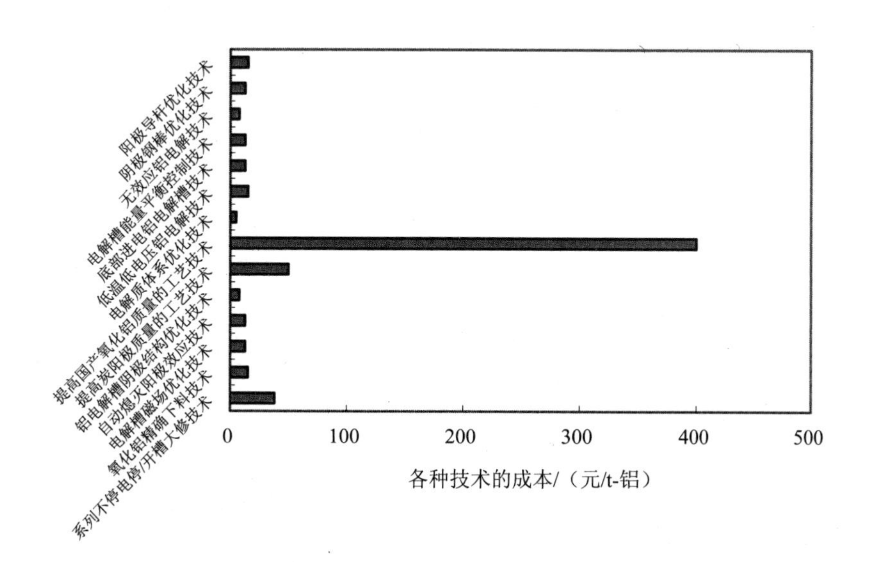

图 7-9　电解铝主要减排技术的单位成本

电解铝主要技术成本曲线如图 7-10 所示。由于数据可得性的问题，一些技术未列入图中。从图中可以看出，单位减排成本较低的技术为提高炭阳极质量的工艺技术、铝产品直接利用技术、惰性电解铝电解新工艺以及高效率再生铝生产技术，其中多数为新法炼铝技术。尽管新法炼铝技术单位铝产品成本较高（表 7-7），但若从单位减排成本来看，仍具有较大的优势，可以优先推广应用。

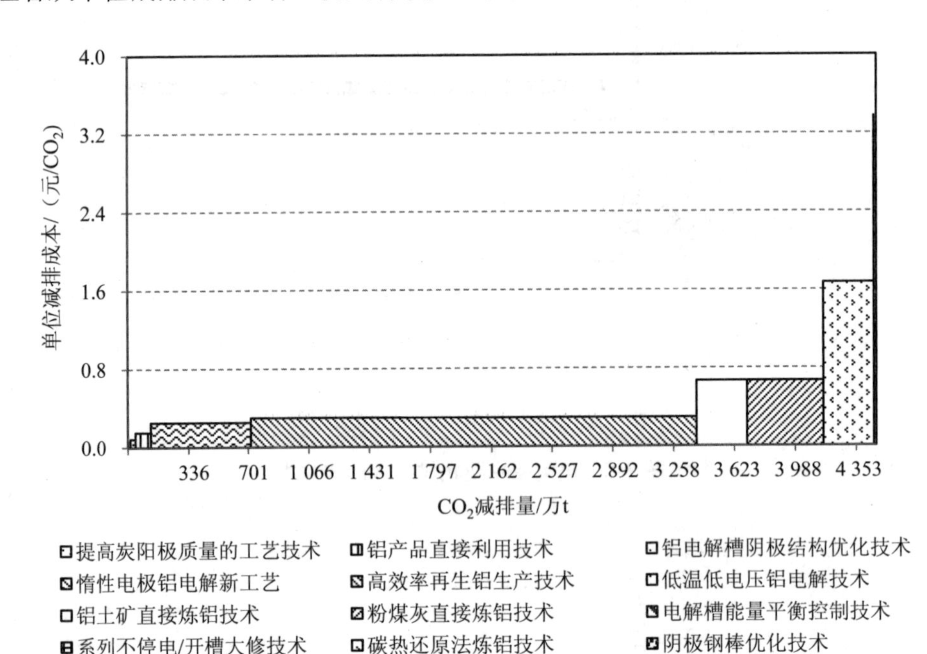

图 7-10 电解铝主要减排技术的成本曲线

从图 7-10 可知，推广应用“两降三提高”为核心的节能减排新技术、新工艺，是进一步实现工艺节能减排的关键，其中降低槽工作电压和提高电流效率是实现节能或减排的根本途径。

长期生产实践证明，通常在降低槽电压的同时也会降低电流效率，要使其做到有机统一，必须与提高氧化铝、炭阳极等原辅材料质量和稳定性，以及精细化管理水平相辅相成。同时，提高铝用炭阳极质量、实现与国际先进水平接轨，可以在现有基础上提高电解铝产能 10%以上，大幅度节约建设投资。提高精细化管理水平，特别是稳定氧化铝浓度控制，可以有效减少阳极效应 PFC 排放。铝电解阳极效应危害很大，当阳极效应发生时，电解能耗增加，同时排放出强温室效应气体 PFC。据不完全统计，阳极效应系数每降低 0.1，电耗降低 18 kW·h /t-Al；效应持续时间每减少 1 min，电耗降低约 10 kW·h/t-Al。

（六）汽车交通行业单项技术减排成本分析

由于单车 CO_2 减排（kg/100 km）的绝对数量估算与车辆本身的类别属性密切相关，因此在各种减排技术的成本计算上选择百公里燃油消耗为 8 L 的传统汽油车作为参照，计算结果如表 7-8 所示。在计算单项技术成本的基础上，做出汽车交通行业主要单项技术成本曲线图（图 7-11）。其中，图中横轴为采用各种技术的单车碳减排比例，纵轴为车辆碳减排成本增加的比例。

表 7-8　汽车交通行业减排技术的碳减排和成本增加情况

一级分类	二级分类	燃油经济性提高	单车 CO_2 减排/（kg/100 km）	增加成本/（万元/单车）
调整产品结构	小型化	20%～25%	3.8～4.8	0.8～1.2
	柴油化	25%～30%	4.8～5.8	1～2
采用新技术	汽油机缸内直喷技术	10%～20%	1.9～3.8	0.36～0.46
	先进充气技术，包括多气门技术、可变气门技术等	2%～10%	0.4～2	0.02～0.2
	发动机增压和尺寸减小	5%～7%	1～1.4	0.3～0.45
	6 挡及以上的多挡变速器	1%～3%	0.2～0.6	0.02～0.3
	无级变速器（CVT）	4%～8%	0.8～1.5	0.12～0.3
	低能耗车轮	1%～1.5%	0.2～0.3	0.01～0.04
	混合动力技术	15%～40%	2.9～7.7	1.6～3.2
推进替代燃料汽车	CNG、LPG 汽车	替代燃油	1.4～2.9	0.6～2 不含基础设施
发展新能源汽车	电动汽车	替代燃油	19.2	6～18 不含基础设施

注：单车 CO_2 减排中的基准车型设定其燃油消耗为 8 L/100 km。

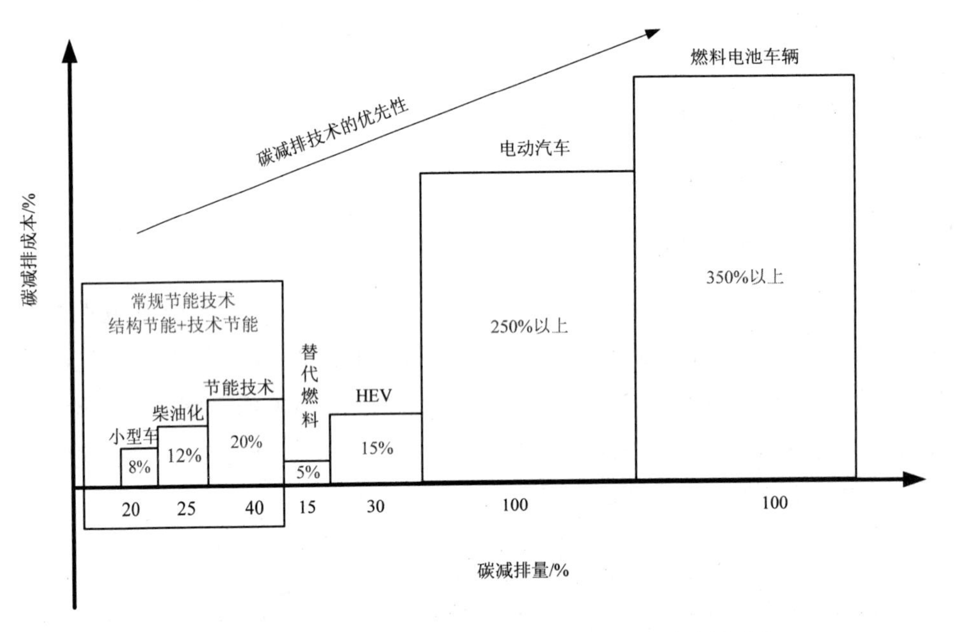

图 7-11　各种汽车节能减排技术的优先性和碳减排成本

从碳减排比例来看，采用车辆小型化的单车碳减排可达到20%，车辆柴油化的单车碳减排可达到25%以上，采用高效内燃机、车辆轻量化、先进传动与驱动技术等综合节能技术的单车碳减排可达到40%以上，采用替代燃料的综合碳减排量可达到15%，采用混合动力技术的单车碳减排可达到30%以上；而采用电动汽车和燃料电池汽车，在车辆使用阶段可以实现车辆零排放，碳减排效果最佳。从采用各项节能技术的单车成本增加来看，车辆小型化和柴油化的单车成本增加约占整车综合价格的 8%和 12%，而车辆常规技术节能的单车成本增加约占整车综合价格的 20%，采用替代燃料的单车成本增加约占整车综合价格的 5%，采用混合动力技术的单车成本增加约占整车综合价格的15%，而采用电动汽车和燃料电池汽车的单车成本增加占整车综合价格的250%以上。

在确定节能减排技术发展路径、选择节能减排技术及产品时，应综合考虑我国汽车工业的发展现状，借鉴国际上汽车工业发达国家的先进经验，选择适合我国国情的节能减排技术和产品，归纳起来主要考虑以下原则：采用替代燃料技术的碳减排成本最佳，但替代燃料汽车技术的发展受到替代燃料可获得性的制约，无法得到大规模发展；采用汽车常规技术节能的方式，车辆的综合成本约提高 20%，而碳减排量达到 40%以上，碳减排综合经济性较好；尽管电动汽车和燃料电池汽车在车辆使用阶段可以实现车辆零排放，碳减排效果最佳，但其车辆成本的增加也是最多的，电动汽车的车辆成本是传统内燃机车辆成本的 2.5 倍以上，而燃料电池汽车的车辆成本将达到传统内燃机车辆成本的 3.5 倍以上。随着动力电池、电机技术的不断进步和成本的逐渐降低，新型动力汽车将逐步成为未来中国汽车交通行业动力系统转型的重要发展方向。

综合分析表明，当前在电动汽车成本较高、动力电池续驶里程较低的情况下，大力开发和应用各种先进节能技术、积极发展节能汽车、提高小排量乘用车和柴油乘用车等节能产品的市场份额，是汽车交通行业温室气体减排的重要手段。

（七）建筑使用行业单项技术减排成本分析

建筑使用行业技术成本情况和成本曲线图分别见表 7-9 和图 7-12。从单位减排成本效果的排序来看，应该优先发展基于吸收式热泵的热电联产供热方式、楼宇用能分项计量技术、太阳能生活热水系统、热泵型生活热水系统、数据中心空调技术、通断式采暖热量计量装置、提高热泵/冷机效率、温湿度独立空调技术、高效绿色照明灯具、提高节能设计和绿色建筑设计标准或标识制度、高性能 Low-E 玻璃、围护结构保温隔热材料等。可再生能源特别是光电、风电在建筑领域应用的节能减排成本偏高，可调节外遮阳的节能减排成本也偏高，相对只能作为示范发展。

表 7-9　建筑使用行业技术成本情况　　单位：元/t CO_2

技术类别	技术名称	2015 年	2020 年	2030 年
高性能围护结构	可调节外遮阳	1 944.4	1 207.3	741.2
	Low-E 玻璃	525.8	411.9	252.9
	围护结构保温隔热材料	438.1	343.3	210.8
提高采暖空调能效	基于吸收式热泵的热电联产供热方式	222.2	110.5	67.8
	提高热泵/冷机效率	333.3	207.0	127.1
	温湿度独立空调技术	400.0	248.4	152.5
	数据中心空调技术	200.0	124.2	76.2
照明	高效绿色照明灯具	357.1	177.6	109.0

技术类别	技术名称	2015 年	2020 年	2030 年
生活热水	太阳能生活热水系统	187.5	93.2	57.2
	热泵型生活热水系统	150.0	74.6	45.8
电梯	节能电梯	562.5	279.7	171.7
用能计量	通断式采暖热量计量装置	256.8	159.5	97.9
	采暖热表	411.0	255.2	156.7
	楼宇用能分项计量技术	150.0	93.1	57.2
提高电器能效	提高电器能效	300.0	186.3	114.4
绿色建筑	绿色建筑技术集成及标识认证	375.0	232.8	142.9
可再生能源	太阳能光电板	2 054.8	1 021.6	627.2
	风力发电	1 643.8	817.3	501.7
建筑用能定额技术	技术标准	230.0	165.0	100.0
农村综合节能	围护结构+炊事+采暖系统集成	300.0	220.0	160.0

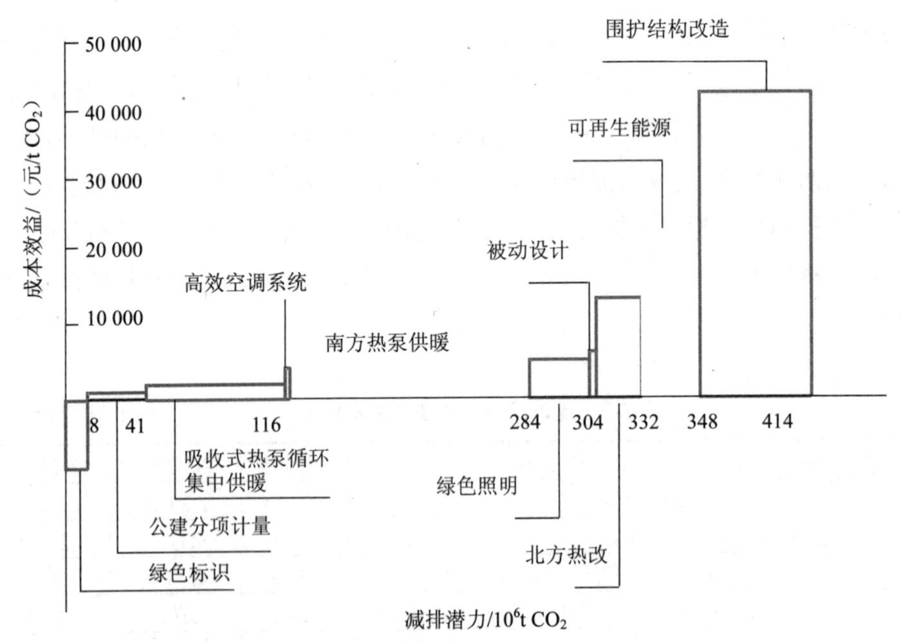

图 7-12 建筑使用领域技术减排成本

建筑能耗中采暖、空调占总能耗的50%以上，照明能耗占25%以上，设备能耗占20%以上，生活热水能耗占10%左右，数据中心能耗比例较低。此外，北方采暖能耗排放强度最高，公共建筑次之，全国城镇住宅和农村住宅量大面广。因此，综合单项技术成本效益、建筑规模、用能强度和排放强度等因素，上述技术的排序为吸收式热泵的热电联产供热方式、提高热泵/冷机效率、温湿度独立空调技术、通断式采暖热量计量装置、节能标准和能效标识、绿色建筑标识和农村节能技术、楼宇用能分项计量技术、高性能 Low-E 玻璃、围护结构保温隔热材料、太阳能生活热水系统、热泵型生活热水系统、高效绿色照明灯具、数据中心空调技术、可调节遮阳、可再生能源。

建筑使用行业的节能减排特征与工业生产领域有巨大差异，除了提高用能效率可降低能源消耗外，减少需求也可大幅度实现节能减排。工业生产过程节能的关键是提高单位产品的能效水平，与其不同的是，隶属消费领域的建筑使用行业的减排同用能设备的运行模式、能源系统方式的选择、使用时间等在多数情况下发生更紧密的联系。控制适当的住宅单元规模和办公室建筑人均建筑面积、合理采用空调采暖方式、合理设定采暖空调温度、减少采暖空调时间、使用自然通风、合理选择生活热水供应方式等，都能使建筑使用在获得相同或相似服务质量的基础上减少能源消耗和 CO_2 排放。

建筑使用领域的减排方案设想：由于排放总量直接和建筑面积相关，因此控制适当的城镇化速度、住宅单元规模和办公室建筑人均建筑面积是最为有效的减排措施，并且和成本基本不相关。建议到 2020 年将中国人均农村住宅、城镇建筑面积分别控制在 30 m^2 和 35 m^2 以下，可比不控制建筑面积时减少 CO_2 排放总量10%以上。在现有的建筑中推广节约型的用能消费方式，即农村住宅中推广不用空调的被动式建造方式，农村炊事或采暖部分使用生物质能解决；城镇住宅推广分体空调设备，优先采用自然通风降温；推广适度消费的家用电器消费观；公共建筑控制生活热水使用，推广灵活调节的空调系统方式，鼓励自然通风、自然采光，减少内区空间。通过以上措施，可以在 2020 年实现节约能耗 0.5 亿 t 标准煤，减少 CO_2 排放 1.4 亿 t。

建筑使用领域应该大力推广以下节能减排技术：优先在北方集中采暖地区进一步推广热电联产技术、供热计量和热改；在大型公共建筑推行用能定额管理制度，推进既有建筑中央空调系统的运行节能改造；推广基于温湿度理念的空调系统新技术和新产品的开发和应用；推广节能空调、照明灯具和节能电梯。在政策制度上推广建筑领域能源梯级电价制度，推行建筑节能定额管理和绿色建筑评价标识制度。

三、行业政策情景下减排的成本分析及路径选择

（一）各行业政策情景优化

三种政策情景中，单位减排成本最小则说明对应的减排情景的经济效益（此处效益也是碳减排效益）最优，可以认定该情景为三种减排情景中的最优情景。八个行业最优减排情景及对应的 CO_2 排放量和行业总成本等信息见表 7-10。其中，大部分行业的最优情景为中减排情景，而钢铁和水泥行业的最优情景为中、强减排情景的混合——在前、中期可采用力度较强的控制措施（强减排情景），而后期则可以适当放松政策力度，采用中减排情景。

表 7-10　低经济社会发展情景下行业最优情景情况

行业	最优减排情景	温室气体排放量/亿 t CO_2			行业减排总成本/亿元		
		2015 年	2020 年	2030 年	2015 年	2020 年	2030 年
宏观社会低发展情景（SL）							
电力	中	41.61	48.48	48.32	—	—	—
钢铁	（强）中	13.50	16	14.07	329.89	711.56	937.62
水泥	（强）中	14.03（强）	13.94（强）	8.18（中）	165.75（强）	220.35（强）	89.11（中）
石油	中	3.22	3.70	3.96	214.99	1 218.05	357.29
电解铝	中	4.63	4.63	3.86	100	2 500	2 500
汽车交通	中	6.82	7.75	9.13	—	—	—
建筑使用	中	16.6	18.2	21.0	203.9	191.6	168.0
生物质燃气	中	3.76	3.54	2.17	—	—	—
	强	2.91	1.19	−4.94	—	—	—

行业	最优减排情景	温室气体排放量/亿 t CO_2			行业减排总成本/亿元		
		2015 年	2020 年	2030 年	2015 年	2020 年	2030 年
宏观社会高发展情景（SH）							
电力	中	41.61	48.48	48.32	—	—	—
钢铁	（强）中	14.18（强）	18.59（强）	16.80（中）	372.02（强）	826.78（强）	1 192.60（中）
水泥	（强）中	14.84（强）	14.15（强）	9.23（中）	190.05（强）	227.81（强）	124.04（中）
石油	中	3.29	3.86	4.18	217.16	1 233.49	3 617.31
电解铝	中	5.30	5.30	4.41	200	2 800	2 500
汽车交通	中	7.14	8.83	10.58	—	—	—
建筑使用	中	17.7	18.8	21.9	206.3	194.6	172.1
生物质燃气	中	3.76	3.54	2.17	—	—	—
	强	2.91	1.19	−4.94	—	—	—

在最优情景下，所有行业[①]实现减排的成本为宏观社会低发展情景下 2015 年约为 1 014 亿元，2020 年约为 4 841 亿元，2030 年约为 4 052 亿元；宏观社会高发展情景下 2015 年约为 1 185 亿元，2020 年约为 5 283 亿元；2030 年约为 7 106 亿元。

1. 电力行业

电力行业的中、强减排情景都会大幅度降低 CO_2 排放总量。2030 年的中减排情景和强减排情景下，电力行业碳强度比 2005 年分别减少 49.83%和 56.39%，但排放总量比 2005 年分别增加 126.15%和 96.58%。考虑到我国 2030 年 GDP 总值比 2005 年要增加 5.6 倍以上，电力行业的减排效果是非常明显的。第六章的减排潜力分析表明，电力行业在中减排情景下 2020 年后的 CO_2 排放总量将不再增加，2030 年后将可能逐渐下降。在强减排情景下，CO_2 排放总量在 2020 年前后出现峰值，拐点之后排放量开始明显减少。显然，强减排情景相比中减排情景在减排量上优势明显，但是如果考虑各种风险，中减排情景是具有实际操作和参考的情景。强减排情景的设定条件技术风险大，过度依赖新能源可能造成电网供给安全性下降，过度依赖核电和燃气发电则存在技术安全和燃料供给方面的风险。同时，由于电力行业的减排体量极大，高昂的减排成本将会对国民经济发展产生不可忽

① 因为数据可得性，计算的成本总额不包括电力、汽车交通、建筑使用和生物质燃气行业。

略的影响。如果考虑这些因素，则电力行业的中减排情景比强减排情景更具参考价值和操作意义，因此认为中减排情景是电力行业的最优情景。

2. 石油行业

石油行业的关键减排技术清单中有七项是生产优化技术，未来如果这些技术的发展符合中或强技术减排的要求，对 CO_2 的减排量也只能满足碳排放强度降低20%的弱减排约束目标。这说明单纯依靠主体生产工艺的优化和改造很难达到预期政策要求的 CO_2 减排量。如果在七项技术的基础上，再考虑另外两项“额外”的减排技术，则对九项技术采用强减排技术情景路径，则可以达到碳排放强度降低 60%以上的强约束。如果这些技术按照中减排情景发展，则也能满足碳排放强度降低 40%以上的中约束目标。

比较九项技术总体减排量、减排成本与各政策情景下的减排量、总成本可以发现，在强减排情景下虽然能满足碳排放强度较高的减排率，但是付出的经济代价太过高昂，只有在极端国内外温室气体减排形势和约束下，才应当执行该技术减排方案。中减排情景是能够满足碳排放强度约束适度下降的要求的。如果加强对七项生产工艺减排技术的普及应用，未来有可能完成中减排约束目标。对于石油行业，综合考虑总体减排效果和经济性，推荐采用中减排情景。

3. 钢铁行业

钢铁行业的各种政策情景设置是从尽量接近于现实的技术普及应用程度出发的，因此不会出现较大的技术风险。也就是说，即使在强减排情景下也不会出现过高的成本估计，也就意味着强减排情景也是有可操作性的。从政策情景的单位减排成本来看，2011—2015 年较多低成本技术得到快速普及，而强减排政策下又能促使此类技术迅速推广，建议在此阶段应选取强减排政策情景；2016—2020 年强减排政策情景下的单位减排成本逐步增加，弱减排政策的单位减排成本逐步降低，此时虽然弱减排情景下的单位减排成本已经低于强减排政策下的成本，但是在这一阶段不同政策之间的单位减排成本差距较小，考虑强减排情景能带来更为显著的减排量，该阶段仍然推荐强减排政策；2020—2030 年强减排政策相比其他政策情景单位减排成本迅速增加，同其他情景之间的差距也迅速增大，因此在这一阶段强减排情景具有高昂的成本代价，适合采取中减排情景。总体而言，在情景选择过程中，前、中期建议采取较为严厉的强减排情景，因为在此时段单位减排成本较低；而随着目前成熟的减排技术普及到一定程度，减排成本会逐步增加，应采取适度宽松的减排情景，推荐中减排情景。

4. 水泥行业

同钢铁行业一样，水泥行业各种技术政策情景的设定尽可能贴近于可能实现的情况，有风险的几项技术如 CCS 技术和新型替代水泥仅在 2030 年设定了较低的普及率，因此水泥行业的技术风险如果出现也只会发生在 2030 年之后。从第六章中关于行业各种政策情景的减排潜力分析来看，近、中期（2010—2025 年）的两种社会发展情景下，强减排政策情景的单位减排成本比其他减排情景都要低，因此强减排政策情景在这一阶段为最优情景；在远期（2025—2030 年）单位减排成本与之前的情况相反，基准情景最低而强减排情景最高，综合减排潜力的考虑，远期可以选择中减排情景方案。

5. 电解铝行业

在社会低发展和高发展情景下，中减排情景和强减排情景都会大幅度降低 CO_2 排放总量。在社会经济低发展情景下的中减排政策情景中，电解铝行业 2020 年和 2030 年的碳强度比 2005 年分别减少 39.58%和 46.22%，排放总量分别比 2005 年增加 117%和 81%。在四种技术政策情景下，电解铝行业 CO_2 排放总量在 2020 年前后都将出现拐点，峰值过后排放总量全部呈下降趋势，2030 年后有可能进一步减少。考虑到中减排情景巨大的减排潜力和行业总体适度的成本代价，可以选择中减排情景方案。

6. 汽车交通行业

相同的经济增长形势下，汽车交通行业的中、强减排情景都会大幅度降低汽车行业的 CO_2 排放总量。到 2030 年，基准情景下汽车行业 CO_2 排放量接近 18 亿 t。中减排和强减排情景下，可以分别将汽车行业的 CO_2 排放控制在 9 亿 t 和 7 亿 t（低社会发展情景），减排总量分别是基准情景的 50%和 60%以上，两种情景的减排潜力都相当可观。然而，比较两种情景的技术设定可以发现，强减排情景的设定存在较大的技术风险。例如，为了有效控制汽车行业的碳排放，强减排情景设置中设定新能源汽车在 2030 年可以达到 3 000 万辆，但电动汽车技术的可靠性、成本、电池材料、续驶里程等在未来仍然存在较大的不确定性。因此，相比较而言，中减排情景的技术路径更容易实现，且也能达到同样可观的减排量。综合减排要求、技术风险、能源安全和减排成本等因素，选择中减排情景方案。

7．建筑使用行业

相同的经济增长的情景下，不同的减排情景导致的建筑碳排放之间的差异很明显。在强减排情景下，建筑碳排放能够控制在 20 亿 t 以内，但需要付出巨大额外的代价。相比较而言，弱减排情景和中减排情景较为容易实现。弱、中减排情景下，2030 年我国建筑领域碳排放量能够控制在 21 亿～26 亿 t CO_2。

8．生物质燃气行业

生物质燃气行业在不同政策情景下都具有较为明显的温室气体减排作用。由于涉及行业单元众多，需要依据每个单元的发展特点确定适合的减排方案。《农业生物质能产业发展规划（2007—2015 年）》和《全国畜牧业发展第十二个五年规划（2011—2015 年）》等文件指出，农业秸秆和禽畜粪便是非常重要的生物质废物资源，应致力于能源化转化。与此同时，在大力控制秸秆露天焚烧和发展规模化养殖的大趋势下，这两类生物质废物的能源化转化技术预计将有比较良好的发展前景，推荐选择强减排情景。在城市单元中生活垃圾、餐厨垃圾等城市生物质能利用也将迎来比较重要的发展阶段，推荐选择强减排情景。对于食品加工业中的固体生物质废物和屠宰废水，因涉及的行业广泛，暂时还没有统一的规划文件指出其生物质资源利用的方向；由于农村基础设施的薄弱，农村生活中产生的生物质废物收运有一定的难度。因此，推荐食品加工、农村生活单元采用中减排情景。

（二）各行业二氧化碳减排技术方案

在前面确定的各行业最优减排情景的基础上，结合第六章在各行业情景设定中对最优情景（基本上为行业中减排政策情景）下技术普及率的设定，即可提出

实现 CO_2 减排近期（2016—2020 年）、中远期（2021—2030 年）的减排技术清单。

1．电力行业

对照电力行业 CO_2 减排技术方案的最优情景，近期（2016—2020 年）应发展 USC 燃煤发电、小型水电、压水堆二代改造核电、压水堆三代核电、大中型水电、陆上并网风电、NGCC 热电联产、光伏发电、光热发电、生物质发电、海上并网风电。中远期（2021—2030 年）应鼓励发展 USC 燃煤发电、压水堆二代改造核电、压水堆三代核电、小型水电、大中型水电、陆上并网风电、光伏发电、光热发电、NGCC 热电联产、海上并网风电、生物质发电。

2．石油行业

按照技术单位减排成本的优先顺序和政策情景选择，近期（2016—2020 年）的技术方案为炼油加热炉能效提高应当优于注采系统节能技术发展，劣质原料气化多联产在炼油装置热联合与余热利用之后，增加 CO_2 咸水层与枯竭油气藏碳封存、CO_2-EOR 技术。中远期（2021—2030 年）的技术方案及技术优先序排列与近期相同。

3．钢铁行业

结合最优情景设定中对技术应用普及的设定，钢铁行业 CO_2 减排方案推荐如下：近期（2016—2020 年），应优先推广目前普及成本稍高且在未来一段时间成本有望下降的技术（如 TRT 技术、热风炉双预热技术、能源管理中心、煤调湿等技术）；中远期（2021—2030 年），随着现有成熟节能减排技术逐步进入接近饱和的阶段，应考虑非高炉炼铁技术的应用。随着非高炉炼铁的发展，投资成本将逐步降低，节能效果也逐步稳定，应主要根据其发展选择经济、合理的非高炉炼铁技术为钢铁行业远期的低碳路径。

4．水泥行业

结合最优情景设定中对技术应用普及的设定，水泥行业 CO_2 减排技术方案如下：近期（2016—2020 年），继续加大立窑淘汰力度，普及纯低温余热发电、高效冷却机、提高工厂自动化/控制水平、水泥立磨终粉磨、辊压机+球磨机联合粉磨系统及变频调速等成熟的能效提高技术；鼓励发展辊压机生料终粉磨、熟料、矿渣等分别粉磨以及水泥窑协同处置废物技术，积累实践经验，进一步完善各项技术；加强其他可用混合材、替代燃料技术、新型低碳替代水泥及 CO_2 捕集、回收和再利用技术的研究，提高技术创新能力。中远期（2021—2030 年），淘汰 2 000 t/d 以下等落后新型干法产能，在继续普及前期能效提高技术及熟料替代技术的同时，进一步优化水泥性能，推广普及替代燃料技术、新型替代水泥技术及 CO_2 捕集、回收和再利用等技术，同时要确保生产的水泥能完全满足混凝土的各种性能要求。

5. 电解铝行业

结合最优情景设定中对技术应用普及的设定，电解铝行业 CO_2 减排技术方案如下：近期（2016—2020 年），淘汰 200 kA 以下级别电解槽，推广应用氧化铝精确下料技术、高品质炭阳极生产技术、国产氧化铝质量优化技术、电解槽磁场优化技术、高效率再生铝生产技术；改进电解铝装备，推行机器人多功能天车，进一步做好技术减排。中远期（2021—2030 年），随着惰性电极铝电解技术和高效率再生铝生产技术的工业应用，传统电解铝生产模式将不再是电解铝的主要生产工艺，其产能比例将下降到 50%以下，惰性电极铝电解技术排放 O_2 不排放 CO_2，高效率再生铝生产技术吨铝生产能耗是传统电解铝的 10%，电解铝行业将进入真正意义上的绿色生产，成为可持续发展的低碳产业。

6. 汽车交通行业

根据最优情景中的设定，汽车交通行业在近期（2016—2020 年）鼓励发展以高效内燃机、高效传动与驱动、整车设计与优化、材料轻量化与结构轻量化、普通混合动力等先进节能技术为基础的节能汽车，大力培育新能源汽车产业，发展以动力电池、驱动电机、电控技术为基础的插电式混合动力汽车和纯电动汽车，积极开展燃料电池汽车技术研发。中远期（2021—2030 年）持续提升节能汽车技术水平，实现能源动力系统转型，形成具有国际竞争力的完整新能源汽车产业。

7. 建筑使用行业

结合最优情景下的技术设定，建筑使用行业 CO_2 减排方案如下：近期（2016—2020 年），发展基于吸收式热泵的热电联产供热方式、通断式热量计量装置、热泵型生活热水系统、太阳能生活热水系统、温湿度独立空调技术、高效热泵、数据中心空调技术、热表、高效绿色照明灯具、绿色建筑、提高节能技术标准、用能分项计量技术、提高电器能效、节能电梯、建筑风力发电、建筑太阳能光电板；中远期（2021—2030 年），发展基于吸收式热泵的热电联产供热方式、通断式热量计量装置、热泵型生活热水系统、太阳能生活热水系统、温湿度独立空调技术、高效热泵、数据中心空调技术、热表、高效绿色照明灯具、绿色建筑、用能分项计量技术、围护结构保温材料、节能电梯、Low-E 玻璃、可调节外遮阳、建筑风力发电、建筑太阳能光电板。

8. 生物质燃气行业

根据最优情景的技术设定以及生物质燃气技术的减排潜力、成熟度和成本，CO_2 减排技术方案如下：近期（2016—2020 年），持续提升生物质燃气化技术水平，高效厌氧消化技术形成成熟的技术工艺，具备制造大型机械装备和全面运营管理的能力，接近国际先进水平。热解气化技术在提高能源品位和控制二次污染物方面有所突破，应积极推广，实现规模化应用。中远期（2021—2030 年），针对大部分生物质废物类型建立完整的燃气化转化技术体系，完善政策和市场机制，与产废单元、用能单元形成成熟的产业链，建立合理的废物管理流通系统，实现燃气产品就地利用、车用、城市供暖、电网发电等目标，优化能源系统，使燃气化技术成为生物质能开发的主体。

四、行业减排路线的实施机制

行业 CO_2 减排技术方案需要实施机制的支撑保障，制定各行业碳减排具体实施方案时应考虑如下因素：①各行业温室气体排放特征；②单项技术减排和应用的适用条件。一方面要积极降低各行业技术清单中非成熟技术的成本，保障其普及应用，积极研发各类低碳减排技术，加大自主创新比例；另一方面要设计相关措施和手段以促进企业采用先进减排技术。例如，强化节能统计，考核管理体系和节能奖励制度，推行精细化管理，制定完善行业标准等；要充分发挥行业协会在政府、企业间的桥梁和纽带作用，广泛开展国际合作，通过引进高端人才或与国外研发机构合作，实现自主创新能力的跨越式发展。

为了提高先进减排技术推广应用的效率，应当根据能源、工业生产和消费三类行业的特点，制定侧重点不同的实施机制。其中，能源行业以电力、石油和生物质燃气行业为典型代表：应充分统筹规划，积极调整产业布局，通过出台产品补贴导向政策推动替代能源市场化建设；同时，推进安全高效智能电网建设，减少电力输配损耗。工业生产行业以钢铁、水泥和电解铝行业为典型代表：应大力引导产业技术升级，实现行业整体的节能成本最低；加强余热余能回收力度，大力提高产品循环利用水平；提高替代燃料和替代能源的使用比例。消费领域以汽车交通和建筑使用行业为典型代表：应按照鼓励节能、技术进步、促进消费和税收中立的原则，对现行行业税制进行必要的调整和改革；同时需加强宣传教育，倡导低碳节俭的消费模式，坚决杜绝奢侈浪费行为。

（一）电力行业

（1）加大科技投入力度，不断提高发电效率，是我国电力工业需要优先考虑的战略问题。调整煤电布局，加快大型煤电一体化基地建设，实现绿色、集约、高效发展；推广超超临界（USC）燃煤发电机组技术，加快研究更先进的 700℃ USC 燃煤发电机组技术，不断提高能效，进一步降低火电厂单位煤耗；广泛推广节能减排技术，有效降低电力系统内部能源损耗；促进上大压小，推广热电联产、区域供热、燃料优化、替代工业锅炉等项目；继续加强电厂清洁生产的管理，挖掘节能、节水、节地等的潜力，促进粉煤灰、脱硫副产品综合利用。

（2）深化电力体制改革，理顺电力低碳发展的体制和机制问题。加快推进电力体制改革步伐，加快形成有利于节能减排、低碳发展的合理电价形成机制，探索并不断完善发电节能调度电价补偿机制，以市场化手段使电力回归商品的本来属性。从根本上解决煤炭、电力、铁路、公路运输之间的矛盾，提高电力就地使用比重，减少输电损耗。协调解决电源电网发展不同步的问题，妥善解决可再生能源并网接入的问题，推进可再生能源持续快速发展。

（3）推进安全高效智能电网建设，加强可再生能源灵活接入，改进调度方式，提高输电效率，减少能源传输损耗。加快推进安全高效智能电网建设，通过改进电网调度方式，提高发电和输电效率，实现节能发电经济调度。解决微网及分布式能源接入电网的瓶颈问题，加快研究建筑自用型小型太阳能发电、风电的并网技术，顺畅接纳风电、太阳能、垃圾、沼气、地热能等各类可再生能源发电形式，并尽快解决剩余电量上网问题。研究农村远距离电网模式，进一步加快农村电网建设，加快边远山区、牧区的独立电网、微型电网建设。加快研究快速、便捷的电动汽车充电技术，促进充电站建设。

（4）积极研发各类低碳发电技术，加快技术进步，不断降低造价和成本。加快研究化石燃料的清洁利用技术；提高风电、太阳能等可再生能源设备制造业的创新能力，实现从“引进技术、消化吸收”阶段到“自主创新”阶段的过渡；继续研究大型流化床锅炉技术，推进大型流化床锅炉的应用；研究整体煤气化联合循环发电系统（IGCC）和富氧燃烧（Oxy-f）技术，跟踪技术前沿，建立示范工程，做好工程应用研究和技术储备；研究碳捕集和碳封存（CCS）技术，跟踪技术前沿，做好技术储备。

（5）加快推进太阳能发电及热利用。2015 年后预期进入全球太阳能高速发展的时期，由于技术进步速度较快，太阳能发电将大幅降低成本造价，并稳步提高发电效率，光伏发电逐步具备一定的价格竞争优势，一些发达国家甚至可能实现与常规发电平价上网。抓住这一战略机遇期，加强研究发展太阳能发电技术，提升太阳能产业制造能力和水平，提高光伏和光热发电的效率、降低成本，增强太阳能电能的储备、接入等方面的能力，加快推进太阳能发电及热利用，是我国实现能源结构调整和低碳发展的重要途径。

（6）大力推进燃机及分布式能源的快速发展。燃机及分布式多联供能源具有高效、清洁、低碳等特征。2015—2020 年将是我国天然气实现超常规快速发展的五年。应结合我国西北、西南、东北、海上四大天然气战略通道建设，大力推进燃机电站快速发展，加强分布式能源技术研究，推进分布式能源建设。

（7）加快开发水电，稳步开发核电，高效发展并网风电。目前受移民、环保等因素制约，水电开发举步维艰；受日本福岛核电事故影响，核电发展进程缓慢；

受电网接入影响，风电出现了发展瓶颈。建议以国家西部大开发为契机，加快水电开发；继续加大核电新技术，特别是核电厂的废料处理技术研究，稳步开发安全性较好的核电项目；提高风力发电效率和可利用率，增加风电机组可靠性和可接入能力，降低风力发电成本，继续扩大并网风电装机规模。

（8）高度重视能源节约，加快耗能行业深度结构调整，减少能源浪费，逐步实现合理控制能源总量。加强电力需求侧管理，按照国家有关规定，制定和实施有序用电方案，在保证合理用电需求的同时，压缩高耗能、高排放企业用电。适时推进阶梯电价、峰谷电价等措施，通过市场手段抬高高耗能行业发展门槛，淘汰其落后产能，迫使其提高效率，实现技术进步和产业升级。

（9）加快完善节能减排、促进可再生能源发展的法律法规体系建设。按照国家有关规定，对能耗超过已有国家和地方单位产品（电耗）限额标准的，实行惩罚性价格政策。鼓励终端能源消费中的用电消费，特别是降低终端能源消费中的煤炭消费比例，提高煤炭转化为电力的比重。通过政策保障，改变农村能源消费模式，大幅度减少煤炭、木材等一次能源消费，大力发展农村电网，增加二次能源消费。通过政策保障，大力推广农村沼气燃烧发电、秸秆发电，推广城市垃圾焚烧发电。

（二）石油行业

石油行业的低碳发展不仅包括自身的节能和温室气体减排，更可以通过大力发展天然气业务、碳捕集、碳化工、碳封存等，大力支持国家的整体减排工作，甚至可以将后者发展成为支撑产业。石油行业应该成为我国的低碳标兵，但需要合理规划，政府和企业相互配合、整体有序推进，才能有更大的作为。

（1）大力支持发展天然气，调整产品结构，促进能源结构优化升级，充分发挥石油行业间接减排潜力。根据天然气减排潜力分析，天然气具有显著的低碳和环保优势，在温室气体减排中将起重要作用。2030 年以前，天然气的减排潜力要远大于 CCS 技术的潜力。但是，不管是社会低发展还是高发展情景，国内天然气的产量都很难满足天然气消费量的需求。

（2）利用价格杠杆保障并稳定天然气的进口。2010 年开始我国天然气进口量快速增加，天然气消费成本快速提高，如不制定类似于成品油的市场化定价机制，天然气销售领域的大面积亏损将不可避免。应当利用目前国际能源价格尚处在相对较低位置的战略时机，推进天然气价格市场机制的形成。否则，一旦全球经济复苏，国际能源价格大幅度上涨，天然气市场机制将很难形成。

（3）将天然气的间接温室气体减排量作为天然气开发和供应企业的低碳考核指标之一，给予补贴并允许其冲抵碳税或交易减排量，调动其发展天然气的积极性。制定配套的标准和政策，相关企业生产、销售的天然气按照一定标准折算成相应的节能量和减排量，来抵消一部分其节能减排的任务指标，从而减轻他们完成约束性考核指标的压力，或者允许其在未来的碳交易市场中交易此类减排量。

（4）集中力量突破非常规天然气勘探开发技术，力争在 2020 年后形成规模。国内天然气产量提高方面，多数专家寄希望于非常规天然气。但是非常规天然气开发存在高投入、高能耗和环境问题。我国发展非常规天然气的前景尚不十分明朗。为促进其发展，石油公司要学习跟踪、提高勘探开发技术水平；管理层面也应引进市场化机制，采用财政税收减免或非常规天然气开采补贴等办法降低企业的开发成本和投资风险，调动企业的积极性，鼓励更多社会资金的投入，并加强监管。

（5）建立“智能气网”，促进天然气整体产业发展。我国天然气管网经过“十一五”“十二五”的持续发展，整体网络已经初步形成，大大改进了天然气利用的基础条件。作为常规天然气的另一个重要补充，生物质能源和煤化工都可为天然气的发展提供有力支撑。这就需要市场化、智能化的天然气管网运营模式，建立天然气分布式能源综合利用体系，实现全国性骨干网和地区网络的联动，实现气源的多元化、甲烷气的双向流动。

（6）强化节能统计、考核管理体系和节能奖励制度建设。“严管理，重奖励”，“胡萝卜”与“大棒”兼施，采取多种措施促进节能技术的推广，鼓励企业加大节能设备和工程的投入，强化能效管理。充分利用物联网和信息技术等高新技术，推行精细化管理，推广能量系统优化技术仍是节能和温室气体减排的重要措施。对于零散伴生气的利用、劣质原料气化等减排潜力较大但现阶段经济性较差的技术要出台专门的政策，鼓励其应用。对于伴生气和逸散甲烷的回收与利用，也可以学习美国建立甲烷市场化机制，鼓励甲烷气体的回收与利用。

（7）加强石油行业 CCS 全链条示范工程建设，对碳封存工程给予财税鼓励，并引入市场化机制。CCS 技术已经成为低碳技术的主导技术，是远期大规模减排温室气体的核心技术。CCS技术尚未成熟，成本高、实施难度大，制约了技术的应用，政府的配套政策与措施仍缺乏整体规划、难以实现有效有序推进。加大政府扶持力度，集中力量研发和示范，促进设备国产化，分阶段推进CCS技术与产业的发展。重点推动CO_2-EOR技术的开发和示范，尽快推出支持CCS示范的价格和财税政策。一方面对CCS集成示范工程建设和运行实施政府投资、补贴和税收优惠；另一方面要建立碳市场，允许企业将捕集或封存的碳抵消碳税或以市场化手段进行交易。及时推进配套的交易、评估、检测、监测、审核制度建设。

（三）钢铁行业

应该采取先严厉后宽松的节能减排政策。行业标准也应随着节能成本变化和情景分析的需求做出适量的调整以引导钢铁企业的发展，最终实现行业整体的节能成本最低。给予钢铁行业碳减排补贴，补贴金额参照碳减排所获收益与碳减排所付成本的差额来确定。钢铁工业整体水平不均衡，钢铁企业发展状况不一样，可以通过设计碳交易或碳税以调节工业总体发展水平。

考虑由地方政府（经信委部门、环境保护部门等）或者中央政府的相关部门拨付金额，成立一个“碳减排技术发展担保基金”，并作为银行向钢铁企业发放“碳减排技术专项贷款”的担保，该项贷款可以实施优惠的税率。对于现在普及率不高、固定投资较高的节能减碳技术给予补贴，如烧结余热发电、CCPP、非高炉炼铁、新型炼焦技术等。

（四）水泥行业

（1）通过政策引导最佳能效和低碳技术投资。①开展最佳范例对标，如通过CSI的GNR数据库进行对标，加强国际合作，找出地区和国家的性能差距。②制定最低能效标准，按能效等级分批次淘汰低能效技术，如2 000 t/d以下新型干法及2 000～4 000 t/d新型干法中的高耗能部分，完善落后产能压缩和疏导机制；制定财政奖惩激励制度，对先进技术减少进口税或对低能效工厂征收惩罚税。③分享促进水泥行业节能和碳减排的最佳政策，注重技术推广与能力建设。

（2）鼓励并促进替代燃料的更多使用。建立合适的规章法规，确保政策对使用替代燃料是鼓励，而不是限制；成立专门的替代燃料研究机构、成立替代燃料公司；加快推进水泥窑协同处置废物和替代燃料的试点和示范项目；建立废弃物收集网络，严格限制垃圾填埋和焚烧，允许废弃物可控收集和处理；水泥公司与政府和环境部门联合制定化石替代燃料和生物质替代燃料使用目标，逐步增加替代燃料使用份额，并保证替代燃料来源的持续稳定。

（3）鼓励并促进其他熟料替代品的更多使用。对水泥和其他行业使用的主要替代材料进行独立的环境影响研究，以确定可达到最高的减排潜力；修改现行水泥标准，统一强度要求，以允许更广泛地使用混合水泥。新标准应以产品性能（如强度、凝结时间、吨产品 CO_2 排放）而不是以成分为准，并确保地方主管部门接受其使用；同国家标准化机构和认证机构一起开展国际培训，交流关于熟料替代品、混凝土标准、新型水泥制备混凝土的长期性能和环境经济影响方面的经验。

（4）促进水泥的高性能化发展。要从优化熟料的矿物组成、优化水泥的颗粒分布和优化混合材种类三方面入手提高水泥的性能；加大粉磨工艺及其操作参数对水泥颗粒分布影响的试验研究；修改完善建筑标准和建筑监管制度。引进硅酸盐水泥的新型替代品，鼓励大型项目的使用；更改相关的建筑法规和标准，促进高减排潜力的水泥快速得到使用。

（5）促进 CCS 及 CO_2 回收再利用技术的发展。政府和行业要加强对主要利益相关方有关 CCS 及 CO_2 再利用的宣传教育；政府支持资助水泥工业的试点和示范项目，开展 CCS 管理条例的国际合作，建立运输网络和储存地点，优化基础设施的发展以降低成本。

（6）加大先进技术的研究力度。通过政府和行业联合，对材料科学和工业气候保护领域的科研项目进行支持，在公司、设备供应商、研究机构和政府中建立合作性的研究项目或网络；从长远来看，水泥替代品的制备可能需要较低的窑温度（700～800℃），探索采用太阳能作为能源的可能性；探索利用废热制氧来增加热效的可能性；研究先进的热电联产技术。

（7）加强应对气候变化的能力建设。企业的减排行动和碳交易市场的建立需要有准确单一的碳强度目标，这样才能使目标的分解、政策的制定与贯彻落实成为可能。可测量、可报告和可核查（MRV）的企业碳排放数据是保证减排效果真实性的关键；建立系统消耗与碳强度目标实施的统计监督与核查机制；建立和加强碳减排指标的考核机制和不实数据的惩罚机制。

（五）电解铝行业

（1）电解铝产业快速向西部地区特别是新疆转移。这符合全球产业向能源丰富和人口稀少地区转移的大趋势：①有利于充分发挥新疆露天煤炭资源丰富的优势，缓解其他地区煤运日趋紧张的矛盾，并显著提升西部地区社会经济发展水平；②有利于大幅度提升我国电解铝产业的国际竞争力，确保产业安全和日益增长的铝需求；③有利于实现电解铝产业技术升级，为发展太阳能、风能、构建智能电网等提供平台。

（2）尽快研究建立和完善行之有效的高电价地区电解铝企业推出机制。加大科技投入，大力完善和推广应用“两降三提高”为核心的节能减排新工艺。坚持自主创新，扩大和深化铝的应用，大力提高铝循环利用水平，将为全社会实现碳减排目标做出更大贡献。

（六）汽车交通行业

（1）建立以燃料消耗量限值标准为基础、财税政策为主要实施手段的汽车产品节能管理制度。①研究制定汽车燃料消耗量管理办法，在逐步提高汽车燃料消耗限值标准的同时，建立单车油耗和企业平均燃油经济性评价考核体系，实施与之配套的单车奖惩制度和汽车生产企业（法人）奖惩办法。对提前达到下一阶段燃油经济性标准的产品给予奖励，对不符合我国燃油限值标准的汽车不予准入或给予惩罚。鼓励企业生产新能源汽车，在企业平均燃油经济性评价考核中，对企业生产的新能源汽车给予“以 1 顶多”[①]的加权奖励。先期从乘用车开始实施，并逐步推广到商用车。②落实燃料消耗量限值标准执行计划。尽快导入乘用车第四阶段燃料消耗限值标准，标准限值比第三阶段提高 17%；2020 年乘用车全部达到第四阶段燃料限值标准，导入轻型商用车第四阶段燃料限值标准和中、重型商用车第二阶段燃料消耗量限值标准，商用车平均燃料消耗接近国际先进水平。

（2）研究制定汽车税制改革方案。按照鼓励节能、技术进步、促进消费和税

① 在企业达到国家乘用车平均燃料消耗量目标的情况时，对企业生产的纯电动乘用车、燃料电池乘用车、符合一定条件的插电式混合动力乘用车等新能源汽车，综合工况燃料消耗量实际值按零计算，并按若干倍数量计入核算基数之和。在评价考核时，生产每辆新能源汽车相当于生产多辆传统汽车，叫作“以 1 顶多”。

收中立的原则，改革车辆购置税、车船税等税种的征收方式，由原来的完全基于价格、车型、排量等调整为主要基于油耗指标征收；加大持有特别是使用环节的税负比重，将部分税收从制造环节征收调整到消费环节征收。

（3）支持技术创新和核心技术产业化。实施节能与新能源汽车国家重大科技专项，优先支持研发主导机构明确的联合攻关项目。重点支持电化学、电子控制等基础共性技术研究；实施下一代新能源汽车新型动力电池突破计划；实现新能源汽车基础原材料技术的突破与升级。重点支持高效内燃机、6 挡及以上自动变速器、混合动力、轻量化等核心节能技术的研发。

（4）支持符合条件的新能源汽车高性能动力电池、电机及电控系统等零部件骨干企业和各类创新研发机构建立国家工程（技术）研究中心、国家工程实验室、国家重点实验室、国家认定企业技术中心。调整《国家重点支持的高新技术领域》，优先支持新能源汽车及关键零部件企业申请认定高新技术企业。

（5）加大新能源汽车产品市场导入期的政策扶持力度。通过中央财政补贴支持符合条件的城市开展新能源汽车公共服务领域和私人消费采购试点，适时制定有利于扩大市场消费规模的财政补贴政策。对纯电动汽车、插电式混合动力汽车免征车辆购置税和车船税。公共机构采购公务用车，优先采购节能与新能源汽车产品，逐步增加政府采购中节能与新能源汽车的比例，力争 2020 年达 80%以上。

（6）加快完善新能源汽车基础设施建设。研究制定促进充电网络与电网融合的实施方案及新能源汽车基础设施建设规划。有关部门要及时研究制定分时电价政策和利用现有停车场所、加油（气）站等建设充电设施的方案。各级政府要在电价、土地、税费等方面出台政策，鼓励和支持电网公司、石化企业以及其他社会资本投资建设充电设施。积极发展智能电网，大力推广应用智能充电技术，保证新能源汽车有序充电和提高充电效率。

（7）完善新能源汽车消费支撑体系。实施新能源汽车停车、通行优先、过路过桥费减免等鼓励新能源汽车消费、使用的支持措施。保障示范运行的有序开展，保护消费者、运营商和生产企业的合法权益；探索直接销售、整车租赁（包括融资租赁）和电池租赁等商业模式在不同领域的市场适应性。制定新能源汽车动力电池回收利用相关管理办法，并对新能源汽车动力电池回收和再生企业实行资格认定制度。建立以整车生产企业和动力电池生产企业为主体的回收体系，利用整车生产企业和电池生产企业的销售网络回收新能源汽车及动力电池，提高回收利用技术水平和环保水平。

（七）建筑使用行业

（1）进一步推广热电联产技术、供热计量和热改。全面落实“热改”，通过各种方式实现集中供热分户室温可调，同时通过改按面积收费为按热量收费，让使用者主动把室温控制在18～20℃，从而降低集中供热系统的过量供热，能够有效地降低北方地区集中供暖的能耗和碳排放。

（2）颁布以实际用能数据为导向的节能减排标准。通过颁布和更新不同地区围护结构的标准，推进既有建筑的围护结构等的改造，从而降低能耗需求。逐步建立以实际能耗数据为导向的政策体系，即与节能减排相关的政策设计与制定，应当基于对各类建筑实际能耗和碳排放的研究，根据政策实施后的实测与调研的实际能源消耗数据来评价政策和措施的合理性。

（3）大力发展绿色建筑。通过被动式建筑设计，充分利用自然环境，能够有效降低建筑能耗需求。开展绿色建筑示范工程项目，进一步推进绿色建筑评级，对于高星级绿色建筑的增量成本给予一定程度的补贴。政府投资项目必须强制进行绿色建筑认证标识，率先垂范，在全社会范围内形成推广绿色建筑的氛围。

（4）大型公共建筑推行用能定额管理制度，推进既有建筑中央空调系统的运行节能改造。推进大型公共建筑中能耗分项计量，搭建大型公共建筑能耗定额管理平台，根据建筑物的功能与规模确定统一的用能定额指标。

（5）加强宣传教育，倡导低碳节俭的消费模式。如果我国居民的消费模式转向西方发达国家的奢侈型模式，将造成建筑能耗和碳排放总量的激增。我国目前建筑内的使用模式仍是以节俭型为主，但是随着一些不适合我国传统居民生活模式的建筑和空调形式的引入，国内的传统生活模式正在悄然发生变化。尤其是年轻一代受到奢侈型生活方式的影响较其他年龄段更大。为此，要重视对生活模式的引导，坚决杜绝建筑用能中的奢侈浪费行为。

（八）生物质燃气行业

建议积极推广规模化、标准化的现代养殖业，探索对分散产生的农作物秸秆类生物质废物的收集和利用方式，大力推广城市生活垃圾源头分类收集和生物质废物的联合管理。同时，生物质燃气行业的成功势必要走向产品补贴的方式，通过政策导向明确生物质燃气产品的市场定位，建立高效合理的商业模式，使合格的燃气化产品顺畅地进入能源产品的主流市场，从而推动生物质燃气行业的自主、良性发展和产业化、市场化建设。

第八章 行业低碳技术引进、国产化及再创新对策

一、低碳技术引进需求与引进模式

基于行业减排关键技术清单和路线图，结合发达国家的低碳技术优势，可以利用决策树定性判别与多属性评价两种筛选方法，初步筛选出适合引进的低碳技术共93项，并设计了各行业低碳技术的引进模式。

（一）典型行业低碳技术引进需求

在国内外低碳技术发展态势分析及我国低碳技术需求分析的基础上，可以筛选并提出各重点行业的低碳技术引进清单（表8-1）。其中，钢铁行业共筛选出需要引进的技术15项、电力行业12项、汽车交通行业18项、建筑使用行业13项、生物质能行业11项、石油行业6项、电解铝行业6项、水泥行业12项。

表8-1 我国八个重点行业低碳技术引进需求清单

典型行业	需要引进的行业低碳技术
钢铁行业	SCOPE21、HIsmelt、FINEX、转炉煤气除尘与回收利用技术、炼钢连铸优化调度技术、高炉喷吹废塑料技术、HYL-ZR、高炉炉顶煤气循环技术、ITmk3、ULCORED、HIsarna、KT、EFSOP、iEAFTH型智能电弧炉动态控制系统、CCS技术
电力行业	IGCC、燃气轮机、电厂CCS技术、生物质直燃发电技术、第三代压水堆核电、核电快堆、水电（抽水蓄能机组）、大规模陆上&海上风电、光热发电、深层地热发电、智能电网、深层地热发电
石油行业	热电联产（在稠油热采中的应用）、油气集输节能技术、页岩气的开采技术、劣质原料气化和多联产技术、CCS技术、制氢CO_2减排技术

典型行业	需要引进的行业低碳技术
电解铝行业	多物理场的优化设计技术、仿真与智能控制技术、自动熄灭阳极效应技术、低温低电压铝电解技术、多功能车改进技术、粉尘治理回收技术
水泥行业	水泥绿色制造技术、原材料一体化破碎技术、原料预均化处理自动化控制技术、精确数字化生料制备质量控制系统、原料先进计量喂料系统、低碳原料替代原料生产技术、燃料转换技术、富氧燃烧技术、低碳和负碳水泥技术、CCS 技术、地聚水泥技术、CO_2 降解塑料技术
汽车交通行业	怠速启停技术、先进充气技术、增压技术、缸内直喷技术、高效变速器、汽车轻量化技术、发动机能源管理系统、电池技术、电机技术、电控技术、柴油机高压共轨系统、乙醇汽车、插电式混合动力技术、纯电动汽车、生物柴油汽车、燃料电池技术、氢燃料汽车技术、稀薄燃烧技术
建筑使用行业	建筑材料、集中供热热计量、节能电梯、温湿度独立空调、分布式能源系统、冷水机组技术、变频空调技术、节能窗技术、热泵型家庭热水机组、太阳能光热利用、幕墙节能技术、空气热源泵、蒸发冷却空调技术
生物质能行业	大型厌氧消化技术、干法厌氧发酵技术、污泥厌氧消化技术、有机垃圾厌氧消化技术、生物质高效气化技术、木质纤维素水解发酵制取燃料乙醇技术、快速热解制取生物柴油技术、生物制氢技术、高温空气气化技术、加压液化制取生物柴油技术、低温热解碳化技术

（二）重点行业低碳技术引进模式

针对我国各类低碳技术发展的状态，不同的低碳技术引进模式亦有各自的有效性和适应性。总结国内外现有的模式，可以归类为五种：①以引进物化技术为主的“硬件”模式；②以引进技术知识为主的“软件”模式；③以吸收外国直接投资（FDI）为主的“资件”模式；④以引进人才为主的“活件”模式；⑤对外投资引进技术模式。根据各重点行业的引进需求和行业低碳发展特征，应为各行业所需引进的技术选择合适的引进模式，技术引进模式需遵循如下依据：

（1）对于与国外差距较大亟须引进的成熟技术，该类技术需要短期内吸收，可选择以成套设备或关键设备、产品、技术许可、合资生产等方式引进，主要考虑采取前四种模式类型中的任意模式。

（2）对于与国外差距较大暂缓引进的成熟技术，由于我国在该项技术上基础薄弱，可通过技术咨询/技术服务、联合研发等方式引进先进理论和技术；同时，国内企业应加强知识产权保护意识，努力提升自身低碳技术研发与再创新能力，在研发过程中真正掌握核心技术，可以采用以上任意模式。

（3）对于与国外差距大的不成熟技术、目前处于研究试点阶段的技术，可以通过技术咨询或技术服务的方式引进先进理论和技术，或者考虑以对外投资的方式获取技术。同时，国内企业和研究机构通过建立产业联盟的方式，产学研紧密结合，推动该项技术的研发与应用，主要考虑采取后三种模式类型中的任意模式。

专题：以钢铁行业为例阐述技术引进模式的选择

以钢铁行业为例，结合其主要低碳技术的发展状况，提出各项低碳技术引进模式的建议。

（1）成套设备和关键技术的引进，适用于 SCOPE21 炼焦技术、HIsmelt 等技术的引进。通过引进国外现有的先进技术生产线并进行适当本土化改进，就可以在短时间内提高该领域的技术水平。

（2）技术咨询与技术服务。一方面针对我国尚处于薄弱环节的技术，派遣人员到外方企业进行学习和培训；另一方面针对我国钢铁行业低碳技术管理机制、标准体系不完善的现状，也可以通过技术咨询的方式建立健全其标准体系。

（3）专利技术与专有技术的许可/转让，主要适用于 FINEX 熔融还原技术。可以通过技术许可的方式开展与韩国浦项公司的技术交流与合作。在技术实践中，通过赋予韩国公司一些优惠的政策和措施，促使该项技术实现转让。

（4）与跨国公司联合研发。对于一些国外处于研发阶段、国内已具备一定研发基础，且相关企业发展良好的技术，如 HIsmelt 技术可以采用与跨国公司联合研发的模式。国内企业可以在“市场换技术”的基础上，以项目为平台，要求与国际上专业厂家针对性地进行联合设计；在联合设计过程中，使中方技术人员快速学到核心技术，最终能在技术引进中真正掌握核心技术，并且提升自身研发能力。

（5）海外并购，主要针对一些国外正处于研发阶段的技术。这些技术目前还不成熟，当国外研发阶段有资金扶持的需要时，我国可采用海外并购的模式，通过提供资金来获取该项技术。

（6）人才引进。通过从拥有先进技术的国家进行人才引进来间接获取技术。对于我国目前没有研发基础或者落后的技术，都可以采用该种模式。

（7）窗口模式，即通过在拥有先进技术的发达国家建立研发机构，向发达国家学习，或者与发达国家研究机构或企业合作研发来获取技术的模式。同样，对于我国目前没有研发基础或者落后的技术，都可以采用该种模式。

二、主要障碍及其破解对策

当前行业低碳技术引进、国产化及再创新过程中存在许多障碍：①引进障碍，即转让意愿、专利/知识产权、CDM 方法学和额外性规则、资金、信息、机构、人才、配套技术设施、国内特定法规；②消化吸收再创新与国产化方面的障碍，即人才、资金、配套能力、管理、政策法规。相应的破解对策如下：

（一）低碳技术引进主要识别及破解对策

根据调研问卷采用专家打分法和层次分析法，可以得出全行业低碳技术引进主要相对重要性得分排序结果（图 8-1 和图 8-2），并提出如下破解策略：

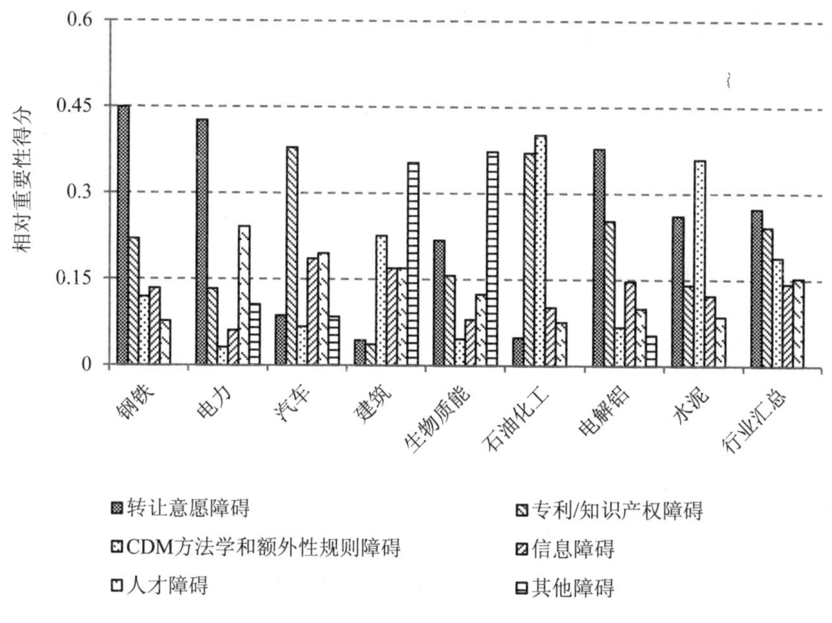

图 8-1　外部相对重要性得分排序

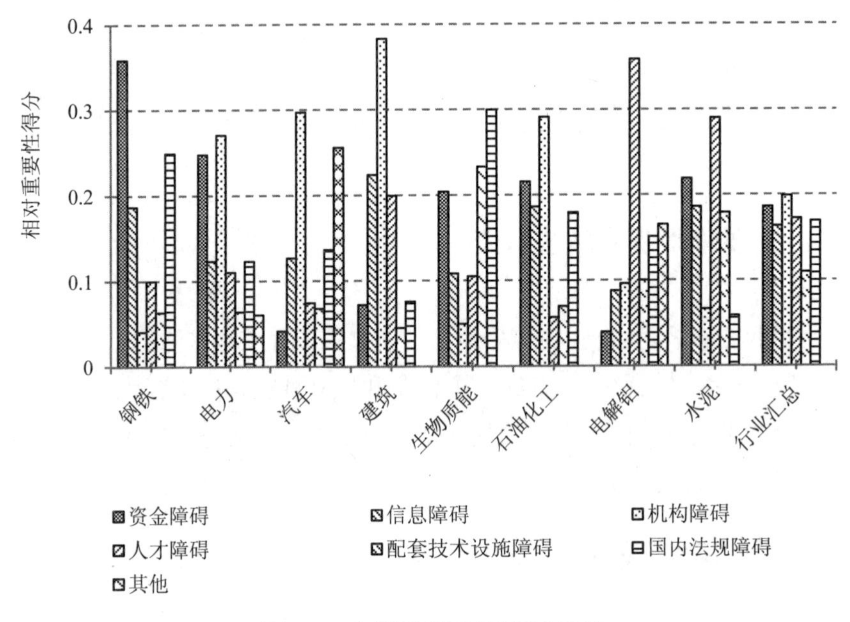

图 8-2 内部相对重要性得分排序

1. 转让意愿破解策略

国家层面的转让意愿，应通过外交手段破解。可与技术拥有国进行外交谈判，开展合作交流，以资金、实物或技术来交换，或寻求国际支持。企业层次的转让意愿，也应通过企业间合作谈判、提高技术转让价格等方式来破解。

2. 专利/知识产权破解策略

①加强国内企业技术研发能力，抢先注册专利；②对于已形成的专利技术壁垒，可通过开放部分市场份额、合资并购、购买股份等方式直接获得技术专利，绕过知识产权保护；③充分利用发达国家和先进行业内部企业的竞争，通过投标竞价方式降低技术转让费用，以最小代价获取先进技术；④与发达国家的技术先进企业共同投资联合研发，降低研发风险，共享知识产权；⑤在国内寻找一个强大的对知识产权保护同样重视的中国伙伴共同建立生产厂。

3. 资金破解策略

首先要充分发挥GEF（Global Environment Facilily，全球环境基金）等《联合国气候变化框架公约》框架下基金的引导和放大作用，带动更多的私人基金投资 CDM 相关领域，扩大私人资本的参与度；其次，应在政府预算中增加对中小企业用于低碳技术引进的资金补贴，实施税收优惠政策，鼓励中小企业发展低碳技术；最后，可以利用碳税充实能源基金，进一步推动CDM等低碳技术的转移，以此来缓解在CDM 等低碳技术引进实施中的资金不足问题。

4. 机构破解策略

首先我国政府可在发达国家的帮助下，改善我国的技术转移政策环境，包括完善环境规章、立法系统，保护知识产权等，最终促进私营部门的技术向我国转移。其次，应建立行业技术引进与创新协会，加强对国外低碳技术的研究与追踪及对国内条件的分析，负责对该行业低碳技术引进与创新的指导与协调工作，最大限度地减少低碳技术引进的盲目性、重复引进和低水平引进。同时，由该协会建立一个完备的技术引进信息共享系统和为引进企业服务的技术市场信息网络，企业可随时上网查询，以解决我国企业技术引进的信息不对称问题。最后，面临相同的气候问题时，可通过合作机制以各种形式联合开发适用技术并共享，促进发展中国家科技人员和科研机构之间的交流与合作。

（二）低碳技术消化吸收再创新与国产化及其破解对策

我国企业由于大多重视技术引进，而忽略技术的消化吸收再创新，在人才、资金、配套能力、管理和政策法规等诸多方面投入不足，造成技术无法真正获取，重复引进问题严重，使技术费用总量没有减少，而且没有完成技术更新、学习，以及培育出自己的技术创新力量。针对每个问题对应的破解对策如下：

1. 人才的破解对策

企业在建立竞争激励机制的同时，要走产学研相结合的路子，与高校和科研院所联合成立低碳技术创新中心，通过人才共享解决引进低碳技术消化吸收和创新的人才瓶颈；同时，建立一个技术需求方与技术供应方的信息交换平台。比如一个定期的技术交流会议，向国外技术先进的国家和企业输送技术人员培训；不仅要留住本国培养的科技人才，而且要善于引进国外的优秀科技人才，对已引进的人才需配给优厚的待遇，实行一定的激励措施。

2. 资金的破解对策

国家政府部门应加大财政、税收和金融对引进的低碳技术实现消化吸收再创新与国产化的支持力度，尤其是各地应制定相应的政策，加大对引进技术消化吸收体系建设的引导与监管。对关系我国产业发展所引进的各项关键低碳技术的消化吸收在资金上给予重点扶持，同时大力推进资本市场发展，发展创业风险投资，为中小企业引进技术的消化吸收提供资金支持。

3. 配套能力的破解对策

在对低碳技术引进之前，应该充分考虑其消化吸收的可行性，结合我国引进行业的具体发展情况，准备好一系列配套技术的核查与检测，并加大对本土设备与材料的研发力度，使其更加适合低碳技术的消化吸收与国产化。

4. 管理的破解对策

企业首先需要转变发展观念，并不断完善自身的组织结构与管理部门。其次，政府应监管低碳技术开发中心和服务中心建立后的运行情况，完善技术信息网络和信息传递机制，更好地为引进技术的消化吸收服务。建议建立从引进、消化吸收到再创新的一体化机构，并由科学技术部、国家发展和改革委员会、工业和信息化部、财政部、中国人民银行和有关工业部门的人员参加，由一个综合的部门牵头，制定引进、消化吸收再创新的统一规划。

5. 政策法规的破解对策

政府应制定鼓励消化吸收再创新与国产化的政策，包括低碳技术创新的产业政策、技术政策、国别政策，消化吸收创新等专项政策，技术引进与资金政策，技术引进的限制、禁止和保护政策。在此基础上，对属于基础性、战略性、行业重大技术引进的项目，政府应制定强化消化吸收工作的政策。设立消化吸收专项基金，引导企业实现引进技术的消化吸收再创新与国产化。对于承担重大消化吸收和国产化工作的企事业单位，政府要根据具体情况采取贴息或低息贷款形式重点扶持；鼓励政策性银行发行用于消化吸收的专项投资债券；鼓励承担单位自身增加投入，允许并鼓励多渠道筹集资金；同时，建立引进技术国产化的诱导机制。

三、低碳技术的国产化与再创新研究

（一）低碳技术的国产化情景分析

我国把技术引进后的国产化作为一项重要的国策，其目的是通过将引进的技术实现国产化逐步建立我国先进的低碳技术研发基石，增强自行研发创新的能力。国产化过程紧接着技术引进过程，不同类型的低碳技术存在不同的引进方式，也就体现出不同的国产化情景，具体情景分析如下：

1. 全面吸收推广的国产化情景

全面吸收推广的国产化情景一般对应于通过全套引进方式引进的低碳技术。由于这种技术较为先进，而我国近期内有需求、短期内无法自行研发，因此尽快地采用全面吸收推广的国产化方式是非常必要的。采用该种国产化方式，既是尽快将全套技术转化为设备制造企业的生产能力、实现产品或配件国内生产的过程，同时也是培训人才，不断降低产品生产成本、提高产品质量、扩大产品或配件的国内生产规模，进而形成自主技术开发能力的过程。但这种国产化方式会使企业过多依赖引进的技术，不利于技术创新。

2. 消化吸收设备、研发备件和配件的国产化情景

这种国产化情景一般对应于引进关键技术和设备的方式。这种国产化情景的重点是消化吸收关键技术和设备，同时实现国内备件和配件的研究。在进行国产化过程前，必须对设备的精度等级、性能以及在整条生产线中的作用有比较全面、深入、细致的了解，并对生产过程中出现的问题进行认真分析。此种国产化方式

利于技术的再创新研究，也减少了技术引进的投资，同时利于企业提高自身技术水平，是比较好的国产化途径。

3. 开发自身专利技术的国产化情景

该种国产化情景的重点是消化专利技术获得的资料，学习其制造技术。特别要对购买的专利技术因地制宜地实行消化吸收和技术改造，从而使原有的专利技术得到升华。另外，对于通过建立合资公司、引进国外公司、建立中国生产基地等引进模式，所采用的国产化情景与获取专利技术所采用的国产化情景类似，其国产化途径的重点也是在了解和掌握国外的先进低碳技术信息的基础上进行模仿、改进与创新，适时开发我国的专利技术或技术备件。此种国产化方式可以减少技术引进的资金，但由于国内企业的技术水平参差不齐，是否每个技术专利购买后，通过企业自身研发能够实现技术国产化亦未可知。国内技术水平比较先进的企业较适合采用购买专利的引进方式和对应的国产化途径。

（二）低碳技术的创新模式分析

总结国内外技术创新情况发现，技术创新模式主要有自主创新、引进消化吸收再创新和合作创新三大类（表 8-2）。

表 8-2　低碳技术创新模式的比较

创新模式	企业角色	资源要素投入规模	创新收益	创新风险
自主创新	市场领先者、跟随者	资源要素投入多，研发和市场成本高	创新成果独占，收益最高	研发与市场风险高
引进消化吸收再创新	跟随者	资源要素投入较多，研发与市场成本较低，但引进成本较高	分享技术领先者的创新成果和市场，见效快、收益较高	研发与市场风险小，成功率较高，存在技术引进融合和二次创新的附加风险
合作创新	市场领先者、跟随者	资源要素投入少，研发与市场成本低，但存在合作成本	创新收益共享，创新收益较低	研发与市场风险高，存在合作风险，风险共担后创新风险相对降低

在低碳技术领域，自主创新是建立在良好研发实力与雄厚研发资金的基础上的，而这些基础的取得与前期的技术引进与市场推广密切相关。它的特点是自主突破实现原始创新，创新幅度大。可以针对一些低碳技术发展前沿技术，以掌握技术高地。

引进消化吸收再创新是通过充分吸收率先创新者的成功经验、引进购买或反求破译等手段，吸收和掌握率先创新者的核心技术和技术秘密，并在此基础上对其成果进行改善，进一步开发和生产更具竞争力、更符合我国国情的产品。该种模式是我国低碳技术领域的常态创新模式，它的特点是引进、模仿并二次创新，创新幅度较小。主要针对我国与国外差距较大的低碳技术，应短时间内掌握其关键技术并实现创新。

合作创新是以共享创新资源为基础，企业之间或以企业为主体，企业与科研院所、研究机构以及其他组织间开展合作的创新活动。它对于实现和提高我国低碳技术创新能力有着重要的意义。它的特点是技术知识共享、优势互补，创新幅度较大。主要针对行业的一些共性技术，通过合作整体提升行业低碳技术创新实力。

（三）国产化有效实施的措施

技术引进、国产化和再创新可以使一个国家的技术水平得到跨越式发展。只要明确低碳技术引进的目标，国家、行业和企业一同组织力量认真实现低碳技术的国产化，进而实现技术创新，有可能在短期内实现某些行业低碳技术赶超发达国家的技术水平。因此，建议在低碳技术国产化过程的管理上采用以下措施。

1. 强化国内的国产化意识

国内企业必须强化引进低碳技术的国产化意识，充分认识国产化的重要意义。事实证明，如果只靠引进，忽视国产化，就可能使国家沦为发达国家经济、技术的附庸，在各方面永远受制于人。与此同时，有关部门在下达和审批引进技术的时候，要对国产化措施、可行性进行论证，并下达和检查国产化配套指标，形成指令性计划，以求得引进技术与国产化同步发展。

2. 组织科技、生产协作攻关

由于我国现有企业的开发研究能力较差，而国产化过程中需要多个单位和学科的相互协作，各部门应负责协调对重点项目的消化吸收工作，并制定具体的政策和奖励办法，使科研单位和生产单位在国产化引进低碳技术上相互配合，形成科研生产、开发的连续环节。

3. 制定激励政策

制定相应的配套政策，鼓励科技、生产领域加快低碳技术引进国产化。一是引进技术国产化的项目要优先保证；二是调整税收政策，根据引进技术能否国产化实行不同的税率，国产化率高的可以减免或阶段免税，反之应不予照顾，并视情况增加税收；三是适当提高企业奖励比例，对技术引进国产化产品成本高、利润低的，企业提取职工福利基金和奖励基金给予照顾；四是出台相关政策鼓励企业广开外协渠道，把一些比较困难、一时无力解决的配件生产委托国内某些专业厂外协解决；五是促使企业在国产化的基础上向有关单位和国内同行推广技术，使全国受益。

4. 坚持质量和标准的先进性

我国企业技术引进国产化水平低是个普遍现象，如国产化标准低于引进技术一筹，质量等级低于国外同类产品等。从技术经济角度分析，引进技术国产化搞得好，并不比单纯和成套引进带来的效益差，不存在国产化不如国际化的问题。因此，在国产化规划和实施过程中，要把眼光放远些，盯住国际先进水平，努力攀登，坚持不懈地奋进。

5. 抓好“软件”的后续开发

技术引进国产化，必须从具体情况出发，采取缺什么补什么的方针和策略，并重点在“软件”上突破，全面提高人的技术和管理能力，这样做有利于引进技术的消化吸收。上海汽轮机厂就是在引进美国西屋公司全套图纸、工艺资料后，运用自己丰富的制造经验，研制了新型 30 万 kW 汽轮机产品，自动化程度、安全可靠性均赶上国际水平。

6. 注重人才培养

引进技术的企业需集中优秀的、责任心强的技术人员和技术工人对一些课题进行技术攻关；技术人员需认真执行引进合同和消化外商提供的技术资料，特别要充分利用每次培训的机会把引进技术真正学到手，这是顺利进行国产化的基本条件和可靠保证。另外，技术人员在消化外来资料时就需要考虑国产化的方案，逐个部件、逐个零件、元器件做“过筛分析”，搞清楚哪些零件容易国产化，哪些需要花力气攻关，并制订出具体的国产化行动计划和工艺攻关计划。

（四）再创新有效实施的特殊需求

在我国低碳技术创新、转移与服务的整体框架下，需要创建如下适合低碳技术创新的机制、途径、政策等，以实现低碳技术的再创新。

1. 有效的创新机制

（1）产学研一体化机制。构建国家低碳技术再创新的产学研一体化体系，将其作为我国低碳技术再创新的核心，通过企业、科研院校、研究机构的广泛合作，获取、开发、交换各种知识、信息和资源以促进我国低碳技术创新。

（2）产业技术创新战略联盟机制。以企业发展需求和各方共同利益为基础，以提升产业技术创新能力为目标，以具有法律约束的契约为保障，形成国内企业之间的联合开发、优势互补、利益共享。联盟参加者主要包括企业、高等院校、科研机构及政府，其内部存在包括科研、设计、工程、生产和市场紧密衔接的、完整的技术创新链。现阶段可以借鉴的产业技术创新战略联盟有四种形式，分别由龙头企业、行业协会、科研院所和政府主导或推动。

（3）资金扶持机制。建立完善的资金扶持机制，采取有效的手段促进企业实现技术创新，如政府补贴、低碳基金、资本市场、风险资本、低碳债券、低碳绿色信贷等。

（4）人才培养机制。通过制定各种人才政策，如引入竞争机制，加快科研和技术骨干人才的发现和培养，使优秀人才脱颖而出。同时，提高技术人员的创新意识和能力是非常重要的。

2. 健全的创新推广途径

（1）建立低碳技术创新成果推广应用目录。积极建立各行业不同阶段适合推广应用的低碳技术创新成果目录，通过政府平台或行业协会定期向全社会公布。目录需具有较强的灵活性，根据推广应用过程中各阶段我国的实际情况定期进行增加与删减，吸引企业关注“低碳技术创新成果推广应用目录”，根据目录内容指导本企业低碳技术产品的生产，适应市场需要。

（2）成立低碳技术创新成果交易市场。现阶段，我国存在拥有低碳技术新成果的企业或科研机构无法将创新成果转化为生产力，而需要创新成果的企业又无从获取可转化为生产力的新成果的问题，即“卖难买也难”。政府有关部门要大力培育技术市场，以建立一套适应供需双方需要的信息查询系统和创新成果交易市场，为供求双方牵线搭桥，解决企业新成果“卖难买也难”的问题，为供需双方提供良好的外部环境。供求双方可根据市场交易的规则进行合作。

（3）建立低碳创新成果示范园区。针对目前低碳技术创新过程中先期投入大且后期推广难的问题，可由中央政府牵头与地方政府合作，在不同区域建立低碳创新成果示范项目——低碳创新成果示范园。将全产业链都容纳其中，配备专业技术、管理和成果推广人才，形成真正的示范效应以推动创新成果的推广应用，扩大低碳技术创新成果的惠及范围，并将创新成果进行推广。

3. 完善的创新鼓励和成果保护手段

引进先进适用的低碳技术可以帮助我国实现跨越式发展，在引进技术的基础上重视应用技术和再创新研究，完善法律法规，出台创新鼓励政策，促使企业产生积极创新的主动性，创新政策工具的选择、设计及使用，可包括以下内容：

（1）建立独立的低碳技术科研人员职称评定体系。制定诸如低碳专业技术职称晋级制度等，内容包括首次申报的放宽限制、职称的越级晋升、创新的非论文成果认定等。对于低碳技术领域研究的科研人员，只要学历、科研成果等达到一定要求，首次申报中、高级职称时，只要符合条件即可直接认定相应职称，职称可按季度或按实际需要随时组织认定。

（2）将财税减免政策调整为以税基减免为主，与税额减免有机结合。对于认定的低碳技术企业，创新即有税收优惠；对于非低碳技术企业，只要其进行了低碳技术创新也给予相应的税收优惠。将企业对低碳技术创新的研发投资直接作为成本列支，不作为资本性支出，鼓励所有企业进行低碳技术创新。

（3）建立成果分享的产权制度。提高创新企业知识资本占有股份比例，或者对创新企业知识资本占有比例不做控制，提高创新者寻找风险投资的积极性。

（4）专利申请绿色通道。设置专利申请绿色通道，可包括在知识产权部门开设低碳技术专利申请快速通道，对低碳技术再创新技术、应用低碳技术的产品等减少办理专利申请程序，帮助核心关键技术加快专利审批，减少专利审批时间。

（5）将低碳技术创新各方面都容纳到知识产权保护客体中。严格执法，加大执法监督力度，增加对侵犯低碳技术知识产权活动的查处频率。

四、低碳技术引进、国产化及再创新行动方案设计

（一）低碳技术引进、国产化及再创新国家行动方案

为了解决低碳技术从引进到再创新过程中的诸多问题，需要充分利用我国的行政管理优势，出台整套低碳技术引进、国产化及再创新国家行动方案，从政府的角度，提出低碳技术引进、国产化及再创新机制，明确各职能部门的权责范围，提出引进阶段以及国产化再创新阶段的资金方案、知识产权方案、低碳技术及配套产业扶持方案和科技支撑方案，形成一套完整的政策体系，保障我国低碳技术的引进、消化吸收再创新与国产化工作顺利进行。

1．组织建设方案

根据低碳技术的特点与我国具体国情，在其引进阶段和消化吸收再创新阶段还应加强组织机构建设，进一步明确各机构的职责与相互关系，并与国际组织机构实现良好的衔接，为各项机制的实施提供良好的建设平台和管理环境，更好地实现“以最小代价获取技术”，并加快技术的再创新与推广应用。我国低碳技术引进、国产化及再创新的组织机构总体框架设计，建议包括各重点部门的相互配合

与职能完善、充分利用行业协会在政府部门与企业之间的桥梁和纽带作用、低碳技术信息共享体系建设等核心内容。

2. 资金筹措方案

无论是低碳技术的引进，还是技术的消化吸收再创新与国产化，都需要投入大量的资金。目前不少国内企业存在较大的资金缺口，这就需要政府从宏观调控的角度出发，充分利用和完善多渠道的资金筹集方式，对低碳技术的引进、国产化及再创新进行扶持和引导。国际上，要充分利用共区原则，尽量争取国际气候变化基金并借助国际商业贷款，同时发挥 CDM 机制的作用，利用核证减排量的转让、发达国家的项目投入来获得先进低碳技术。在国内，在国家层面设置低碳技术引进、国产化及再创新的专项基金，同时建立起多渠道的低碳技术融资体系。

3. 知识产权保护方案

知识产权问题横亘在技术出让方与受让方之间，影响到低碳技术创新和推广的速度。一方面，由于发达国家的技术所有者过于保护他们的技术，形成了垄断；另一方面，由于我国专利意识和知识产权意识还比较薄弱，缺乏对引进低碳技术的产权保护认知和对知识产权的自我保护意识，因此国家应该从多个层面采取有力对策来加强知识产权的保护。

（1）完善知识产权保护体系，提高低碳技术持有方的转移意愿，如司法手段和行政手段并用、强化知识产权的导向作用、积极行使国际合约中的法定权利、禁止知识产权滥用、构建国家基础知识产权信息公共服务平台。

（2）注重新生知识产权的保护，促进国内低碳技术的再创新。

（3）大力宣传普及相关法律法规，提高全民知识产权意识。

4. 低碳技术及其配套产业扶持方案

基础设施和技术配套能力的缺乏使一些先进技术无法发挥其应有的效果或者无法得到应用。例如，我国力推新能源汽车的发展，但由于加气站、充电站等配套设施的缺乏，新能源汽车发展受到一定程度的限制。因此，为了强化低碳技术引进到再创新的效果，不能只注重末端产品或者中间某一环节，而是要着眼于整个产业链，并出台优惠政策扶持。

（1）完善财税政策，促进低碳产业全面发展，采用税收减免和财政补贴方式。

（2）巧用金融工具，引领企业导向。

（3）推行绿色采购，扩大低碳产业销售市场。

（4）构建示范项目，推进全面发展。

5. 科技支撑方案

科技进步和科技创新是减缓温室气体排放、提高气候变化适应能力的有效途径。我国应充分发挥科技进步在减缓和适应气候变化中的先导性和基础性作用，大力发展新能源、可再生能源技术和节能新技术，促进碳吸收技术和各种适应性技术的发展，加快科技创新和技术引进步伐，为低碳技术的引进、消化吸收再创新与国产化提供强有力的科技支撑。

（二）低碳技术引进、国产化及再创新行业行动方案

1. 成立行业低碳技术引进、研发与推广战略联盟

总结我国各行业在低碳技术引进到再创新的过程中出现的各种问题，最主要的原因是由于各行业内部缺乏从低碳技术引进、消化吸收到再创新的统一管理，使得低碳技术从引进到再创新的过程中出现技术重复引进、盲目引进、过分依赖技术引进造成引进投入高却没有成效等多种问题。为了有效地解决这一核心问题，可以成立行业低碳技术引进、研发与推广战略联盟，使行业联盟内部各企业得到统一管理，协同消化吸收引进的技术，进而实现技术的再创新。这是有效减少重复引进造成的资金浪费、实现资源共享，更利于扩大技术研发创新能力的重要举措。

为了更好地使低碳技术实现创新和推广，联盟中也必须存在低碳技术供应商、投资商和咨询机构组成的子联盟。子联盟是由投资商、低碳技术供应商和低碳咨询机构组成的旨在为企业节能减排服务的低碳技术推广平台。联盟通过打通投资、技术、咨询服务和企业之间的壁垒，拓展低碳技术的应用领域。

由于各行业存在着自身的特点，其可建立的战略联盟也有不同的形式。对于存在行业协会的行业，可采用以行业协会牵头的形式成立战略联盟来发展低碳技

术，如钢铁、电力、汽车、建筑、电解铝和水泥行业；而像石油行业是以中国石油天然气集团公司、中国石油化工集团公司、中国海洋石油总公司三大石油集团为主发展的行业，可采用三大集团成立战略联盟的形式来发展低碳技术；对于没有行业协会的生物质燃气行业，可采用自发组成战略联盟的形式来发展低碳技术。关于石油行业和生物质燃气行业的行动方案会进行单独阐述。

2. 共性的行业行动方案

（1）建立以行业协会为主导的行业战略联盟。由于该类行业里涉及的企业较多、较广，需要建立综合的行业联盟，并可以考虑在具体技术层面上构建低碳技术子战略联盟。对于这种联盟，行业协会需要起到主导作用，并发挥对于政府的“辅助”作用以及对下属各子联盟的“领导”作用，如我国已有的成效显著的子战略联盟——钢铁可循环流程技术创新战略联盟。它是 2007 年 6 月由宝钢、鞍钢、武钢、首钢、唐钢、济钢、北京科技大学、东北大学、上海大学、钢铁研究总院等单位共同发起的以自主研发和开放合作创新相结合、行业产学研结合的技术创新联盟。该联盟的建立极大地推动了钢铁行业自主创新能力的快速健康发展，是低碳技术引进与创新统一管理的有效之举。

（2）扩大行业协会的职能。首先，努力吸收各行业领域的专业人士，提高协会的专业水平，特别是聘请行业内低碳技术研究专业人士，促进职能向专业团队的转移，建立行业低碳技术特别行动机构。其次，积极向政府部门反映行业内部低碳技术发展现状、行业和企业诉求，参与制定行业低碳技术推荐目录、发展规划，定期举办行业低碳技术国际交流会、展览会等，建立行业低碳技术信息共享机制，为低碳技术的国际合作牵线搭桥；牵头组织成立专业低碳技术咨询中介服务机构，为中介机构的准入和运行进行科学把关，促进中介机构成为各行业低碳技术“情报机构”，为国内企业提供所需信息，为政府提供专业咨询服务。最后，行业协会必须发挥重要的监督作用，监督政府相关规划、技术目录的制定是否科学地反映了当前的技术发展水平、是否反映了国内企业的真正诉求，在企业为主体的技术引进过程中，要重点监督企业是否引进了先进的低碳技术，防止各企业重复和低水平引进。

（3）制定低碳技术发展中长期规划和相应的管理制度。建立完善的技术评估机制，使企业在引进低碳技术之前就对它进行评估，进行全面系统分析，权衡利弊，从而做出合理的选择。减少盲目引进带来的不利影响，并可以协助技术合作谈判。

①制定我国电力行业低碳技术发展路线与相关规划，并努力致力于统筹能源工业的供应和需求管理，正确引导能源工业向低碳方向科学发展。

②明确对发展电动汽车的政策规划和财政的支持，加强政府对新能源汽车的政府采购力度，尽快落实政府对购买新能源汽车的政府补贴政策和其他政策支持。

③制定或修订相应的水泥标准和规范，以允许更广泛地使用复合水泥；对由于质量限制而在目前不能使用的具有潜力的熟料替代品开展制备工艺的研发工作。

④制定适时引进有关绿色建筑或低碳建筑的认证标准，促使相关企业加强对低碳技术、低碳材料的使用，并规范政府采购，加大对于建筑相关低碳产品的购买，激励企业导向等。

（4）深入开展低碳技术国际合作，包括设立海外低碳技术研发机构、建立海外信息情报站。通过信息情报站，了解海外行业状况、海外并购、海外投资等途径，直接获取其核心技术，用于发展国内行业低碳技术。例如，加强国内水泥行业与国际的合作，收集可靠的工业级能源和排放数据，支持有效的政策制定、跟踪性能，找出性能差距，开展最佳范例对标；制定并执行水泥行业能效和 CO_2 排放的国际标准；分享促进水泥行业节能和 CO_2 减排的最佳政策。

（5）加强企业在低碳技术引进后消化吸收和创新能力的建设。通过总结我国企业引进低碳技术的经验教训，可以发现问题主要集中在发展配套技术能力和专业技术培训上。因此，各企业要注意那些代表发展趋势的新设备，加快研发、引进、消化吸收和创新步伐。同时，按照国家产业政策关于鼓励类、限制类和禁止类的要求，分阶段淘汰和改造落后工艺装备。此外，企业、科研机构、高等院校，包括相关重点实验室、技术研究中心、企业技术中心等应联合起来，共同对科学仪器、设备、设施等资源进行整合、共享、完善和提高，在此基础上培养各行业低碳技术创新人才。

3．特性行业的行动方案——生物质能利用行业

生物质产业既不是传统意义上的能源工业，又不是传统意义上的农业和农产

品加工业，它是跨学科、跨部门、跨行业的一个新兴产业，许多技术尚处于初期发展阶段。由于生物质能利用涉及面广，属于新兴产业，因此根据其行业特点，提出以下行业行动方案。

（1）建立产学研战略联盟。积极推进产学研合作教育，鼓励高校与企业开展合作办学，联合建设生物质能学科和专业。例如，城市集中式生物质燃气产业技术创新战略联盟（简称城市生物质燃气联盟）是由从事城市生物质燃气领域的企业、高校、科研院所和行业服务机构联合发起的，首批会员单位21家，由清华大学牵头组织而成。在联盟发展基础上，必须要加强生物质能领域人才培养，高等院校应根据实际需求拓宽专业口径，扩大可再生能源专业人才培养规模，还可以通过技术交流，派技术人员和生物质能源利用企业去学习先进的生物质能技术，逐步建立生物质能源的人才培养和产业服务体系。

（2）以政府为主导，制定发展生物质能转换低碳技术的法律法规、配套实施细则，给予财政和税收优惠的政策支持。法律法规在宏观方面给予支持依据，配套实施细则给予具体操作指导。此外，政府需制定生物质能各分领域中长期规划，对于高技术产业化和重大装备引进扶持项目给予企业政策和资金的鼓励。

（3）充分发挥能源学会的资源优势。我国已成立的中国可再生能源学会下设有生物质能专业委员会，其依托为中国科学院广州能源研究所，设有生物质能资源技术、生物转化技术、热化学转化技术、生物化工利用技术等专家组，具有很好的前沿技术获取、研究渠道。可在其下设立专门的国外低碳先进、前沿技术获取信息机构，帮助企业搜集国内外专利，全面地获取最新的国内外专利数据，通过专利帮助企业把握技术发展趋势，及时跟踪国内外技术热点动向，对重点技术的典型专利数据进行有目的、有计划地跟踪分析，实现热点预警。帮助企业行之有效地确定技术研发方向，了解技术发展趋势，避免由研究滞后与专利侵权事件带来的损失。同时，可以行业协会为指导，向国内推荐适用技术，还可开展国际合作，培养行业人才。

4. 特性行业的行动方案——石油行业

我国石油行业形成了以中国石油天然气集团公司、中国石油化工集团公司、中国海洋石油总公司三大石油集团为主的，上下游一体化的市场竞争格局。行业的低碳技术大部分为自主研发，需要引进的低碳技术并不多。但已有的成熟低碳技术并未在各企业广泛使用，主要是由于成本太高或相关机制不健全。因此，可采取以下行业行动方案。

（1）组建行业内部战略联盟。我国石油行业的企业集中度高、实力强，由于互为竞争对手，企业间合作较少。以石油行业低碳技术需求为导向，组建三大公司组成的低碳技术战略联盟，促进科技资源高效配置和综合集成及创新要素的集聚。对于行业重大共性技术，企业之间可以联合开展技术引进，企业联合院校、科研机构和工程设计单位等集中攻关，共同开展自主研发并对引进的技术进行消化、吸收和再创新，共同突破产业发展的低碳技术瓶颈。

（2）制定明确的大型企业内部的技术引进管理准则。我国的石油行业主要以中石油、中石化、中海油三大集团为主，各集团相对独立，集团下属企业众多。对于已经引进的技术，只有应用之后才能开展消化吸收、国产化和再创新的工作。实施企业不同，在这一过程中遇到的具体情况和问题也不同，解决问题的能力也不一样。可以利用集团公司对下辖企业的统一管理能力，在集团内部建立专门的技术引进管理部门，负责引进技术在同一类型企业中的推广，建立技术实施企业的联合体，促进该引进技术的消化吸收、国产化和再创新。例如，中石油可以按照已有的油气田企业、炼化企业和储运企业分类，根据引进技术的应用对象分别成立技术实施联合体，组织联合体企业开展座谈、交流和集中攻关，加快对已引进技术的消化吸收、国产化和再创新。

（3）政府制定低碳技术发展机制和鼓励政策。石油行业的很多低碳技术不能够发展和广泛应用并不是没有效果，而是因为成本过高、机制不健全等。对于近期不具备市场竞争力但出于减排考虑而需求迫切的成熟低碳技术，政府需要进行扶持。例如，制定一定时期内的优惠政策，如税收减免等，引导和鼓励低碳技术发展。待技术发展到一定程度后，便可依靠市场机制优胜劣汰。资金方面，可以给予技术引进先锋企业一定的补贴，或成立专项基金，用于符合条件企业的技术引进或再创新。

（4）建立跨行业协作平台。有些低碳技术无法在单一行业内实施，如 CO_2 捕集与封存（CCS）技术，煤电企业掌握 CO_2 的捕集技术，石油公司掌握 CO_2 的运送、驱油和地下封存技术。建立石油行业与煤电行业之间的相互协作，对于 CCS

技术的发展和推广非常重要。若能整合上述资源，建立行业之间的广泛联系和跨行业协作平台，形成技术配套“一条龙”，就能在很大程度上实现行业之间 CO_2 的捕集和封存，优化资源配置。

下篇

行业典型低碳技术集成模式

随着各行业先进低碳技术的推广应用，单一低碳技术的节能减排效果日趋有限，低碳技术综合集成模式是当前对行业系统优化减排的一个有益探索。这种综合集成模式主要表现为行业内部多种低碳技术的集成，以及行业间相互关联技术的集成或者共生。下篇将在关键低碳技术清单的基础上，对燃煤发电、水泥、化工、钢铁、建筑、交通行业关键技术的关联性和集成示范可行性展开调研分析，总结提炼出 36 种减排支撑技术集成模式，并分析其应用前景和减排潜力。

第九章　燃煤发电行业低碳技术集成模式

一、超超临界+二次再热发电技术集成模式

（一）模式介绍

超超临界与二次再热技术的集成，可在超超临界的节能基础上，再利用二次再热技术的蒸汽中间再过热，即将汽轮机（高压部分）内膨胀至某一中间压力的蒸汽全部引出，使其进入锅炉的再热器中再次加热，然后回到汽轮机（低压部分）内继续做功。经过再热以后，蒸汽膨胀终了的干度有明显提高，再热可使机组的热效率提高1%～2%。

（二）集成示范情况

示范工程：国电泰州电厂二期工程。

示范工程建有两台百万千瓦超超临界+二次再热火电机组，是国家能源局燃煤发电示范项目，是科学技术部确定的“十二五”节能减排国家重大科技支撑计划项目，也是国家“863”计划和由中国国电集团公司牵头与中电工程公司、上海电气集团股份公司共同实施的“新型超超临界+二次再热燃煤发电机组关键技术研究项目”，该项目是目前我国唯一一个超超临界+二次再热燃煤发电机组（图9-1）。

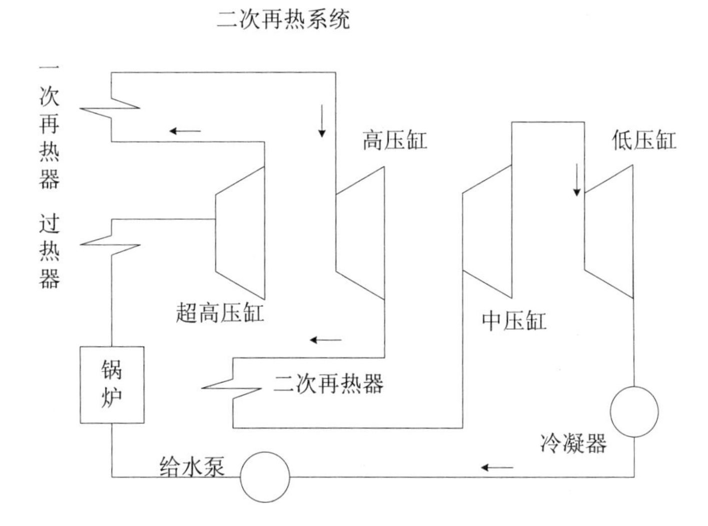

图 9-1　超超临界+二次再热发电技术集成

该项目于 2015 年 11 月 19 日完成性能试验，各项指标数据均完全达到设计和攻关要求。该机组是世界上首台成功运用二次再热技术的百万千瓦超超临界火电机组，发电效率 47.82%，发电煤耗 256.8 g/（kW·h），综合参数为世界领先水平，也是二次再热机组世界最大容量。其发电效率、发电煤耗等指标均成为全球最优、指标最好的示范点。

（三）推广应用前景

该技术在我国未来 5 年内会逐步推广，在我国未来 10～15 年将会逐步在超超临界机组上实现普及。相比目前主流技术的单位发电煤耗 305 g/（kW·h），超超临界和二次再热技术的集成，单位发电煤耗可下降 25～30 g/（kW·h），相当于单位发电量减排 CO_2 68.8～82.5 g/（kW·h）。按照将来普及程度及利用小时数，初步估计可以年减排 CO_2 1 200 万～1 550 万 t。

二、超超临界+广义回热发电技术集成模式

（一）模式介绍

超超临界+广义回热发电技术充分利用了汽轮机抽气与锅炉空气预热器的配合，加热锅炉的进风，在提高锅炉燃烧效率的同时降低汽轮机的排汽损失。这一技术的特点在于不但能够起到传统暖风器所具有的提高空气预热器运行安全性的作用，还能起到后者所不具有的显著降低煤耗的作用。具体见图 9-2。

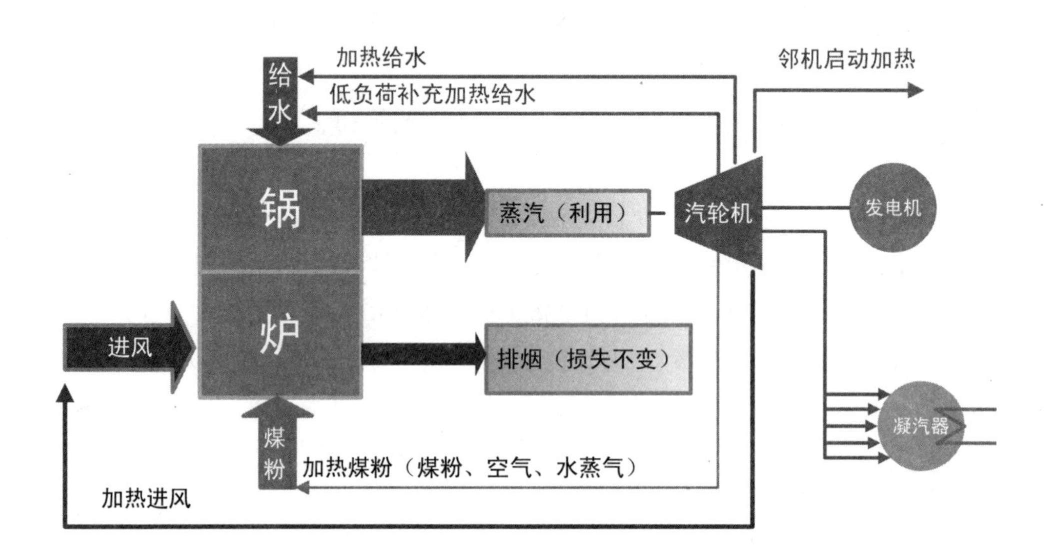

图 9-2　超超临界+广义回热发电技术集成

（二）集成示范情况

示范工程：上海外高桥第三发电厂。

示范工程建有两台百万千瓦超超临界机组，该技术攻关是国家“863”重点项目，由上海外高桥第三发电厂、上海汽轮机厂、上海汽轮发电机有限公司、上海锅炉厂等共同实施。

广义回热理论的提出及相关技术的研发，为燃煤锅炉提供了一种兼顾高效、清洁燃烧和安全运行的新途径。外高桥第三发电厂的基于广义回热的锅炉启动技术、低负荷高效燃烧及低排放技术，以及低氮低氧高效燃烧技术等系列技术，在提高机组汽轮机抽气利用率、降低排汽损失的前提下，极大地提升了锅炉在各种运行工况下的环保、效率和安全性。通过低负荷下汽轮机抽气量的增加，提高了热力系统的循环效率，也使锅炉的煤种适应性，包括高结焦倾向及高水分煤种的适应性也得到极大的改善。

（三）推广应用前景

该技术目前已经在少部分机组得到运用，在我国未来 5 年内会逐步推广，在我国未来 10 年将会逐步在超超临界机组上实现普及。

该技术单位发电煤耗由目前主流的 305 g/（kW·h）下降到 1 000 MW 级超超临界技术的 285 g/（kW·h）甚至更低，下降空间为 20 g/（kW·h），相当于单位发电量减排 CO_2 55 g/（kW·h）。按照将来普及程度及利用小时数，初步估计可以年减排 CO_2 约 900 万 t。

三、超超临界发电+ CCU/CCS 技术集成模式

（一）模式介绍

CCU/CCS 都是为了实现 CO_2 的零排放，把产生的 CO_2 进行捕集、再利用或储存，如将 CO_2 埋存于地下数千米的地质层中与大气隔绝，或者通过将 CO_2 和氢进行甲烷、甲醇等有机化工产品生产等方法，达到循环利用的目的。CCU/CCS 目前技术成熟度不高，且技术要求成本高。

超超临界技术采用直流炉，主蒸汽压力为 25～35 MPa 及以上，主蒸汽和过热蒸汽温度为 580℃及以上，节能效果明显，与 CCU/CCS 的集成可以使得 CCU/CCS 需要处理的 CO_2 量大大降低，有效降低成本。理论上可直接实现全部 CO_2 的减排。具体见图 9-3。

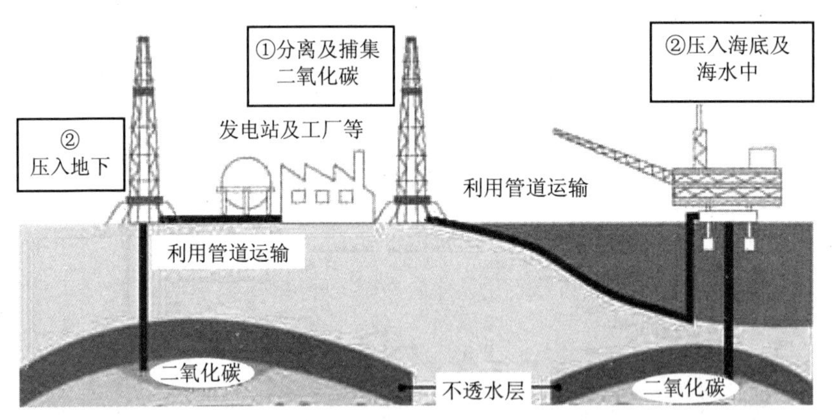

图 9-3　超超临界+CCU/CCS 技术集成

（二）集成示范情况

示范工程：华能上海石洞口第二电厂。

示范工程二期工程建有两台 66 万 kW 国产超超临界机组。工程配套建设烟气脱硫、脱硝、脱碳装置。其脱碳装置于 2009 年 12 月 30 日正式投运，处理烟气量规模为 66 000 m^3/h。它的建成投产开创了我国燃煤电站实现 CO_2 捕集规模化生产的先河，标志着我国燃煤电厂 CO_2 捕集技术和规模已达到世界领先水平。

华能上海石洞口二厂的脱碳装置构造为脱碳区位于二期工程扩建端中部，分为两大区域，北侧为 CO_2 捕集设备区域，南侧为 CO_2 精制设备区域，电控楼布置在两大区域之间。其工艺采用了燃烧后捕集技术的化学吸收法——目前国际上燃煤电厂 CCS 项目普遍采用的办法，即在对烟气进行脱硝、除尘、脱硫的基础上，采用化学吸收法（MEA 法）实现脱碳。

碳捕集装置主要由烟气预处理系统、吸收、再生系统、压缩干燥系统、制冷液化系统等组成。首先，对电厂锅炉排烟进行脱硝、除尘、脱硫等预处理，脱除烟气中对后续工艺的有害物质，然后吸收塔内的复合溶液再与烟气中的 CO_2 发生反应，将 CO_2 与烟气分离；其后在一定条件下于再生塔内将其生成物分解，从而释放出 CO_2，CO_2 再经过压缩、净化处理、液化得到高纯度的液体 CO_2 产品。通过这样的程序，可以获得纯度大于 99.5%的 CO_2。

（三）推广应用前景

该技术目前尚处于纯理论研究阶段，仅在极个别电厂进行示范。在我国未来15年内会逐步推广，未来15～25年将会逐步实现普及。

参照华能上海石洞口第二电厂脱碳规模（年减排 CO_2 10万t示范工程）进行估算，按照将来普及程度、规模增加及利用小时数，初步估计可以年减排 CO_2 1 500万～1 800万t。

四、燃气发电+ CCU/CCS 技术集成模式

（一）模式介绍

燃气发电是利用燃气轮机做功后的高温排气在余热锅炉中产生蒸汽，再送到汽轮机中做功，把燃气循环和蒸汽循环联合在一起的循环。采用“燃气-蒸汽联合循环”技术发电可大大减少对环境的污染。燃气发电与 CCU/CCS 的集成，理论上可以实现 CO_2 的零排放，同时有效降低成本。理论上可直接实现全部 CO_2 的减排。燃气发电工艺见图9-4，CCU/CCS部分见图9-3。

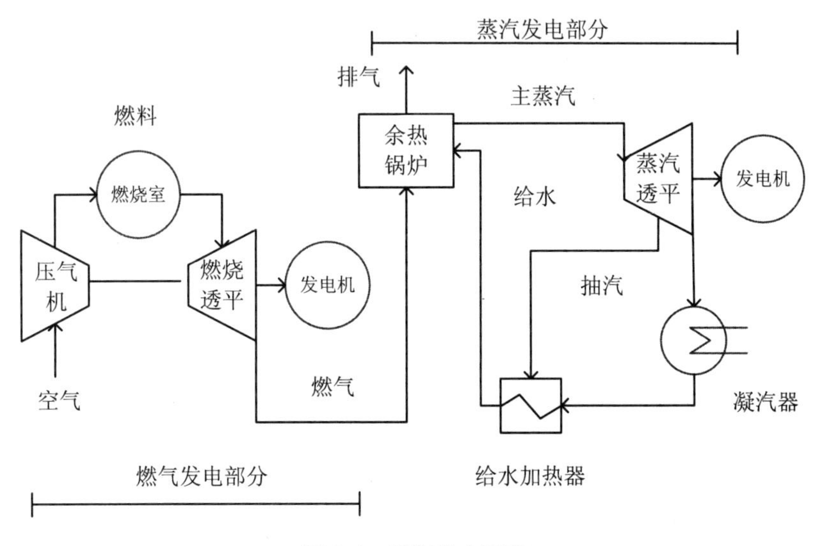

图 9-4　燃气发电工艺

（二）集成示范情况

示范工程：目前处于技术研发阶段，尚没有示范工程。

（三）推广应用前景

该技术目前尚处于理论研究阶段。在我国未来 15 年内会逐步推广，未来 20～30 年将会逐步实现普及。

参照华能上海石洞口第二电厂处理烟气量规模与脱碳规模进行估算，并考虑处理烟气量规模，按照将来普及程度及利用小时数，初步估计可以年减排 CO_2 950 万～1 250 万 t。

五、燃气发电+低温省煤器技术集成模式

（一）模式介绍

燃气发电是利用燃气轮机做功后的高温排气在余热锅炉中产生蒸汽，再送到汽轮机中做功，把燃气循环和蒸汽循环联合在一起的循环。采用“燃气-蒸汽联合循环”技术发电可大大减少对环境的污染。

在锅炉尾部烟道布置换热器吸收烟气余热，用于加热送风、加热凝结水、供暖、余热发电等，提高机组经济性。燃气发电、低温省煤器两种技术的集成，可大大提高锅炉的热效率，节约能源。单位发电煤耗 230～235 g/（kW·h），相当于单位发电量减排 CO_2 192～206 g/（kW·h）。具体见图 9-5。

（二）集成示范情况

示范工程：目前有较少燃气发电厂运用该技术。

燃气发电本身就是减少温室气体排放的技术，加上低温省煤器技术可以更大程度地节能减排（图 9-5）。我国燃气锅炉排烟温度可以降低的幅度很大，相应地可以减少的煤炭消耗量也很可观。在一般的锅炉排烟温度下，锅炉排烟也是个潜力很大的余热源，可以利用很多新的技术和设备降低锅炉的排烟温度。排烟损失

是锅炉运行中最重要的一项热损失，一般为5%～12%，占锅炉热损失的60%～70%。影响排烟热损失的主要因素是排烟温度，降低排烟温度对于节能减排具有重要的实际意义。

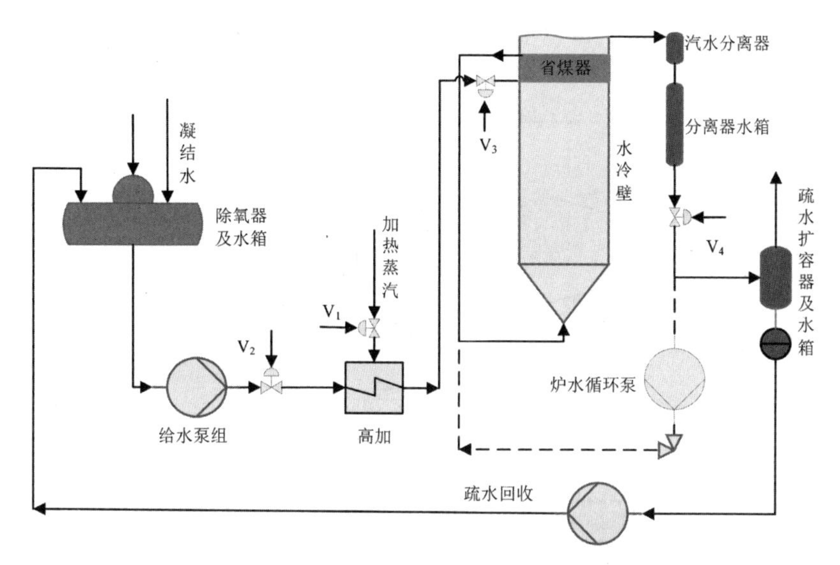

图 9-5　燃气发电+低温省煤器技术集成

（三）推广应用前景

目前已经有部分燃气发电运用该技术。在我国未来 5 年内会逐步推广，未来 10 年将会逐步实现普及。该技术单位发电煤耗 230～235 g/（kW·h），单位发电煤耗可下降 70～75 g/（kW·h），相当于单位发电量减排 CO_2 192～206 g/（kW·h）。按照将来普及程度及利用小时数，初步估计可以年减排 CO_2 850 万～1 200 万 t。

六、热电联产项目梯级利用+余热利用等节能技术集成模式

（一）模式介绍

利用热电联产对一次能源进行转换技术的集成，可在一个区域内同时满足用

户对冷、热、电等多种终端用能的需求，以实现能源梯级利用、高效利用，同时结合溴化锂—水吸收式热泵技术，可大幅度回收利用电厂乏汽、废热水等余热，制取所需要的高温热媒，实现废热的回收利用。热电联产项目梯级利用和余热利用等节能技术集成，节能效果显著。能降低机组供电煤耗至 110 ～130 g/（kW·h）。具体见图 9-6。

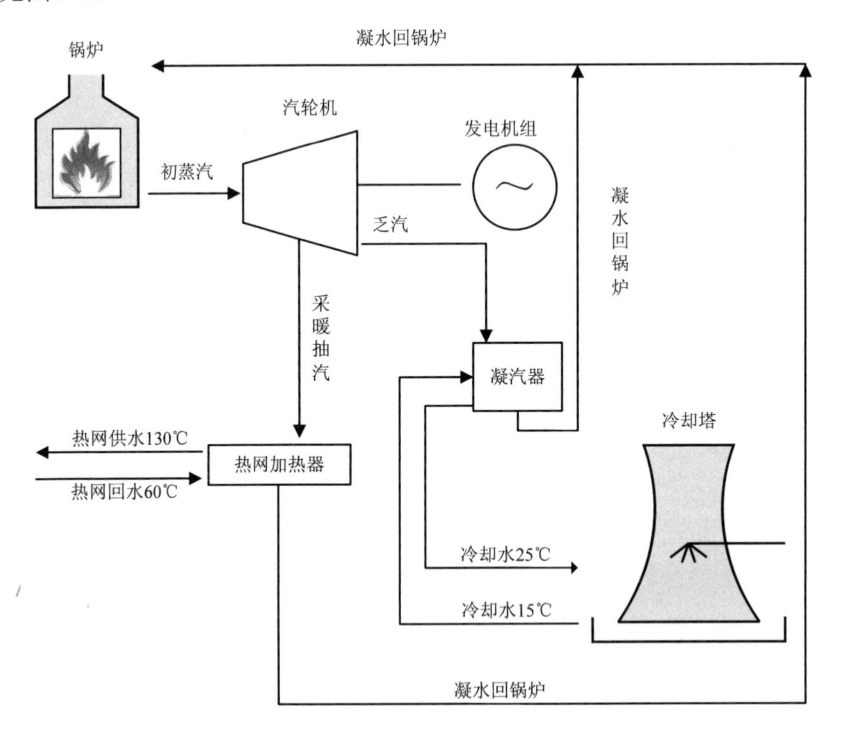

图 9-6　热电联产项目梯级利用+余热利用技术集成

（二）集成示范情况

示范工程：目前处于技术研发阶段，尚没有示范工程。

（三）推广应用前景

在我国未来 15 年内会逐步推广，未来 15～25 年将会逐步实现普及。

该技术能降低机组供电煤耗至 110～130 g/（kW·h），单位发电煤耗可下降 175～195 g/（kW·h），相当于单位发电量减排 CO_2 480～530 g/（kW·h）。按照将来普及程度及利用小时数，初步估计可以年减排 CO_2 约 1 500 万 t。

根据 2020 年、2050 年发电行业 CO_2 减排预测结果，上述六种技术集成模式可以减排的 CO_2 量分别约占 2020 年度减排目标的 20.8%、2050 年度减排目标的 6.0%（表 9-1）。

表 9-1 六种技术集成推广前景及减排潜力

名称	煤耗降低量/[g/（kW·h）]	推广前景
超超临界+二次再热发电技术	20.2～20.4	未来 5 年内可推广应用
超超临界+广义回热发电技术	20	未来 5 年内可推广应用
超超临界+CCU/CCS 技术	305	未来 20 年内可推广应用
燃气发电+CCU/CCS 技术	305	未来 20 年内可推广应用
燃气发电+低温省煤器技术	70～75	未来 10 年内可推广应用
热电联产项目梯级利用+余热利用等节能技术	175～195	未来 15 年内可推广应用

另外，以核电第四代技术 AP1000 为核心，以及我国在引进 AP1000 的基础上开发的 ACP1000、CAP1400、CAP1700 核电新技术，在引进 M310 的基础上开发的 ACPR1000+核电新技术等，都可以成为 2030 年以前发电行业温室气体减排新技术集成模式。

从上述分析结果来看，2020 年以前，发电行业温室气体减排主要依靠技术减排；2030—2050 年，发电行业 CO_2 减排主要是依靠电力结构调整，也就是主要依赖于核电更加成熟的发展，以及清洁能源发电的发展。通过电力结构调整，燃煤发电无论是装机容量还是发电量，在 2030—2050 年将会逐渐降低到 50%以下甚至更低。

第十章　水泥行业低碳技术集成模式

从水泥行业减排支撑技术所属流程阶段、所属领域、技术特点、技术可能存在的限制条件等方面分析各项减排技术的关联性，如表 10-1 所示。水泥行业减排支撑技术涵盖了水泥生产全流程，包括矿山开采、生料配料、生料粉磨、熟料煅烧、水泥粉磨、余热发电、废气处理、生产自动化等，这给各项减排支撑技术的关联、集成提供了条件。除此之外，各项技术主要作用范围有所交叉，如水泥窑炉富氧燃烧技术、水泥窑协同处置城市生活垃圾、水泥窑协同处置城市污水污泥等主要作用于水泥回转窑和分解炉，而水泥行业能源管理系统和生产自动控制技术则涵盖了熟料煅烧全过程等，各项技术作用范围的叠加有助于挖掘各项技术潜能，使其功能发挥最大化。

表 10-1　水泥行业减排支撑技术关联性分析

阶段	技术名称	流程阶段	技术特点	可能的限制条件
近期	水泥行业能源管理和控制系统	全过程	实现生产过程能耗、工艺、设备、质量数据的采集、传输、展示与分析	简单的数据应用功能无法满足企业需求
	第四代篦冷机技术	熟料冷却	更高的冷却效率与二、三次风温度	需要与高效的分解炉、燃烧器组合
	水泥生产自动控制技术	全过程	实现生产过程的稳定、自动控制	生产过程复杂，非线性、强耦合、长时滞
	辊压机生料粉磨技术	生料粉磨	料床挤压粉碎，压力高	对物料水分有限制
	立磨终粉磨水泥技术	水泥粉磨	料床粉磨	粉磨产品与传统粉磨方式的差异性
	水泥窑协同处置污水污泥（直接喷入）	熟料煅烧	含水 80%以上的湿污泥直接喷入分解炉等部位	严重影响窑内煅烧温度，降低窑产量

阶段	技术名称	流程阶段	技术特点	可能的限制条件
近期	水泥窑协同处置城市生活垃圾技术（作为RDF喂入）	熟料煅烧	垃圾需经过分选、发酵、滤液，降低水分	垃圾中的有害元素引起窑炉结皮堵塞，同时工况波动也更大
	水泥窑协同处置城市生活垃圾技术（气化后喂入）	熟料烧成	窑炉旁置气化炉，垃圾在炉内气化，气体进入窑炉	垃圾气化后仍存在有害元素，富集可能引起结皮堵塞，同时废气量增加
中期	水泥窑炉富氧燃烧技术	熟料煅烧	更加集中的燃烧放热，更高的火焰温度与强度	制氧本身耗电，同时煤价较低时经济性差
	预烧成窑炉技术	熟料煅烧	熟料固相反应提前发生，回转窑内反应加快	分解炉内抗结皮耐高温材料的限制
	水泥窑协同处置污水污泥（干化喂入）	熟料煅烧	利用窑炉废气对湿污泥进行干化处置再喂入窑炉	影响窑内煅烧温度
	水泥卡琳娜循环余热发电技术	余热发电	改变热传递介质，利用不同温度的废气	技术尚不成熟
	低热硅酸盐水泥生产技术	配料与煅烧	熟料矿物成分改变	适应配置大体积混凝土
	立磨外循环预粉磨/终粉磨水泥	水泥粉磨	立磨选粉系统外置	占地面积较大
	辊压机终粉磨水泥	水泥粉磨	辊压机作为水泥终粉磨的设备	粉磨产品的适应性
	水泥生产智能化控制技术	全过程	在自动化基础上实现在线智能决策	数据采集的完备性及模型的准确性
远期	浮腾层流化床熟料煅烧技术	煅烧、冷却	悬浮态煅烧，不需要回转窑	运行过程的稳定性
	水泥行业CCS技术	煅烧、冷却、废气处理	利用全氧燃烧或CO_2捕集技术，实现CO_2近零排放	尚无应用先例，投资较大

在技术优势与可能存在的限制条件方面，不同技术存在强烈的优势互补或功能增强，即互补型技术因为另一项技术的存在而使本技术能够不对正常生产产生负面影响；增强型技术则彼此之间可以互相增加另一方效果的发挥。如水泥生产自动控制技术作为自动控制系统，可作为包括粉磨、余热发电、协同处置废弃物、熟料煅烧等技术的功能增强技术，而水泥行业能源管理和控制系统可为窑炉自动控制技术功能更好的发挥提供必要的大数据支持。除此之外，水泥窑炉富氧燃烧技术的实施会显著提高煅烧温度、增强辐射换热，有助于增强水泥窑炉协同处置

废弃物功能的发挥；而高效的第四代篦冷机技术与大推力燃烧、二挡煅烧、高效分解炉相结合才会发挥更大的作用。作为未来碳减排的重要技术措施，水泥行业CCS技术将会因富氧燃烧（或全氧燃烧）的实施而更加容易。

基于以上分析，提出以下6种水泥行业减排集成模式，如表10-2所示。

表10-2　水泥行业减排集成示范模式

集成模式名称	单项技术	功能补充/增强技术	解决问题	示范企业
水泥生产自动控制信息化	窑炉自动控制技术	生产信息化管理系统	缺乏足够数据进行寻优	富阳南方水泥有限公司
水泥窑协同处置废弃物热效率提高	协同处置城市生活垃圾/污水污泥技术	水泥窑富氧燃烧技术	降低窑内热力强度	北京水泥厂有限责任公司
水泥窑协同处置废弃物工况控稳	协同处置城市生活垃圾/污水污泥技术	窑炉自动控制技术	废弃物热值、化学成分等波动较大，造成窑内工况波动	溧阳天山水泥有限公司
水泥窑协同处置废弃物减害用热一体化	协同处置城市生活垃圾/污水污泥技术	旁路放风技术+余热发电技术	废弃物有害元素（氯、碱、硫等）含量较高，造成窑炉结皮堵塞	新疆阿克苏天山多浪水泥有限责任公司
水泥联合脱硝	SNCR脱硝系统	SCR脱硝技术	无法满足重点地区NO_x排放限制，还原剂用量大，氨逃逸大	苏州东吴水泥2 500 t/d水泥窑
“筒-管-炉-窑-机”高效设备联合熟料煅烧	第四代篦冷机	高效分解炉+大推力燃烧器+第四代篦冷机	需要与高效的分解炉、燃烧器、回转窑结合才能发挥作用	鹿泉金隅鼎鑫水泥有限公司

一、水泥信息化管理系统与生产自动控制技术集成模式

（一）模式介绍

水泥信息化管理系统的节能减碳途径主要是基于企业管理优化实现长期的节能减排，此外其对生产运行能耗状况等进行的分析还有助于企业发现高耗能点，进而采取相应措施，即可实现节能减碳；而水泥生产自动控制技术的节能减碳则更为直接，自动控制生产工艺参数，调节分解炉喂煤，调整篦冷机篦速，稳定生产过程，实现直接的节能降耗。

两者的集成则可提升技术节能减碳的效果（图10-1），如信息化系统可以对控制参数进行优化，使自动控制具有针对不同生产状况的优化功能，促进节能减碳；信息化系统所采集的生产、设备、能耗、质量等数据使控制系统建立的模型精确度更高，控制效果更佳。

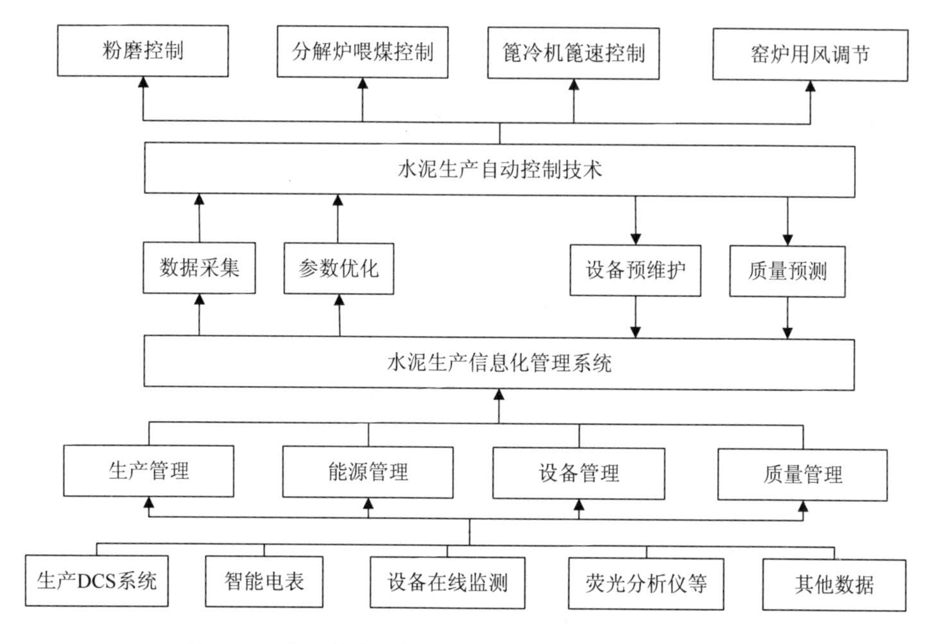

图 10-1　水泥信息化管理系统与生产自动控制技术集成

两者的技术集成是基于信息化和自动化系统，实现软件平台的统一运行，这是基于企业管理与生产控制的联合创新。以往信息化系统仅是采集相关数据，并对数据进行一定的筛选、分类、排序、图形展示等简单应用；同样，自动控制系统则是基于PID等控制方法实现部分生产环节的稳定控制，存在数据少导致模型建立不够精确、对最优参数的设置往往依据性不强等问题。两者之间的技术集成则可避免以上缺点，实现两者功能的最大化发挥。

（二）集成示范情况

技术集成示范单位为富阳南方水泥有限公司，位于浙江省富阳市新桐乡黄金湾。该公司于2013年建立了水泥生产信息化管理系统和自动控制系统，投运后大大提高了生产管理效率，减少了统计人员数量和工作量，建立了闭环智能设备管理系统，对于质量管理工作实现了全电子化替代；同时，提高了运转率，加强了现场问题的预判及分析工作，降低了电耗和煤耗。实际运行表明，集成系统投入一年实现了吨熟料标准煤耗降低1 kg，吨熟料电耗降低6 kW·h。

（三）推广应用前景

目前该技术集成模式在行业内的普及率约为0.2%，预计未来行业内将有较大的推广应用潜力。按照到2050年推广普及率达到60%进行计算，该模式可实现温室气体减排205.3万t CO_2当量。

二、水泥窑协同处置废弃物（或污水污泥）与富氧燃烧技术集成模式

（一）模式介绍

水泥窑协同处置废弃物可以充分利用废弃物所含热值，实现部分传统燃料的替代，但是考虑废弃物中所含的水分，使窑炉在煤耗降低或基本不变的情况下整体热耗有所增加，其与废弃物热值及其所含水分直接相关。水泥窑炉富氧燃烧技术则通过增加火焰温度、辐射换热能力等增强有效传热，提升熟料煅烧效率，提高窑产量，从而降低单位熟料煅烧热耗。

现有状况下，利用水泥窑协同处置废弃物的企业越来越多，但是因处置废弃物往往带来工艺技术上的难题，如热耗增加、生产状况不稳定、熟料质量不容易控制、产量提不上去等，使企业废弃物处置量变小，同时加重了处置负担。同样，水泥富氧燃烧技术在推广中也遇到部分问题，如制氧电耗与节煤量的不匹配、因富氧燃烧使 NO_x 排放量提高等。

两者的集成（图 10-2）则可以充分避免各自缺陷，如富氧燃烧技术可以保证熟料煅烧质量，降低煅烧热耗，而废弃物处置往往可以降低窑炉 NO_x 排放量，从而实现集成技术效果的发挥。

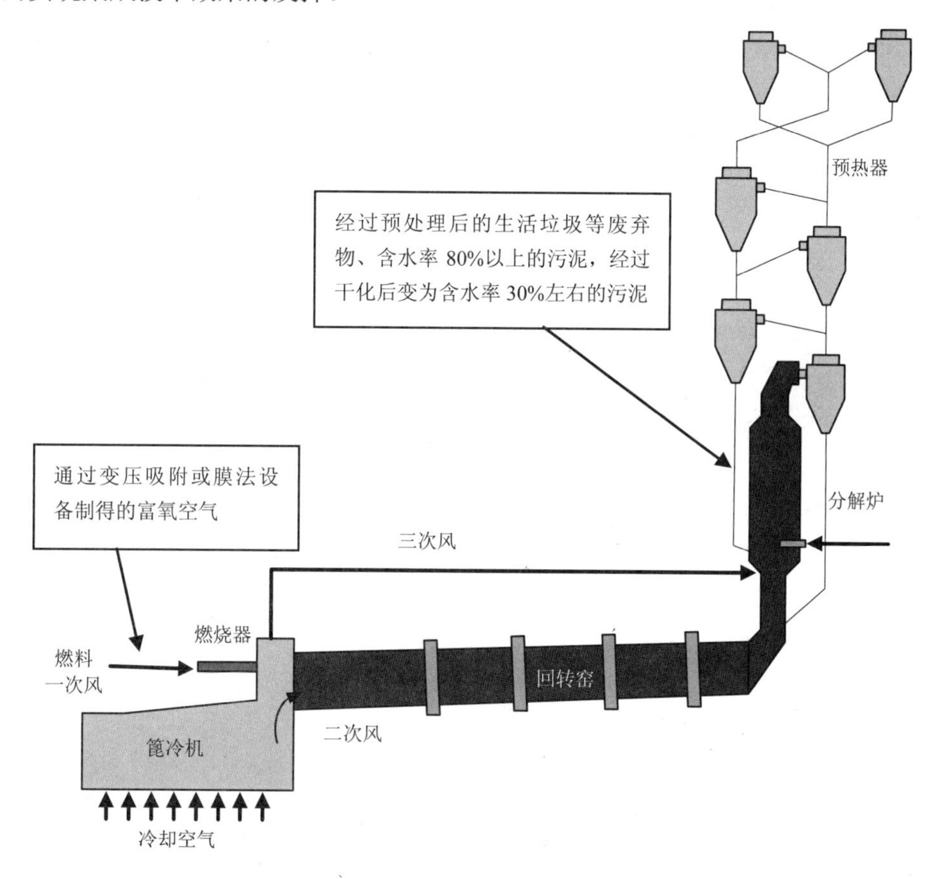

图 10-2　水泥窑协同处置废弃物（或污水污泥）与富氧燃烧技术集成

（二）集成示范情况

技术集成示范单位为北京水泥厂有限责任公司，其拥有一条日产 2 000 t 水泥熟料新型干法窑外分解生产线和一条利用水泥回转窑年处置城市废弃物 10 万 t 的示范线。示范时处置废弃物情况包括 2～3 t/h 湿污泥直接喷入分解炉，分解炉出口取热风用于污泥烘干，篦冷机抽热风用于烘干污染土等，通过将富氧空气通入一次风中，一次风氧气浓度达 36.8%；通过调整高温风机转速、三次风闸板开度、篦冷机篦速等窑系统参数，富氧条件下窑头火焰温度提高约 110℃；同时，大大改善了之前因协同处置废弃物造成的熟料 SO_3 含量高、烧失量大、有时出现黄心料等现象，熟料质量明显提升。国家建筑材料工业建筑材料节能评价检测中心标定结果显示，熟料产量提高 14%（空白 79.2 t/h，富氧 90.6 t/h），熟料烧成热耗降低 11.6%（空白 4 301 kJ/kgcl，富氧 3 804 kJ/kgcl）。

（三）推广应用前景

目前该技术集成模式在行业内的普及率约为 0.1%，随着未来利用水泥窑协同处置废弃物的项目越来越多，该技术集成模式将发挥更大的优势。按照到 2050 年推广普及率达到 25%进行计算，该模式可实现温室气体减排 395 万 t CO_2 当量。

三、水泥窑协同处置废弃物（或污水污泥）与生产自动控制技术集成模式

（一）模式介绍

目前越来越多的水泥企业开始上线水泥窑协同处置废弃物技术，但因现行的“半自动化”控制方式无法实现水泥窑炉的稳定运行，通常会因废弃物成分、热值等波动或操作人员调整不及时，造成分解炉出口温度波动过大、窑尾系统结皮堵塞现象严重等问题，影响熟料产量、质量和系统热耗。水泥生产自动控制技术则可以将窑炉工况的波动最小化，充分利用协同处置废弃物带来燃料替代的作用，并将自动控制技术的优势最大化，实现系统热耗的降低。

（二）集成示范情况

技术集成示范单位为溧阳天山水泥有限公司。该公司成立于2002年，隶属江苏天山水泥集团有限公司，是一家生产水泥熟料并协同处置城市生活垃圾、污泥的绿色环保节能企业。公司所属的5 000 t/d熟料生产线于2004年投产。

公司于2011年7月建成投产了日处理150 t的污泥处置项目，并于2013年3月投产水泥窑协同处置生活垃圾项目，日处理生活垃圾150～200 t。据介绍，处置废弃物的过程中，整个预热器系统温度、压力的稳定性相应降低，在操作过程中操作员的劳动强度明显加大，调整的次数明显增多，为此，溧阳天山水泥有限公司于2014年6月采用了浙江邦业科技有限公司开发的水泥智能控制系统（简称CAM系统）。该系统包含分解炉喂煤、篦冷机篦速、系统风量等自动调节系统，大大提高了生产的稳定性。集成技术见图10-3。

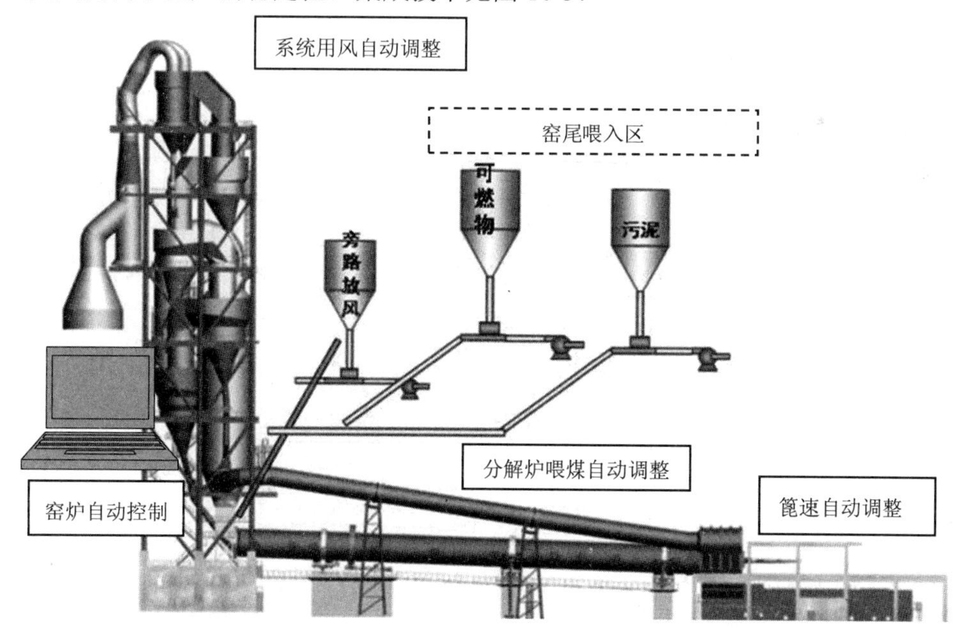

图10-3　水泥窑协同处置废弃物（或污水污泥）与生产自动控制技术集成

经推算，应用智能控制系统后可产生如下效益：①企业自动化水平提升，操作工的劳动强度大幅降低，三班操作的一致性提高；②生产过程稳定性提升，预分解炉出口温度或者五级筒出口温度波动降低 25%～50%，篦下压力波动降低 25%～50%，一级筒出口氧含量波动降低 20%以上，窑头负压波动降低 30%～50%等；③装置能耗水平下降，通过优化分解炉温度设定值和一室篦下压力的设定值，一级筒出口温度降低且二次风温提高，一级筒出口氧含量降低，预期系统单位煤耗可降低 2%以上。

（三）推广应用前景

目前该技术集成模式在行业内的普及率约为 0.3%。水泥窑协同处置生活垃圾是未来垃圾处置的主流方式之一，通过与生产自动控制技术的集成，有效控制了垃圾处理对窑炉工况的波动，并充分利用协同处置废弃物带来燃料替代的作用，有效提高了系统的节能减排效果，未来有较大的推广前景。按照到 2050 年推广普及率达到 40%进行计算，该模式可实现温室气体减排 172 万 t CO_2 当量。

四、水泥窑协同处置废弃物（或污水污泥）、旁路放风、余热发电技术集成模式

（一）模式介绍

水泥窑协同处置废弃物（或污水污泥）技术是利用水泥窑的高温、碱性环境、停留时间长等优势，通过水泥窑炉将生活垃圾、污水污泥等废弃物进行无害化处置。旁路放风技术是指为了减弱因原燃料中碱、氯、硫等有害元素带入窑炉内引起的窑尾结皮堵塞，而在窑尾与预热器之间增设旁路放风装置，减少挥发性组分的富集和循环。水泥窑余热发电技术即是为了利用余热而将高温烟气通过余热锅炉产生过热蒸汽再接入带有汽轮机的余热发电系统，继而推动汽轮机做功，实现余热的充分利用。

因水泥窑协同处置废弃物时可能会因废弃物中所含碱、氯、硫等超标，引起水泥窑炉内挥发性元素的富集和循环，进而产生结皮堵塞等现象，为此需要利用旁路放风技术减少该现象带来的影响，而此举会使大量的热量得不到有效利用而排出窑外。随着余热发电技术的发展，完全有能力将旁路放风的热烟气接入余热锅炉，实现余热利用。因此，该项集成技术充分发挥了各项技术的功能，并促使整体效果最

优。旁路放风弥补了协同处置废弃物时有害元素富集循环的现象，但会造成大量热损失；余热发电技术又可以弥补上述热损失，最终实现协同处置废弃物的最优化。

（二）集成示范情况

目前，尚未了解到有将三项技术集成于一体的企业，但是应用协同处置废弃物和旁路放风，或者旁路放风与余热发电的企业则有一些。

关于协同处置废弃物与旁路放风的集成，溧阳天山水泥有限公司建有 5 000 t/d 熟料生产线，同时处理污泥、生活垃圾等废弃物，日处理生活垃圾量 150～200 t。企业因城市生活垃圾中氯含量较水泥生产的控制要求偏高而给预分解系统造成结皮堵塞，因此在窑尾上升烟道上增设旁路放风系统，以减少有害气体的循环富集；放风比例通常为 3%～7%。

图 10-4 为旁路放风与余热发电的集成。据介绍，目前已有一部分水泥企业利用旁路放风的废气设置旁路放风余热锅炉来回收这部分热量，如表 10-3 所示。从表中可知，对日产 2 750～5 300 t 生产线，带有旁路放风余热发电技术的水泥窑电站装机容量为 7.5～15 MW，其余热利用效益是可观的。另外，目前在建的还有 5 000 t/d-15 MW 三条，2 500 t/h-7.5 MW 一条。

表 10-3　带有旁路放风余热发电技术的余热电站工程

企业名称	生产线规模/（t/d）	电站装机容量/MW	窑尾废气温度/℃	最高旁路放风率/%	投产时间
新疆喀什多浪#1	2 750	7.5	350	30	2012-02
新疆阿克苏多浪#1	4 800	12.0	330	30	2011-04
新疆喀什多浪#2	5 300	15.0	320	30	2013-05
新疆喀什飞龙	2 750	7.5	380	30	2013-08
新疆天山叶城	5 300	15.0	320	30	2013-06

（三）推广应用前景

目前该类技术集成模式在行业内的普及率约为 0.2%，未来预计到 2050 年该模式可以在行业内推广至 20%，可实现温室气体减排 24.5 万 t CO_2 当量。

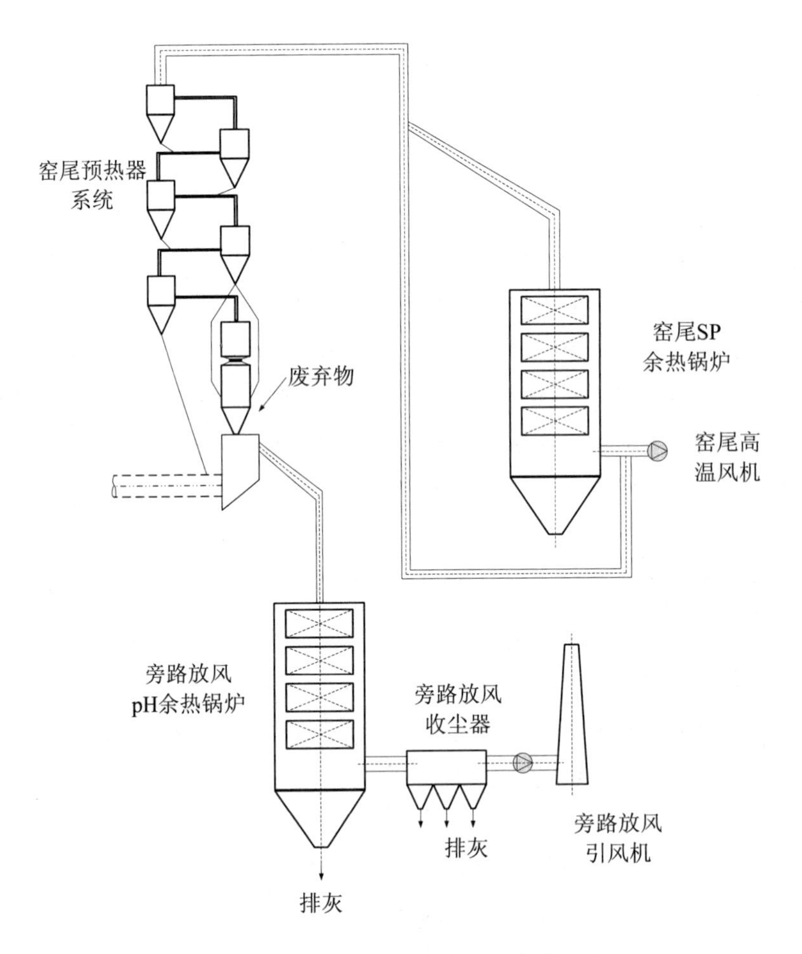

图 10-4　旁路放风+余热发电集成技术

五、水泥 SNCR+SCR 联合脱硝技术集成模式

（一）模式介绍

SNCR 脱硝技术，即选择性非催化还原技术，指通过向水泥分解炉等处于合适温度窗口（900～1 100℃）的范围内喷入氨水、尿素等还原剂，使 NO_x 与还原剂发生还原反应，进而实现脱硝。喷入位置温度过高，则还原剂与 O_2 发生氧化反应生成 NO_x；喷入位置温度较低，则反应效率较低。一般水泥行业 SNCR 脱硝效率在 40%～60%。

SCR 脱硝技术，即选择性催化还原技术，是利用还原剂在催化剂作用下有选择性地与炉窑中的 NO_x 发生化学反应，生成氮气和水，从而减少烟气中 NO_x 排放的一种脱硝工艺。水泥行业 SCR 脱硝布置方式主要有高温高尘布置、中温中尘布置和低温低尘布置三种。SCR 脱硝效率较高，可达 80%以上。

SNCR+SCR 联合脱硝技术并非是 SCR 工艺与 SNCR 工艺的简单组合，它是结合了 SCR 技术高效、SNCR 技术投资省的特点而发展起来的一种新型工艺。联合脱硝技术可在充分利用 SNCR 未反应的还原剂、保证脱硝效率的基础上，减少催化剂的用量，降低了投资成本和生产运行成本等。

（二）集成示范情况

SNCR 和 SCR 混合脱硝技术在火力发电厂应用较多。而国内水泥企业中并没有 SCR 运行生产线，仅有几条中试生产线；国内水泥企业则广泛采用 SNCR、分级燃烧、低氮燃烧器等技术。江苏科行环保科技有限公司设计并建设的苏州东吴水泥 2 500 t/d 水泥窑 SNCR+SCR 脱硝中试项目于 2015 年投入运行。

该中试项目在SNCR的技术中应用SCR技术，采用高尘布置，催化剂为五层，每个催化剂尺寸为 1 026 mm×1 930 mm，总体积为 17.01 m^3，处理风量为 20 000 m^3/h（工况处理风量为 46 800 m^3/h）。SCR 理论设计脱硝效率：如 NO_x 进口浓度为 800 mg/m^3，则 NO_x 出口浓度为 150 mg/m^3，脱硝效率可达 81.25%。如采用 SNCR+SCR 联合脱硝，则脱硝总效率达 90%以上。

（三）推广应用前景

未来行业对 NO_x 排放控制预期将日趋严格，按照 2050 年该技术模式推广普及率达到 30%进行计算，该模式可实现温室气体减排 79.4 万 t CO_2 当量。

六、两挡短窑、高效分解炉、第四代篦冷机及大推力燃烧器技术集成模式

（一）模式介绍

两挡短窑：一般水泥生产用回转窑长径比（L/D）≥15，而随着预热器、分解

炉性能的优化，入窑物料分解率的提高以及多风道燃烧器和第四代高效篦冷机的应用，在确保生产优质熟料的前提下，回转窑从常规的三挡窑可缩短至 *L/D* 为 10～13 的两挡窑。与传统的三挡窑相比，两挡窑具有设备重量降低约 10%、运行平稳、安装简单、维护方便等优点。除此之外，现有新型干法技术中入窑生料分解率多在 95%，回转窑热负荷已大大减轻，长径比更小的两挡窑完全能够满足熟料煅烧的功能，同时窑筒体表面散热量也更低。

高效分解炉：即对能满足煤粉完全燃烧、入窑生料分解率≥95%，同时不频繁结皮堵塞的分解炉的统称。对于分解炉，生料和煤粉的分散是前提，燃烧是关键，分解是目的。绝大部分生料的分解降低了回转窑热负荷，使两挡短窑满足熟料煅烧的需求。

第四代篦冷机：即篦冷机篦床完全固定，并在篦床下安装了机械空气流量控制阀调整充气和熟料层的风量分配，配置了独立的推料单元的篦冷机。与第三代篦冷机相比，其具有单位风量冷却效率高、机械设备故障及磨损率低等优势。第四代篦冷机的应用可以保证入窑二次风和入分解炉三次风的温度，促进熟料煅烧。

大推力燃烧器：即可有效利用二次风、降低一次风量、形成大推力的燃烧器，一般为多通道燃烧器，具有一次风用量少、燃烧效率高、风速高、推力大、调节灵活、火焰形状可调等优点。多通道燃烧器一次风用量较低，为 7%～10%，同时一次风速度提高，保证一次风动量不损失。

四项技术的集成（图 10-5）总体目标为提高熟料煅烧效率、降低单位熟料热耗。四项技术分别应用于不同部分，即回转窑、分解炉、篦冷机和燃烧器，是水泥熟料煅烧设备“筒-管-炉-窑-机”的核心部分。

集成技术中，高效分解炉保证了煤粉完全燃烧，在一定程度上有利于降低出预热器废气温度；第四代篦冷机降低了单位熟料的冷却风量，同时降低了出篦冷机熟料温度，提高了冷却效率；大推力燃烧器降低了温度低的一次风量，从而有助于提高火焰温度，促进熟料烧成；两挡短窑促进有效传热，提高了煅烧效率，同时减少了回转窑表面的热损失。

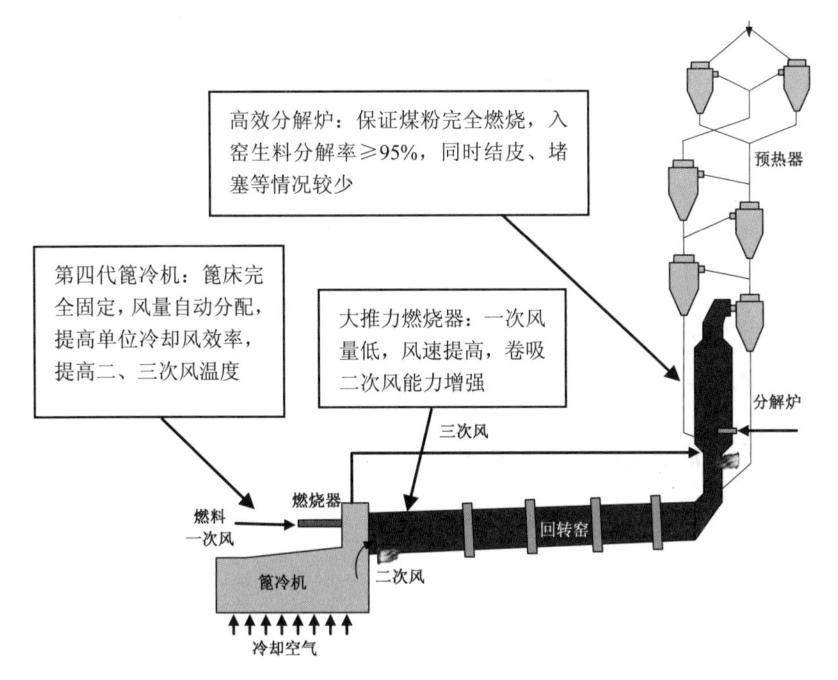

图 10-5 集成技术

（二）集成示范情况

技术示范单位——北京金隅集团鹿泉金隅鼎鑫水泥有限公司 5 500 t/d 两挡短窑水泥熟料生产线于 2011 年通过了中国建筑材料联合会组织的专家组验收，被评定为国内首条新型干法水泥熟料生产节能减排示范线。这条生产线集成了第三代窑尾 TTF 分解炉系统、第四代无漏料行进式冷却机、高效大推力煤粉燃烧器等装备，核心设备ϕ 5×60 m 的两挡短窑为国内第一台应用的两挡窑。据测定，此条生产线吨熟料耗标准煤 102 kg，吨熟料综合电耗 53.3 kW·h。按目前能耗实际达到的水平，电耗比国内熟料综合电耗限定值 64 kW·h 降低 10.7 kW·h；吨熟料煤耗比可比熟料综合煤耗限定值 112 kg 降低 10 kg，具有非常显著的节能减碳效果。

（三）推广应用前景

目前该技术集成模式在行业内的普及率约为 0.2%，按照到 2050 年推广普及率达到 10%进行计算，该模式可实现温室气体减排 168 万 t CO_2 当量。

第十一章　化工行业低碳技术集成模式

一、双低压醇氨联产技术集成模式

（一）模式介绍

传统合成氨联产醇的工艺通常是指中、小合成氨联产甲醇工艺，是以合成氨生产中需要清除的CO、CO_2与原料气中H_2合成甲醇，主产品是合成氨，甲醇只是副产品。醇氨比很难大幅度调节。氨合成压力 31.4 MPa，联醇工艺的压力 16.0 MPa，能耗比较高。双低压醇氨联产技术可融合甲醇和合成氨的工艺特点，技术成熟，投资少，建设周期短，见效快。该工艺中，联醇压力与大型低压甲醇压力相同，氨的合成也在较低压力下进行，醇氨总能耗进一步降低。

主要采用的技术如下：

（1）优化大型低阻力氨合成反应器结构和开发串塔工艺技术，提高合成效率和氨净值，降低运行阻力，提高反应器的转化率和热回收率；

（2）对新型水冷板低压甲醇合成反应器的结构进一步优化，提高低压甲醇合成的转化率和热回收率，吨醇副产 2.5～4.0 MPa 中压蒸汽 1.2 t 以上；

（3）开发与新型氨合成塔配套的直连式废锅技术，采用加热水和产汽二合一结构，副产高品位蒸汽，吨氨副产 2.0～4.0 MPa 中压蒸汽达到 0.9 t 以上；

（4）开发高活性的铜系和镍系催化剂。

技术流程如图 11-1 所示。

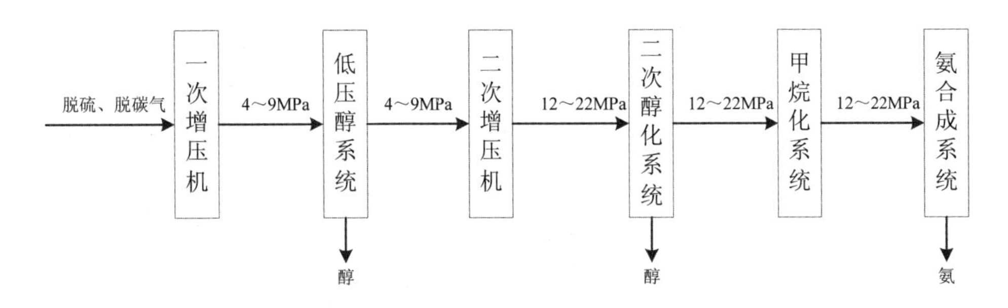

图 11-1　双低压醇氨联产技术流程

（二）集成示范情况及效果

该技术在山东联盟化工股份有限公司得到应用。甲醇合成采用联醇工艺，出系统气体即为合成氨原料气，经过醇烷化深度净化，将其中的 CO 和 CO_2 全部转化成甲醇产品，系统正常不需要排放废气。比传统工艺吨甲醇减排 CO_2 8 kg。

（三）推广应用前景

新工艺适于合成氨与甲醇行业新建醇氨联产装置以及老装置改造，为甲醇与合成氨行业新建醇氨联产装置以及老装置改造提供了一项先进、实用的技术。目前国内一大批能耗高的中小型合成氨厂正举步维艰，期待新技术助其走出困境，完全可以采用该项技术进行改造。在全行业推广应用后，预计每年减排 CO_2 500 万 t。

二、电石节能减排技术集成模式

（一）模式介绍

传统电石生产是典型的“两高一资”行业，生产过程存在着高能耗、高污染、资源消耗量大等弊端，“三废”排放数量大、污染严重。因此，针对电石行业面临的环境问题，采取下列集成技术对实现该行业节能减排具有积极作用。

（1）40 000 kVA 大型密闭式电石炉技术。该技术节能效果显著，吨电石电耗由 3 250 kW·h 下降到 3 200 kW·h，提升了我国大型密闭式电石炉的装备水平，促进了电石行业的节能降耗。

（2）电石炉尾气制高纯 CO 和 H_2 关键技术。电石炉气中的 CO 和 H_2 是非常重要的无机和有机化工的基本原料，但大多数企业将初级处理后的电石炉气直接作为锅炉燃料利用，该技术利用电石炉尾气提取高纯的原料气制乙二醇和 1,4-丁二醇，不仅实现了电石炉尾气的碳减排，而且经济效益显著。

（3）干法乙炔配套电石渣新型干法水泥技术。减排固体废物，实现资源循环利用。

技术流程如图 11-2 所示。

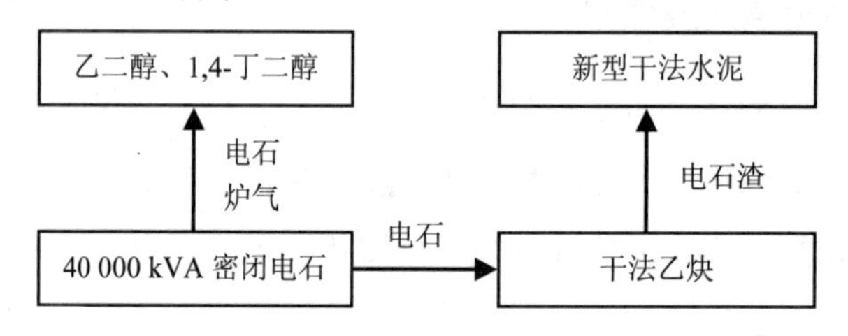

图 11-2　电石生产集成技术

（二）集成示范情况及效果

示范工程为新疆天业（集团）有限公司。该公司是我国电石乙炔法聚氯乙烯生产的龙头企业，主要拥有 140 万 t 聚氯乙烯树脂、100 万 t 离子膜烧碱、245 万 t 电石、400 万 t 新型干法电石渣制水泥、180 万 kW 热电、20 万 t 1,4-丁二醇、25 万 t 乙二醇和 600 万亩节水器材生产能力。该公司自主研发了一系列电石乙炔法聚氯乙烯清洁生产关键支撑技术，通过对以上技术的集成与示范，建立了国内第一套生产规模最大、产业化配套完整、循环经济特征明显、技术领先的大型电石乙炔法聚氯乙烯生产装置，构筑了电石乙炔法聚氯乙烯清洁生产的新模式，为我国聚氯乙烯行业的可持续发展提供了技术支撑。同时，关键的技术突破，也为我国乙炔化工的发展提供了新的可供借鉴的成功模式，对推动我国煤基乙炔化工的发展具有重要意义。

新疆天业通过清洁生产方式的建立，吨电石减排 CO_2 570 kg，年减排 CO_2 80 万 t。

（三）推广应用前景

新疆天业（集团）有限公司的循环经济模式目前已具有良好的推广应用前景，可适用全国电石法聚氯乙烯行业，以目前国内电石生产量计算，该技术集成模式推广至整个行业年减排 CO_2 将达到 1 200 万 t。

三、煤制烯烃技术集成模式

（一）模式介绍

目前，甲醇生产的主要原料是天然气和煤炭。一般天然气一段蒸汽转化制得的合成气元素组成中氢多碳少，而煤气化制得的合成气元素组成中氢少碳多。该模式以煤、煤层气和干馏煤气共同作为生产甲醇的原料，实现多种原料的优势互补。通过煤气化、甲烷蒸汽转化两种合成气生产的优化配置，达到甲醇生产原料气组分、工艺流程、资源利用、节能减排的最优化。真正意义上实现了提高资源利用率、节能减排的目的。该技术集成模式适用于煤化工行业，主要产品是甲醇（DMTO）、聚丙烯、聚乙烯，适宜煤炭资源和水资源丰富的地区。

该技术集成见图 11-3，其主要内容如下：

（1）采用科学合理的方式实现煤炭的高效清洁利用。根据原料煤含油量高的特点，采用粉煤干馏技术，分离出中低温煤焦油，进一步加工成国内紧缺的石脑油和柴油产品。生产的粉焦产品具有热值高、含硫低的特点，可用于高炉喷吹、发电或化工用途。本项目通过粉煤干馏技术，实现了依据煤质特点的科学合理利用，大大提高了煤炭利用的附加值。粉煤干馏制油是能量转化效率最高、CO_2 排放量最少的煤制油工艺路线。

（2）联合造气实现甲醇生产的最优化。煤气化制得的合成气元素组成中碳多氢少，干馏煤气和甲烷蒸汽转化制得的合成气元素组成中氢多碳少，采用煤炭、煤层气和干馏煤气联合的方法可以实现碳、氢互补，既使煤层气和干馏煤气得到有效利用，又可减少原料煤的用量、降低能耗。同时，还能大幅度降低 CO_2 的排放量，实现不同原料路线建设化工项目的“一体化”和“最优化”。

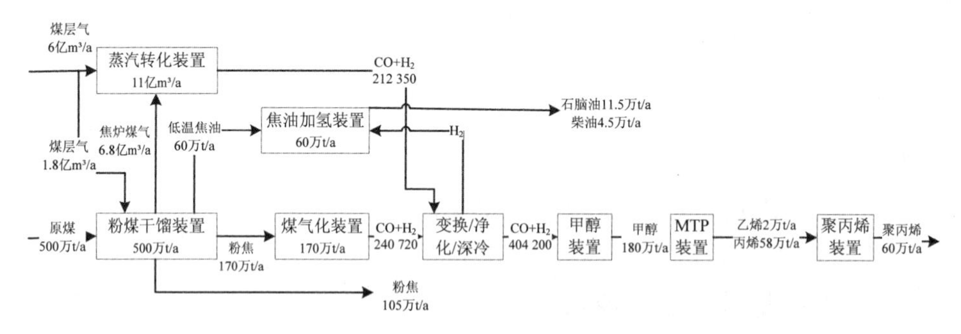

图 11-3 中煤陕西榆林煤制烯烃示范项目流程

（二）技术集成示范减排效果

中煤陕西公司煤化工项目总投资 400 多亿元，煤化工基地占地 6 400 多 hm^2，一期工程投产后年均销售 150 多亿元，实现利润 70 多亿元，上缴税费 50 亿元。

项目核心技术为自主研发的甲醇制烯烃（DMTP 或 FMTP）和粉煤干馏技术，工业化进程已经达到国际领先水平。通过煤、煤层气和干馏煤气等多种原料的优化配置，达到了提高资源利用率的目的。详见表 11-1。

表 11-1 本项目资源优化利用效果分析

项目	比国际先进水平	比国内先进水平	比一般水平
资源利用提高比例/%	5.4	11.6	22.7
节煤量/（万 t/a）	13.8	29.2	56.6
节天然气量/（万 m³/a）	7 808	17 796	34 932
节水量（与煤制甲醇相比）/（万 t/a）	138	281	499

通过计算，与单纯以煤、煤层气和焦炉气分别制甲醇相比，在原料量相同的情况下，资源利用率较国际先进水平高 5.4%，比国内先进水平高 11.6%，比国内一般水平高 22.7%。资源利用率的提高，减少了原料消耗。与国际先进水平相比，相当于每年节约天然气 7 808 万 m^3，或节约煤炭 13.8 万 t。与煤制甲醇相比节水 138 万 t；与国内先进水平相比，相当于每年节约天然气 17 796 万 m^3，或节约煤炭 29.2 万 t，节水 281 万 t。与国内一般水平相比，相当于每年节约天然气 34 932 万 m^3，或节约煤炭 56.6 万 t，节水 499 万 t。由此可以看出，该模式提高资源利用率的效果非常显著。

通过计算得出，本项目（粉煤干馏制油）单位产油 CO_2 排放量为 0.94 t/t。与直接合成油法 CO_2 排放量 7.1 t/t 相比，减排比例为 86.8%，CO_2 减排量为 326.5 万 t/a；与间接合成油法 CO_2 排放量 7.0 t/t 相比，减排比例为 86.6%，CO_2 减排量为 321.2 万 t/a。因此，粉煤干馏制油是 CO_2 排放量最低的煤制油工艺技术。通过计算得出，本项目甲醇装置单位产量 CO_2 排放量为 2.35 t/t，与煤制甲醇装置的 3.56 t/t 相比，减排比例为 34%，减排 CO_2 量达 217.8 万 t/a，减排效果十分明显。

（三）推广应用前景

该模式集成采用先进技术，并将生产要素及资源要素进行组合、创新和优化配置，形成了集约化的产业示范，使得煤炭、煤层气得到高效清洁转化，实现了石化原料生产多元化的新途径，开辟了油品生产和石化原料生产多元化的新途径，这对于促进国家能源战略结构调整、缓解石油进口压力、保障我国能源运行的安全、推进我国石油和化工产业的结构调整和整体水平的提高有着十分重要的意义。该模式下单位甲醇产量的能耗比国外和国内先进水平煤制甲醇装置的能耗低 12.2%～15.7%，与国内一般水平煤制甲醇装置相比能耗降低 15.7%，具有广泛的推广前景。

四、煤间接制油技术集成模式

（一）模式介绍

煤制油项目投资收益主要取决于国际油价，一般认为原油价格在 40 美元以上时，煤制油是有吸引力的。

该模式依托中国科学院山西煤炭化学研究所的技术，核心技术包括高温浆态床费托合成催化剂、浆态床合成反应器及工艺成套技术（HTSFTP）。基本配置为三套国产水煤浆气化装置（两开一备），单套产O_2量52 000 m^3/h（标准）空分装置、单套低温甲醇洗装置、费托合成装置、油品加工装置和配套的余热蒸汽发电装置。其核心技术“费托合成的催化剂、浆态床反应器和工艺工程”中试装置经8 000多小时的长期试验及运行，具备了工业放大的条件。

（二）技术集成示范减排效果

2001年国家863计划和中国科学院联合启动了“煤转油”重大科技项目——煤基液体燃料合成浆态床工业化技术的延伸项目，这是我国第一个煤间接液化自主技术产业化项目，在煤化工行业具有里程碑意义，中国科学院山西煤炭化学研究所承担了这一项目的研究。2002年伊泰出资1 800万元参与该所的煤制油项目前期研究开发。2002年9月，千吨级“煤转油”中试装置在该所实现了成功试运转，打通了流程，并产出第一批粗油品；2003年年底从粗油品中生产出了无色透明的高品质柴油。伊泰集团公司一期建设年产16万t的煤基合成油示范厂，2008年上半年建成投产，2010年二期工程完工后形成150万t/a的煤基合成油生产规模，2015年三期工程后形成500万t/a成品油生产能力。示范项目指标（图11-4）如下：

吨合成油煤耗：3.48 t标准煤（原料＋燃料）。

油品能耗：109.86 GJ/t。

油品合成气产油率：176～185 kg C3+油品/1 000 m^3。

吨油电耗：794.67 kW·h。

吨油水耗：13.45 t。

能量转化效率：40.53%。

产品以附加值较高的直链烷烃为主，主要有柴油、石脑油、液化石油气、液状石蜡。经实验监测，产品柴油加入到柴油车辆中，尾气排放符合欧洲V号标准。数据显示，各项指标均符合设计消耗指标。伊泰二期煤制油商业化项目吨产品耗水可降至5 t以下（采用密闭循环水系统），综合能效可达到58%以上，远高于目前单一产品转化的综合能源转化效率。

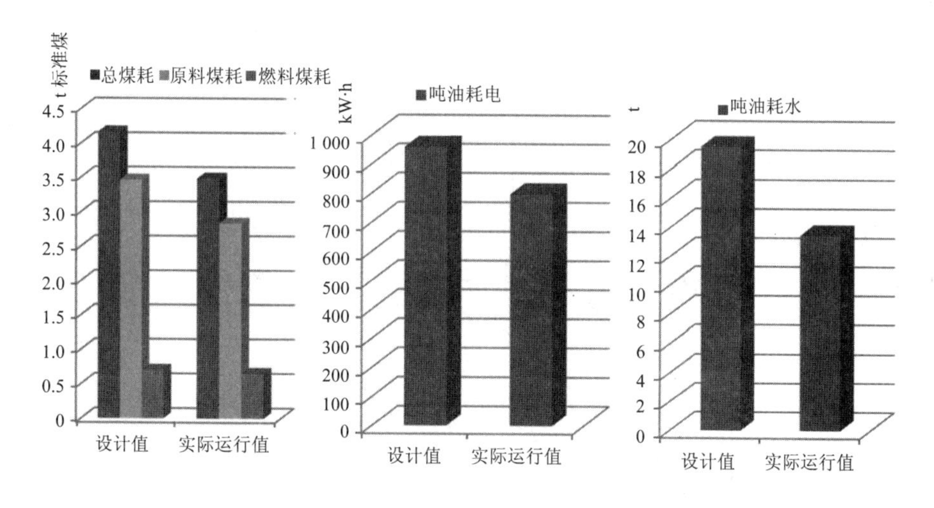

图 11-4　煤耗、水耗、电耗设计值与实际值比较

（三）模式推广前景

该模式的成功运行标志着我国具有完全自主知识产权的煤间接液化技术工业化的整体成功，工艺成套技术已经在满负荷平稳运行条件下取得了示范规模下的生产经验和可靠的运行数据，具备了进行大型工业化煤制油项目设计和建设的工程技术基础条件，填补了煤间接液化工业化技术的国内空白，为我国煤间接液化项目大规模产业化奠定了技术基础，积累了工程经验。

五、含烃尾气回收技术集成模式

（一）模式介绍

聚乙烯、聚丙烯装置在生产过程中会产生一定量的含烃尾气，含量约 20%，直排大气会对环境造成负面影响，石化企业大都将尾气排放到火炬烧掉。这些尾气中含有乙烯、丙烯、己烷等具有较高利用价值的资源，随着技术进步和理念更新，资源化利用装置尾气已被广泛认知。两段低压变压吸附工艺流程见图 11-5，由若干吸附器和真空泵组成。混合尾气自一段吸附器底部进入，通过装有三种专用吸附剂的床层，烃类组分被吸附剂选择性吸附，氢气和氮气基本上不被吸附，从吸附器顶部排出。

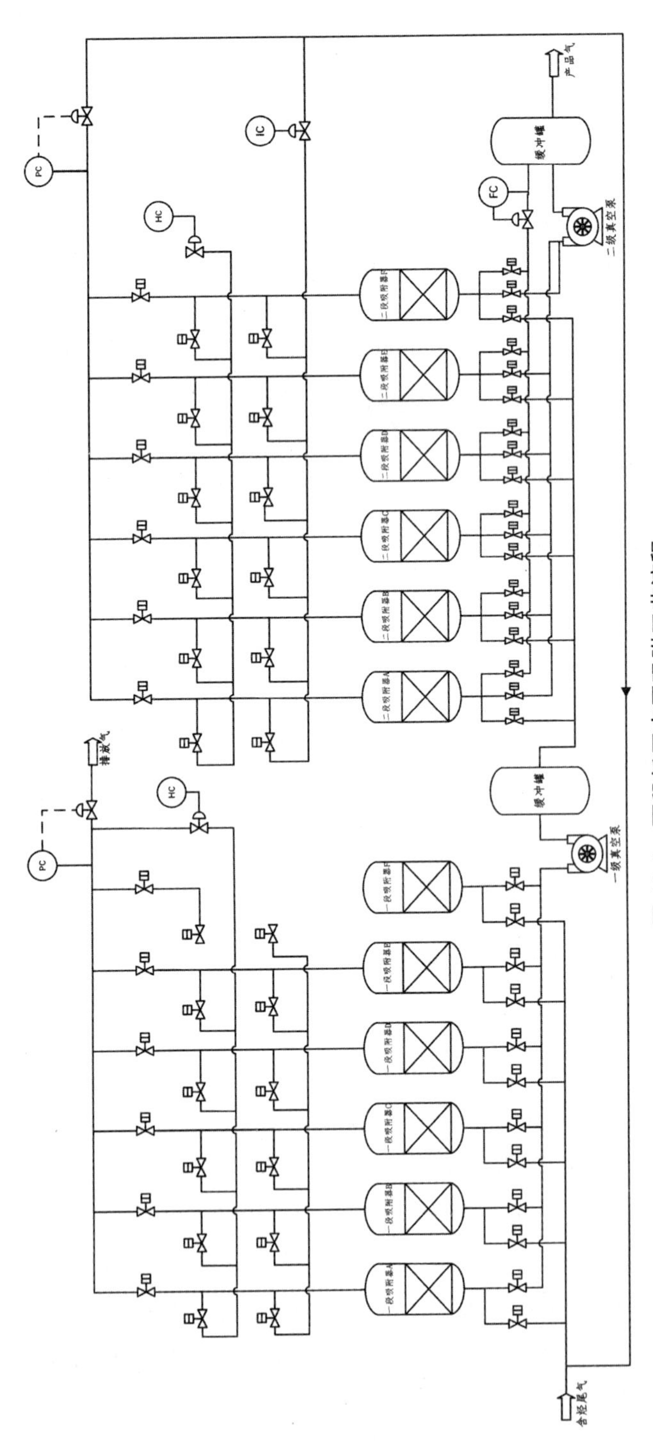

图 11-5 两段低压变压吸附工艺流程

吸附床层中，吸附剂对烃类的吸附量是一定的。吸附 60 s 后切换到另一个吸附器进行吸附，吸附饱和的吸附器通过降低压力、抽真空、升高压力等工艺过程使烃类物质从吸附剂上有效解吸附，实现吸附剂的重复利用。新工艺的非甲烷烃回收率＞96%，产品气非甲烷烃类浓度＞95%，排放气非甲烷烃类＜1%，弥补了其他尾气回收工艺的不足。

（二）集成示范情况及效果

扬子石化塑料厂装置尾气回收项目总投资约 3 000 万元。该装置利用上海华西化工科技有限公司开发的两段低压变压吸附技术，提浓来自全厂的五股尾气（1PE 装置排放尾气、2PE 膜分离排放滞留气、1PP 装置排放气、2PP 脱气仓尾气、其他火炬气）。富烃产品气输送至乙烯装置，己烷液体经泵送至聚乙烯装置。该企业成为中石化系统内首家实现尾气全部回收、零排放的企业。

六、油气回收技术集成模式

（一）模式介绍

石油化工装置有组织和无组织排放的油气相对较多。这些油气主要为烃类化合物和空气的混合物，烃类主要有 C_1～C_7 烷烃、烯烃、环烷烃以及芳烃等化合物，对环境、人体健康和安全生产都产生严重危害，并造成油品质量下降。油气收集系统对油气回收装置至关重要。油气收集系统必须密封性好、系统阻力小、安全性高、自动化程度高，油气回收集成技术的投资与单一技术相近，运行费用低，回收效率高，能耗小。

该集成装置工艺由三部分组成，流程见图 11-6。第一部分为液环压缩机与吸收塔，构成传统的压缩/冷凝、吸收工艺；第二部分为膜分离工艺；第三部分是变压吸附 PSA 工艺。根据不同的排放要求，第三部分可选。该流程集成了压缩/冷凝、吸收、膜分离、变压吸附等工艺原理，充分发挥了各技术的优点。

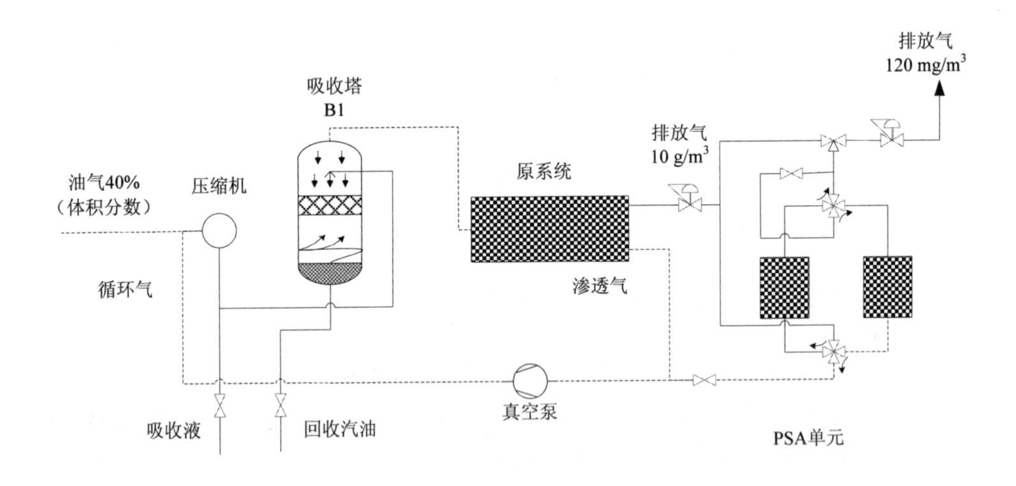

图 11-6　膜法油气回收工艺流程

（二）集成示范情况及效果

中国石化洛阳分公司油气回收项目共有两套膜分离法油气回收装置（VRU），分别为 880 m^3/h（标准）轻油油气回收装置。投用以后检测显示，排放气体符合相关标准（非甲烷烃含量＜25 g/m^3，苯含量＜12 g/m^3）。

第十二章　钢铁行业低碳技术集成模式

一、钢渣处理与余热回收技术集成模式

（一）模式介绍

热态钢渣中含有丰富的矿产资源和显热资源，同时钢渣具有复杂的特性，如何合理、有效地对钢渣的热能进行开发和利用是钢铁企业长期而又艰巨的任务。钢渣热闷法是中国中冶建筑研究总院研究开发的液态钢渣处理技术，是集钢渣处理和余热回收于一体的技术集成，为钢渣处理的新模式，尤其是钢渣显热的回收有效地实现了钢渣余热的回收利用，具有较好的节能减排效果。该技术集成的特点：钢渣热闷后渣和钢的分离效果好；采用宽带磁选机组可将磁性物一次性选出，减少多次磁选工序和设备；采用棒磨机提纯钢渣，渣钢的品位 TFe＞90%，可直接返回转炉使用；采用双辊动态磁选机磁选＜10 mm 的钢渣，磁选粉的品位 TFe＞50%，返回烧结矿使用；尾渣满足生产钢渣粉和钢渣水泥的技术要求；回收钢渣显热达到 80%以上，从而可以进行发电等用途。

适用范围：钢渣的处理方法直接影响着钢渣的处理率、钢渣的产品质量、热能回收技术的应用和热能回收率等。该技术集成模式适用于各种温度的钢渣处理，可广泛应用于全国大、中型钢铁企业。

（二）集成示范情况

钢渣热闷法是中国中冶建筑研究总院研究开发的液态钢渣处理技术，经历十

多年的发展研究，已经从第一代发展到第四代。近五年在国内36家钢铁企业应用，处理钢渣量占年产钢渣的30.6%。取得了多项专利，并获得2012年度国家科技进步二等奖。申请授权相关专利共16项，其中发明专利5项。2013年10月，该技术完成了成果鉴定。成果鉴定意见：实现了钢渣处理过程的装备化、自动化、洁净化和高效化，是钢渣处理领域的一次开拓性创新，技术水平达到了国际领先水平。

技术集成的主要内容：该工艺是将熔融钢渣用吊车倾翻到热闷池中，少量打水冷却并及时松动渣层，压盖密封后间歇喷水冷却，利用池内渣的余热产生大量饱和蒸汽，与钢渣中不稳定的游离 f-CaO、f-MgO 等反应，加上 C_2S 相冷却过程中体积增大，使钢渣自解粉化，同时渣钢分离（图12-1、图12-2）。

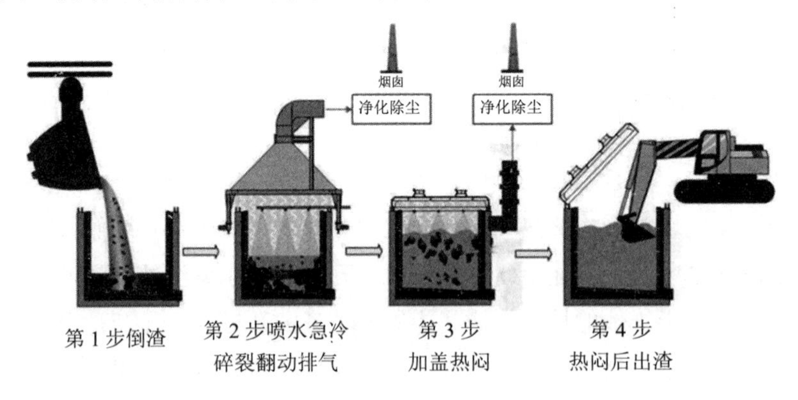

图12-1 钢渣热闷工艺

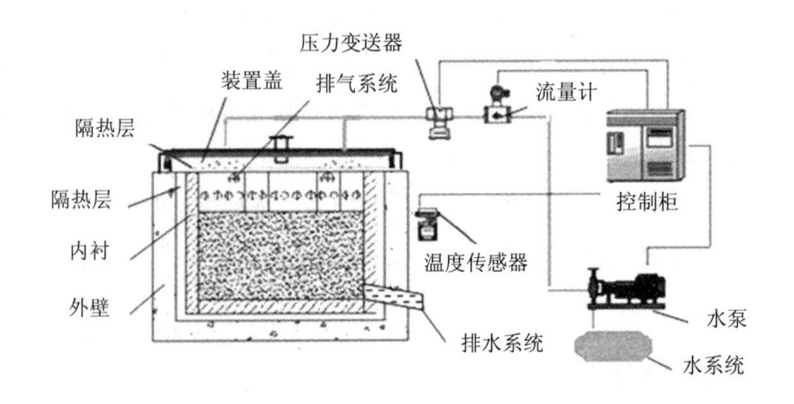

图12-2 热闷装置

熔融钢渣热闷技术首次用于鞍钢鲅鱼圈新炼钢工程。截至 2011 年年底，已在首钢京唐、本钢等 30 多家企业应用，钢渣年处理规模达 2 303 万 t（相当于粗钢年产能 15 622 万 t），约占全国钢渣产生量的 25.47%；2010—2012 年推广获得销售收入 37.49 亿元，利税 7.58 亿元；应用企业累计处理钢渣约 3 500 万 t，回收废钢 228 万 t、磁选粉 329 万 t。钢渣经热闷技术处理后消除了不稳定性，处理后的钢渣可用于生产钢铁渣粉，等量取代 10%～30%的水泥配制高性能混凝土，促进钢铁渣粉绿色建材和高性能混凝土的发展。

（三）推广应用前景

随着我国钢产量的逐年增长，钢渣的产生量也随之增加。第一，钢渣中约有 10%的残钢，除少量大块残钢被磁选回收，大部分则呈颗粒状和渣子包裹在一起，很难分离，随渣子丢弃造成金属铁资源的浪费。据不完全统计，我国历年钢渣堆弃量约 6.85 亿 t，其中未回收废钢（以 3%～5%计）丢弃 2 000 万～3 400 万 t；现在每年仍继续堆弃钢渣约 4 800 万 t，丢弃废钢 146 万～243 万 t。第二，钢渣含有与硅酸盐水泥熟料相似的硅酸三钙（C_3S）、硅酸二钙（C_2S）等水硬胶凝性矿物，未被利用造成资源浪费。第三，钢渣随意堆弃，不仅占用土地（历年堆弃的钢渣占用土地约 3.4 万亩，每年仍约占地 2 400 亩），同时还污染周边土壤和水系、破坏生态环境。第四，钢渣是由 CaO、MgO、FeO、SiO_2 等各种矿物组分组成，在炼钢高温溶解和化学反应过程中形成了复合氧化物，并以温度为 1 450～1 650℃的液体形态被排放炉外，其中不仅含有多种有益的矿物组分，而且含有大量显热资源。熔融钢渣的比热容约为 1.2 kJ/（kg·℃），如果回收热量前后熔渣的温度分别以 1 400℃和 400℃计，则每吨钢渣可回收 1.2 GJ 的显热，大约相当于 41 kg 标准煤完全燃烧后所产生的热量。

假如全国钢厂产生的钢渣显热都加以回收利用，我国每年至少可节省 370 万 t 标准煤。即使按 50%的余热回收率考虑，全国范围内回收钢渣显热的节能量将达到近 200 万 t 标准煤。钢铁企业余热资源的高效回收和利用多年来一直是世界各国冶金行业关注的焦点。随着能源瓶颈问题的日益加剧，开发利用和高效回收高温熔渣的显热资源将会成为中国钢铁行业未来重要的节能任务之一。

工业和信息化部在“十二五”大宗固体废物综合利用规划中提出，“重点推广生产钢渣粉和钢铁渣复合粉技术及成套设备”，“重点工程包括生产钢渣粉和钢铁渣复合粉为核心内容的整体利用”，“建设一批钢铁渣粉和钢铁渣复合粉项目”。国家发展和改革委员会在《“十二五”资源综合利用指导意见和大宗固体废物综合利用实施方案》中明确指出，“2015 年建设 10 个利用高炉渣、钢渣复合粉混凝土掺合料重点工程示范项目”，“预测投资 120 亿元，消纳钢渣 5 475 万 t/a”。这将推动钢铁渣粉产业和新兴市场的发展。显然，钢渣的资源化利用和熔融渣显热的回收利用是钢铁企业实施能源回收利用和节能减排措施的最好途径，也是钢铁企业节能技术研发的重要方向，前景十分广阔。

二、焦化中低温烟气余热利用及煤调湿技术集成模式

（一）模式介绍

钢铁行业常规机械化焦炉通常采用低热值高炉煤气加热，燃烧后的烟气具有数量大、温度偏低的特点。以 100 万 t 焦炭规模焦炉为例，产生的烟气量 175 000～205 000 m^3/h（标况下），温度在 220～280℃。目前，对于上述中低温余热烟气，只有少部分焦化企业用于回收产生蒸汽、热水作为生活、采暖等品质热源，大部分焦化企业尚未利用，造成大量废热能源的浪费。

煤调湿技术是指采用特殊工艺技术设施将炼焦煤料在装炉前除去一部分水分，使入炉煤水分稳定在 6%～6.5%或以上。采用该技术将大为减少炼焦耗热量，并减少焦化污水排放量。

采用低温余热回收利用技术与煤调湿技术集成，充分利用焦化生产工序副产中低温余热作为煤调湿技术的热源，既通过稳定焦化入炉煤水分减少炼焦耗热量，同时较为高效地利用了现阶段尚未很好利用的焦化烟道气余热。

目前，烟道气煤调湿技术已成为国际主流先进技术，其主要是通过流化床干燥机、回转窑或移动式热风板流化床等多种方式，利用烟道气余热加热炼焦煤，对炼焦煤水分进行调节，降低炼焦煤水分，减少炼焦煤在炼焦时煤气耗热量，同时也减少了酚氰废水（焦化污水）产生量。主要流程如图 12-3 所示。

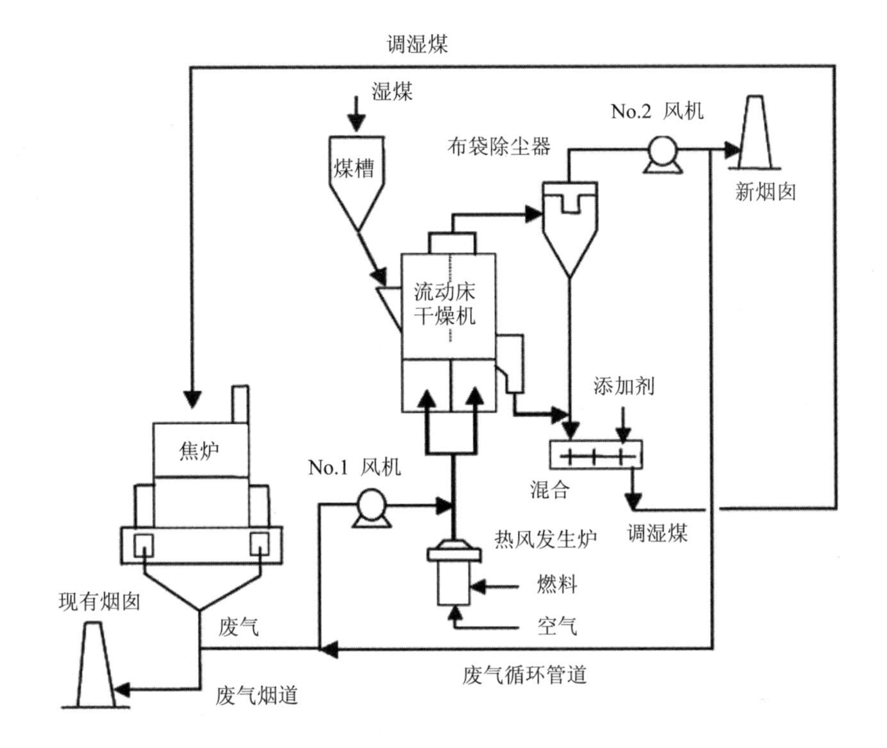

图 12-3 烟道气煤调湿工艺流程

（二）示范效果

经核算，装炉煤含水量每下降 1%，炼焦耗热量可降低 55～62 MJ/t（干煤，下同），少排蒸氨废水 8～10 kg/t；当装炉煤含水量下降 4%时，可节省炼焦耗热量 220～248 MJ/t，相当于节约焦炉加热煤气（混合煤气热值 4 000 kJ/m^3，下同）55～62 m^3/t，折合标准煤 7.5～8.4 kg/t；少排蒸氨废水 32～40 kg/t，占每吨装炉煤蒸氨废水外排总量的 25%～30%，节约蒸氨用蒸汽 6～8 kg/t。同时，采用煤调湿技术可使焦炭强度 M40 提高 1.8%～2.4%，焦炭反应后强度（CSR）提高 1.2～1.6 个百分点，可获得间接减排，相当于节约吨铁综合能耗折标准煤 3～5 kg。

目前，中国钢铁工业采用烟道气煤调湿技术的钢铁企业共 7 家，包括济钢、太钢、攀钢、马钢、昆钢、唐钢等。以马钢为例，2009 年日本 NEDO 与马钢合作，共同为马钢煤焦化公司 5#、6#焦炉（两座 6 m 50 孔焦炉）建设一套处理能力为

167 t/h（干煤）的煤调湿装置。关键考核指标是炼焦煤调湿后水分控制在 6.5%、目标降低水分 3.7 个百分点、炼焦煤粉碎细度控制在 72%～82%等。依据清洁发展机制计算方法，100 万 t 焦炭产能煤调湿项目折合减排 CO_2（CERs）13 500 t/a。

（三）推广前景

利用焦化烟道气进行煤调湿技术在国内仍处于完善推广阶段，同时技术本身相比较国际先进水平在能效水平、运行效果方面存在一定差距。预计到 2030 年，可实现新增烟道气煤调湿装置约 80 套，每套处理能力在 180～350 t/h，相当于调湿煤约 1.4 亿 t，年节约焦炉加热用焦炉煤气 14.6 亿～17 亿 m^3，减少蒸氨废水外排约 450 万 t。

三、低温余热发电技术集成模式（蒸汽螺杆串级 ORC 螺杆膨胀发电）

（一）模式介绍

蒸汽型螺杆膨胀机利用蒸汽的压差进行发电，用于带压热源余压的能量回收，实测等熵效率 70%以上。该机组主要用于蒸汽的压差发电，在回收量少、压力不高且运行不稳定的低品质余热蒸汽的利用方面，相比较汽轮机发电具有较大优势。

ORC 螺杆膨胀机利用热流体的温度加热有机工质，有机工质被加热后压力升高，带压有机工质进入膨胀机后膨胀降压，推动转子转动进行发电，因优势在于对热源温度要求低并且效率较高，主要用于无压力的一般流体热值发电。

无论是蒸汽型螺杆膨胀机还是 ORC 螺杆膨胀机，均是低温余热利用的有效途径，但单独利用其中某一种方式将大大降低余热资源的回收利用效率。通过蒸汽螺杆串级 ORC 螺杆膨胀发电技术（图 12-4），即利用蒸汽螺杆膨胀发电技术成功解决了低品位、不稳定气源余压的回收难题，同时与 ORC 螺杆膨胀发电技术配合，能够稳定高效地实现余压、余热的充分回收。经核算，在相同余热资源的条件下，采用蒸汽螺杆膨胀机串级 ORC 膨胀机的发电量为单纯凝气式螺杆膨胀机的 1.8～2 倍。

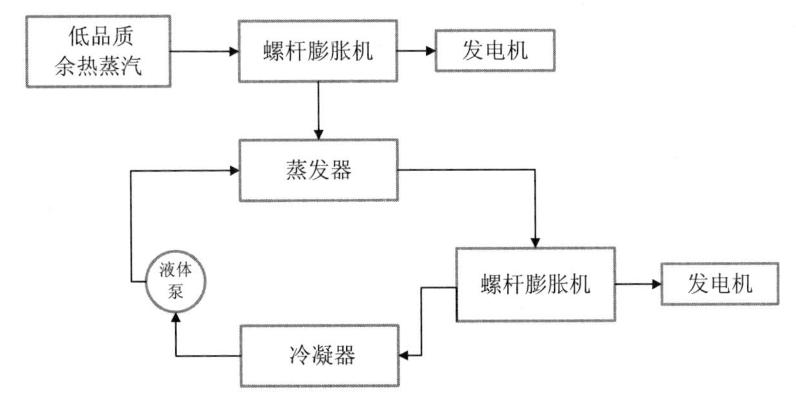

图 12-4　蒸汽螺杆串级 ORC 螺杆膨胀发电工艺流程

（二）示范效果

目前，天津天丰钢铁公司已采用蒸汽螺杆串级 ORC 螺杆膨胀发电技术，实现了企业炼钢、轧钢等生产工序副产低品质余热蒸汽的高效利用。

该项目所利用低品质余热蒸汽量合计 39.5 t/h，包括炼钢工序 22.5 t/h、压力 0.5 MPa；轧钢工序 9 t/h、压力 0.5 MPa；烧结工序 8 t/h、压力 0.5 MPa。根据余热资源情况配套螺杆膨胀发电机组装机容量 2 840 kW，其中蒸汽螺杆装机容量 1 200 kW，ORC 装机容量 1 640 kW，包括两套 600 kW 蒸汽螺杆发电机组、两套 450 kW 及四套 185 kW ORC 螺杆膨胀发电机组。

项目投产后，实现净发电功率 2 232 kW，年发电量 1 989 万 kW·h，年外供电量 1 674 万 kW·h。较单纯螺杆发电机组可提高发电量约 800 万 kW·h。

（三）推广前景

如何充分回收利用钢铁行业低温余热资源，是钢铁行业未来节能降耗的重点。相比较而言，蒸汽螺杆膨胀发电技术及 ORC 螺杆膨胀发电技术均是现阶段比较成熟的发电技术，如采用两者的技术集成，预计到 2030 年可新增发电量约 5 亿 kW·h/a。

四、钢铁联合企业“一罐到底”技术集成模式

（一）模式介绍

“一罐到底”技术主要应用于钢铁联合企业，用于高炉炼铁、铁水预处理以及炼钢等生产工序间的衔接，采用一种具备铁水的承接、运输、缓冲贮存、铁水预处理、转炉兑铁、铁水保温等功能的铁水罐，将高炉出来的铁水在经过必要工艺流程处理后，以不更换铁水包的生产组织模式直接兑入转炉内。该冶金流的工艺过程称为“一罐到底”铁水运输技术，集成了运输、铁水脱硫、脱碳、脱硅以及二次精炼等多个工序。

高炉出铁用铁水罐与炼钢用铁水包共用同一盛铁容器。它包括高炉铁水的承接、运输、缓冲储存、铁水并罐、铁水称量、铁水预处理、转炉兑铁、铁水罐周转、铁水保温等工艺，各工艺均在同一个铁水罐内完成，改变了炼铁—炼钢界面传统模式，取消了炼钢车间的倒罐坑或混铁炉及其除尘系统，减少了铁水倒罐作业，具有工艺流程短、总图布置紧凑、降低能耗、减少铁损和温降、减少二次污染等特点。

该项集成技术只应用于钢铁联合企业，包含生铁冶炼转炉冶炼工艺的长流程钢铁企业。技术的应用需要高炉炉容和转炉吨位相匹配，并与铁水罐规格相互匹配；采用该技术需要对铁水罐的罐体进行特殊改造，以满足兑铁和运输安全的要求；技术改造中，需要使出铁场平台高度计柱间距满足罐体的高度和宽度要求；“一罐到底”运输环境及地坪要求采用汽车运输的“一罐到底”工艺，除需要专用铁水运输道路外，对地理环境也要充分考虑。北方寒冷地区冬季时间长，道路积雪、结冰严重，无法保证正常的安全生产要求，不适合采用汽车运输的“一罐到底”工艺。铁路运输时还要考虑各工序间的地坪高差，保证铁路的运输坡度要求。

（二）示范效果

钢铁联合企业“一罐到底”技术示范单位为首钢京唐钢铁公司。该公司一期工程建设了两座 5 500 m^3 特大型高炉、两座 300 t 脱磷转炉、三座 300 t 脱碳转炉

和四个 KR 铁水脱硫站。在高炉-转炉界面采用了“一罐到底”模式。基本工艺流程如图 12-5 所示。

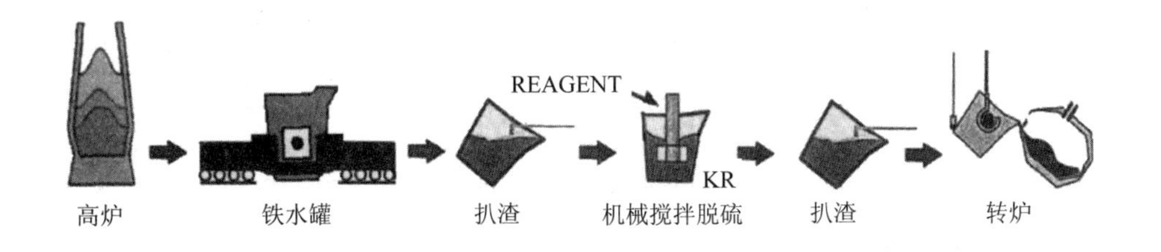

图 12-5 “一罐到底”高炉-转炉界面工艺流程

截至 2009 年 9 月 22 日，京唐钢铁厂 1#高炉累计出铁 1 170 次，共运输铁水 4 412 罐次，目前采用一包一拉的生产运输组织模式，从高炉向铁水包出铁完毕到将铁水包车运输至炼钢铁水跨，周期为 15～18 min。根据大量统计数据，采用计算机软件拟合出重铁水包温降曲线函数显示，在该过程中的铁水温降为 10～15℃，最大限度地提高了铁水脱硫扒渣前的温度，为铁水的后续处理提供了先天性条件。

京唐钢铁公司炼铁至炼钢的铁水运输及铁水预处理中 300 t 铁水罐采用的“一罐到底”模式属世界首例，采用最大直径 5 190 mm、最大高度 6 150 mm、额定载重 300 t 异型大容量铁水罐在 1 435 mm 标准轨距上运输的设计，其运输方式既要同时满足高炉车间和炼钢车间生产要求，又要确保安全稳定。

在高炉-转炉界面采用自主集成的“一罐到底”先进技术，缩短了工艺流程，取消了传统的鱼雷罐车和炼钢倒罐坑，减少了一次铁水倒罐作业及所产生的烟尘污染，降低能耗，减少铁损，铁水温降减少 50℃以上，具有缩短冶炼周期、节能高效等多项优点。年节能 1.69 万 t 标准煤，减排 CO_2 5.32 万 t，减排粉尘 4 700 t。

首钢京唐钢铁公司总图运输技术经过近半年的生产实践验证，总图布置经济合理，设备运行稳定可靠，其各种运输设备的性价比均非常高，“一罐到底”铁水运输技术与鱼雷罐车运输比较，具有显著的经济效益、社会效益和环境效益。

（1）工程投资：采用“一罐到底”工艺，取消了炼钢倒罐站，抬高高炉台面，减少铁路运输设备、铁路线路等，一次性节约工程投资大约 1 500 万元。

（2）生产运行费用：采用铁水“一罐到底”技术，炼钢车间可减少鱼雷罐旋转、铁水包提升，以及倒罐站除尘风机运行等设施，每年减少生产运营费用约 4 220 万元。

（3）减少定员：取消倒罐站并采用无线遥控机车，减少定员 72 人。

（4）环境效益：根据实测数据，“一罐到底”运输技术在脱硫之前铁水温度为 1 430±20℃，同比迁钢鱼雷罐运输铁水、经倒罐站注入铁水包的铁水温度为 1 360±10℃，提高铁水温度 70℃。按照 898 万 t/a 铁水量计算，每年可节约 16.85 万 t 标准煤。

（5）由于避免了铁水倒罐作业，每年可减少烟尘排放约 4 700 t，基本解决了炼钢厂内的石墨飞尘污染，环保效益好。

（三）推广前景

采用“一罐到底”系列技术，具有缩短工艺流程、紧凑总图布置、降低能耗、减少铁损、减少烟尘污染的特点，蕴藏着较大的经济效益和社会效益。同时“一罐到底”技术在铁水温度、碳含量和物流快捷方面的优势为 KR 脱硫工艺创造了优势条件。新余钢铁、沙钢、邯钢、重钢、京唐等钢铁企业目前正在应用。虽然高炉、转炉等传统工艺技术革命性突破很难，但流程及界面对加强钢铁生产工序间衔接、进一步提高余热余能回收量和能效是有潜力的。

五、转底炉处理钢厂固体废物技术集成模式

（一）模式介绍

转底炉处理钢厂固体废物技术集成包括转底炉加热还原技术、钢厂固态废物成型技术、连续化进出料技术、高温含尘废气余热利用技术等多项技术。

转底炉工艺处理钢铁厂产生的废弃物，包括转炉除尘灰、轧钢铁鳞、热轧污泥、连铸氧化铁皮及高炉粉尘与污泥。这些物质总体来说碳含量很高，与电炉除尘灰相比，锌含量较低，而铅、镉等含量极少。由于原料中的铁与碳含量较高，在经过转底炉焙烧后生成的海绵铁金属化率高于 90%，其尾气收尘富含 ZnO，可予以回收提炼，增加收入来源。一些低锌含量的尘泥虽可作为烧结配料加以利用，

但高炉灰和转炉污泥由于含有锌而无法在烧结工艺中得到利用，同时由于镀锌板及其他含锌铅防腐钢材生产量的增加，使含锌粉尘的产量和其中的锌铅含量不断增加。为此将转底炉作为专门的处理设备进行含铅锌粉尘综合处理，充分回收钢厂固体废物，可以提高铁矿资源的利用效率，同时也可以解决所产生的环境污染问题。

转底炉直接还原技术不仅可以生产高金属化率的金属化球团，也可高效脱除 Zn 等有害元素，是比较好的高温处理含锌尘泥的工艺。当转底炉转动时含碳含锌球团被加热，尘泥中的碳作为还原剂使球团发生自还原，至 1 100℃左右时 ZnO 被还原，还原出的锌被蒸发并随烟气一起排出，经冷却系统时被氧化成细小的固体颗粒而沉积在除尘器内，成为富含 ZnO 的锌灰，可以作为提炼金属锌的原料，从而使尘泥中的 Zn 得到回收利用。尘泥中的 Fe 被还原成为金属化球团，可以作为成品出售，也可以代替废钢或矿石加入转炉炼钢。

该技术可应用于钢铁企业以处理厂内固态废物，包括转炉除尘灰、轧钢铁磷、热轧污泥、连铸氧化铁皮及高炉粉尘与污泥，尤其是锌铅含量较高的固废（Zn≥0.8%～1%）。含锌废物在《国家危险废物名录》中列为 HW23 危废，其管理、运输、接收等均需满足相关要求，烟气排放需满足国家标准，其中粉尘排放浓度＜50 mg/m^3（国家标准 50 mg/m^3），SO_2 排放浓度＜50 mg/m^3（国家标准 100 mg/m^3），NO_x＜150 mg/m^3（国家标准 300 mg/m^3）。

（二）示范效果

该项技术在日照钢铁控股集团有限公司建有年处理含锌粉尘 2×20 万 t 的转底炉直接还原工艺，生产 30 万 t 的金属化球团，生产工艺主要包括煤制气系统、原料输配系统、冷压球系统、转底炉直接还原系统、金属化球团冷却系统等。

该技术的工艺流程（图 12-6）：首先将钢厂固废（高炉灰、转炉污泥等）按要求的配比进行配料，并配入还原需要的煤粉和黏结剂，在辊碾机中进行充分混合后，被送入压球机压成直径 30 mm 左右的球团，再被送入转底炉中进行直接还原，球团在转底炉底部随着转底炉的转动在高温条件下被内配碳还原，还原过程中球团保持静止不动，还原完的球团经过冷却机被冷却到 300℃以下以防止氧化，然后经冷却的金属化球团储存后可运到转炉中代替废钢炼钢。

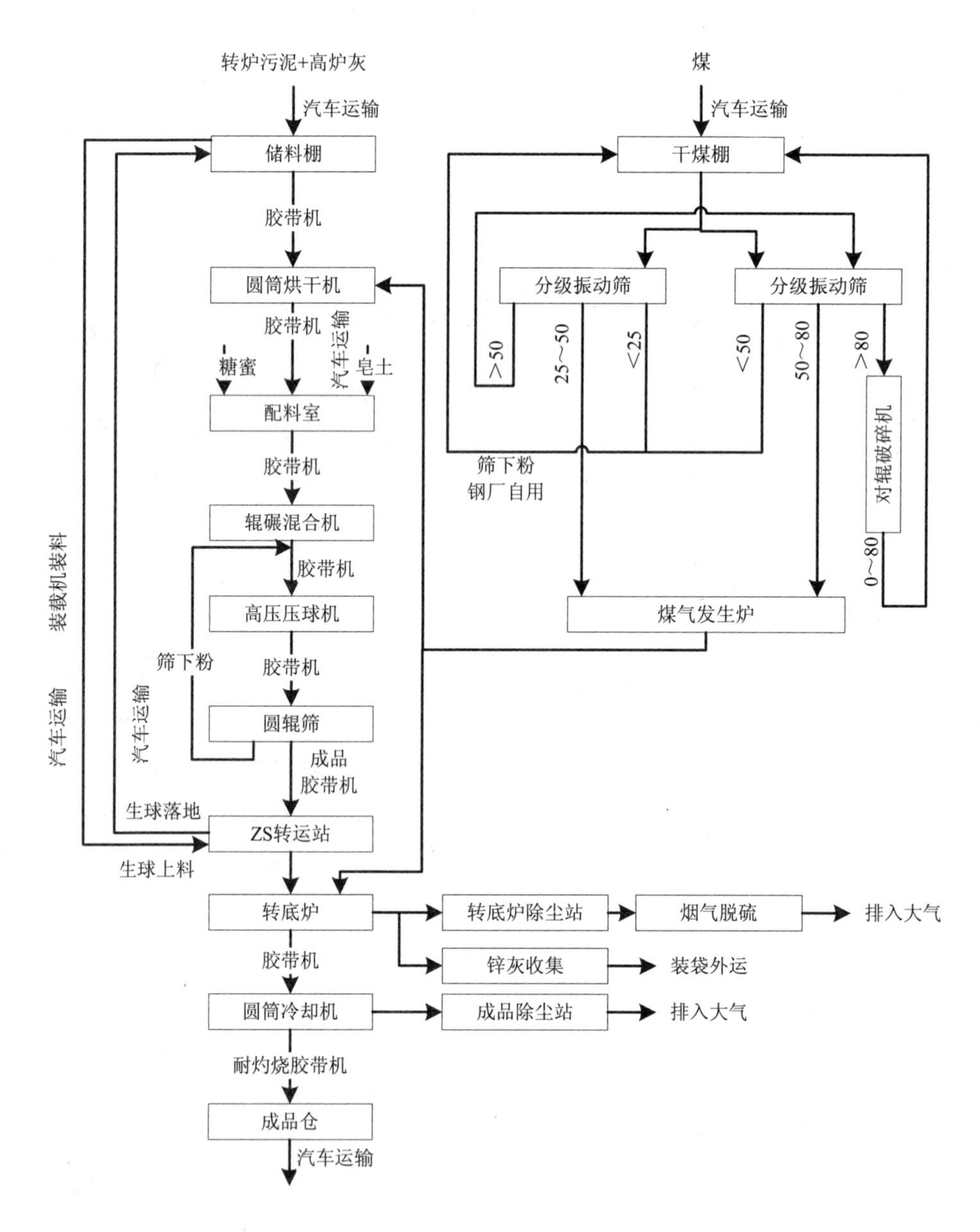

图 12-6 转底炉直接还原工艺流程

该工艺的主要技术特点和优势如下：

（1）采用冷固结球团生产工艺，优点是设备简单、投资少、便于操作、生产成本低，冷压块产品为低温固结，几乎不产生粉尘，环保性大大优于烧结和球团厂。冷固结团块的另一优点是可以配入煤粉成为含碳球团，利用含碳球团良好的还原性，在转底炉直接还原中作为原料使用。

（2）采用转底炉煤基直接还原工艺，即在环形加热炉基础上开发的直接还原工艺，其突出的优点是采用冷固结工艺以及用煤作还原剂（符合国内的能源特点）。充分发挥含碳球团自还原速度快的优点，不会发生结圈事故，并可脱除 Zn、Pb 等有害元素，克服了通常煤基还原带来的粉化、脉石含量高、硫高、金属化率低等缺点。

（3）取消含碳球团的烘干系统，通过严格控制混合料的原始水分，球团直接加入高温的转底炉中，不会爆裂粉碎，因此加压成型的球团可以直接进入转底炉中进行还原。取消含碳球团的烘干系统不仅可以节省大量烘干需要的能量，还可简化生产流程、节省投资。

（4）回收转底炉热烟气的余热，本生产工艺过程中通过空气换热器和煤气换热器回收烟气热能，可将助燃空气预热到 500℃，将煤气预热到 250℃，经过两次换热的烟气温度仍可达到 350～400℃，为了回收该部分显热，再增加一台冷却器，可产生蒸汽发电，从而提高热效率、节约能源。

（5）工艺过程的环保措施完善，包括除尘系统、脱硫系统，保证富锌灰的收集回收和烟气中的含硫量达标排放。

该工程建有两条转底炉直接还原生产线，每条线可处理 20 万 t 固体废物，所处理的固废为转炉污泥和高炉灰的混合料，年处理上述两种原料共计 40 万 t（其中可处理高炉灰约 15 万 t，转炉灰约 25 万 t），可生产金属化球团 30.32 万 t/a。金属化率 70%～85%，能耗为 372.1 kg 标准煤/t，年发电量约 0.56 亿 kW·h。

投资范围：从原料输入到成品输出的工艺流程设备、设施，主要包括原料棚、煤棚、烘干车间、配料室，混合压球车间、转底炉及冷却、成品仓、煤气发生站，化检验室、综合水泵站、10 kV 开关站、外网、总图道路等以及工程建设其他费、预备费。项目建设总投资为 19 672.72 万元，其中，工程直接费用 17 491.9 万元，工程其他费用及预备费 2 180.82 万元。

（三）推广前景

转底炉工艺资源化利用钢厂内部的含锌尘泥，可以成为实现钢铁工业与锌再生之间形成工业化循环经济生态链的切入点。对于提高资源的利用效率、减轻环境负荷、实现可持续发展具有重要的实际意义。直接还原是钢铁冶炼的前沿发展方向，目前转底炉仅在我国的天津荣程、马钢、攀钢和日钢等少数企业使用。未来发展前景广阔。

六、火-湿联合处理钢厂含锌粉尘制备纳米氧化锌技术集成模式

（一）模式介绍

该集成模式包括回转窑提锌技术、余热蒸汽回收技术、粗氧化锌粉提纯技术、纳米氧化锌析出技术、氨水回收等多项技术，其中余热蒸汽回收技术产生的蒸汽作为供给粗氧化锌提纯以及纳米氧化锌的热源。整个技术可实现生态化、高附加值产品的生产（图 12-7）。

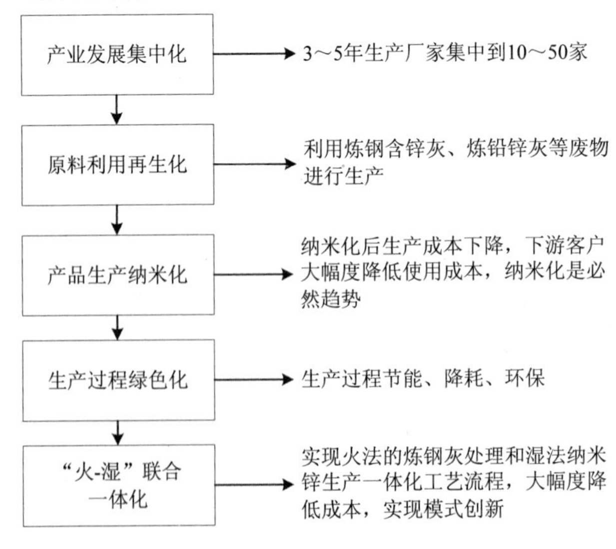

图 12-7　技术集成优势

炼钢含锌集尘灰是钢铁冶炼过程中产生的一种含锌固体废物，属浸出毒性类危险废物，是国际上《巴塞尔公约》规定的应加强控制的固体废物，编号为 Y23 锌化合物，也是列入《国家危险废物名录》的危废物，编号为 HW23 含锌废物。全世界每年产出 1 500 万～2 000 万 t，中国 800 万 t。中国的产出中大概有 500 万 t 可作为锌资源回收利用，相当 50 万 t 金属 Zn、66 万 t ZnO。

该工艺流程集成的特点：

(1)回转窑提锌工艺处理钢铁厂含锌粉尘,生成的海绵铁金属化率高于 90%，其尾气收尘富含 ZnO,浓度可以达到 50%以上,可以满足后续纳米 ZnO 制备要求。

（2）在上述技术基础上，进一步采用绿色的湿式提纯方法提纯回转窑还原的富锌产品（粗锌）。采用碳酸铵溶液将粗锌溶解，然后采用置换法（加锌粉）将溶解液中的铅、铜等置换出来，随后进入氧化工序将溶解液中的铁等杂质去除，最终得到纯的溶解液。

（3）纳米氧化锌制备工序，采用上述得到的纯溶解液，通过 9℃析出细微的纳米级的 $ZnCO_3$（3～5 nm），再经过滤干、干燥、煅烧等工序得到高纯的纳米级 ZnO 产品。

（4）本生产工序中还涉及回转窑还原废气（400～500℃）的余热回收，通过研制的防粉尘余热锅炉产生蒸汽，在系统内使用。

（5）蒸氨过程，产生的氨水混合体再进行冷凝回收氨水循环使用。

（6）生产得到的纳米 ZnO 可用于食品、饲料、橡胶、脱硫剂、光学等多个行业，有着广泛的应用市场。

（二）示范效果

中国钢铁研究总院（拥有一项授权的国家发明专利）和投资人共同在国内建设了 30 多条回转窑还原钢厂粉尘。纳米氧化锌制备也经过 300 t、3 000 t、30 000 t 三个发展阶段，山西丰海是氨法纳米 ZnO 工艺技术体系的发明者、开发者，拥有 19 项国家专利，建立起了中国纳米氧化锌产业新的技术体系。

示范项目技术集成（图 12-8）的内容：

（1）利用回转窑的废热气产生蒸汽。该技术的难点是回转窑的废热气中粉尘含量高，容易影响余热锅炉的换热效率，因此开发了在线清理余热锅炉技术，实现了技术集成。

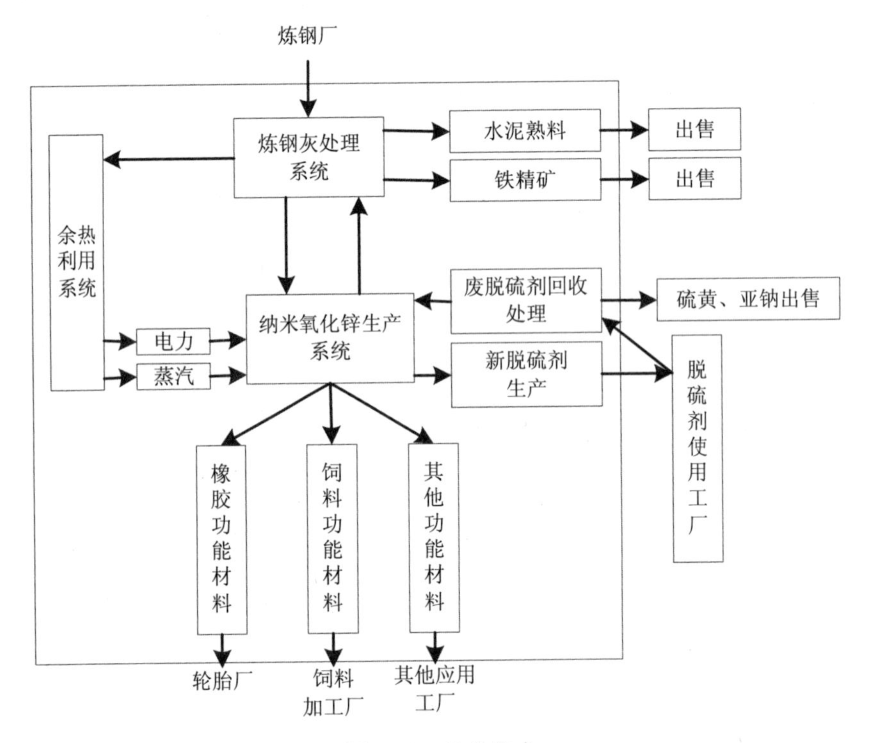

图 12-8　技术集成

（2）废热气产生蒸汽作为粗 ZnO 净化热源。传统技术直接采用锅炉产生蒸汽作为净化热源，该技术集成利用回转窑产生的余热蒸汽供给净化工序，实现了余热利用和节能减排。

（3）钢厂含锌粉尘-粗 ZnO 到纳米 ZnO 的技术集成。原技术只有回转窑制备粗 ZnO，然后将它作为原料卖给下一个专门制备纳米 ZnO 的厂家（这种做法是违反国家环保法的）。该技术集成实现火、湿联合，优势互补，最大限度地节能减排和提升经济性。

（4）浸出渣返回回转窑系统冶炼集成。将纳米 ZnO 制备过程产生的锌渣作为回转窑原料使用，解决了纳米 ZnO 制备过程的环境污染问题。通过该技术集成，既实现了生态冶炼，也提高了企业经济性。

（5）回转窑产生的炉渣集成到水泥厂。回转窑还原过程产生的炉渣微细粉体可作为水泥的添加剂原料。

（6）回转窑产生的金属铁在钢厂内部使用。回转窑产生的金属铁可作为废钢在转炉或电炉上使用。

（7）蒸氨过程氨水富集和循环使用技术集成。蒸氨过程产生的蒸汽集成到氨气收集塔，并作为原料使用在氨溶解过程中，既避免了生态影响，又提高了产品附加值。

该工程建有两条回转窑炉还原生产线，每条线可处理 20 万 t 含锌废物，得到金属铁 20 万 t，纳米 ZnO 3 万 t，实现变废为宝。间接减排 50 万 t CO_2，液氨消耗减少 5 000 t。

3 万 t 纳米 ZnO 系统（来自钢厂含锌粉尘）需要开展两条回转窑冶炼系统建设（包括原料棚、上料仓、配料与造球车间、回转窑系统、喷吹系统、渣铁分离系统、重力除尘、余热锅炉系统、粗锌回收系统、冷却水系统、环保系统）、道路建设、土建、自动化等，投资 8 亿元。

3 万 t 纳米 ZnO 系统还包括粗锌溶解处理系统 2 套、溶解液置换系统 2 套、溶解液氧化系统 2 套、压滤系统 6 套、溶解液蒸氨系统 5 套、氨水混合气分离回收系统 2 套、碳酸锌干燥系统 2 套、碳酸锌煅烧系统 2 套、纳米 ZnO 粉体成型系统 3 套及自动控制系统、土建等，投资 22 亿元。

总投资 30 亿元。

（三）推广前景

本工艺集成可以成为实现钢铁工业与锌再生之间形成工业化循环经济生态链的切入点，对于提高资源的利用效率、减轻环境负荷、实现可持续发展具有重要的实际意义。

预计 2020 年在全国建立“炼钢灰-纳米 ZnO”一体化模式，实现年 200 万 t 炼钢灰处理和 30 万 t 纳米 ZnO 生产项目建设；针对美国、我国台湾、韩国、日本、欧洲等地炼钢灰处理厂仅生产粗 ZnO 的单一处理模式现状，进行技术输出，推广“火-湿联合一体化”生产模式，建立年 20 万 t 的纳米 ZnO 生产装置。

第十三章　交通行业低碳技术集成模式

根据交通行业现有的公路、水运和轨道运输技术分析，总结提炼了六种技术集成模式（表 13-1）。所选模式具有典型性，不是技术的简单组合，技术集成示范减排效果明显，并可在行业内进行推广复制。

表 13-1　交通行业技术集成模式

序号	集成模式	技术名称	示范工程	成效	推广潜力
1	城市公交电动汽车技术集成模式一	• 纯电动汽车 • 锂离子动力电池 • 车身轻量化	临沂市公共交通总公司100台纯电动车	累计运行总里程 230 多万 km，耗电总量250多万kW·h，替代柴油 89.7 万 L，折合 1 085 t 标准煤，减少 CO_2 排放 1 529.5 t	可在具备条件的城市公交企业大力推广
2	城市公交电动汽车技术集成模式二	• 纯电动汽车 • 混合动力汽车 • 动力电池	北京公共交通控股（集团）有限公司860辆新型混合动力公交车、50辆纯电动公交客车	混合动力客车与该公司同等级国Ⅳ柴油车四种车型（京华、青年、金龙、黄海）同期平均油耗为 39.89 L/100 km相比，节油率为22.9%	可在具备条件的城市公交企业大力推广
3	低碳高效道路客运项目	• 替代燃料技术 • 信息管理系统 • 绿色维修技术	常州公路运输集团有限公司	三年累计节约柴油 267.67 万 L，折合 3 354.18 t 标准煤，减少 CO_2 排放 7 334.72 t	适合在道路运输行业广泛推广应用
4	轨道交通车站减排技术集成	• 地下车站空调通风系统智能控制技术 • 地下车站空调水系统变流量智能控制技术 • AOP 高级氧化循环冷却水处理技术	上海申通地铁集团有限公司	节电率分别约为 60%、24%和 4%	广泛适用于国内轨道交通地下车站通风空调系统，有较好的推广前景

序号	集成模式	技术名称	示范工程	成效	推广潜力
5	船舶港口货运减排技术集成模式一	• 带式输送机减速电动机运行控制技术 • 顺料流方向启动流程控制技术 • 码头电网无功补偿及谐波治理技术 • 电能消耗实时统计监测技术 • 靠泊船舶使用岸电技术 • 风光互补照明技术 • 斗轮机零空闲变速操作技术	连云港港口集团	每年节约电能232.3万kW·h，节约燃油 379 t，共折合1 490.7 t标准煤，节约费用约540 万元，减少 CO_2 排放3476 t	适合在国内大型专业化散货码头广泛应用
6	船舶港口货运减排技术集成模式二	• 带式输送机减电机运行控制技术 • 顺料流方向启动流程控制技术 • 码头电网无功补偿及谐波治理技术 • 风光互补照明技术	连云港旗台作业区散货码头	按年吞吐量2 737.4万t计算，年节约电能4 958 149 kW·h，折合609.35 t标准煤	在港口行业内有较大的推广潜力

一、城市公交客运车车身轻量化及清洁燃料技术集成模式

（一）模式介绍

该模式集成了纯电动汽车、锂离子动力电池和车身轻量化三项技术。基于公交线路固定、运行区域范围有限、管理统一、车速不高等特点，使其成为纯电动汽车推广的一个很好的平台。一方面，由于公交车线路固定，这样可以控制公交车的行驶里程在蓄电池的续航里程内，而公交车又能统一管理，可以在晚上集中进行充电（图 13-1），解决了纯电动车续航里程和充电不方便的问题。另一方面，由于公交车的车速不高、行驶平稳，蓄电池的性能可以满足其动力性的要求。

需注意的问题：电动车辆价格偏高，单靠企业无力承担，需要政府支持；由于纯电动公交车辆的特殊性，为确保车辆的正常运行和日常维护工作，需要统一管理；纯电动公交车与传统车辆的维护保养存在较大的差异，需培养专业的技术人员。

图 13-1　电动公交车运营充电站

（二）集成示范效果

临沂市公共交通总公司于 2010 年 2 月开始在 K10 和 K9 两条公交线路上示范运行纯电动公交车，到 2012 年为止，公司已购置 100 台纯电动车在 5 条线路上运营。

为满足电动车充电需要，市政府积极与国家电网协商，签订战略合作协议，由政府提供土地优惠政策（地价补助约 1 500 余万元），国家电网投资建设电动车充电站。2010 年 6 月，投资 2 600 余万元、占地 20 多亩的临沂第一座电动车充电站已投入使用，能同时为 30 台纯电动公交车充电。2012 年国家电网已投资 1.1 亿元建成充电站 4 处。到 2014 年，由国家电网负责建成全市县的电动车充电基础设施。

为保证电动公交车辆的停放需要，市政府先后投资 5 500 万元规划、建设 4 处电动公交车停车场。

示范效果：100台纯电动公交车投资1.3亿元，目前累计运行总里程230多万km，耗电总量 250 多万 kW·h，替代柴油 89.7 万 L，折合 1 085 t 标准煤，减少 CO_2 排放 1 529.5 t。在电池生产企业承诺电池 8 年免费维修、更换的前提下，预计 6 年即可收回比柴油车一次性多支出的成本。

（三）模式推广前景

（1）项目先进性和技术成熟度评价：项目采用了铝合金全承载车身、三相异步电机驱动系统、磷酸铁锂动力电池组的纯电动车作为公交车，技术较先进成熟。

（2）项目节能与环保潜力评价：项目利用电能替代了柴油燃料，节能环保效果显著。

（3）项目经济效益评价：项目由政府投资购车及配套基础设施建设，公交企业仅支付用电费用，远低于燃油成本，因此有一定的经济效益。

（4）项目的推广应用条件：项目复制必须具备政府大力支持、汽车生产企业技术支持和电池生产企业提供电池维护等先决条件。

（5）项目推广价值评价：项目可在具备条件的城市公交企业示范应用。

二、城市公交客运纯电动技术与混合动力汽车技术集成模式

（一）模式介绍

该模式集成了纯电动汽车、混合动力汽车和动力电池三项技术。新能源公交车社会效益突出，适用于城市公交系统。

1. 纯电动汽车

纯电动汽车（Electrical Vehicle，EV），是以车载蓄电池为动力源，由牵引电机驱动车辆行驶的汽车。其能量补充依靠外电源对动力电池进行充电，并通过动力蓄电池向驱动电机提供电能来驱动汽车，车辆自身具有能量回收功能。

其主要优点：

（1）蓄电池充电的电能是二次能源，电能可以来源于风能、太阳能、水能、核能等能源，所以纯电动汽车能源的来源极其丰富；

（2）纯电动汽车在行驶中无废气排出，是“零污染”汽车；

（3）纯电动汽车振动和噪声比内燃机汽车小；

（4）驱动系统机械结构简单，可靠性高，故障频率低，易于维护。

2. 混合动力汽车

混合动力汽车（Hybrid Electrical Vehicle，HEV），主要是指在传统内燃机汽车的基础上耦合增加一套由驱动电机和动力蓄电池组成的辅助动力系统，并由该系统进行功率的平衡、耦合以及能量的再生与存储等功能的汽车。根据机电耦合的程度、控制策略和道路交通状况，节油率在10%～40%。

（二）集成示范效果

北京公共交通控股（集团）有限公司2009年承担科学技术部“十城千辆”新能源汽车示范应用北京项目。北京市政府投资10.98亿元为北京公交集团购置混合动力公交车860辆。经过招投标，确定北汽福田混合动力电动客车公司、金华青年公司和厦门金龙公司为供应商。

首批由北汽福田生产的50辆混合动力电动客车经工业和信息化部189批汽车产品公告后于2009年6月上旬完成交车、验车、上牌照、培训等工作，并逐步投入121路、414路等公交线路运营。到2009年年底，860辆混合动力电动客车全部投入公交线路运营。截至2010年3月底，860辆混合动力公交车分别在34条公交线路运营，累计运营里程1 139.4万km，总体使用情况良好，故障率小于1次/万 km。自投入公交运营以来，车辆运行稳定，安全可靠，基本没有发生中途坏车抛锚故障。

实际运营结果显示，860辆混合动力公交客车的节油效果显著。据混合动力电动客车最集中的北京公交集团电车客运分公司统计：福田12 m低地板混合动力公交客车平均油耗为30.77 L/100 km，与该公司同等级国Ⅳ柴油车四种车型（京华、青年、金龙、黄海）同期平均油耗为39.89 L/100 km相比，节油率为22.9%。

（三）模式推广前景

（1）项目先进性和技术成熟度评价：项目采用了纯电动汽车和混合动力汽车作为北京新能源公交车，项目技术较先进成熟。

（2）项目节能与环保潜力评价：项目利用电能替代了柴油燃料，节能环保效果显著；采用混合动力，降低了温室气体排放。

（3）项目经济效益评价：项目由政府投资购车及配套基础设施建设，纯电动公交车的使用企业仅支付用电费用，远低于燃油成本，同时混合动力公交车的使用有效降低了柴油用量，因此有一定的经济效益。

（4）项目的推广应用条件：项目复制必须具备地方政府配套政策支持、汽车生产企业技术支持，并科学制定发展规划，设置好配套基础设施。

（5）项目推广价值评价：项目可在具备条件的城市公交企业示范应用。

三、客运 LNG 燃料技术及管控系统集成模式

（一）模式介绍

综合运用节能减排技术打造低碳高效道路客运，项目集成了替代燃料技术、信息管理系统和绿色维修技术。

1. 替代燃料技术

替代燃料技术采用的是碳排放较低，对石油、柴油等高碳能源有很好替代效果的燃料。

2. 信息管理系统

建立总调控中心，并在每个所属车队、车站设立二级调控平台，对车辆进行24 h 的动态调控，从路线优化、车速控制、行驶公里数据统计、车辆动态调度等方面入手，加强对驾驶员、车辆和线路的重点管理，有效提高车辆运行的燃料经济性和运输效率，实现运输企业的节能降耗。

（二）集成示范效果

常州公路运输集团有限公司（以下简称常运集团公司）自2009年以来以“打造低碳高效道路客运”为目标，结合节能减排新形势，推行了“完善机务管理办法、调整车辆技术结构、引进清洁能源、采用先进信息技术手段、积极推广驾驶节能操作方法”等系列措施，特别是在“车辆购置选型、技术结构调整、运营动态调控、精细化管理”等方面推动节能减排，建立了一系列奖惩制度，形成了一套行之有效的道路客运节能管理方法，提高了全体职工节能减排的积极性和责任意识，营造了“打造低碳高效道路客运企业”的良好氛围。

项目实施前的2008年，常运集团公司的燃油消耗总量为11 229 155.57 L，旅客周转量为991 974 874 人，综合油耗为11.32 L/千人 km。项目实施后，2009年综合能耗为11.29 L/千人 km，2010年综合能耗为10.76 L/千人 km，2011年综合能耗为 10.17 L/千人 km；与项目实施前的 2008 年相比，三年累计节约柴油267.67万L，折合3 354.18 t标准煤，减少CO_2排放7 334.72 t。

2011年9月初至2012年3月底，40辆LNG客车耗气量为636.98 t，折合标准油651.88 t，减少CO_2排放2 036.36 t。

（三）模式推广前景

该模式适用面较广，适用于运营机制健全、重视节能减排工作的道路运输企业。

四、轨道交通制动能量回收与空调系统技术集成模式

（一）模式介绍

轨道交通地下车站通风空调系统由风系统和水系统组成，根据上海轨道交通运营线路的能耗统计数据分析，通风空调系统的能耗占整个车站总用电量的50%～60%，占整个轨道交通能耗的 25%～30%，对轨道交通的运营经济性影响很大。因此，通风空调系统能耗的降低，对整个轨道交通车站的节能具有十分重

要的意义。该模式集成了地下车站空调通风系统智能控制技术、地下车站空调水系统变流量智能控制技术和AOP高级氧化循环冷却水处理技术。

（二）集成示范效果

上海申通地铁集团有限公司在上海轨道交通的部分地下车站应用了通风空调系统节能环保技术，其中车站通风系统智能控制技术在上海轨道交通4号线浦电路站进行试点后，又在轨道交通2号线东延伸8座地下车站和10号线29座地下车站进行了较大规模的应用，取得了较好的节能效果。车站空调水系统变流量智能控制技术已在上海轨道交通2号线、4号线共8座地下车站应用，经测试，在满足运营安全的条件下，实现车站空调水系统总体节能20%～40%，达到了较好的节能效果。AOP高级氧化循环冷却水处理技术已在上海轨道交通的1号线、2号线、4号线、6号线等5座地下车站应用，取得了较好的节能效果。

（三）模式推广前景

随着轨道交通网络规模迅速扩大，轨道交通总体运营能耗量呈快速增长趋势，能耗问题也越来越突出。因此，如何突破关键技术，降低机电系统设备能耗，是轨道交通节能首要解决的问题。该模式广泛适用于国内轨道交通地下车站通风空调系统，有较好的推广前景。

五、水运停靠船舶使用岸电技术集成模式

（一）模式介绍

该模式集成了带式输送机减速电动机运行控制技术、顺料流方向启动流程控制技术、码头电网无功补偿及谐波治理技术、电能消耗实时统计监测技术、靠泊船舶使用岸电技术、风光互补照明技术及斗轮机零空闲变速操作技术七项技术。

（二）集成示范效果

连云港港口集团2010年对10台带式输送机采用了减速电动机运行控制技

术；对常规的流程控制方式进行重新编程，实现了顺料流方向启动流程控制；对变电所交流接触器控制投入型无功补偿装置的控制策略进行改造，使得功率因数达到 0.98 以上；在生产自动控制系统中增加了电能消耗的实时统计监测功能，可实时监测整个码头系统的能耗；采用新能源技术，在码头后沿设置 9 盏 15 m 风光互补照明高杆灯；在码头建设时配套建设船舶使用岸电装置，提供靠港船舶使用岸电的条件。

该项目总投资为 1 872 万元，每年节约电能 232.3 万 kW·h，节约燃油 379 t，共折合标准煤 1 490.7 t，节约费用约 540 万元，减少 CO_2 排放 3 476 t，单位节能量的资金投入为 1.26 万元/t 标准煤。

（三）模式推广前景

该模式适合在国内大型专业化散货码头广泛应用。项目初期投资较大，大型港口企业易实施，中小型港口实施有一定困难，需各级政府和交通主管部门提供相关政策和资金支持。

六、水运集装箱码头技术集成模式

（一）模式介绍

该模式集成了带式输送机减电机运行控制、顺料流方向启动流程控制、码头电网无功补偿及谐波治理、风光互补照明共四项技术。这四项技术涵盖了装卸工艺优化、电能质量升级、绿色能源利用等多个方面，实施环节涉及港口装卸生产和辅助生产环节，港口运作各主要环节的节能减排技术通过集成后可以有效衔接、形成系统，进而从整体上推进港口节能减排。上述集成技术可行性较高，应用现状较好，可以在港口行业内推广应用。

（二）集成示范效果

连云港旗台作业区散货码头包括 1 个 25 万 t 级矿石卸船泊位和 2 个 10 万 t 级矿石装船泊位及其配套设施。2011 年上半年，连云港旗台作业区散货码头经营人实施了上述四项节能减排技术，取得了一定的节能减排成效。

1．带式输送机减电机运行控制实施内容

2011 年 5 月，连云港新苏港码头有限公司从常州天牛离合器厂采购的第一台超越离合器安装于 BC10B1 带式输送机上，同时在变电所内安装了超越离合器的控制柜，控制柜与变电所电控柜相连。控制柜用于检测各种信号以便控制超越离合器。

2．顺料流方向启动流程控制实施内容

2011 年 8 月连云港新苏港码头有限公司向带式输送机供货公司提出了顺料流控制的需求，该公司选取一条装船线作为试点进行顺料流方向启动改造，在带式输送机系统中增加了顺料流方向启动的控制程序，并在软件页面上增加了流程切换按钮。

3．码头电网无功补偿及谐波治理实施内容

2011 年 5 月 12 日完成连云港 25 万 t 级矿石码头 1#变电所无功补偿改造。在不改变原有硬件的情况下，只对 10 kV 电容补偿装置控制器程序进行改造，以 10 kV Ⅱ、Ⅲ、Ⅳ段电源进线需要平衡的平稳无功功率作为控制目标，实现 10 kV Ⅱ、Ⅲ、Ⅳ段电源进线平均功率因数达到 0.98 以上的目标。

4．风光互补照明技术实施内容

风光互补照明工程于 2011 年 7 月完成。风光互补照明系统的太阳能电池组和风力发电机塔架均布置在码头变电所的屋顶，不会影响码头的生产运行；蓄电池容量可以满足码头 10 h 照明用电需求，蓄电池位于变电所的内部，保证蓄电池处于良好环境，有利于延长蓄电池的寿命；在原来高杆灯的基础上对照明光源进行改造，将金属卤素灯改为 LED 灯，LED 灯由强光射灯和泛光灯组成，可以满足码头面的照度要求。

利用连云港旗台作业区散货码头 2011 年下半年与采取相关措施前的 2010 年 5—9 月的能源消耗状况进行比较分析可得出，采用节能减排技术集成后，单位吞

吐量能耗下降情况如表 13-2 所示。

表 13-2 技术集成实施后装卸生产能耗变化

作业方式	货种	单位吞吐量能耗下降量/（kW·h/t）	单位吞吐量能耗下降幅度/%
卸船	矿石	0.10	10.48
	煤炭	0.49	32.22
装船	矿石	0.17	18.97
	煤炭	0.45	33.15

以一年为计算比较节能量的时间，按该项目工程目前完成年吞吐量 2 737.4 万 t，码头装卸生产节约电能 4 880 000 kW·h 为基础计算节能量。考虑到风光互补照明技术改造年节约照明电耗 78 149 kW·h，该项目工程实施节能减排措施年节约电能 4 958 149 kW·h。

根据《综合能耗计算通则》（GB/T 2589—2008），电力折标准煤系数取 1.229 t 标准煤/万 kW·h，该项目工程实施节能减排措施的初步效果为年节能量 609.35 t 标准煤。

（三）模式推广前景

上述技术集成模式的推广领域为港口行业。由于集成技术中的带式输送机减电机运行控制和顺料流方向启动流程控制两项技术针对干散货带式输送机装卸工艺，因此，本技术集成适用于干散货专业化码头以及拥有干散货带式输送机装卸工艺的港口。在国家建设资源节约型、环境友好型社会的要求下，应促进港口行业不断强化节约资源的意识和行动，倡导在码头建设和运营过程中加强节能减排成熟经验和典型技术的应用。该节能减排技术集成符合国家建设资源节约型、环境友好型社会的要求，符合港口行业绿色低碳发展的新趋势，另外，在节约能源降低排放的同时，也可以为港口企业带来可观的经济效益。因此，该节能减排技术集成在港口行业内有较大的推广潜力。

第十四章　建筑行业低碳技术集成模式

本章分别针对公共建筑、居住建筑等总结了六种减排技术集成模式（表 14-1）。

表 14-1　建筑行业减排技术集成模式

序号	集成模式	技术名称	示范工程	成效
1	能耗导向的建筑设计——典型办公建筑低碳技术集成	• 被动式节能技术 • 充分降低冷、热、电、水消耗的机电系统设计技术 • 与运行充分结合的控制技术等	中国建筑设计院科研创新示范中心，建筑面积 4.5 万 m^2	绿色三星级建筑，建筑能耗可控制在 70 kW·h/（m^2·a），相比北京市平均水平 124 kW·h/（m^2·a）下降了 42.3%，同时碳排放量降低 2 074 t/a
2	能耗导向的建筑设计——居住建筑减排技术集成	• 合理的照明配置 • 地源热泵空调系统 • 精准耗能分析 • 光伏发电系统	北京顺义区马坡别墅项目	建筑节能标准达到 68%
3	基于分布式能源利用的低碳技术集成	• 被动房式围护结构节能体系 • 框架-剪力墙结构体系 • 高效能空调设备 • 室内照明节能设计 • 节水系统 • 绿地与雨水渗透系统 • 智能化管理	德国企业中心项目，总建筑面积 75 384.57 m^2	年节电 225.4 万 kW·h，年节水 3.4 万 t
4	基于海水源热泵利用的低碳技术集成	• 节地与室外环境 • 建筑结构节能措施 • 高效能设备和系统 • 节能高效照明系统 • 可再生能源应用技术 • 节水技术 • 建筑节材技术 • 绿色节能运营管理	东南国际航运中心总部大厦	年节电 948 万 kW·h

序号	集成模式	技术名称	示范工程	成效
5	超低能耗被动式建筑低碳技术集成	• 被动房式设计 • 可再生能源应用 • 严格的施工监测和管理	秦皇岛“在水一方”住宅小区，总建筑面积 597 285 m^2	建筑全年节约标准煤总量为 997.92 t/a，减少 CO_2 排放总量为 2 954.92 t/a，节省采暖、制冷费用 198.31 万元/a
6	保障性住房低碳技术集成	• 被动房式设计 • 可再生能源应用 • 严格的施工监测和管理	北京市丰台区郭公庄公共租赁住房项目中的 12#楼多层居住建筑，总建筑面积 2 033 m^2	通过提高围护结构节能及采用跨季节太阳能土壤蓄热供热系统，采暖费用从 30 元/m^2，降至 24.6 元/m^2

一、典型办公建筑低碳技术集成模式

（一）模式介绍

以构建功能完善、以人为本的科研办公实用建筑，设计、施工与运行全过程管理的三星绿色建筑为目标，打造城市有机更新模式的标识建筑和示范建筑。该建筑技术集成包括被动式节能技术，充分降低冷、热、电、水消耗的机电系统设计技术，与运行充分结合的控制技术，形成目标能耗定额设计的技术路线图及技术清单。解决的问题：

（1）项目地处城市中心地带，如何使新建建筑成为城市的有机更新；

（2）项目属于旧建筑拆除改造，如何充分利用旧材料；

（3）项目要成为绿色建筑行业示范楼，如何达到超低能耗和高舒适性。

（二）集成示范情况

示范建筑：中国建筑设计院科研创新示范中心（图 14-1）。该中心位于车公庄大街 19 号院，建筑面积 4.5 万 m^2，包括 22 000 m^2 地上面积和 19 437 m^2 地下面积。建筑基底面积 3 454 m^2，建筑高度 60 m。建筑功能为办公、研发中心。该建筑获得绿色三星级建筑评价。

图 14-1　建筑概况

1. 建筑被动式设计

在建筑设计之初，为了给绿色节能设计打好本底，利用被动式设计降低建筑的能耗需求。建筑采用低传热系数的维护结构，保证建筑的能耗标准。应用于该建筑的围护结构技术，能使建筑能耗低于国家标准的 80%。通过利用 Radiance 模拟计算楼层室内自然采光，在室内设置立面反光板，同时改变室内功能区的布局，令各功能区能够充分接收自然采光。建筑现有外部阶梯式设计，充分利用自然通风和自然采光。阶梯性的平台设计通过容易识别和方便使用的步行系统，引导人们减少电梯使用，达到行为节能的目的。

2. 低影响开发

新建建筑场地在减小建筑开发基底的同时，增加了场地绿化面积，增加了屋顶绿化，丰富和提升了建筑周边的生态环境。

3. 建筑节水技术

建筑设计年用水量为 36 565 m^3，比普通办公楼节水 20%。在建筑中利用非传统水源，年再生水用量 12 320 m^3，非传统水源替代率为 33.7%。回收空调冷凝水。优质杂排水全部作为中水处理回用。在室外场地设计雨水收集利用系统，把屋面和广场的雨水收集处理后用于绿化灌溉、道路冲洗和景观用水，且地面广场大量采用透水铺装。于室外建立 200 m^3 的雨水收集池。该建筑年回收利用雨水 1 405 m^3，占回用水的 11.4%。

4. 立面遮阳

通过对立面得热分析，在西立面中大、小办公室和开间办公室邻近的侧窗外设置可调外遮阳。该建筑在设计中通过 Ecotect 分析得出里面的得热表型，并将此结果作为支持优化设计的理性依据。

5. 可再生能源应用

建筑内应用可再生能源，包括太阳能生活热水、太阳能空调、太阳能光伏和地下车库太阳能光导管照明系统。建筑顶层的太阳能热水装置供应量满足生活热水总消耗量的 10%。光伏与光导管作为示范为建筑提供电量和白昼地下照明。

6. 高效节能设备

通过对建筑全生命周期的经济技术分析，选用了适宜的能源控制系统、先进的供冷系统及高效的节能节水设备。主要系统：①节电光源智能照明控制；②电梯能源再生系统；③温湿度独立控制系统；④太阳能空调与电制冷系统；⑤空调凝水回收及中水利用系统。

7. 建筑节材

旧建筑的混凝土拆除后进行废物循环再利用，通过工厂碾碎再加工，生成再生混凝土重新使用；旧建筑拆除的玻璃、金属及可能回收的废物收集后进行出售，制订并实施垃圾管理计划。保证无害化和可循环的建材利用。

8. 绿色节能管理运营

设定了精细的绿色节能运营和管理制度，辅以对使用者的教育影响和节能行为引导，保证建筑低能耗节能运营。

该建筑通过各种节能技术、节能设计以及后期的绿色运行管理，建筑能耗可控制在 70 kW·h/（m^2·a），相比北京市平均水平 124 kW·h/（m^2·a）下降了 42.3%。同时碳排放量降低 2 074 t/a，SO_2 排放量降低 62 t/a，NO_x 排放降低 31 t/a，碳粉尘排放降低 566 t/a。

建筑内空调、照明、电器和办公设备、电梯、给排水提升、电开水器及其他（如信息中心）设计总电耗 4 548 500 kW·h/a，即 109.5 kW·h/（m^2·a），相当于北京市商用写字楼平均水平的 88%，比 19 号院现有用电节省 11%，是德国先进水平的 1.3～1.9 倍。热力消耗主要为采暖、生活热水，计 8 175 GJ/a（相当于 227 万 kW·h）。

（三）推广应用前景

项目的方案—设计—招标—施工及以后的运行维护，严格按照绿色建筑的实施要求进行管理，在节水、节能、节材、节地等方面大大节约了社会资源，并提高了室内环境的舒适度和经济效益。从某种意义上说，该项目不仅是绿色建筑示范项目，更是一个生态建筑实践的典范。

该模式为新建绿色建筑与城市现有建筑有机结合提供了良好的示范。建筑内部应用的绿色节能技术获得了良好的效果，其设计理念可以广泛推广、应用到低碳节能办公建筑之上，以期获得高度的城市融合度及超低能耗和高舒适性的建筑环境要求。

二、居住建筑技术集成模式

（一）模式介绍

作为居住建筑，居所的设计首先要满足居民的需求。不同的家庭成员和多样的功能空间决定了室内多样的能耗需求。建筑设计要满足本居所内厨房、健身房、设备机房、保姆间、储藏室、走廊、酒窖、洗衣间等多种功能。

该模式分析了建筑的耗能量和所在地域的自然条件，通过研究获得了充分降低用能消耗和采用可再生能源替代常规能源、最终实现零能耗建筑的路径和方法。

通过该模式希望对别墅类建筑节能提供参考示范。

（二）集成示范情况

示范建筑：北京顺义区马坡别墅项目（图 14-2）。结构形式：砖混。耐火等级：二级。设计合理使用年限：50 年。抗震设防烈度：8 度。单栋建筑面积：829.1 m^2，其中，地上建筑面积 563.5 m^2，地下建筑面积 265.6 m^2。建筑层数：地上 4 层，地下 1 层。建筑高度：12.7 m。

图 14-2　居住示范建筑外貌

该居所是为一个三代同堂、热情好客的大家庭而设计的，居所内常住人口为 8 人。建筑为地上三层，首层设置了客房、厨房、会客厅、洗衣房、车库，二层房间包括三间卧室、儿童房，二层以上就属于家庭成员的休息区，三层是家庭主人的专属区域，由书房、阳光房、更衣间、卧室、卫生间组成。地下一层设置了娱乐影音室、健身房、游戏室、宴会厅、设备机房、储藏室、酒窖、保姆休息室等。

屋顶层包含一个卧室和一个屋顶休息观景平台，其他区域作为该建筑的产能平台——太阳能光伏板的摆放空间，这个空间也是该建筑绿色理念最直观的体现。

该居所位于北京，属于太阳能资源丰富带。居所使用光伏发电为建筑提供电力供应。建筑节能标准达到68%，高于北京市现行节能标准的65%。该居所的体型、窗墙比条件可以通过增加保温实现80%的最高节能比例。全年生活起居消耗的电量约为34 400 kW·h，日均耗电94 kW·h。

1．合理的照明配置

不同的家庭成员和多样的功能空间决定了照明方式的多样性，根据不同需求来选择合适的节能灯具。

2．地源热泵空调系统

空调冷热源采用地源热泵系统，满足建筑全年的暖通负荷需求。该项目采用两台地源热泵热回收机：制冷量83.3 kW、制热量87.2 kW，在夏季提供7/12℃空调供回水，冬季提供45/40/12℃采暖供回水。空调末端根据季节分设了两套系统，夏季空调负荷为 72.6 kW，采用风机盘管加新风换气系统，冬季采用地板敷设采暖加新风换气系统，采暖负荷为30.7 kW。

3．精准耗能分析

基于比较稳定的技术模型分析得出精确的耗电需求，建立了行为模式模型，解决了空调与照明混合计算的方法。根据具体情况，设置了人员行为模式和房间使用模式。根据相应的人员模式，估算与其相关的负荷，以此来确认建筑各时段负荷。

4．可再生能源应用

建筑的可再生能源利用主要为光伏发电系统。光伏设备布置于屋顶，由于屋顶面积所限，通常光伏设备发电量不能满足全部用电需求。综合天气、建筑结构和光电设备特性构建了最优方案。经过计算，全年光伏发电量约为 10 500 kW·h，相当于平均每天发电 28 kW·h。

（三）推广应用前景

该项目在居住建筑节能和可再生能源在居住建筑上的应用方面起到了良好的示范作用。项目提供了以逐日太阳能辐射量模拟光伏发电量，进而建立蓄电池容量计算方法，并且建筑分析中应用了 BIM 方法。建筑中建立了行为模式模型，首次解决了空调与照明混合计算的方法。基于以上突破点，项目形成了比较稳定的技术体系模型。作为一个低能耗别墅的建筑产品，该项目可以作为示范项目进行广泛推广。

该项目在保证较高的室内舒适度和良好的生活水平的前提下，达到了高于北京市节能标准的节能效果。通过可再生能源的应用，大大减少了建筑整体的年耗电量，向社会展示了绿色节能技术在居住建筑上应用的成果，让人们确实地了解了绿色建筑在节能减排方面的功效以及对建筑舒适度的提高，为今后类似居住建筑、低能耗公寓的设计提供了切实的经验。

三、基于分布式能源利用的低碳技术集成模式

（一）模式介绍

该模式是绿色建筑的典型示范。项目用能（园区电力、燃气及空调采暖能耗等）由第三方提供，通过对项目用能方案进行梯级利用分析，有效控制了可再生能源比例的供给及高性能设备的选用，与各方进行协同工作，达到项目绿色建筑三星级标准。

（二）集成示范情况

示范建筑：德国企业中心项目（图 14-3），项目同时达到 DGNB 金级（德国绿色建筑体系）和绿色建筑三星级标准。位于山东省青岛市中德生态园内幸福宜居组团东南角，东南至生态园环 6 号路，西至生态园 38 号线，北至生态园 11 号

线。总占地面积 28 314 m^2，总建筑面积 75 384.57 m^2。工程投资约 55 466.21 万元，为现浇钢筋混凝土框架剪力墙结构。开发与建设周期为 2013 年 11 月 15 日—2015 年 8 月 29 日。该项目分为北区和南区两个子项。南区总建筑面积 21 851.46 m^2，其中地上建筑面积 16 432.28 m^2，地下建筑面积 5 419.18 m^2，建筑功能包括商务办公和餐厅等。北区总建筑面积 53 533.11 m^2，其中地上建筑面积 39 840.37 m^2，地下建筑面积 13 692.74 m^2，包括德国中心、酒店、能源培训学院、商业连廊等建筑功能。

图 14-3　中德生态园建筑外貌

该项目通过综合利用高性能隔热结构、高效空调设备、可再生能源、高效照明系统、自然采光，大大降低了运行能耗。初步估算预计年平均单位面积节约用电量约为 29.9 kW·h，全年可节约用电量 225.4 万 kW·h。该项目利用中水进行室内冲厕、车库冲洗和绿化用水，另收集雨水用于绿化、洗车等。经估算年可节约市政用水 3.4 万 t。

依据以上节能和节水数据，按商业用电 0.83 元/（kW·h）、自来水费 3.5 元/t 计算，全年的节电费约为 187.1 万元、节约水费 11.8 万元，合计 198.9 万元。以以上节电量为基础，折算项目节约标准煤 811.4 t，每年可减排 CO_2 2 004.3 t、SO_2

16.2 t、粉尘 8.1 t。同时，该项目通过中水利用，减少每年污水排放量，减轻了市政水处理压力。

1. 被动房式围护结构节能体系

建筑采用屋顶大面积绿化，绿化面积为 3 672 m^2，占屋顶可绿化面积的比例为 56%。屋面保温构造采用 85 mm 厚酚醛树脂保温层，传热系数为 0.27 W/(m^2·K)。外墙保温构造采用 30 mm 厚 STP 超薄真空绝热板，传热系数为 0.28 W/（m^2·K）；外墙与屋面热桥部位的女儿墙内侧采用 20 mm 厚 ZL 胶粉聚苯颗粒来保温；幕墙设计选用三层 5+15A+5+15A+5 Low-E 中空玻璃，传热系数为 1.3 W/（m^2·K）。

2. 建筑节材

项目采用框架-剪力墙结构体系，无大量装饰性构件。主体结构全部采用高性能钢筋和高强度混凝土，大大节约了建筑材料。钢混主体结构 HRB400 级（或以上）钢筋作为主筋的用量为 9 897.28 t，作为主筋的比例为 100%；混凝土承重结构中采用强度等级 C50（或以上）混凝土的用量为 11 033.38 m^3，占承重结构中混凝土总量的比例为 100%。

项目施工过程中全部使用预拌混凝土和预拌砂浆，降低了对环境的污染，青岛地区属于强制使用预拌砂浆的地区。

项目室内装修与土建、结构等进行一体化设计，在装修时不破坏和拆除已有建筑构件，避免了材料装修的浪费。项目室内办公区域采用大开间设计，可变换功能的室内空间采用灵活隔断的比例达到 80.9%。

3. 高效能空调设备

由于建筑布局合理，单体建筑进深尺寸较小，且采用大面积外窗，使得该项目在自然通风方面表现优异。建筑主要以南北朝向为主，在北向外门均采用转门，防止冬季冷风入侵。主要功能房间外窗为平开窗，且可开启面积大，利于夏季自然通风。在夏季平均风速和过渡季平均风速的条件下，室内主要功能空间整体换气次数均在 2.5 次/h 以上。

中德生态园1号泛能站工程是中德生态园幸福社区、德国企业中心及生态小学分布式能源系统联合功能项目。其余热为德国企业中心采暖、溴冷机提供热源。德国企业中心项目能源中心设置在南区地下一层，夏季冷源形式：1台螺杆式地源热泵机组、2台水冷螺杆式冷水机组和1台热水型溴化锂机组。冬季热源形式：1台螺杆式地源热泵机组、来自一号站发电余热。地源热泵系统的供冷量为756 261 MJ/a，供热量为560 231 MJ/a。

4．室内照明节能

项目布局进深较小且开窗面积大，这些措施能将更多的自然光引入室内，改善了室内的采光效果。同时，项目通过设置大面积的下层广场、光导管将自然光引入到地下，改善地下采光环境。85%以上的主要功能空间的室内采光系数能够满足现行标准要求。

依据高差地形，建筑地下一层露出地面处设置外窗，引入自然光；南区地下一层车库设置光导管引入自然光，改善地下空间自然采光效果。

高效照明系统：一般场所为节能型高效荧光灯，灯型为三基色节能型T8灯管，地下车库内设置自动降低照度的LED灯系统，房间照明功率密度值不高于《建筑照明设计标准》（GB 50034—2013）规定的目标值。

5．节水系统

竖向分区供水，二次加压采用叠压供水设备的供水方式。低区由市政给水管直接供水，中区由叠压设备供水。全年总用水量为82 017 m^3。室内卫生器具采用节水器具，采取有效措施避免管网漏损。室外绿化灌溉方式为滴灌。该建筑应用太阳能热水系统，采用集中集热、集中供热的系统形式，太阳能集热器设于酒店屋面，采用全玻璃真空管集热器，集热器总面积600 m^2，太阳能热水提供量为5 551 m^3，占生活热水量的11.8%。自建中水处理站，中水用于室内冲厕、车库冲洗、绿地灌溉、道路浇洒。非传统水源来自北区污废水及雨水收集，年提供量为38 261.9 m^3；非传统水源年用量为33 772 m^3，替代率为41.2%。

6. 绿地与雨水渗透系统

该项目景观风貌充分体现了自然与城市的关系，人工环境融入自然生态环境，景观面积约 3.7 万 m^2。屋面雨水通过屋顶种植进行收集和滞留，多余的雨水采用 87 型雨水斗收集，排至室外散水面。室外地面雨水首先经过绿地、透水铺装的入渗和滞留，多余的雨水部分排入城市雨水管道，部分排入项目中间水体，并在中间水体设取水井和潜水泵，按年收集雨水量泵入中水处理设施的原水池入水口。

7. 智能化管理

项目建筑智能化系统遵循技术先进、方便实用、安全可靠、具有开放性和互联性、可扩展等原则。智能化系统主要包括信息设施系统（ITSI）、建筑设备监控系统（BMS）、安全技术防范系统（PSS）、智能卡应用系统，并确定了上述系统中所包含的子系统。

室内控制系统对室内空调通风设备、外窗内遮阳、室内温度、室内照明控制等分小组（<3 人）控制。建筑能源管理系统包括每间办公室电表、每层电表、空调机房内各机组、配电室内各设备。系统能将信号上传至总部或上级，提供准确、完整、及时的重点设备用能和用户能耗情况，给业主提供最合理有效的节能措施，给管理决策者提供支撑，并能及时分析出故障点。

（三）推广应用前景

该项目是全球最大的 DGNB 金级预认证综合体项目，也是亚洲第一个在建的 DGNB 预认证金级项目，更是国内首个将国家绿色建筑三星级与德国 DGNB 金级相结合的双认证项目。

通过该项目经验成果的扩散以及项目的公开展示和宣传，一方面可向社会公众真实展示项目的绿色理念和成果，为各开发企业在建筑绿色建造和运营、环保、节能方面提供表率作用，为开发企业的建造和运营提供可借鉴的经验；另一方面可以让人们更形象、更深刻地认识到绿色建筑所能带来的舒适性的提高，从而引导建筑设计向良性、环保、可持续的方向发展，推进建筑业的技术革新，为绿色建筑的推广提供实际经验，并带动建筑材料、建筑咨询等相关产业的发展，具有显著的经济效益、环境效益和社会效益，具有非常重大的推广前景和潜力。

四、基于海水源热泵利用的低碳技术集成模式

（一）模式介绍

该模式将可持续发展的理念贯穿于规划设计、建筑设计、建材选择、施工、物业管理过程，营造出人与自然、资源与环境、人与室内环境的和谐发展。示范建筑为海西城市群规划中的重点项目，也是福建省及厦门市的重点项目，为厦门乃至福建规模最大的绿色公建组群。该建筑技术集成模式为南方近海公共建筑节能低碳提供了良好的示范样本。

（二）集成示范情况

示范建筑：东南国际航运中心总部大厦（图 14-4）位于厦门海沧区 05-11，海沧新城南侧，西临海沧内湖，东临海沧大道；项目由 36#地块（E、F 两座）和 37#地块（A、B、C、D 四座）组成，占地面积 10.45 hm^2，总建筑面积约 60 万 m^2，总投资约 55 亿元，2013 年 2 月开工，2016 年主体建筑封顶。

图 14-4 东南国际航运中心总部大厦建筑外貌

以节能和节水数据为基础，年节电 948 万 kW·h，年节水 8 260 m^3，按商业用电 0.83 元/（kW·h）、自来水费 3.5 元/t 计算，全年的节电费约为 787 万元、节约水费 52 万元，合计 839 万元。

折算项目节约标准煤 3 413 t，每年可减排 CO_2 8430 t、SO_2 68 t、粉尘 34 t。项目的中水、雨水及海水利用减少了每年的污水排放量，减轻了市政水处理压力。

参照建筑项目能耗分析，A、B 座节能提高 24.45%，E、F 座节能提高 24.72%。

1. 合理布局

建筑的布局及尺度充分考虑对自身、周边建筑及环境的影响，以求项目自身获取良好的日照通风条件。建筑布局整体规整集中，和各方向的道路保持了良好的呼应姿态；各楼基本为南北向布置，底部均设有通风廊道，夏季有利于“穿堂风”的形成，冬季景观绿化可对东侧正门的冷风进行遮挡，减小了建筑对其外部城市空间及其他建筑的日照、气流、城市景观及视廊的遮挡或阻隔。

2. 建筑结构节能措施

建筑合理应用建筑外围护结构保温隔热技术，降低了建筑的冷热负荷，减少了建筑的能量需求，为绿色节能技术的应用打好了基础。围护结构整体综合热工性能提高 10%。合理提高围护结构保温隔热性能，屋面保温采用 60～70 mm 憎水膨珠保温砂浆、种植屋面，外墙保温采用 30 mm 厚 A 级聚苯板，窗采用 HS12+1.52SGP+HS12+12A+TP12mm 双银 Low-E 夹胶中空玻璃。E、F 楼二层屋顶采用绿化（种植屋面），建筑采用层层退台设计，达到建筑外遮阳一体化，并配合使用铝合金挑檐，在避难层等区域结合空间使用特性采用铝合金百叶。在 A 座屋顶天窗（会所上空），B 座屋顶采光天窗（共享大厅上空），E、F 座七层玻璃采光屋面等区域设置电动可调外遮阳百叶。对玻璃幕墙进行合理开启（可开启面积近 6 000 m^2，可开启面积比达到 8.2%），使建筑整体平均通风换气次数达到 4～7 次/h，减少夏季及过渡季节空调使用时间。

3. 高效能设备和系统

项目冷热源由海水源热泵热能源站提供，能源站设高性能冷水/热泵机组。空调系统根据房间的使用功能和空间整体布局采用合理分区，设有全空气空调系统、风机盘管加新风系统。空调的水系统均采用了变频设备：冷冻水泵变频控制。

建筑利用水蓄冷系统节约 16.5 MW 的冷水机组装机（项目装机冷负荷 38.5 MW），充分利用厦门地区的峰谷电。利用空调制冷时热泵机组产生的废热生产项目的生活热水，达到了能源的高效综合利用。

中央空调系统采用的是智能模糊控制系统，与变频技术结合，自动控制水泵等运行，使空调系统在各种负荷条件下均能处于最佳工作状态，从而实现综合优化节能。空调系统设 CO_2 浓度监测装置，与新风系统联动，根据用户需求实现集中控制；同时新风系统设高效热回收装置（热回收效率≥60%）。

生活水泵、热水循环泵等采用变频运行；采用节能电梯，实现电梯的节能运行。

项目设计能耗独立分项计量系统，以实现建筑能耗的分类、分项计量及管理。空调系统设热计量装置，用电除在高压侧设置计量表外，在低压侧配电柜的各个支路设计量，实现分类、分项计量。

4．节能高效照明系统

建筑充分利用自然采光，通过在 A、B 座区域设置 2 个大面积的下沉广场、2 个自然采光井，E、F 座区域使用 20 多个光导管，将自然光引到地下。近 90%以上的主要功能空间室内采光系数达到 3.3%。

地下车库采用 LED 荧光灯，办公室、会议室等功能场所为荧光灯或其他节能型灯具，灯具具有高效、长寿、美观和防眩光功能，光源具有较好的显色性和适宜的色温，所有功能空间的照明功率密度值均达到《建筑照明设计标准》中的目标值要求，有较大幅度的降低（办公房间照明功率密度为 7.7 W/m^2，地下车库的照明功率密度为 2.2 W/m^2）。

各层设备房、办公室等区域采用人工控制方式；大堂、大型会议室、餐厅、多功能厅等采用智能控制；地下车库、地上走道、楼梯厅等处照明采用智能控制系统，并组网到中控室；楼梯间及其前室等场所采用声光感应自动控制。

5. 可再生能源应用技术

项目三面环水，内湖水域面积广阔，外海与项目地仅有一路之隔，天然海水资源十分丰富，海水夏季作为冷却水效果良好，优势非常明显。该项目冷热源及生活热水均由海水源热泵能源站提供，空调供回水温度为5.5/12.5℃，海水源热泵能源站利用板式换热器从海水中提取冷量和热量为末端供能，同时利用夜间低谷电进行生活热水的制备及对蓄能水池进行蓄冷，蓄能水池在白天负荷尖峰时刻与主机共同供能。

能源站由五台高性能离心式冷水机组、一台高性能离心式热泵机组、两台螺杆式热泵和一台高温型离心式热泵机组组成，另设一个近9 500 m^3的蓄水水池。

6. 节水措施

建筑项目各栋楼均设置屋顶绿化渗透系统，既隔热保温又收集用水，总面积达到1.2万m^2，绿化地面、透水砖铺装形成透水楼地面总计2万m^2。室外透水面积比达到41%。建筑给水系统分区设计，由变频给水泵供水；项目内卫生器具100%选用节水型卫生器具及配水件。室外绿化灌溉方式采用滴灌和微喷灌。项目设计有建筑中水系统。项目对场地内的屋面雨水进行收集利用，地块内设埋地式模块蓄水池收集部分经弃流后的雨水，经简单处理达标后用于室外绿化和水景补水，雨水集水池设置于地下。

7. 建筑节材

项目采用由钢管混凝土框架与钢筋混凝土核心筒组成的框架-核心筒结构，具有可获得更高楼高限值、节省层高、减轻自重、施工快、低噪声、提高可回收建材使用率等诸多优点；同时，还具有资源消耗量相对较小、经济性相对较高的特点。项目采用框架-核心筒结构体系，局部区域使用钢结构，采用玻璃幕墙体系，可再生循环材料使用重量占所用建筑材料总重量的比例达到16%。项目室内办公区域采用大开间设计，装修计划采用灵活隔断，可变换功能的室内空间采用灵活隔断的比例达到99%。

8. 绿色节能运营管理

引进具有ISO环境管理体系认证的物业单位，建立节约资源、保护环境的物化管理系统——完善的管理系统可以达到节约能源、降低能耗、减少环保支出、降低成本的目的。为保证建筑设备、系统的高效运营、维护、保养，应对机电系统设备定期检查和清洗，以提升设备系统性能。通过应用智能化系统，可以达到提高建筑物能效管理水平的目的，同时配合实施资源管理激励机制。

（三）推广应用前景

该项目除了可以提高自身的办公质量，项目经验成果的扩散还有利于宣传绿色建筑知识，特别是超高层综合体项目绿色设计、建造和运营知识，并向社会公众真实展示项目的绿色理念和成果，为全国超高层综合体项目开发企业在绿色、环保和节能方面提供表率作用，为相关企业的绿色发展提供了可借鉴的经验，具有显著的经济效益、环境效益和社会效益，具有非常广阔的推广前景和潜力。

五、超低能耗被动式建筑低碳技术集成模式

（一）模式介绍

自2010年以来，德国能源署与中国住房和城乡建设部科技发展促进中心在中国开展紧密合作，推动被动式低能耗建筑示范项目，并取得了显著的成效。在河北秦皇岛实施的被动式低能耗住宅示范项目——“在水一方”，有望成为中国建筑节能领域的新一代标准。该项目代表了中国未来高能效建筑的发展方向，所以受到了两国住建部领导的密切关注。中国住房和城乡建设部希望通过该示范项目的实施，积累在高能效建筑设计、施工、建筑材料和能效技术应用等多方面的经验，从而发现有待解决的问题，并有针对性地寻求解决方案。

该合作项目对于能效技术市场条件的进一步完善、专业技术知识的补充，以及建筑节能市场化运作理念的树立具有深刻的示范和指导意义。与此同时，在德国经实践证明的能效标准也能在中国市场得以应用，并为实现国家节能减排和气

候保护目标做出重要贡献。

（二）集成示范情况

示范建筑："在水一方"项目（图 14-5）。该项目地处秦皇岛市海港区西部、和平大街以南、西港路以西、汤河以东、滨河路以北。小区为新建居住小区，由多层住宅区、高层住宅、别墅区和公建等组成。用地面积共计 17.81 hm^2。项目总建筑面积 597 285 m^2，其中地上建筑 497 444 m^2，地下建筑面积 99 841 m^2。

图 14-5　项目概况

建筑采用多种可再生能源技术，并且应用被动房技术及标准，该项目由多幢按照德国被动式低能耗建筑标准设计施工的住宅建筑组成，被动房占建筑整体规模 150 万 m^2 的综合项目的一部分。单体建筑 18 层，45 套房，共计 6 500 m^2。

经过被动房式设计，建筑达到以下成果（表 14-2）：

表 14-2　示范工程能耗计算指标

指标	数值
供热一次性能源需求量/[kW·h/（m^2·a）]	7.66
最大供热负荷/（W/m^2）	8.14
制冷一次性能源需求量/[kW·h/（m^2·a）]	8.12
最大制冷负荷/（W/m^2）	13.22
供热（制冷）、生活热水和家庭用电的一次能源消耗/[kW·h/（m^2·a）]	7.66

从总体节能效果来看，建筑冬季供热耗煤量为 1.46 kg/（m^2·a），相比秦皇岛标准节能 65%房屋所规定的 10.97 kg/（m^2·a）节约 9.51 kg/（m^2·a）。夏季空调耗煤量为 0.19 kg/（m^2·a），相比秦皇岛标准节能 65%房屋所规定的 1.94 kg/（m^2·a）节约 1.75 kg/（m^2·a）。太阳能热水系统节煤 1.16 kg/（m^2·a）。总节煤量为 12.42 kg/（m^2·a）。

建筑全年节约标准煤总量为 997.92 t/a，减少 CO_2 排放总量为 2 954.92 t/a。节省采暖、制冷费用 198.31 万元/a。

1．被动房式设计

被动房要求居住空间的采暖能耗不超过 15 kW·h/（m^2·a），采暖热指标不超过 10 W/m^2；在有制冷要求的地区，制冷能耗的限值与采暖匹配，可以有一定的除湿补偿。

为了达到这一标准，建筑需要围护结构极好的保温隔热措施和体积紧凑、良好的 A/V 比。该项目中，采用 22 cm 厚的 EPS（WLG 030）高性能外墙外保温系统及矿棉防火隔离带[传热系数 0.13 W/（m^2·K）]。屋顶[传热系数 0.10 W/（m^2·K）]和楼板［传热系数 0.12 W/（m^2·K）］也做了保温处理。

该项目对建筑中会出现热桥效应的位置进行了防热桥处理，以减少热桥效应所造成的能量流失，包括各种支架、平台、外部楼板、管道风道穿墙等部位。

建筑使用透光性、隔热性能良好的三玻两中空和真空玻璃窗，能够在保证室内热量的同时保证房间摄取的阳光热量［传热系数 0.9 W/（m^2·K）］。

外窗安装进行严格密封处理，在室内外压差 50 Pa 的条件下，每小时的换气次数不得超过 0.6 次。在常规的 10 Pa 左右压差下，每小时换气次数在 0.01 次左右。建筑需要减少门窗缝隙，增加气密性处理。管道和风道穿墙、留孔都要进行封闭处理。

同时，为了保证室内用户在封闭条件下新鲜空气的需求，空调系统需要足够的新风供应。为了减少新风造成的热损失，还加装了新风热回收系统。将屋内污浊空气排出室外时将热量留下，同时在室外空气进入室内时进行过滤、除尘、灭菌、加热等，使室内时刻保持干爽、舒适的状态。

所有设备的一次能源消耗不超过 120 kW·h/（m^2·a），包括的设备有采暖设备、热水设备及其他用电设施。在项目中，所有用电设施选择节能高效的设备，热水由太阳能热水系统供应，空调系统采用高效能系统，配备智能室内空气环境系统控制模式，通过监测温度控制制热、制冷，通过监控 CO_2 浓度控制新风。

同时，在出风口处设置气源热泵，以完成出风口热回收。对夏季制冷系统的余热进行回收，用于生活热水的制备。

经过实际测试，热回收系统的实际运行情况良好，在高档运行中热回收率变化不大，空调系统运行稳定。

在全部居住空间内，一年内不超过 10%的时间温度超过 25℃。从建筑运行结果来看，建筑已经满足了室内用户的热舒适度需求。

2. 可再生能源应用

建筑配备太阳能热水系统。在高层建筑南立面窗下安装集热器，集热器的采光面积为 1.44 m^2，通过固定装置与建筑墙体有效结合，确保在高层建筑中使用时的安全性。太阳能热水系统每户独立，采用分体式太阳能热水系统，热水依靠自来水压力提供。太阳能集热器供应热水系统的全年太阳能保证率为 50%，阴雨不利天气时，不足部分可以通过电辅助加热。

地下车库采用太阳能光导照明。自然光光导照明系统通过采光装置聚集室外的自然光线并导入系统内部，再经过特殊制作的导光装置强化与高效传输后，由系统底部的漫射装置把自然光线均匀导入车库内需要光线的地方；从黎明到黄昏，甚至是阴天或雨天，该照明系统导入室内的光线仍然十分充足。

节电量按白天 10 h 计算，安装光导照明后车库白天可关闭一半的日光灯，节电量为 20.6×0.5=10.3 万 kW·h。

小区内部采用太阳能路灯。太阳能路灯的工作原理就是每盏灯都装有一块太阳能蓄电池，白天太阳能电池板接收太阳辐射能并转化为电能输出，经过充放电控制器储存在蓄电池中，夜晚光照度逐渐降低到一定程度，蓄电池进行放电。在小区南北向道路两侧、小区出入口等处安装了太阳能路灯。

3. 严格的施工监测和管理

德国能源署的质量保证工作贯穿于整个项目的实施过程：委派专家进行设计、施工、运营方面的培训和研讨，对设计图纸进行审核，以及对施工关键节点的现场监控。其显著特点是，从最初的设计阶段入手，综合考虑所有涉及能效的相关因素，实施全局性优化。

建筑过程中，德国瓦森贝格专家和德国迪索工程咨询（上海）有限公司、德国设能建筑咨询（上海）有限公司委派的专家对建筑进行监督、辅助、监测。

德国能源署、中国住房和城乡建设部科技与产业化发展中心、设计单位、开发商四方共同参与，紧密合作，制定了严谨精细的设计方案。尤其值得提出的是，作为项目开发商的五兴房地产公司慎始慎终，全力配合，对项目的成功实施发挥了重要作用。

开发商积极参与各阶段的培训，研讨及施工现场指导，认真学习吸收新技术建造样板房，在施工之前对技术工人进行被动房施工要点的系统培训。

在测试用房内对能效产品进行实际应用检测，尤其是与气密性相关的材料和产品。在测试用房内，反复尝试实践气密性优化措施，并成功通过首次气密性测试。项目整体竣工后将进行第二次气密性测试及热成像检测。

（三）推广应用前景

“在水一方”项目作为国内首个被动房技术应用在大规模居住建筑的项目，其成就和技术效果受到了社会各界的广泛关注。该项目目前成为国内被动房屋的低能耗示范工程，常年接待国内外参观学习人员。项目为国内正在发展的被动房技术提供了成功的样本，提升了社会对于被动房技术的了解和认可，从而引导建筑设计向良性、环保、可持续的方向发展，推进国内的被动房产业发展，也为今后的被动房设计提供了可借鉴的经验。

随着“在水一方”项目的完成，国内的被动房项目陆续出现，技术日渐成熟，这与“在水一方”项目的示范作用密不可分。

六、保障性住房低碳技术集成模式

（一）模式介绍

针对当前在保障性住房中推进绿色技术重技术体系研究、轻技术适用性和使用成本研究的问题，该模式把握保障性住房作为重要民生工程的核心本质，立足保障性住房的主体结构——公租房，研究和提出低运行和使用成本的保障房绿色技术；同时，关注和研究保障房室内空气质量问题，提出安全健康建材目录，为政府、设计和施工方提供可靠的建材选择。通过以上研究，解决了现阶段保障性住房绿色技术推广的经济和社会效益问题，同时让低收入承租者着实体会到绿色技术带来的实惠。

（二）集成示范情况

该项目选取北京市丰台区郭公庄公共租赁住房项目中的 12#楼作为参照建筑进行研究（表 14-3）。该建筑为比较常见的多层居住建筑，具有典型性，总建筑面积 2 033 m^2，建筑高度 17.9 m，朝向正南，地下 2 层，地上 6 层，共 46 户，为通廊式住宅。按北京市地方标准《北京市居住建筑节能设计标准》（DB11/T 891—2012）进行设计。

表 14-3 案例主要技术经济指标

序号	项目	单位	总计
1	规划建设用地面积	m^2	58 786
2	居住建设用地面积	m^2	58 786
3	总建筑面积	m^2	199 856
	地上建筑面积	m^2	146 964
	地下建筑面积	m^2	52 892
	总户数	户	3 017
	居住总人口	人	6 034
	容积率	万 m^2/hm^2	2.50

该模式集成的节能技术：

（1）户内水梯级利用技术（图14-6）：主要是收集洗脸盆、洗衣机和淋浴的优质杂排水作为敷设在卫生间降板区域内的水处理模块的处理原水。而这些优质杂排水依靠排水管道进入在户内设置的水处理主模块，经过滤和消毒工序后通过回用水泵将处理水回用到便器冲水使用。而作为污染物较多、处理难度大的便器和拖布池污水则通过排水管道与排水立管直接相连排出室外，减少污染的风险。

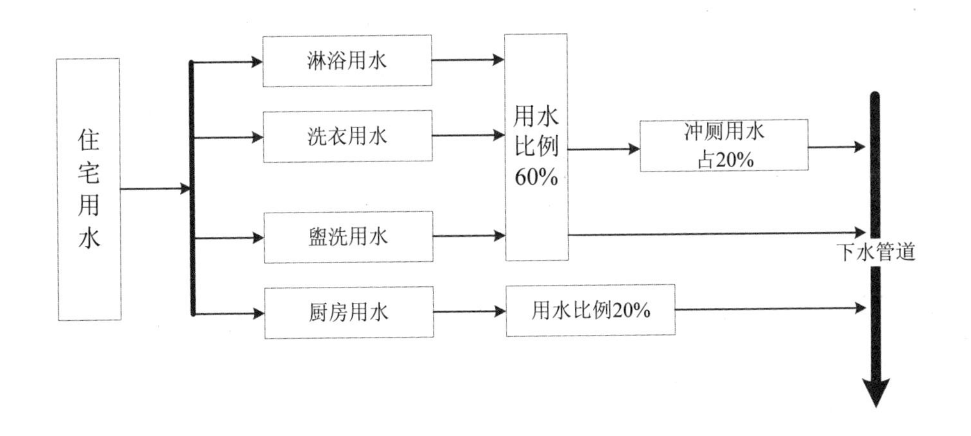

图 14-6 户内水梯级利用回用技术分项用水

（2）太阳能季节性蓄热系统技术（图 14-7）：综合考虑保障性住房特点及北京气候条件，选用液体工质集热板（平板集热器）间接式供热采暖系统，集热环路工质采用防冻液；蓄热系统选择短期蓄热与季节蓄热相结合的方式，末端采用低温地板辐射供暖系统，辅助热源设备采用燃气锅炉。

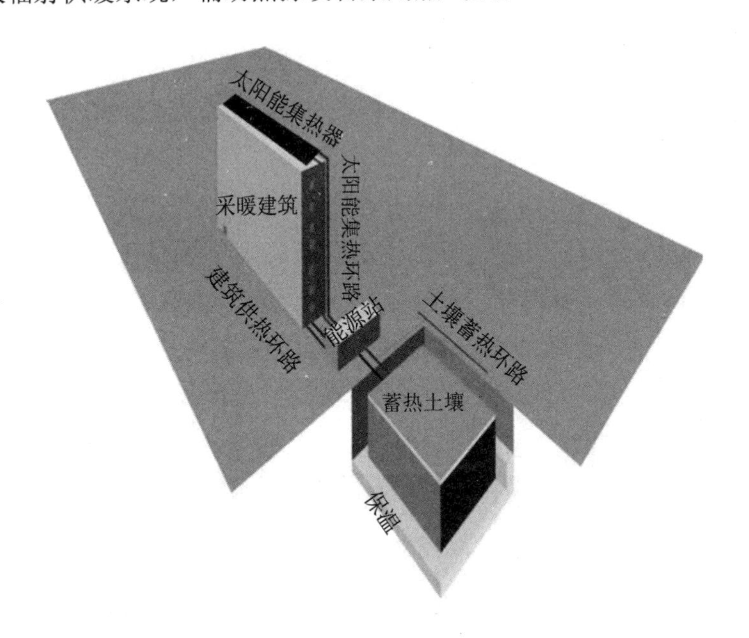

图 14-7 太阳能跨季节蓄热采暖系统

通过提高围护结构节能及采用跨季节太阳能土壤蓄热供热系统，采暖费用从30 元/m^2降至 24.6 元/m^2，降低了 17.9%，降幅明显。

采用跨季节太阳能土壤蓄热供热系统初投资为 92.07 万元（453 元/m^2），经济回收年限为 84.7 年。虽然系统投资不具有可回收性，但总投资不大，且能解决重大民生问题。若再考虑到可再生能源补贴等优惠政策，此系统值得研究推广。

（三）推广应用前景

跨季节太阳能土壤蓄热供热系统可有效降低家庭采暖费用，降低居民生活负担，符合当前需求。为太阳能采暖这种新能源利用提供了政策支持，可通过政府增加财政投入实现这一惠民政策。太阳能采暖具有广阔的应用前景，保障性住房中采用太阳能采暖技术能解决重大的民生问题，可减少一次能源消耗，在减少碳排放的同时为用户节约供暖费用，有条件的地方值得推广应用。

通过对太阳能季节性土壤蓄热供暖系统的研究和分析，该系统存在初投资较大的问题，今后需要继续进行深入研究，通过对系统的优化、新产品、新技术的应用，不断提高其经济性。

参考文献

[1] Regional Greenhouse Gas Initiative.http：//www.rggi.org，2017-07-13.

[2] Center for climate and energy solutions. Midwest greenhouse gas reduction accord[EB/OL]. http：//www.c2es.org/us-states-regions/regional-climate-initiatives/mggra，2017-07-13.

[3] Western Climate Initiative. http：//www.wci-inc.org，2017-07-13.

[4] US Department of Energy. Renewable electricity production tax credit（PTC）[EB/OL]. http：// energy.gov/savings/renewable-electricity-production-tax-credit-ptc，2017-07-13.

[5] US EPA. Energy star program[EB/OL]. http：//www.energystar.gov，2017-07-13.

[6] US Department of Transportation. Corporate average fuel economy[EB/OL]. http：//www.nhtsa.gov/fuel-economy，2017-07-13.

[7] US EPA. Combined heat and power（CHP） partnership[EB/OL]. http：//www.epa.gov/chp，2017-07-13.

[8] US EPA. Green power partnership[EB/OL]. http：//www.epa.gov/greenpower，2017-07-13.

[9] US EPA. Transportation，air Pollution，and climate change[EB/OL]. http：//www.epa.gov/ otaq/voluntary.htm，2017-07-13.

[10] US EPA. High GWP gas voluntary program[EB/OL]. http：//epa.gov/climatechange/ghgemissions/gases/fgases.html，2016-09-20.

[11] US EPA. High GWP gas voluntary program-aluminum industry[EB/OL]. http：//www.epa.gov/highgwp/aluminum-pfc/index.html，2016-09-20.

[12] US EPA. High GWP gas voluntary program-semiconductor industry[EB/OL]. http：//www.epa.gov/highgwp/semiconductor-pfc/index.html，2016-09-20.

[13] US EPA. High GWP gas voluntary program-electricpower industry[EB/OL]. http：//www.epa.gov/highgwp/electricpower-sf6/index.html，2016-09-20.

[14] US EPA. High GWP gas voluntary program-magnesium industry[EB/OL]. http：//www.epa.gov/highgwp/magnesium-sf6/index.html，2016-09-20.

[15] EU.Climate strategies and targets[EB/OL]. https：//ec.europa.eu/clima/policies/strategies_en，2017-07-14.

[16] EU.The EU emission trading system（EU ETS） [EB/OL]. https：//ec.europa.eu/clima/policies/ets_en，2017-07-14.

[17] Environmental Defense Fund，CDC Climat Research，and International Emissions Trading Association. European Union：An Emissions Trading Case Study[R]. 2015：4.

[18] EU. Directorate-general for climate action[EB/OL]. http：//ec.europa.eu/clima/about-us/mission/index_en.htm，2017-07-14.

[19] EU. Biomass action plan [DB/OL]. http：//europa.eu/legislation_summaries/energy/renewable_energy/l27 014_en.htm，2017-07-14.

[20] EU. Industrial emissions directive 2010/75/EU [DB/OL]. http：//europa.eu/legislation_summaries/environment/air_pollution/ev0027_en.htm，2017-07-14.

[21] EU. Energy efficiency：energy performance of buildings directive 2002/91/EC [DB/OL]. http：//europa.eu/legislation_summaries/other/l27 042_en.htm，2017-07-14.

[22] Rezessy S，Bertoldi P. Voluntary agreements in the field of energy efficiency and emission reduction：Review and analysis of experiences in the European Union[J]. Energy Policy，2011，39（11）：7121-7129.

[23] Paolo B，Marion E. The European Motor Challenge Programme-Evaluation 2003-2009[J]. IEEE，2005.

[24] UK Carbon Trust.CRC Energy Efficiency Scheme[EB/OL]. http：//www.carbontrust.com/resources/guides/carbon-footprinting-and-reporting/crc-carbon-reduction-commitment，2017-07-14.

[25] UK. Climate change levy forms[EB/OL]. http：//customs.hmrc.gov.uk/channelsPortalWebApp/channelsPortalWebApp.portal?_nfpb=true&_pageLabel=pageExcise_InfoGuides&property Type=document&id=HMCE_CL_001 174#P4_68，2017-07-14.

[26] UK. 2010 to 2015 government policy：low carbon technologies[EB/OL]. https：//www.gov.uk/government/policies/increasing-the-use-of-low-carbon-technologies/supporting-pages/the-renewables-obligation-ro，2017-07-14.

[27] Australia government. National Greenhouse and Energy Reporting Act 2007[DB/OL]. http：//www.comlaw.gov.au/Details/C2014C00456，2017-07-13.

[28] Australia government. Emissions Reduction Fund[DB/OL]. http：//www.environment.gov.au/climate-change/emissions-reduction-fund，2017-07-13.

[29] Australia government. Greenhouse and energy minimum standards act 2012[DB/OL]. http：//www.comlaw.gov.au/Details/C2012A00132，2017-07-13.

[30] World aluminium. http：//www.world-aluminium.org，2017-07-13.

[31] World steel association. http：//www.worldsteel.org，2017-07-13.

[32] 国家发展和改革委员会. “十一五”节能减排回顾：节能减排取得显著成效[EB/OL]. http：//www.gov.cn/gzdt/2011-09/27/content_1957502.htm，2017-07-13.

[33] 周南，Lynn Price，Stephanie，等. 低碳发展方案编制指南[J]. 科学与管理，2013（4）：20-33.

[34] 仇勇懿，孙江宁. 日本低碳城市的政策与实践——以东京碳排放限额和交易计划为例[C]. 国际绿色建筑与建筑节能大会. 2011.

[35] 孙振清，刘滨，何建坤. 印度应对气候变化国家方案简析[J]. 气候变化研究进展，2009，5（5）：298-303.

[36] 工业和信息化部. 工业节能“十二五”规划[EB/OL]. http：//www.miit.gov.cn/n1146285/n1146352/n3054355/n3057542/n3057544/c3864850/content.html，，2017-07-13.

[37] 国务院新闻办公室.“十二五”重点行业淘汰落后产能任务提前完成[EB/OL]. http：//www.scio.gov.cn/xwfbh/xwbfbh/wqfbh/33978/34172/zy34176/Document/1468938/1468938.htm，2017-07-13.

[38] 中国有色金属工业协会.工业和信息化部启动 2015 年及“十三五”淘汰落后过剩产能目标制订工作[EB/OL]. http：//www.chinania.org.cn/html/jienengxunhuan/ jienengjianpai/ 2014/1016/15809.html，2017-07-13.

[39] 国家统计局. 2015 年国民经济和社会发展统计公报[DB/OL]. http：//www.stats.gov.cn/tjsj/zxfb/201602/t20160229_1323991.html，2017-07-13.

[40] 中国可再生能源学会风能专业委员会. 2015 年中国风电装机容量统计简报[C]. 风能产业，2016，4：7-14.

[41] 中国电力企业联合会. 中国电力工业现状与展望[EB/OL]. http：//www.cec.org.cn/yaowenkuaidi/2015-03-10/134972.html，2017-07-13.

[42] 国家发展和改革委员会. 国家重点推广的低碳技术目录（第二批）（国家发展和改革委员会公告 2015 年第 31 号） [EB/OL]. http：//www.sdpc.gov.cn/gzdt/201512/t20151218_

767904.html，2017-07-14.

[43] 国家发展和改革委员会. 国家重点节能低碳技术推广目录（2014 年本 节能部分）（国家发展和改革委员会公告 2014 年第 24 号） [EB/OL]. http：//www.ndrc.gov.cn/zcfb/zcfbgg/201501/t20150114_660123.html，2017-07-14.

[44] 国家发展和改革委员会. 国家重点节能低碳技术推广目录（2015 年本 节能部分）（国家发展和改革委员会公告 2015 年第 35 号） [EB/OL] . http：//www.ndrc.gov.cn/zcfb/zcfbgg/201601/t20160106_770659.html，2017-07-14.

[45] 国家发展和改革委员会.中国应对气候变化的政策与行动 2013 年度报告[EB/OL] . http：//www. ndrc.gov.cn/gzdt/201311/t20131107_565930.html，2017-07-14.

[46] 国家发展和改革委员会.中国应对气候变化的政策与行动 2014 年度报告[EB/OL] . http：//www.ndrc.gov.cn/gzdt/201411/t20141126_649615.html，2017-07-14.

[47] 工业和信息化部. 工业转型升级规划系列解读材料（十）[EB/OL]. http：//www. miit.gov.cn/n1146295/n1146592/n3917132/n4061496/n4061501/c4141101/content.html，2017-07-13.

[48] 解振华. 中美气候变化联合声明倒逼国内结构调整[EB/OL]. http：//www.yicai.com/news/2014/11/4044559.html，2017-07-13.

[49] 邹骥，白韫雯. 从承诺到行动——中美第三个气候变化联合声明解读[EB/OL]. http：//www.ncsc.org.cn/article/xwdt/gnxw/201604/20160400001676.shtml，2017-07-13.

[50] 葛艳华. 十八大·火电篇：绿色发展成下一步关键词[EB/OL]. http：//www.cpnn.com.cn/zdzg/201207/t20120726_454827.html，2017-07-13.

[51] 中国汽车技术研究中心. 中国汽车工业年鉴[J]. 中国汽车工业年鉴，2015.